普通高等教育规划教材

药物制剂生产设备及车间工艺设计

韩永萍　主　编
刘红梅　权奇哲　副主编

化学工业出版社
·北京·

本书以药物主要制剂生产的工艺流程为主线，论述制剂生产各个环节所需典型设备及制剂车间工艺设计要求。全书共分九章，内容包括绪论、口服固体制剂生产设备、注射剂生产设备、其他药物制剂生产设备、药物制剂车间设计、中药制剂生产设备及车间设计、制药用水生产和制剂车间空气净化、药厂的总体规划及其他非工艺设计、药品生产验证与GMP认证。书中介绍了生产过程中涉及设备的基本构造和生产原理，同时还简要介绍一些生产过程中由设备故障引起的常见质量问题、相应的解决方法和简单的设备维修保养知识，从“药品生产质量管理规范”和洁净车间要求出发，阐述制剂车间工艺设计的原则、程序和方法，并介绍辅助专业的设计要求。

本书既可作为高等院校药物制剂专业和制药工程专业师生教学用书，也可作为从事药物制剂生产和研究、设计专业人员的参考用书。

图书在版编目（CIP）数据

药物制剂生产设备及车间工艺设计/韩永萍主编．—北京：化学工业出版社，2015.4（2023.1重印）
普通高等教育规划教材
ISBN 978-7-122-23111-6

Ⅰ.①药…　Ⅱ.①韩…　Ⅲ.①制剂机械-高等学校-教材②制药厂-车间-工艺设计-高等学校-教材　Ⅳ.①TQ460.5②TQ460.6

中国版本图书馆CIP数据核字（2015）第038398号

责任编辑：张双进　　文字编辑：昝景岩
责任校对：边　涛　　装帧设计：王晓宇

出版发行：化学工业出版社（北京市东城区青年湖南街13号　邮政编码100011）
印　　装：北京七彩京通数码快印有限公司
787mm×1092mm　1/16　印张17½　字数432千字　2023年1月北京第1版第5次印刷

购书咨询：010-64518888　　售后服务：010-64518899
网　　址：http://www.cip.com.cn
凡购买本书，如有缺损质量问题，本社销售中心负责调换。

定　　价：39.00元

前　言

药物制剂工程与车间设计是一门以药剂学、工程学、药品生产质量管理规范（GMP）及相关理论和工程技术为基础，综合研究药物制剂生产实践的应用性工程学科。它作为制药工程专业和药物制剂专业的核心专业课程，在多年的教学实践与科研活动中得到了迅速发展。我国新版 GMP 的发布和实施（每五年修改一次），使得药物制剂生产过程中制药设备的选用和制剂车间设计要求越来越趋于科学化，并与世界接轨。这都促使本学科知识体系要不断更新和完善。

本书在内容上以药物主要剂型的生产工艺流程为主线，重点介绍了制剂生产各个环节所需典型生产设备的基本结构、工作原理、应用现状及发展；同时以我国 GMP（2010 版）要求为核心，对主要剂型生产车间的工艺设计要点、生产岗位工艺要求等逐一加以描述，并辅以相关设计实例。总之，编者在本教材的编写过程中，力求通过制剂生产工艺流程将制剂技术、生产设备及制剂车间设计进行有机结合，使制药工程专业知识体系更加系统化、实用化，内容更加简明、扼要。为此我们特别聘请了教学、科研、生产三方面的相关教授和技术人员，在多次探讨和论证的基础上，撰写了本教材。

本书共分为九章，第一章绪论，第二章至第四章主要介绍固体制剂、注射剂和其他剂型的生产技术和生产设备，第五章为口服固体制剂、注射剂等典型剂型的 GMP 生产车间设计，第六章为中药材炮制、浸膏剂的生产设备及车间设计，第七、第八章主要介绍了制药用水生产、制剂车间空气净化、药厂总体规划及其他非工艺工程设计，第九章主要介绍了制药企业对 GMP 认证组织和实施的基本知识。

本教材编写分工如下：第一章至第三章由韩永萍编写，第四章由李可意编写，第五章由韩永萍、权奇哲编写，第六、第七章由刘红梅编写，第八章由谷春秀编写，第九章由张元编写。全书统稿由韩永萍、刘红梅、权奇哲完成。另外，特别感谢北京联合大学制药工程专业的柳茜、马赛、张璐、刘海月、钟程、于春蕊、李敬瑶、张童、邢正、蔡鑫等在本书初稿形成和稿件校对过程中付出的努力。由于编写时间仓促和编者水平所限，对于书中的不当之处恳请读者予以指正。

编者

2015 年 2 月

目　录

第一章　绪　　论

一、药物制剂工程与车间设计在制药工业中的地位

药物以一定剂型应用于治疗、预防或诊断疾病。随着临床用药的需要、给药途径的扩大和工业生产的机械化与自动化，我国药物剂型已经发展经历了5代。第一代为膏丹丸剂；第二代为片剂、注射剂、胶囊剂与气雾剂等剂型；第三代为缓释、控释给药系统；第四代为靶向给药系统；第五代为自动释药系统。目前，第二代剂型仍是主要生产剂型，但不断与第三、第四、第五代等新剂型和新技术相结合，形成了新形式的给药系统。

药物制剂工程与车间设计是一门以药剂学、工程学、药品生产质量管理规范（GMP）及相关理论和工程技术为基础综合研究药物制剂生产实践的应用性工程学科。主要包括不同剂型制剂生产设备的基本结构及其工作原理；药物制剂生产车间设计原则、方法及规范；制剂生产工艺相配套的公共工程的构成和工作原理。它是制药工程专业和工科药物制剂专业的一门重要专业课程。

制药设备直接与药品、半成品和原辅料接触，是影响药物制剂生产质量的关键因素之一。随着科技的发展和药物制剂水平的提高，药物制剂的生产不仅实现了机械化，而且直接影响药品质量及GMP规范的执行，制药设备密闭性、先进性、净化功能以及自动化程度高低也得到了极大发展。不同剂型制剂的生产操作及制剂设备大多不同，同一操作单元的设备选择也往往有多种类型、多种规格。按照不同的剂型及其工艺流程掌握各种相应类型制药设备的结构特点和工作原理，是确保生产优质药品的重要条件。

制剂工程设计包括药厂总体规划、车间设计、设备选型、公共设施及辅助系统设计等。为了生产出质量合格的药物制剂，制剂车间设计和生产过程管理必须满足GMP规范。因此，同其他工程设计一样，制剂工程设计也是一项综合性、整体性工作，涉及多专业、多部门，必须统筹安排。在设计过程中除了满足工程设计常规规范外，还必须满足GMP相关要求。

随着中国加入世界贸易组织（WTO），我国医药行业正逐步与世界接轨。国家药品GMP认证制度正不断地被推进，一大批按照不断更新的GMP规范（每五年一次）改造和建设的现代化制药生产企业应运而生，许多先进技术和设备被引进，医药行业得到了飞速的发展。在新的形势下，将药物制剂技术与制剂车间设计、GMP、制药设备及公用工程技术有机地结合在一起，已成为制药工程专业和工科药物制剂专业教学和研究的当务之急。药物制剂工程与车间设计课程应运而生。

药品质量关系到患者的用药安全。合格的药剂生产不仅要有符合要求的管理软件，还要有设计合理的生产车间和满足要求的制药设备硬件支撑。现代化制药生产中，制备优质合格的药品，必须具备以下三个要素。

① 具备一定素质的管理和技术人员。

② 符合GMP规范的软件。如合理的剂型、处方和生产工艺，合格的原辅料，严格的生产管理制度等。

③ 符合 GMP 规范的硬件。优越的生产环境和生产条件，符合 GMP 要求的厂房、制剂车间、生产设备等。

药物制剂工程与车间设计这门课程的设置正是应对以上②和③要素的需求，最终提高人的素质。作为制药企业的技术人员和管理人员，必须懂得药学基本理论、药物制剂生产过程，及掌握 GMP 要求的生产管理方法。通过学习，使学生将药学基本理论与制药工程生产实践相结合，掌握制剂工艺流程设计、设备选型、车间工艺布置设计的基本方法和步骤，训练学生分析与解决工程技术实际问题的能力，体会药厂洁净技术、GMP 管理理念和原则，培养既懂得工程技术，又有药学专业知识的复合型人才。

二、GMP 的发展及实施

《药品生产质量管理规范》(Good Manufacturing Practice，GMP) 是社会发展中医药实践经验教训的总结和人类智慧的结晶。在国际上，GMP 已经成为药品生产企业进行药品生产质量管理必须遵循的基本准则。

GMP 起源于美国，20 世纪 50 年代后期一起史上重大的药物灾难“反应停”事件促使它的诞生。“反应停”又名沙砾度胺（Thalidomide），是德国格仑南苏制药厂生产的一种治疗妊娠反应的镇静药。实际上，这是一种 100%的致畸胎药。该药上市的 6 年间，先后在德国、澳大利亚、加拿大、日本及拉丁美洲、非洲的 28 个国家，发现了畸形胎儿 1200 余例，患儿有无肢或短肢、趾间有蹼、心脏畸形等先天异常。这种畸形婴儿的死亡率为 50%。目前尚有数千人存活。造成这次灾难性事故的原因，一方面是由于受当时客观原因所限，“反应停”未经过严格的临床前药理实验；另一方面药厂对已经收到的有关其毒性反应 100 多例报告进行了刻意隐瞒。在 17 个国家里“反应停”经改头换面隐蔽下来，日本至 1963 年才停用该药，造成巨大的社会危害。此次药物灾难的严重后果在美国引起了不安，激起公众对药品监督和药品法规普遍关注，最终美国国会对《联邦食品、药品和化妆品法案》（美国食品药品监督管理局，FDA）进行了重大修改，于 1963 年由美国国会首次颁布 GMP 法令。此后 FDA 对 GMP 进行了数次修订，在不同领域不断地充实完善，使 GMP 成为美国药事法规体系中的一个重要组成部分。

1967 年世界卫生组织（WHO）出版的《国际药典》附录中收载了 GMP，1969 年在第 22 届世界卫生组织大会的决议中，要求所有会员国执行 GMP。

1971 年，英国制定了第一版 GMP，1977 年修订了第二版，现已由欧盟 GMP 替代。

1972 年，欧洲共同体公布了《GMP 总则》，用于指导欧洲共同体国家药品生产。1989 年公布了第一版 GMP，1992 年公布了新版《欧洲共同体药品生产管理规范》。

1974 年，日本以 WHO 的 GMP 为蓝本，颁布了自己的 GMP，1980 年正式实施。

1988 年，东南亚国家联盟也制定了自己的 GMP，作为东南亚联盟各国实施 GMP 的文本。

许多国家政府、制药企业和专家学者一致认为，GMP 是制药企业进行药品生产管理行之有效的制度，在世界各国制药企业中得到了广泛的推广。到目前为止，世界上已有 100 多个国家实行了 GMP 制度。

我国在制药企业推行 GMP 始于 20 世纪 80 年代初。1982 年，中国医药工业公司参照一些先进国家的 GMP 制定了《药品生产管理规范》(试行稿)，开始在一些制药企业试行。

1985 年国家医药管理局推行颁布修订后的《药品生产管理规范》(修订稿) 作为行业规范在全国推行，并编制《药品生产管理规范实施指南》(1985 版)。

1988 年，根据《药品管理法》，国家卫生部颁布了我国第一部《药品生产质量管理规范》(1988 版)，作为正式行业法规开始执行。

1992 年，国家卫生部对《药品生产质量管理规范》(1988 版）进行修订，并与《GMP 实施细则》合并，编写颁布了《药品生产质量管理规范》(1992 修订版)。

1993 年，原国家医药管理局制定了我国 GMP 的 8 年规划（1993 年至 2000 年），提出了“总体规划，分步实施”的原则，按剂型的先后顺序在规划的年限内，达到 GMP 要求。

1995 年，我国对制药企业进行 GMP 认证工作。

1998 年，国家卫生监督管理局对 1992 年的 GMP 进行修订，于 1996 年 6 月颁布了《药品生产管理规范》(1998 版)，于 1999 年 7 月 1 日起实施，使我国的 GMP 更加完善、严谨、条理清晰，更加符合国情，便于药品生产企业执行。

2001 年，新修订的《中华人民共和国药品管理法》明确了 GMP 法律地位，规定了药品生产企业必须按照国务院药品监督管理部门依法制定的《药品生产质量管理规范》组织生产，将企业按 GMP 要求组织生产并申请认证纳入法制要求。

2010 年，国家食品药品监督管理局发布新 GMP 实施公告，食品药品监督管理部门自 2011 年 3 月 1 日起受理药品生产企业按照《药品生产质量管理规范（2010 年修订）》及申报要求提出的认证申请。2010 版 GMP 最大的改变是洁净空间的等级要求由原来的 30 万级、10 万级、万级和局部百级修改为 A、B、C、D 四个级别。其中 D 级相当于原来的十万级，C 级相当于原来的万级，B 和 A 两级相当于原来的百级，并增加了洁净区“动态”检测标准。

三、制药机械设备与 GMP

药品生产企业为进行生产所采用的各种机器设备统称为制药设备，其中包括制药专用设备和非制药专用的其他设备。制药机械设备的生产制造从属于机械工业行业，为了与其他机械的生产制造区分，从行业角度将完成制药工艺的生产设备统称为制药机械。

1. 制药机械设备分类

目前制药设备和制药机械已有 3000 多个品种，按 GB/T 15692 分为 8 大类。

① 原料药机械及设备。

② 制剂设备。

③ 药用粉碎机械。

④ 饮片机械。

⑤ 制药用水设备。

⑥ 药品包装机械。

⑦ 药物检测设备。

⑧ 其他制药机械及设备。

2. 制剂机械分类

其中制剂机械按剂型分为 14 类。

① 片剂机械。

② 水针剂机械。

③ 抗生素粉、水针剂机械。

④ 输液剂机械。

⑤ 硬胶囊剂机械。

⑥ 软胶囊（丸）剂机械。

⑦ 丸剂机械。

⑧ 软膏剂机械。

⑨ 栓剂机械。

⑩ 口服液剂机械。

⑪ 药膜剂机械。

⑫ 气雾剂机械。

⑬ 滴眼剂机械。

⑭ 酊水、糖浆剂机械。

3. GMP 对制药生产设备的要求

① 设备的设计、选型、安装应满足生产要求，易清洗、消毒和灭菌，便于生产操作和维修保养，并能防止差错或减少污染。

② 与药品直接接触的设备部位和零部件应选择无毒、不与药物反应、耐腐蚀、不释放微粒、不易吸附或吸湿的材质。特殊用途时还应考虑材料的耐热、耐油性能，密封填料和过滤材料应注意卫生性能要求。如禁止使用含有石棉的过滤器材。

③ 与药品直接接触的设备内表面或工作零件表面，尽可能不设有台、沟等，表面光洁、平整，易于清洗或消毒。对药品生产无直接关系的机构应尽可能设计成内置或内藏式，如设备的传动部件要密封良好，防止润滑油、冷却剂等泄漏对原料、半成品或成品和包装材料的污染。

④ 设备应不对环境构成污染，鉴于各种设备产生污染的情况不同，应采取防尘、防漏、隔热、防噪声等措施，如粉碎、混合、制粒、包衣等大量产尘设备，除设置捕尘、吸尘装置外，还要加强设备的密封性。

⑤ 与药物直接接触的干燥用空气、压缩空气、惰性气体等要设置空气净化装置。经过净化处理后，气体中的微粒和微生物应符合规定的空气洁净度要求。干燥设备出风口要有防止空气倒灌的装置。

⑥ 流体输送的管道设计和安装要注意避免死角、盲管，以防止微生物滋生或污染。内表面应经抛光处理；管道应表明管内物料流向；管道连接应采用快卸式，终端设置过滤器。

⑦ 设备清洗除一般方法外，最好配备原位清洗（CIP）和原位灭菌（SIP）的清洁、灭菌系统。

4. 制药设备安装遵循的原则

① 联动线和双扉式灭菌器等设备的安装穿越两个洁净级别不同的区域时，应在安装固定的同时，采用适当的密封方式，以保证洁净级别高的区域不受影响。

② 为防止交叉污染，传送带不宜穿越隔墙在不同洁净等级房间之间传送物料，而应在隔墙两端分段传送。对送至无菌区的传送装置则必须分段传送。

③ 设计或选用轻便、灵巧的传送工具，如传送带、小车、流槽、软管、封闭料斗等辅助设备之间的连接。

④ 设备在车间内安装时，应与其他设备、墙、梁、柱、顶棚等之间保持有适当的距离，以方便生产操作和维修保养。

5. 制药设备的使用和管理

① 所有设备、仪器仪表、容器必须登记造册，内容包括生产厂家、型号、生产能力、

技术资料（说明书、设备图纸、装配图、易损件、设备清单）。

② 设备和仪器的使用，应指定专人制定标准操作规程（SOP）及安全注意事项，操作人员需要经过培训和考核。

③ 用于制剂生产的配料罐、混合槽、灭菌设备及其他机械和用于原料精制、干燥、包装的设备，其容量应尽可能与批量相适应，以尽可能减少批次、换批号、清场、清洗等。

④ 凡是生产、加工、包装下列特殊药品的设备必须专用：

a. 青霉素类高致敏性药品；

b. 避孕药品；

c. β-内酰胺结构类药品；

d. 放射性药品；

e. 卡介苗和结核菌素；

f. 激素类、抗肿瘤类化学药品，应避免与其他药品使用同一设备，不可避免时，应采用有效的防护措施和必要的验证；

g. 生物制剂生产中，使用某种特定活生物体阶段，要求设备专用；

h. 微生物操作直至灭活过程完成之前必须使用专用设备；

i. 以人血、人血浆或动物脏器、组织为原料生产的制剂；

j. 毒性药材和重金属矿物药材。

⑤ 制药设备应定期清洗、消毒、灭菌。清洗、消毒、灭菌过程及检查应有记录并予以保存。无菌设备的清洗，尤其直接接触药品的部位必须灭菌，并标明灭菌时期，必要时进行微生物学验证。灭菌设备应在三天之内使用。某些可移动设备可移到清洗区进行清洗、灭菌。同一设备连续加工同一无菌产品时，每批之间要清洗灭菌；同一设备加工同一非灭菌产品时，至少每周或每生产三批后要按清洗规程全面清洗一次。

⑥ 生产设施与设备应定期进行验证，以确保生产设施与设备始终能生产出预定质量要求的产品。

6. 制药设备的发展动态

（1）我国制药设备的行业现状

随着中国加入 WTO，借助药品生产企业 GMP 认证，致使大量制剂设备得到了更新换代。我国制药器械行业从 20 世纪 90 年代开始迅速发展，制药机械厂以每年 20%比例快速递增，到 2004 年已有近千家，生产的药机产品达到 3000 多个规格，不但有先进的符合 GMP 要求的单机设备，而且还有整套全自动生产机组。不仅为国内医药企业的基本建设、技术改造、设备更新等提供大量优质装备，而且还出口美国、英国、俄罗斯、韩国、日本、泰国、印度尼西亚等 30 多个国家和地区。我国制药机械生产企业数量、产品品种规格、产量均已位居世界前列，成为名副其实的制药设备大国。

中国制药设备随着制剂工艺的发展和新剂型的不断涌现而发展，一些新型先进的制剂设备的出现又促进了制药工业整体水平的提高。近年来涌现出的新型制剂设备有高效混合制粒机、高速自动压片机、大输液生产线、口服液自动灌装生产线、电子数控螺杆分装机、水浴式灭菌柜、双铝热封包装机、电磁感应封口机等。

我国制药装备行业虽然取得了很大的成绩，但在质量和技术上，与国际先进国家和地区还有很大差距。很多企业在技术水平上仍处于仿制、改进及组合阶段，没有达到创新或超过世界同类产品的水平。设备的自控水平、稳定性、可靠性、全面贯彻 GMP 等方面还存在一定差距。

(2) 制药设备的发展趋势

国外制剂设备向密闭生产，高效、多功能，提高连续化、自动化水平的方向发展。自GMP推行以来，各国几十年来研制制药生产设备都是围绕如何尽最大可能满足GMP要求展开。

① 制药设备的密闭性和多功能化发展。

除了提高生产效率、节省能源外，更主要的是可防止或减少过程中对药物可能造成的各种污染，以及可能对环境造成的影响和对人体健康产生危害，更符合GMP要求。

固体制剂中混合、制粒和干燥是压片或胶囊灌装前的主要单元操作，且产尘量大，对环境污染严重。围绕这个课题，在20世纪60～70年代开发的流化床喷雾制粒（集合了干燥和制粒功能）和70～80年代开发的高速混合制粒机（集合了混合和制粒功能）。但随着新工艺的开发和GMP的进一步实施，国外开发了集混合、制粒和干燥多功能于一体的高效设备，如沸腾制粒机，不仅提高了原有设备水平，而且满足了工艺革新和工程设计的需求。

在注射剂方面，国外将生产设备与工程设计中车间洁净度要求相结合。如德国BOSCH公司推出的入墙层流式新型针剂灌装设备。机器与无菌室墙壁连接在一起，操作立面离墙面仅500mm。只需要30min就可完成更换模具和导轨以变动包装规格。检修可在非无菌区内进行，不影响无菌区环境。机器占地面积小，大大减少了洁净车间中A级洁净区所需要的空间。投资和运行费用大大地降低，更深刻的意义在于保证了洁净车间设计的要求。

此外，粉针剂设备方面有将灌装机与无菌室组合成一体净化层流装置，即保证了无菌环境下生产，又使该装置的车间环境无需特殊设计，能实现自动化。

总之，把设备更新、开发和工程设计紧密结合在一起，在总体工程中体现综合效益，是国外工业先进国家近年来在制剂设备研制、开发方面的新思路、新成果。

② 制剂设备和药品包装设备向自动化、连续化发展。

自动化不仅可实现生产工序的自动顺序进行，还能实现对产品的自动控制、清理、包装，设备状态的实时反馈、报警、处理等。如水针剂的洗、烘、灌联动线，通过贮瓶上下限位接近开关和缺瓶止灌等装置，实现了安瓿瓶清洗、隧道烘干灭菌和安瓿灌封设备间有序衔接，整个联动线运转安全可靠。再如片剂瓶装生产线可实现数粒、灌装、封口、旋盖、中包装和封箱等一系列操作，并能跟踪控制设备运行情况及故障处理方式。

四、制剂车间工程设计概述

1. 工程设计的程序

工程设计一般包括三个主要阶段：设计前期工作（包括项目建议书、可行性研究报告和设计任务书等）、初步设计和施工图设计。这三个阶段所彼此独立，又相互联系、步步深入。设计工作基本程序如图1-1所示。

根据我国政府项目建设管理程序，对国内项目，设计前期和初步设计的主要目的是供政府部门对项目进行立项审批和开工审批用，同时也为业主提供决策依据。初步设计侧重于方案，供政府职能部门和业主进行审查与决策用。施工图设计才真正进入具体的工程设计阶段。

(1) 投资前期工作

投资前期工作中的项目建议书是对项目的轮廓设想，提出项目建设的必要性分析，项目建设的初步可能性，是开展可行性研究的依据。它的任务是根据工厂、建设地区的长远规

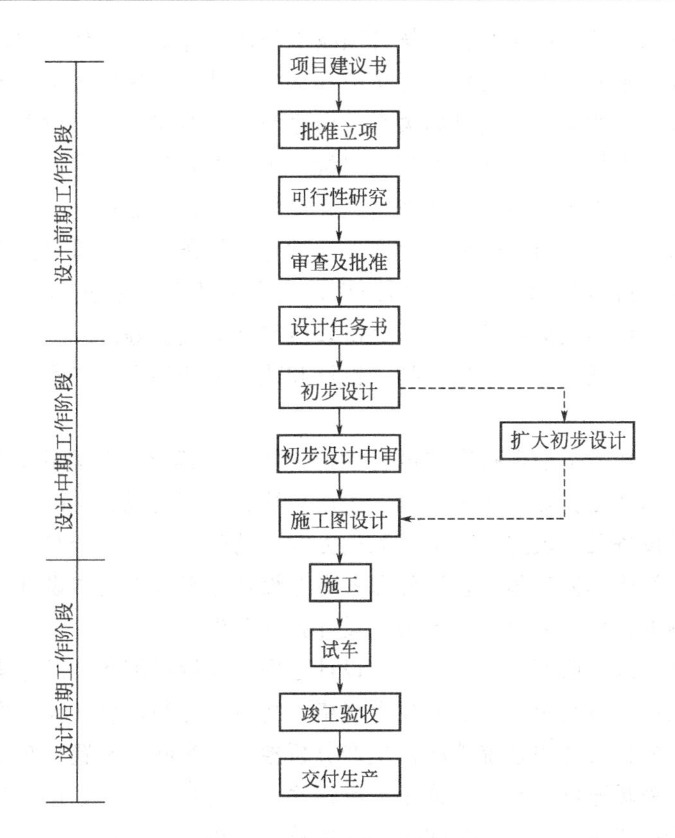

图 1-1 设计工作基本程序

划，结合本地区资源条件、现有生产能力的分布、市场对拟建产品的需求、社会效益和经济效益，在广泛调查、收集资料、勘测厂址、基本确定工程立项的可行性后编写项目建议书，向国家主管部门推荐。

项目建议书的主要内容包括：项目概述，市场预测，建设规模和产品方案，工艺、技术情况和来源，原料、材料和燃料等资源的需要量和来源，环境保护，建设厂址及交通运输条件，投资估算和资金筹措，项目进度计划，效益估计等。

可行性研究是通过调查研究，运用多种科学成果，对具体工程项目建设的必要性、可行性和合理性进行全面的经济技术论证。其内容涵盖市场研究、工艺技术研究和项目经济效益分析三大方面。可行性研究报告的具体内容包括：项目总论，市场预测，产品方案及生产规模，工艺技术方案，原料、材料和燃料的供应需求量，建厂条件和厂址方案，公用工程和辅助设施方案，节能、消防、环境保护、劳动保护与安全卫生，工厂组织和劳动定员，项目实施时间规划，投资估算和资金筹措，财务、经济评价及社会效益评价和结论。

对于有洁净室度要求的制剂车间，在进行可行性研究时，还需要确定洁净室的温湿度参数、洁净度级别、净化方案以及热水、冷量的数量及来源等；确定废气处理的方案和噪声控制措施等。

可行性研究报告经过有关部门针对企业经济、国民经济和社会评估确认可行后，经上级批准，即可作为投资决策和编制设计任务书的依据。

设计任务书又称计划任务书，是指导和制约工程设计和工程建设的决定性文件，它是根据可行性研究报告及批复文件进行编制的。编制前要对可行性研究报告的内容再深入研究，落实各项建设条件和外部协作关系，审核各项技术经济指标的可靠性，比较、确定建设厂址方案，核实建设投资来源，为项目的最终决策和编制设计文件提供科学依据。

设计任务书应按照建设项目的隶属关系，由主管部门组织建设单位委托设计单位或工程咨询单位进行编制，再报送有审批权的部门审批。主要内容包括：建设的目的和依据；建设规模和产品方案；技术工艺、主要设备选型、建设标准和相应的技术经济指标；资源、水文地理、工程地质条件；原材料、燃料、动力、运输等协作条件；环境保护要求，资源综合利用情况；建设厂址、占地面积和土地使用条件；建设周期和实施进度；投资估算和资金筹措；企业组织劳动定员和人员培训设想；经济效益和社会效益等。

有了设计任务书，项目就可以进行初步设计和建设前期的准备工作。

（2）初步设计

初步设计的主要任务是根据批准的可行性研究报告，确定全厂性设计原则、设计标准、设计方案和重大技术问题。如总工艺流程、生产方法、工厂组成、总图布置、水电气的供应方式和用量、关键设备及仪表选型、全厂贮运方案、消防、劳动安全与工业卫生、环境保护及综合利用以及车间或单体工程工艺流程和各专业设计方案等。初步设计文件主要有设计说明书、初步设计图纸、设计表格、计算书和设计技术条件等。

主要内容包括：设计依据和设计范围；设计原则；建设规模和产品方案；生产方法和工艺流程；工作制度；原料及中间产品的技术规格；物料衡算和热量衡算；主要工艺设备选择说明；工艺主要原材料及公用系统消耗；生产分析控制；车间（装置）布置；设备；仪表及自动控制；土建；采暖通风及空调；公用工程；原、辅材料及成品贮运；车间维修；职业安全卫生；环境保护；消防；节能；车间定员；概算；工程技术经济。

（3）施工图设计

施工图设计的主要任务是把初步设计中确定的设计原则和设计方案，根据建筑安装工程或设备制作的需要，进一步具体化。施工图设计深度应满足各种设备、材料的订货、备料，各种非标准设备的制作，预算的编制，土建、安装工程的要求。

施工图纸设计内容主要包括：图纸目录；设计说明；管道及仪表流程图；设备布置图；设备一览表；设备安装图；设备地脚螺栓表；管道布置图；软管站布置图；管道及管道特性表；管架表；弹簧表；隔热材料表；防腐材料表；综合材料表；设备管口方位图等。

施工图设计是设计部门工作最繁重的一个环节，其基本程序见图 1-2。

2. 制剂车间设计

（1）制剂车间设计内容

车间布置设计也分为初步设计和施工图设计两个阶段。在初步设计阶段，收集有关的基础设计资料、确定车间的防火等级；根据《药品生产质量管理规范》的要求，确定相应的洁净等级；确定生产、辅助生产及行政生活等区域的布局；确定车间场地及建（构）筑物的平面尺寸和立面尺寸；确定工艺设备的平面布置图和立面布置图；确定人流及物流通道；安排管道及电气仪表管线等；编制初步设计说明书。

具体设计内容和程序包括：

① 生产工艺流程设计；

② 物料衡算；

③ 能量衡算；

④ 设备设计与选型；

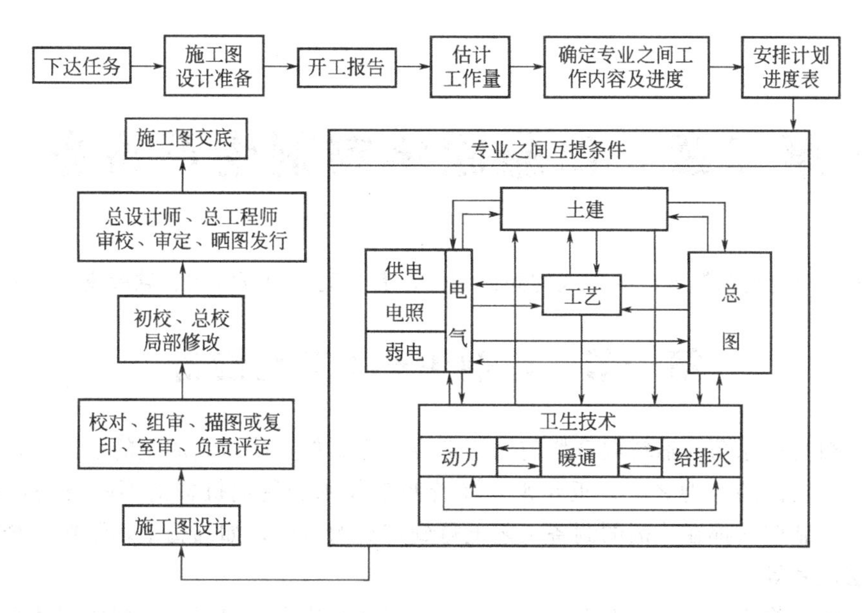

图 1-2 施工图设计基本程序

⑤ 设备平、立面布置设计；

⑥ 工艺管路平、立面布置设计；

⑦ 非工艺项目条件的提出；

⑧ 工艺部分设计概算；

⑨ 设计文件、设计说明书的编制等。

初步设计经审查通过后，即可进行施工图设计。施工图设计是根据初步设计的审查意见，对初步设计进行修改、完善和深化。其任务是确定设备管口、操作台、支架及仪表等的空间位置；确定设备的安装方案；确定与设备安装有关的建筑和结构尺寸；确定管道及电气仪表管线的走向等。在施工图设计中，一般先由工艺专业人员绘出施工阶段车间设备的平面及立面布置图，然后提交安装专业人员完成设备安装图的设计。

(2) 制剂车间设计考虑因素

在进行制剂车间设计时，在工艺方面应同时考虑如下要求。

① 严格执行国家有关规范和规定及国家药品监督管理局颁布的《药品生产质量管理规范》(GMP) 的各项规范和要求。

② 本车间与其他车间及生活设施在总平面图上的位置，力求联系方便、短捷。

③ 合理利用车间的建筑面积和土地。

④ 人流、物流通道应分别独立设置，尽可能避免交叉往返。

⑤ 满足生产工艺及建筑、安装和检修要求。

⑥ 车间内应采取的劳动保护、安全卫生及防腐蚀措施。

⑦ 要考虑车间发展的可能性，留有发展空间。

⑧ 厂址所在区域的气象、水文、地质等情况。

总之，制剂车间设计是一项复杂而细致的工作，在设计中以工艺专业为主导，在大量的非工艺专业如土建、设备、安装、电力照明、采暖通风、自控仪表、环保等的密切配合下，由工艺人员完成。

第二章　口服固体制剂生产设备

目前大多数药物都制成口服形式的固体制剂，有片剂、硬胶囊剂、软胶囊、微丸等剂型。

第一节　片剂生产工艺与设备

片剂一般是由原药与辅料混合均匀经制粒或不经制粒直接压制成型的剂型。片剂是目前临床上应用最广泛的剂型之一。近年来，随着制剂技术和制剂机械的不断发展，许多新技术、新工艺、新辅料都在片剂的制备工艺上得到广泛的应用，如沸腾干燥制粒、全粉末直接压片、多层压片等。

除了有效药物成分外，片剂在生产中还需要添加使用大量辅料。根据作用辅料可大致分成两类：第一类有助于取得满意加工和压制等特性，如稀释剂、黏合剂、助流剂和润滑剂；第二类有助于成品拥有所需要的物理性质，包括崩解剂、矫味剂和着色剂等。

片剂具有以下优点。

① 剂量准确。片剂内有效药物的剂量和含量均依照处方规定，含量差异较小，病人服用、携带和运输等较方便。

② 质量稳定。片剂为干燥固体，且一些易氧化及易吸潮的药物可借助包衣加以保护，光线、空气、水分等对其影响较小。

③ 生产成本低廉。片剂能用自动化机械大量生产，卫生条件容易达到，包装成本低。

④ 片剂的溶出度和生物利用度一般高于丸剂。

⑤ 能适应治疗与预防用药的多种要求。可制成糖衣片、分散片、缓释片、控释片等，以达到速效、长效、控释、肠溶等目的。

片剂的缺点如下。

① 片剂生产中需要添加若干赋形剂辅料经压缩成型，当辅料选用不当、操作压力不当或贮存不当时，常出现溶出速率较散剂及胶囊剂慢，影响药物的生物利用度。

② 儿童和昏迷病人不宜服用。

③ 含挥发性成分的片剂，贮存时间过久后含量会下降。

优良的片剂一般要求：有效药物含量准确，重量差异小；硬度和崩解度要适当；色泽均匀，光亮美观；在规定的时间内不变质；有效药物成分溶出速率和生物利用度应符合要求；符合卫生检查要求。

固体制剂生产前，常常需要对原辅料进行粉碎、筛分、混合等预处理，制粒后可直接分装为颗粒剂，或进一步压片成片剂，或灌装为硬胶囊剂。

片剂的常规生产工艺流程见图 2-1。

原辅料经粉碎、筛分和混合后可不经过制粒过程直接压片。相对于湿法制粒，可节省制软材和后续的湿颗粒干燥等操作，因此具有省时节能、工艺简捷等优势，尤其适用于湿热不稳定药物。但需要药物及辅料粉末具有良好的流动性和可压性。目前，片剂的生产主要以湿

原辅料
粉碎、筛分
称量
混合
湿法制粒
干燥
干法制粒
整粒
总混
压片
包衣
包装

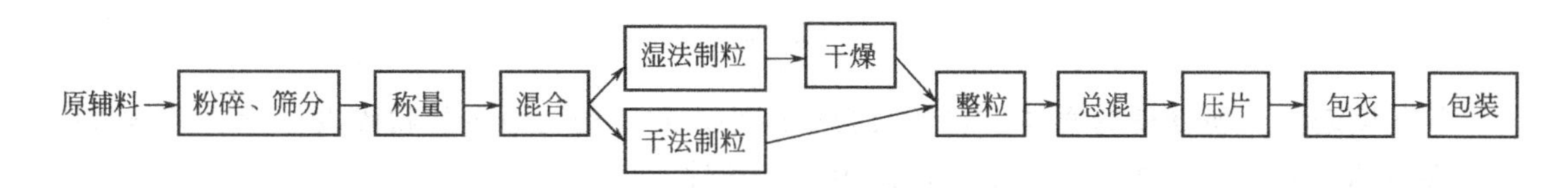

图 2-1　片剂的常规生产工艺流程

法制粒压片为主，但随着优良药用辅料的开发应用，粉末直接压片的品种将不断增加。

本节重点介绍粉碎、筛分、混合、制粒、干燥、压片和包衣单元操作设备以及由操作不当引起的常见质量问题。

一、粉碎设备

1. 粉碎

粉碎是指借助外力作用将大块固体破碎成适用程度的操作过程。根据处理物料要求的不同，一般可将粉碎分为破碎和粉磨两个阶段。其中破碎又可分为粗碎、中碎和细碎三类，粉碎后的颗粒粒度达到数厘米至数毫米以下；而粉磨可分为粗磨、细磨、超细磨三类，粉碎后的颗粒粒度达到数百微米至数十微米以下；超细粉碎将 1mm 以下的颗粒粉碎至数微米。如图 2-2 所示。

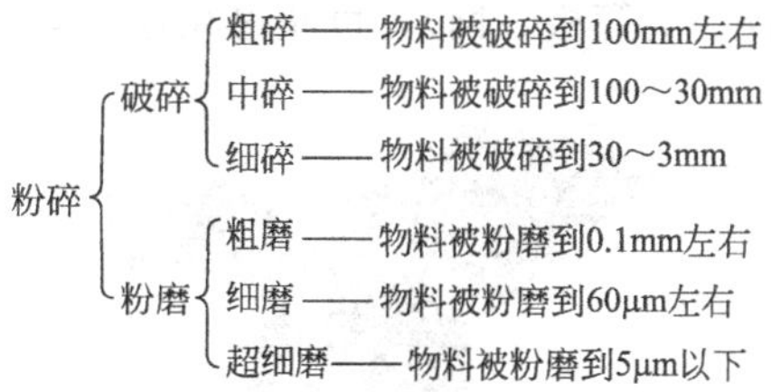

粉碎
破碎
粗碎——物料被破碎到100mm左右
中碎——物料被破碎到100～30mm
细碎——物料被破碎到30～3mm
粉磨
粗磨——物料被粉磨到0.1mm左右
细磨——物料被粉磨到60μm左右
超细磨——物料被粉磨到5μm以下

图 2-2　粉碎的分类

在药物制剂生产的多个单元都涉及了粉碎，如在中药制剂提取生产过程中，为了提高药物有效成分收率和浸出效率，就需要对其原料进行一定程度的粉碎。

粉碎的目的一方面可提高物料的均匀性，尤其是涉及多种物料时，可提高主药的分散均匀性；另一方面增加物料的比表面积，可促进药物的溶解和吸收，提高药物的生物利用度。此外，药物粉碎不均匀，将直接影响药物的混合效果，造成药品剂量或有效药物含量不准确，而影响疗效。

药物粉碎的难易，与其本身结构和性质有关。晶体药物如生石膏、硼砂等，粉碎一般沿着晶体的结合面碎裂成小晶体。其中方形晶体因晶粒间结合面均匀并且对称，易于破碎。非方形晶体如樟脑、冰片等则缺乏相应的脆性，当施加一定机械力时，易产生变形而阻碍粉碎。非晶体药物因分子呈不规则排列，如乳香、没药等具有一定弹性，受外加机械力时，即发生变形而不易碎裂。若在较高温下粉碎，或在粉碎时部分机械能转变成热能，此时高温及热能均能使药物变软，从而降低粉碎效率。

根据粉碎时物料所处的干燥状态，粉碎分为干法粉碎和湿法粉碎两种。干法粉碎是指物料在干燥状态下进行粉碎。而湿法粉碎是指药物中加入适量的水或其他液体进行研磨的方法。原因是液体对物料有一定渗透力和劈裂作用而有利于粉碎，而且可降低物料黏附性。湿法粉碎还可避免粉尘飞扬，减轻某些有毒药物或刺激性药物对人体的危害。

此外，利用低温下物料的脆性增加而韧性与延伸性降低的性能，进行低温粉碎。而两种以上的物料同时粉碎的操作又称为混合粉碎，可避免一些黏性物料或热塑性物料在单独粉碎时粘壁及物料间出现附聚现象。

固体物料的粉碎效果常以粉碎度表示。粉碎度（n）定义为粉碎前固体平均直径（d）与粉碎后的固体平均直径（d_1）之比。

$$n=\frac{d}{d_1}$$

粉碎度越大，所获得的固体物料颗粒粒径越小。对于药物所需的粉碎度，既要考虑药物本身性质的差异，又要注意使用要求，避免过度粉碎。

2. 粉碎设备

粉碎设备按粉碎过程使用介质的不同可分为机械粉碎设备和气流粉碎设备。其中，常见的机械粉碎设备有锤式粉碎机、万能粉碎机、球磨机、振动磨等。

（1）锤式粉碎机

锤式粉碎机通常由带有T形锤的转子、加料器、带有锯齿状衬板的机壳、筛板（网）等部件组成，如图2-3所示。工作时，颗粒固体药物由加料斗送入粉碎室。在粉碎室内，高速旋转的转子带动T形锤对固体药物进行强烈锤击，使药物被锤碎或与衬板相撞而破碎。粉碎后的微细颗粒通过筛板由出口排出，不能通过筛板的粗颗粒则继续在室内粉碎。选用不同规格的筛板（网），可获得粒径为4～325目的粉碎物料。

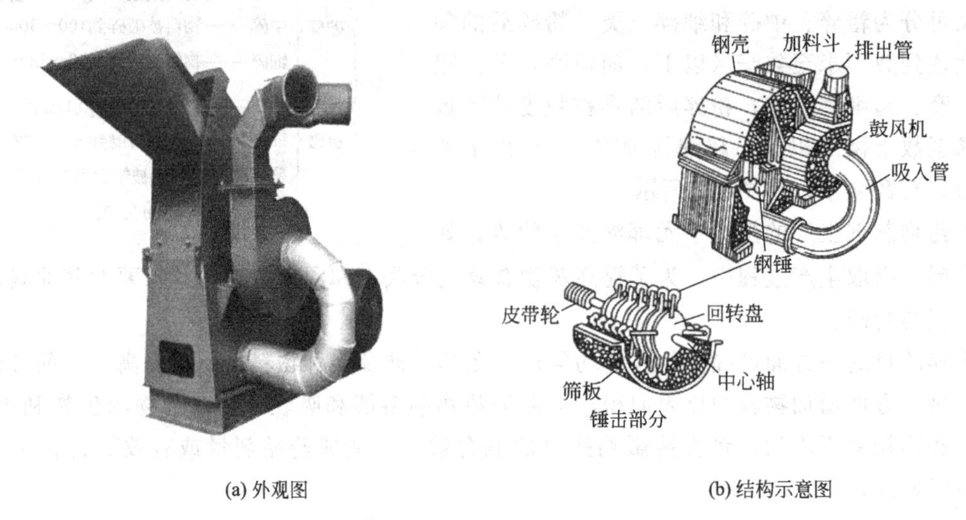

(a) 外观图　　(b) 结构示意图

图2-3　锤式粉碎机

由于T形锤是锤式粉碎机的主要磨损件，通常采用优质钢、高锰钢或其他合金钢制作，并且设计时要考虑锤头磨损后能够上下调头或前后调头。

锤式粉碎机工作时应先开动机器空转，待高速转动后再加入待粉碎物料，以免增加电动机启动的负荷。加入的物料尺寸应大小适宜，必要时须预先切成段或块。由于粉碎过程中会产生大量粉尘，故需要装有集尘排气装置。

锤式粉碎机的优点是结构简单，操作方便，维修和更换易损部件容易，生产能力大，且产品粒度比较均匀。缺点是锤头易磨损，筛孔易堵塞，过度粉碎的粉尘较多。锤式粉碎机常用于各种干燥、脆性药物的中碎或细碎。但由于粉碎过程会发热，不宜于粉碎含有大量挥发性成分和软化点低且黏性较大的物料。

（2）万能粉碎机

如图2-4所示，万能粉碎机主要由水平轴、安装在水平轴上的活动齿盘、固定在密封盖上的固定齿盘、环状筛板、加料斗等部件组成，活动齿盘上的钢齿与固定齿盘上的钢齿交错排列。万能粉碎机是利用活动齿盘和固定齿盘间的高速相对运动，使被粉碎物经钢齿冲击、摩擦及物料间冲击等作用对物料进行粉碎的。

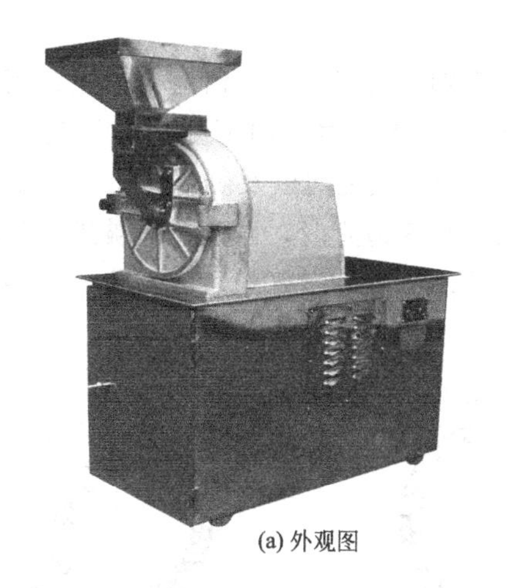
(a) 外观图

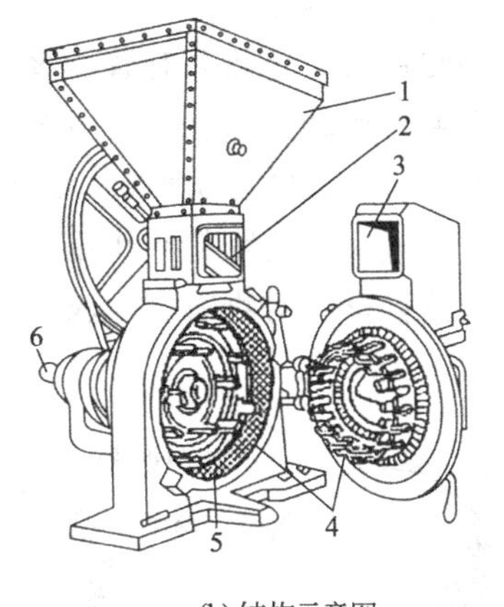

(b) 结构示意图
1—加料斗；2—抖动装置；3—入料口；
4—钢齿；5—筛板；6—水平轴

图 2-4　万能粉碎机

操作时，启动电机，机器内的活动齿盘在水平轴的带动下高速旋转，药料由加料斗经抖动装置和入料口进入粉碎室，在受到钢齿的冲击、剪切和研磨作用的同时，药料还被高速旋转齿盘产生的离心力甩向外壁，与外壁发生强烈的撞击作用，从而被粉碎。细粉通过底部的环状筛板，经出粉口收集，而粗料则被截留继续粉碎。粉体粒度的大小可通过更换不同孔径的筛板来调整。在粉碎过程中会产生大量粉尘，故该设备一般都配有粉料收集和捕尘装置。

万能粉碎机多用于干燥的晶体性药物、非组织性药物、干浸膏颗粒等粉碎。与锤式粉碎机相同，因粉碎过程中会发热，万能粉碎机也不宜粉碎含大量挥发性成分、软化点低及黏性药物。

(3) 球磨机

球磨机是一种常用的细碎设备，在制药工业和精细化工行业中有着广泛的应用。球磨机的结构如图 2-5 所示，主体结构是一个可回转运动的不锈钢或瓷制的圆筒体，筒体内装有钢球或瓷球研磨介质。工作时，物料与研磨介质一同装入圆筒体内，密封盖后，筒体在电动机和传动机构的作用下缓慢转动。筒体内的研磨介质在离心力作用下贴在筒体内壁上随筒体一起旋转，升到一定高度后，因重力作用自由下落，或发生滑动或滚动。物料在研磨介质的连续撞击、研磨和滚压下而逐渐粉碎成细粉。

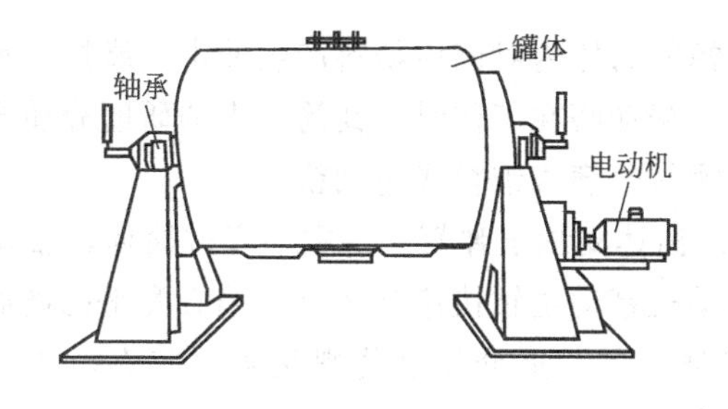

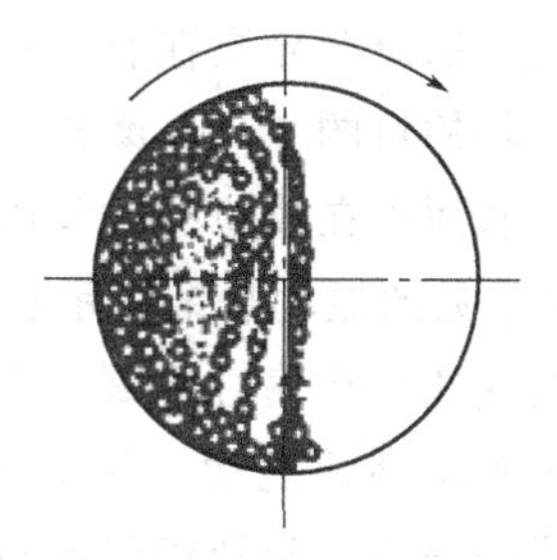

图 2-5　球磨机

球磨机按操作状态可分为干法球磨机、湿法球磨机、间歇操作球磨机和连续球磨机。其筒体长径比 $L/D<2$ 又称为短球磨机，$L/D=3$ 为中长球磨机，$L/D>4$ 为管磨机。研磨介质有钢球、圆柱形钢棒、石块等。如具有 2～4 个仓室的长球磨机，第一个仓室介质为圆柱形钢棒，其余仓室介质为钢球。

球磨机筒体的转速对粉碎效果有着显著的影响。转速过低，研磨介质上升高度不够，冲击力小，研磨效果差；而转速过大时，研磨介质在离心力作用下与物料一起紧贴附于筒壁上，并随筒体一起旋转，如图 2-6 所示，此时研磨介质之间以及研磨介质与筒壁之间不再有相对运动，从而减弱或失去药物粉碎作用。只有转速适宜时，研磨介质被进一步提升到一定高度后沿抛物线轨迹抛落，对物料产生较大的撞击作用和良好的研磨与滚压作用，从而达到较好的粉碎效果。

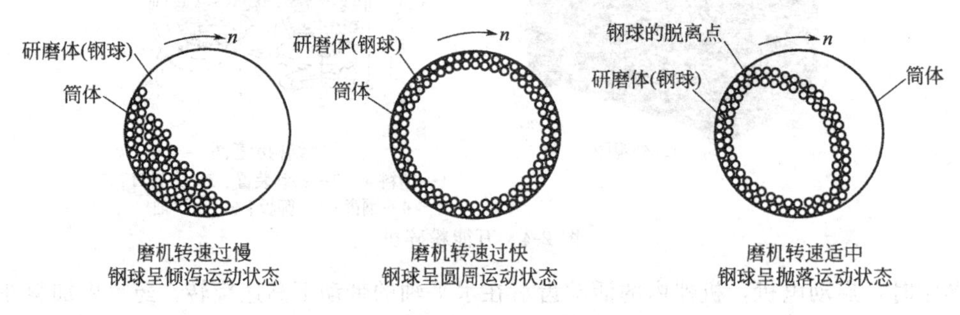

图 2-6　研磨介质的运动轨迹

通常将使研磨介质提升至最高点（顶点）下落的球磨机筒体转速，称为临界转速。球磨机的最佳转速一般为临界转速的 75%。

研磨介质的密度、尺寸大小及装填量对研磨效率有一定影响。材料密度越大，研磨效率越高。研磨介质尺寸越大，粉碎后物料的粒径越大，产量越高。通常球形研磨介质的直径不小于 65mm，大于待粉碎物料直径的 4～9 倍。干法研磨时，介质充填率通常为 28%～35%。湿法球磨机介质充填率大致以 40%为界限，充填率为 55%时，生产效率最高，但能耗也最大。为了使物料在筒体内呈抛射状态运动，球磨机内固体物料通常占总容积的 30%～60%。

球磨机结构简单，运行可靠，无需特别管理，且可密闭操作，操作粉尘少，劳动条件好，可实现无菌条件下物料的粉碎和混合。缺点是体积庞大，笨重；运行时有强烈的振动和噪声，需有牢固的基础；工作效率低，能耗大；研磨介质与筒体衬板的损耗较大。球磨机常用于结晶性或脆性物料的粉碎。由于是密闭操作，可用于毒性药、贵重药以及吸湿性、易氧化性和刺激性药物的粉碎。

（4）振动磨

振动磨是利用研磨介质在有一定振幅的筒体内对固体物料产生冲击、摩擦、剪切等作用而达到粉碎物料的目的。与球磨机不同，振动磨在工作时，其筒体内的研磨介质会产生强烈的高频振动，从而可在较短的时间内将物料研磨成细粉或超细粉。

图 2-7 是常见的振动磨结构示意图。筒体支承于弹簧上，主轴穿过筒体，轴承装在筒体上。主轴的两端还设有偏心配重。当电动机带动主轴快速旋转时，偏心配重的离心力使筒体产生近似于椭圆轨迹的运动，从而使筒体中的研磨介质及物料呈悬浮状态，研磨介质的抛射、撞击、研磨等均能起到粉碎物料的作用。

振动磨的研磨介质直径偏小，一般为 10～50mm，表面积较大，研磨机会增大许多倍。此外，振动磨的研磨介质填充率可达 65%以上，所以研磨冲击次数比球磨机多几万倍。

与球磨机相比，振动磨的粉碎比高，粉碎效率高，可使物料混合均匀，并能进行超细粉碎。由于是完全封闭式操作，筒体内可以通入惰性气体，因此可用于易燃、易爆、易氧化的

(a) 外观图

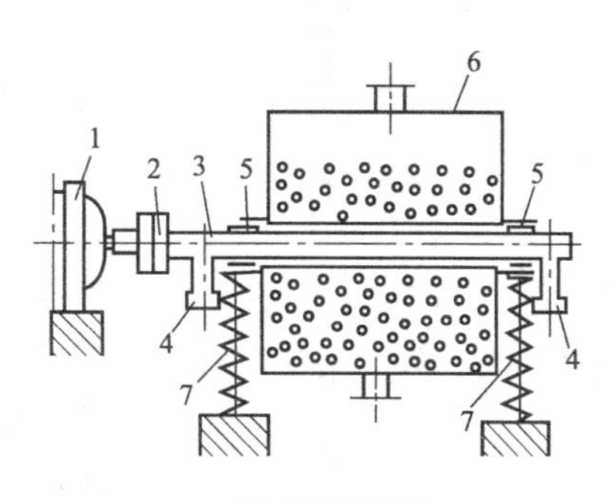

(b) 结构示意图

1—电动机；2—挠性轴套；3—主轴；4—偏心配重；
5—轴承；6—筒体；7—弹簧

图 2-7　振动磨

固体物料粉碎。筒体外壁的夹套中可以通入冷却水降温，粉碎温度可调节。缺点是机械部件的强度和加工精度要求较高，运行时振动和噪声较大。

(5) 气流式粉碎机

气流式粉碎机又称为气流磨、流能磨，是通过粉碎室内的喷嘴把压缩空气形成的高速弹性气流束喷出时形成的强烈多相紊流场，促使药物之间或与器壁间产生强烈碰撞、摩擦，从而达到粉碎的目的。

工业上常用的气流式粉碎机有旋流式气流粉碎机、对喷式气流粉碎机等。

① 旋流式气流粉碎机。又称为扁平气流磨，其结构见图 2-8。沿粉碎室的圆周安装有多个喷嘴，各喷嘴都倾斜成一定角度，气流携带物料以较高的压力喷入粉碎室，在粉碎室内形成高速旋流，被粉碎的颗粒随着气流从圆盘中部排出。研究结果表明，80％以上的物料是依靠颗粒间彼此冲击碰撞破碎的，而低于 20％的物料是由于与粉碎室内壁的冲击和摩擦而被粉碎的。其中，喷气流不但是粉碎的动力，也是实现颗粒分级的动力。高速旋转的气流形成了强大的离心力场，能将已破碎的物料颗粒按粒径大小进行分级，从而保证产品具有狭窄的粒径分布。

(a) 外观图

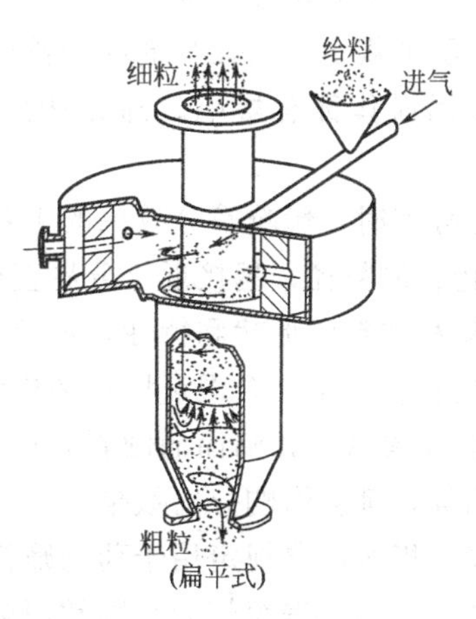

(b) 结构示意图

图 2-8　旋流式气流粉碎机

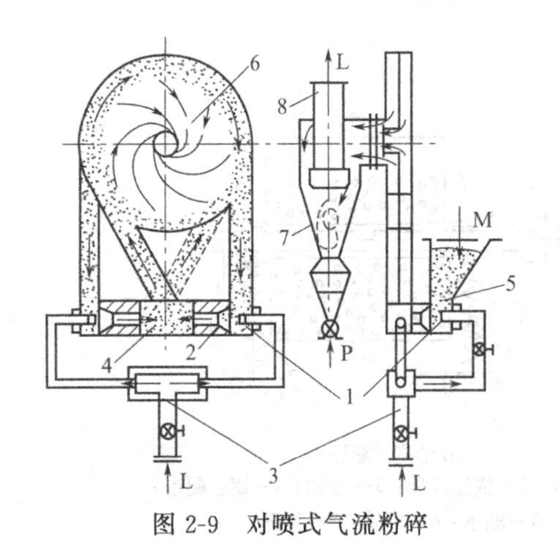

图 2-9 对喷式气流粉碎机结构示意图

1—喷嘴；2—喷射泵；3—压缩空气；4—粉碎室；5—料仓；6—旋转分级区；7—旋风分离器；8—滤尘器；L—气流；M—物料；P—产品

扁平磨粉碎机粉碎能力相对较低，物料和气流在同一喷嘴给入，气流在粉碎室中高速旋转，故喷嘴与衬里磨损较快，不适于处理硬度较大的物料。

② 对喷式气流粉碎机。特点是气流喷嘴相对安装，其结构如图 2-9 所示。工作时物料经加料斗送入，从喷嘴喷入的气流将送入粉碎室，与对面喷嘴喷射的气流相互冲击、碰撞、摩擦和剪切而被粉碎。粉碎后的颗粒随气流进入旋流分级区，细粒级物料通过分级器中心排出，进入与之相连的旋风分离器进行捕集。粗粒级物料在较大离心力作用下，沿分级器边缘向下运动，再次与给流射流相撞继续粉碎。如此循环，直至产品粒度达到要求为止。

对喷式气流粉碎机可提高颗粒的碰撞概率和碰撞速率，粉碎速率约比单气流粉碎机高出 20 倍。

气流式粉碎机的粉碎由气流完成，整个机器无活动部件，粉碎效率高，适用于物料的细碎和超细碎，产品粒度可达 200～300 目。但加料粒度应在 0.15mm 以下，一般先在其他粉碎机预碎后加料。由于气流在粉碎室中膨胀产生冷却效应，被粉碎物料的温度不升高，适用于抗生素、酶、低熔点等热敏药物的粉碎。此外，可实现无菌操作，卫生条件好。缺点是辅助设备多，一次性投资大；运行影响因素多，操作不稳定；噪声大；粉碎系统堵塞时会发生倒料现象，喷出大量粉尘，使操作环境恶化。

二、筛分设备

1. 筛分

物料粉碎后，粉末粒径相差较为悬殊，为了适应要求或及时取出达到设计要求粒度的物料，通常需要借助筛网将不同粒度的混合物料按粒度大小进行分离。经过筛分后，不合格的物料需要重新进行粉碎。

筛分对药品质量和制剂生产能够顺利进行都具有重要的意义。如药典对颗粒剂、散剂的粒度都有明确规定。而在片剂的制备过程中，粒度的大小和均匀程度对物料的混合、制粒、压片等单元操作都有影响。筛分法操作简单经济，且分级精度较高，在制药工业中应用广泛。

实际分离时，影响筛分效果的主要因素如下。

① 物料的粒径，越接近于分界直径（即筛孔直径）时越不易分离。

② 物料颗粒的形状和特性，颗粒不规则、密度小、带电性强等物料不易通过筛孔。

③ 物料含湿量，含湿量增加易成团或堵塞筛孔。

④ 操作参数，如筛面的倾斜角度、振动方式、运动速度、筛网面积、物料层厚度以及过筛时间等，都会影响分离效果。

药筛是指按药典规定用于药物筛粉的筛，又称标准筛。按制作方法的不同，药筛可分为编织筛和冲制筛。编织筛的筛网常用金属丝、化学纤维、绢丝等织成。冲制筛是指在金属板上冲压出一定形状的筛孔而制成，其筛孔不易变形，常用作粉碎机的筛板和药丸的筛选。我国 2000 版药典按筛孔内径规定了九种筛号，其规格如表 2-1 所示。

表 2-1　药筛等级

筛号	筛孔内径(平均值)/μm	目号/目	筛号	筛孔内径(平均值)/μm	目号/目
一号筛	2000±70	10	六号筛	150±6.6	100
二号筛	850±29	24	七号筛	125±5.8	120
三号筛	355±13	50	八号筛	90±4.6	150
四号筛	250±9.9	65	九号筛	75±4.1	200
五号筛	180±7.6	80			

注：每英寸（25.4mm）筛网长度上的孔数称为目，如每英寸有 100 个孔的标准筛称为 100 目筛。

由于药物使用的要求不同，各种制剂常需要有不同的粉碎度，所以要有控制粉末粗细的标准。《中国药典》规定了六种粉末的规格，如表 2-2 所示。药粉的细度等级划分是基于粉体粒径分布而定的。如通过一号筛的粉末，不完全是接近 2mm 粒径，也包括部分能通过二号至九号筛，甚至更细的粉粒在内。又如含纤维素多的粉末，有的呈棒状，短径小于筛孔，而长径大于筛孔，过筛可直立通过较小的筛孔。细粉是指全部通过五号筛，并含能通过六号筛不少于 95%的粉末。药典规定，在丸剂、片剂生产中，使用不经提取加工的原生药粉为剂型组分时，须为细粉。

表 2-2　药粉粒度等级

等　级	分　级　标　准
最细粉	能全部通过一号筛,但混有能通过三号筛不超过 20%的粉末
粗粉	能全部通过二号筛,但混有能通过四号筛不超过 40%的粉末
中粉	能全部通过四号筛,但混有能通过五号筛不超过 60%的粉末
细粉	能全部通过五号筛,但混有能通过六号筛不超过 95%的粉末
最细粉	能全部通过六号筛,但混有能通过七号筛不超过 95%的粉末
极细粉	能全部通过八号筛,但混有能通过九号筛不超过 95%的粉末

过筛设备的种类较多，可根据对药粉细度的要求、粉末的性质和数量进行选择。

2. 筛分设备

实验室用或小批量生产多使用套色，应用时可根据需要筛选不同号的药筛，按照筛号的大小依次将药筛叠成套，细号在下，粗号在上，最上面加盖，最底部套有接受器。药物用手摇动过筛。这种方法也适用于筛分剧毒性、刺激性或轻质的药粉，避免细粉飞扬。大批量生产则需要采用机械筛来完成筛分作业。

(1) 悬挂式偏重筛粉机

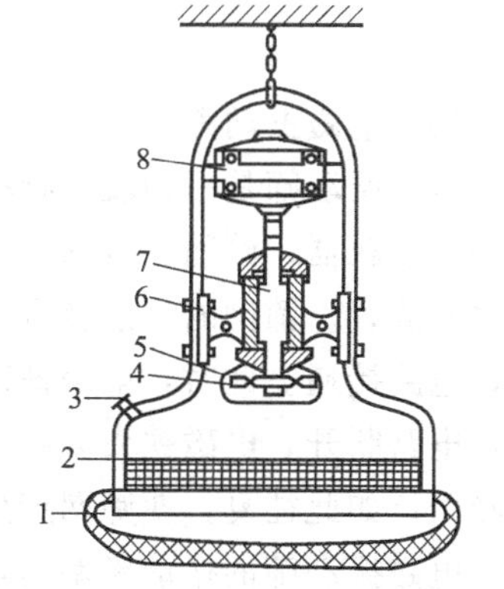

图 2-10　悬挂式偏重筛粉机
1—接受器；2—筛子；
3—加粉口；4—偏重轮；
5—保护罩；6—轴座；
7—主轴；8—电动机

悬挂式偏重筛粉机是摇动筛的一种，其共同特点是利用曲柄连杆机构使筛面做往复摇晃运动。悬挂式偏重筛粉机主要由电动机、偏心轮、筛网和接受器等组成，结构如图 2-10 所示。主轴下部有偏心轮，偏心轮外有保护罩。工作时电动机带动主轴和偏心轮高速旋转，由于偏心轮两侧重量不平衡而产生振动，使通过筛网的细粉很快落入接受器中，而粗粉则留在筛网上。为了防止筛孔堵塞，筛内装有毛刷，随时刷过筛网。

操作时为了防止粉末飞扬，除出料口外可将机器全部用布罩盖。当不能通过的粗粉积累较多时，需要停机，人工取出。

悬挂式偏重筛粉机结构简单、可密闭操作，能有效防止粉尘飞扬。此外，根据需要可采用不同规格的筛网。但悬挂式偏重筛属于慢速筛分级，间歇式操作，筛分效率较低。常用于矿物药、化学药和无显著黏性药物的筛分。

(2) 振动筛

振动筛利用机械或电磁作用使筛面产生振动将物料进行分离。三维振动圆形筛粉机采用圆形的筛面和筛筐结构，连接处采用橡胶圈密封，用抱箍固定，可安装多层筛面（最多三层），结构如图 2-11 所示。激振装置垂直安装在底盘中心，在振动电机的上轴及下轴各装有不平衡重锤，上轴穿过筛网与其相连，筛框以弹簧支撑于底座上，上部重锤使筛网产生水平圆周运动，下部重锤使筛网发生垂直方向运动，致使筛网的振荡方向有三维性。工作时，固体物料加到筛网中心部位，在筛面上产生从中心向圆周方向作旋涡运动，并向上作抛射运动，可防止筛孔堵塞，小于筛孔尺寸的颗粒落入下层筛面或底盘，筛分所得的不同粒径产品分别从筛筐的出料口排出。

振动筛安装简单，维修和更换筛面方便，筛分精度在 95%以上，可对 80～140 目的粉粒实现封闭式连续操作。此外，出料口在 360°圆周内可任意调位置，并可实现无级调速，在药剂生产中被广泛应用。

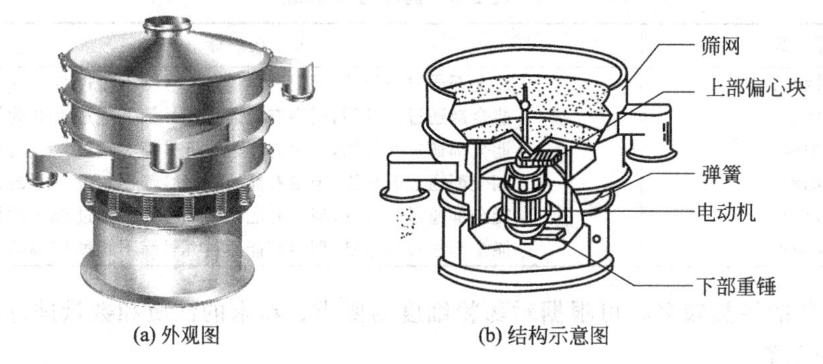

(a) 外观图　　(b) 结构示意图

图 2-11　三维振动圆形筛粉机

(3) 电磁振动筛

电磁振动筛是一种较高频率（＞200 次/s）、较小振幅（＜3mm）的往复振荡筛分装置，主要由接触器、筛网、电磁铁等部件或元件组成，如图 2-12 所示。筛网一般倾斜放置，也可水平放置。筛网的一边装有弹簧，另一边装有衔铁。当弹簧将筛拉紧而使接触器相互接触时，电路接通。此时，电磁铁产生磁性而吸引衔铁，使筛向磁铁方向移动。当接触器被拉脱时，电路断开，电磁铁失去磁性，筛又重新被弹簧拉回。此后，接触器又重新接触而引起电磁吸引，如此往复，使筛网产生振动。

电磁振动筛的振动频率高，而振幅较小，物料在筛网上呈跳动状态，有利于颗粒分散，筛分效率和精度均较高。电磁振动筛常用于黏性较强的药物，如含油或树脂药粉的筛分。

三、混合设备

1. 混合

混合广义上是指把两种以上组分在混合设备中相互分散而达到均一状态的操作。混合的物质不同、目的不同，所采用的操作方法也不同。在狭义上，通常将固体颗粒间相互分散操作的过程称为混合。而将大量固体与少量液体的混合叫捏合；将大量液体和少量不溶性固体或液体的混合叫均化，如混悬液、乳剂、软膏剂等在制备过程中的粉碎与混合。本节介绍固

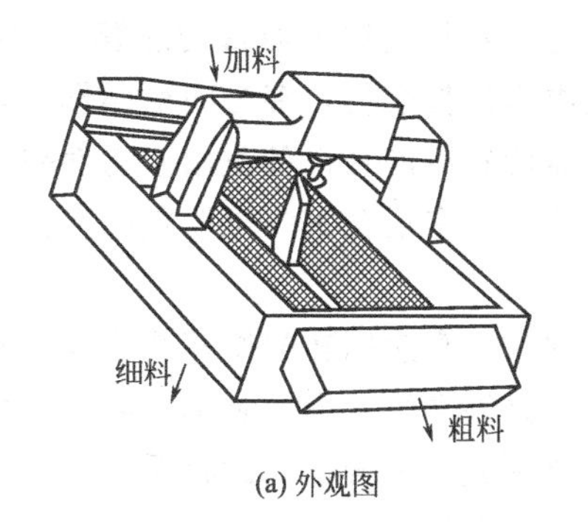

(a) 外观图

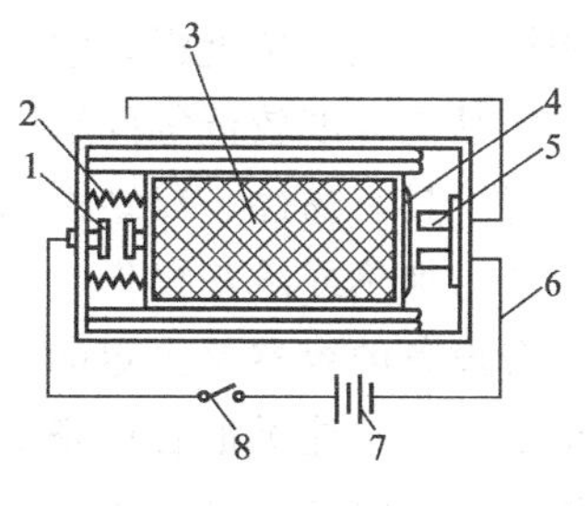

(b) 结构示意图
1—接触器；2—弹簧；3—筛网；4—衔铁；
5—电磁铁；6—电路；7—电源；8—开关

图 2-12　电磁振动筛

体颗粒间的混合。

混合是片剂、冲剂、散剂、胶囊剂、丸剂等固体制剂生产中的一个基本单元操作。混合结果不仅影响制剂的外观质量，还关系到制剂的内在质量。如在片剂生产中，混合不理想会造成片剂出现斑点、崩解时限和强度不合格等影响药效。特别是含量非常低的毒性药物、长期连续服用的药物、有效血药浓度和中毒浓度接近的药物等，主药含量不均匀能给生物利用度及治疗效果带来极大的影响，甚至带来危险。因此，合理的混合操作是保证制剂产品质量的重要措施之一。

实验室常用搅拌、研磨或过筛操作进行混合，而生产中多依靠混合设备完成。值得注意的是，对于含有剧毒药品、贵重药品或各组分比例差异悬殊的混合，则需采用“等量递增”原则进行混合。

需混合的粉体通常具有粒度小，密度小，附着性、凝聚性、飞散性强等特性，这些都给混合操作带来一定难度。在生产过程中，固体物料间的混合往往伴随着离析现象。离析是将已混合好的混合物料重新分层。混合涉及对流混合、扩散混合和紊流混合三种基本运动形式，而固体间的混合主要为对流混合，即两种或两种以上组分在相互占有的空间内不断产生相对运动，改变相对位置，并不断克服由于物性差异导致物料分层的趋势。

在实际操作中，影响混合效率及混合程度的因素很多，总的来说可分为物料因素、设备因素和操作因素三大类。

物料的粒径分布、表面形态、粒子密度及堆密度、含水量、流动性、黏附性、凝聚性等特性都会影响混合过程。通常粒径大小对混合效果影响最大，而密度在流化态操作中比粒径的影响更显著。一般情况下，小粒径、大密度的颗粒易在大颗粒的缝隙中往下流动而产生分层。当粒径小于 30μm 时，粉粒密度的影响可忽略。但当小于 5μm 粉末和较大粒径的物料混合时，粉末将附着在大颗粒表面成为包衣状态，不会发生分层。当混合物料中含有少量水分时可有效地防止离析。

此外，混合设备的形状及尺寸、内部设置挡板或采用强制搅拌等都会影响混合效果。物料的装填量、装料方式、混合比、混合机的转动速度及混合时间等操作因素也会严重影响混合效果。

2. 混合设备

根据运动形式，混合设备大致可分为容器运动型和容器固定型两类。

容器运动型混合设备是依靠容器本身的旋转或三维运动作用带动物料运动实现混合的，

典型代表有双圆锥形、V形和三维运动混合机等。物料装填量通常为总容积的30%～50%。这类混合设备结构简单、混合速度慢，混合机内部清扫容易，多为间歇操作。缺点是存在设备空间利用率低、产品混合度较低等问题。容器旋转型混合设备适用于物性差异小、流动性好的物料间混合。对于具有黏性、凝结性的粉体必须在混合室内设置强制搅拌叶或挡板。此外，容器可设夹套进行加热或冷却操作。

容器固定型混合设备的容器是固定的，内部有可高速回转的搅拌桨或螺旋杆，其代表有槽式混合机和锥形混合机。这类混合设备的优点是混合强度大、装填率高，可用于凝结性强的粉体、湿润粉体和膏状物料，也可用于物性差别大、混合比高的物系混合。缺点是机器维修和清扫困难，故障发生率高，容器内和搅拌装置上易残留物料。

固体制剂每混合一次为一个批号，因此混合设备型号的选择应根据混合量大小确定。

(1) 容器旋转型混合设备

它由安装在水平轴上的不同形状的混合桶组成，桶体可沿轴做圆周运动。目前国内生产中主要使用双锥形或V形混合桶。

双锥形混合机的桶体由两个锥底相连的圆锥体构成，驱动轴固定于锥底部分，一个锥顶为原料入口，另一个为混合物料的出口，如图2-13(a) 所示。工作时，桶体内的物料能产生强烈的滚动作用，具有易流动和混合较快的优点，同时物料排出彻底。

(a) 双锥形混合机

(b) V形混合机

图2-13 容器旋转型混合设备

V形混合机由两个圆筒成V形交叉结合而成，见图2-13(b)。两个圆筒端部的出口由盖封闭。当容器绕转轴旋转一周时，桶体内物料时聚时散，快速混合。V形混合机是容器旋转型混合设备中混合效果最好的一种，应用非常广泛。

容器旋转型混合设备的桶体转速对混合效果影响较大。当转速较低时，混合效率下降，混合耗时长；而转速过快，易造成细粉分离。适宜转速取决于桶体的形状、尺寸及物料性质。V形混合机的最佳转速可取临界转速的30%～40%。

(2) 三维运动混合机

如图2-14所示，三维运动混合机是一种新型的容器多向运动型混合设备。在混合作业时，桶体同时进行自转和公转，使多角混合桶产生强烈的摇旋滚动作用，避免了因离心作用桶内物料产生的密度偏析、分层、积聚现象和混合死角，混合均匀度要高于容器旋转型混合设备。此外，物料的最大装填量高，可达到桶体总体积的80%；三维运动混合机在自重作用下出料，余料无残留，易清洗。

总之，三维运动混合机具有混合均匀度高、流动性好、装载率高等特点，适用于不同密

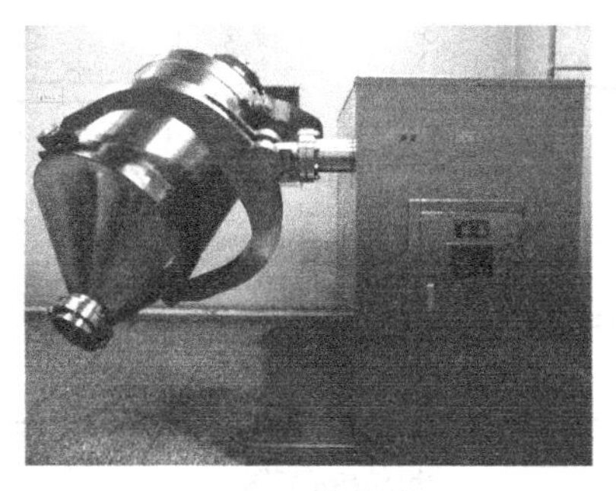

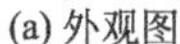
(a) 外观图

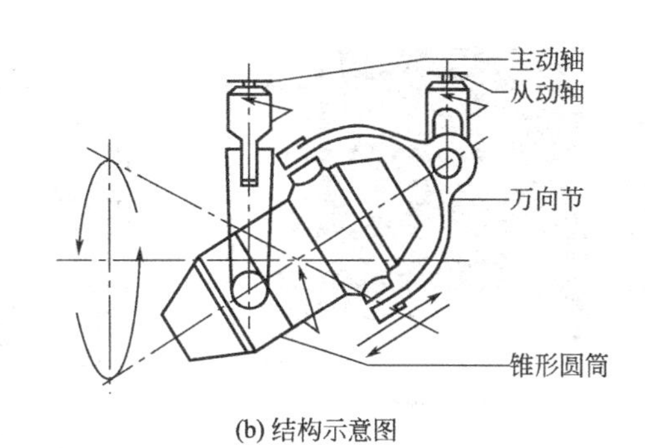

(b) 结构示意图

图 2-14 三维运动混合机

度和状态的物料混合。

(3) 自动提升料斗混合机

自动提升料斗混合机是 20 世纪 90 年代初国际上开发作为药品生产粉状处理系统中的一个生产设备。如图 2-15 所示，料斗形状有圆柱锥形和方柱锥形两种，它既是混合桶，又可作为配料容器和周转容器。自动提升料斗混合机可以夹持不同容积的几种料斗。药厂只需要配置一台自动提升料斗混合机及多个不同规格的料斗，就能满足大批量、多品种的混合要求。

图 2-15 自动提升料斗混合机

工作时，将料斗移动放置在回转体内，该机能自动将回转体提升至一定高度并将料斗夹紧，按设定参数进行混合。达到设定时间后，回转体自动停止于出料状态。然后提升系统将回转体下降至地面并松开夹紧系统。

自动提升料斗混合机的最大特点是回转体（料斗）的回转轴线与其几何对称轴线呈一定夹角，料斗中物料随回转体产生强烈翻动的同时，沿斗壁做切向运动，从而达到最佳的混合效果。

使用自动提升料斗混合机，药物可在同一料斗中完成混合和运送，避免了频繁出料和转移，从而可有效地防止药物交叉污染和药物粉尘的产生，设备符合 GMP 要求。

(4) 槽式混合机

槽式混合机主要由混合槽、搅拌器、机架和驱动装置组成，如图 2-16 所示。搅拌器通常为螺带式，并水平安装于混合槽内，其轴与驱动装置相连。当螺带以一定的速度旋转时，螺带表面将推动与其接触的物料沿螺旋方向移动，从而使螺带推力面一侧的物料产生螺旋状的轴向运动，而四周的物料则向螺带中心运动，以填补因物料轴向运动而产生的“空缺”，结果使混合槽内的物料上下翻滚，从而达到使物料混合均匀的目的。

槽式混合机结构简单，操作维修方便。缺点是混合强度小，混合时间长，混合时粉尘外溢，污染环境。此外，当颗粒密度相差较大时，密度大的颗粒易沉积于底部，故仅适用于密度相近，并对产品均匀度要求不高的物料混合。

(5) 锥形混合机

锥形混合机主要由锥形壳体和传动装置组成，壳体内一般装有一至两个与锥体壁平行的

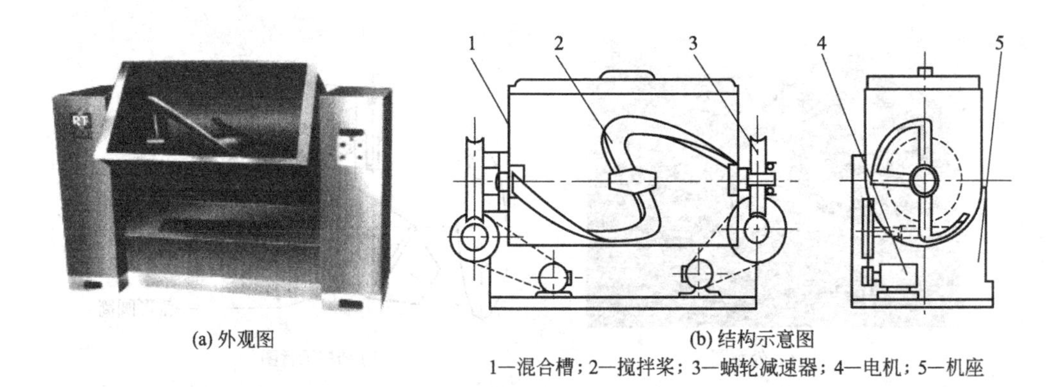

(a) 外观图

(b) 结构示意图
1—混合槽；2—搅拌桨；3—蜗轮减速器；4—电机；5—机座

图 2-16 槽式混合机

螺旋式推进器，其结构如图 2-17 所示。工作时，螺旋式推进器既有公转又有自转。双螺旋的自转带动物料自下而上提升，结果形成两股对称的沿锥体壁上升的螺柱形物料流。同时，旋转臂带动螺旋杆公转，使螺柱体外的物料不断混入螺柱体内。整个锥体内的物料不断混掺错位，由锥体中心汇合后向下流动，从而使物料在短时间内混合均匀，一般 2～8min 就可以达到最大混合程度。

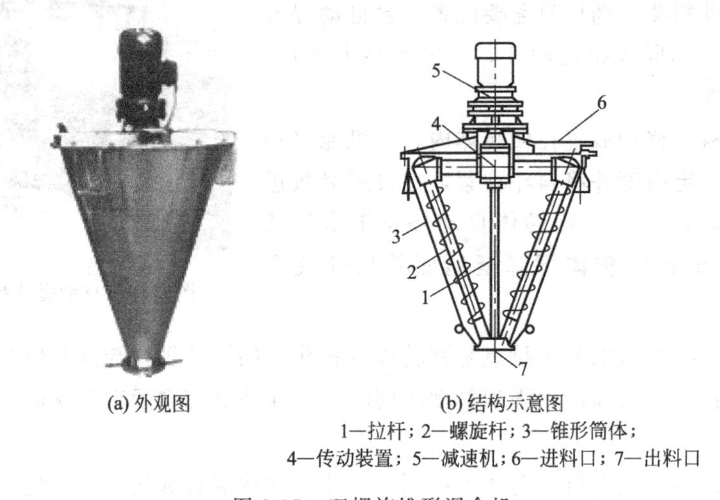

(a) 外观图

(b) 结构示意图
1—拉杆；2—螺旋杆；3—锥形筒体；
4—传动装置；5—减速机；6—进料口；7—出料口

图 2-17 双螺旋锥形混合机

锥形混合机可密闭操作，并具有混合效率高、清理方便、无粉尘等优点，对大多数粉粒状物料均能满足其混合要求，因而在制药工业中有着广泛的应用。

四、制粒设备

1. 概述

用于压片的物料必须具备良好的流动性和可塑性，才能保证片剂的重量差异和硬度要求。但是大多数药物粉末的可压缩性及流动性都很差，需要加入适当的黏合剂制成流动性较好的颗粒后再压片，这个过程称为制粒或造粒。除了某些结晶性药物可直接压片外，几乎所有的固体制剂的生产都包括制粒过程。制粒操作使颗粒具有某种相应的目的性，以保证产品质量和生产的顺利进行。制粒过程可在造粒机中完成，制得的颗粒应具有适宜的机械强度，能经受住装卸和混合操作的破坏，但在冲模内受压时，颗粒应破碎。

(1) 制粒目的

① 改善流动性。一般颗粒状比粉末状粒径大，每个粒子周围可接触的粒子数目少，因而黏附性、凝聚性大为减弱，从而大大改善了物料的流动性，物料虽然是固体，但可使其具备与液体一样定量处理的可能。

② 防止各成分的离析。混合物各成分的粒度、密度存在差异时容易出现离析现象，混合后制粒，或制粒后混合可有效地防止离析。

③ 防止粉尘飞扬及器壁上的黏附。药物粉末的粉尘飞扬及黏附性严重，制粒后可防止环境污染与原料损失，有利于GMP的管理。

④ 调整堆密度，改善溶解性能。

⑤ 改善片剂生产中压力传递的均匀性。

⑥ 可直接作为颗粒剂服用，携带方便，提高商品价值等。

(2) 制粒方法

在医药生产中广泛应用的制粒方法可分为湿法制粒、干法制粒和喷雾制粒三大类，制粒过程及优缺点见表2-3，其中湿法制粒应用最为广泛。此外，还有一种新型制粒法——液相中晶析制法。

表2-3　各种制粒方法的比较

制粒方法	制粒过程	优点或缺点
湿法制粒	在药物粉末中加入黏合剂，靠黏合剂的架桥或黏结作用使粉末聚结在一起而制备颗粒的方法	湿法制粒经过表面润湿，所制得的颗粒具有外形美观、耐磨性较强、压缩成型性好等优点
干法制粒	将药物与辅料粉末混合均匀后压成大片状或板状，然后再粉碎成所需大小的颗粒的方法	不需要使用任何黏合剂，可省去后续的干燥操作
喷雾制粒	将药物溶液或混悬液（含水量可达70%～80%）用雾化器喷于干燥室内的气流中，使水分迅速蒸发以制成球状干燥细颗粒的方法	兼具浓缩、制粒和干燥三种功能。干燥速度非常快，物料的受热时间短。所获得的颗粒具有良好的溶解性、分散性和流动性。缺点是设备高大、投资高，操作能耗大

2. 湿法制粒机

常用的湿法制粒机主要有挤压制粒机、转动制粒机、高效混合制粒机及流化制粒机等。其中转动制粒机主要用于微丸的制备，在此不做详述。

(1) 挤压制粒机

挤压制粒的基本原理是利用滚轮、圆筒等将物料强行通过筛网挤出，得到所需的颗粒。制粒前，需要按处方将物料在混合机内先制成软材。满足压挤制粒的软材必须黏松适当，太黏则挤出的颗粒成条不易断开，太松则不能成粒而变成粉末。目前基于挤压制粒的设备主要有摇摆式制粒机、旋转挤压制粒机和螺旋挤压制粒机。

挤压制粒机具有以下特点：颗粒的粒度由筛网的孔径大小调节，粒子形状为圆柱状，粒度分布较窄；挤压压力较小，可制成松软颗粒，适合压片；制粒过程经过混合、制软材等多道程序，劳动强度大，不适合大批量生产。

① 摇摆式制粒机。

摇摆式制粒机由机座、减速器、加料斗、滚筒、筛网及活塞式油泵组成，如图2-18所示。加料斗内靠下部装有一个可正反转旋转滚筒，滚筒上有七根截面形状呈梯形的“刮刀”。滚筒下面紧贴着筛网，筛网由带手轮的管夹固定。工作时，电动机通过曲柄摇杆机构使滚筒做正反转动。在滚筒上刮刀的挤压与剪切作用下，湿物料被挤过筛网成颗粒，落于接受盘中。

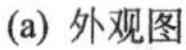

(a) 外观图

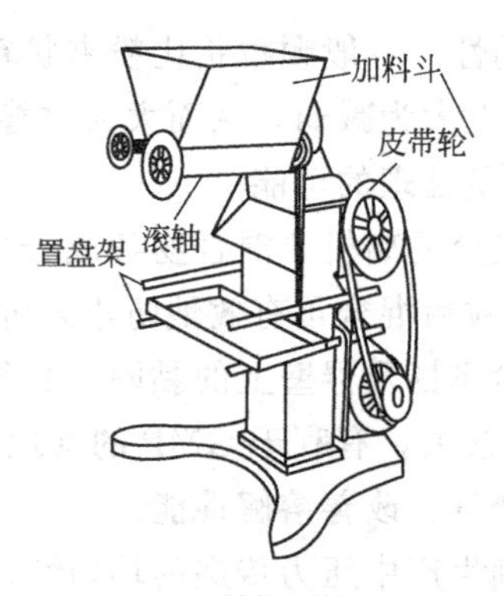

(b) 结构示意图

图 2-18 摇摆式制粒机

摇摆式制粒机具有结构简单、生产能力大、所得颗粒粒径分布比较均匀、滚筒转速可调节、筛网装卸容易且松紧度可适度调节等特点。缺点是颗粒易被金属筛网产生的金属屑污染，且采用尼龙筛网时易破损而需要经常更换。

摇摆式制粒机一般与槽式混合机配套使用，后者将原辅料制成软材后，再经摇摆式制粒机制成颗粒状。也可作整粒用。

② 旋转挤压制粒机。

旋转挤压制粒机主要由底座、加料斗、颗粒制造装置、动力装置、齿条等组成，如图 2-19 所示。颗粒制造装置为不锈钢圆筒，圆筒的两端有筛孔。其中一端筛孔的孔径相对于另一端较大，以适应制备大小不同的颗粒。圆筒的一端装在固定的底盘上，底盘中心有一个转动的轴心，轴心上固定有十字形四翼刮刀和挡板，两者之间做相对旋转。制粒时，将软材投放到转筒中，通过刮板旋转，将软材混合切碎并落于挡板和圆筒之间，在挡板的转动下被挤压出筛孔成颗粒，落入颗粒接受盘中，由出料口收集。

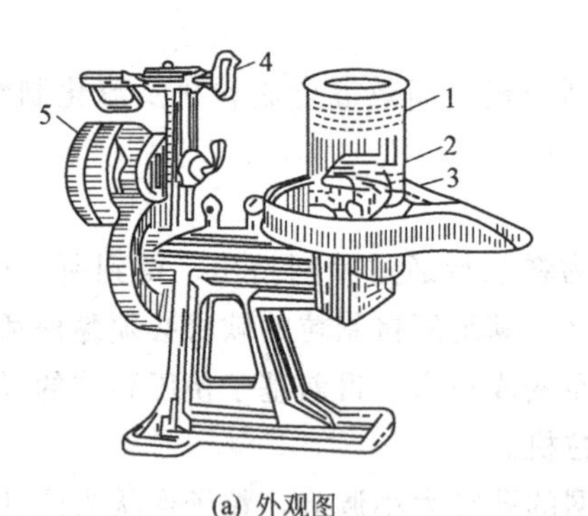

(a) 外观图

1—筛孔; 2—挡板; 3—四翼刮刀; 4—开关; 5—皮带轮

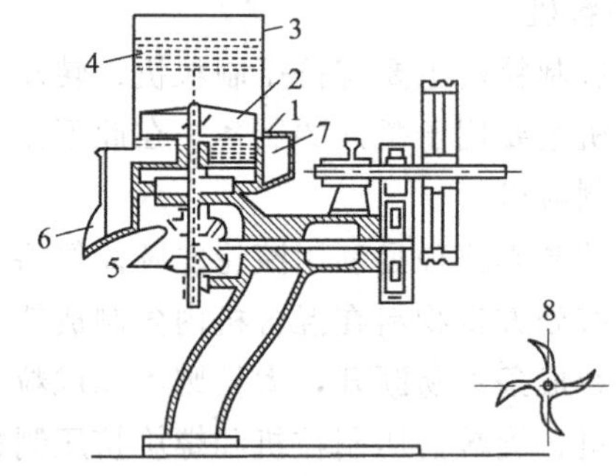

(b) 结构示意图

1—筛孔; 2—挡板; 3—有筛孔圆筒; 4—备用筛孔; 5—伞形齿轮; 6—出料口; 7—颗粒接受盘; 8—四翼刮刀

图 2-19 旋转挤压、制粒机

旋转挤压制粒机适用于黏性较大的物料，具有颗粒成型率高的特点。

(2) 高效混合制粒机

高效混合制粒机是通过搅拌器的混合及高速旋转制粒刀的切制，将湿物料制成颗粒的装置，是一种集混合与造粒功能于一体的高效制粒设备，在制剂生产中被广泛使用。

高效混合制粒机通常由盛料筒、搅拌器、造粒刀、电动机和控制器等组成，如图 2-20

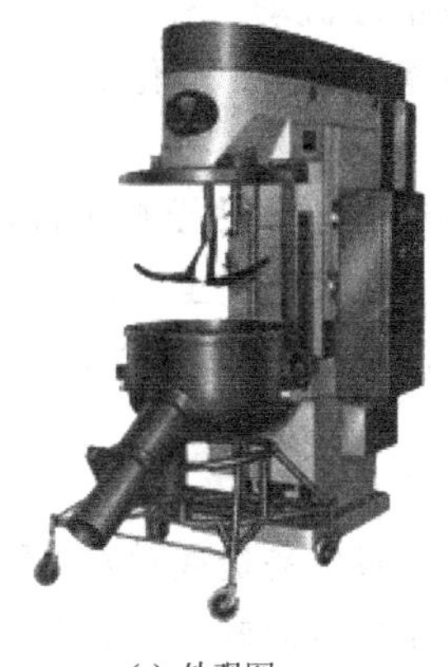

(a) 外观图

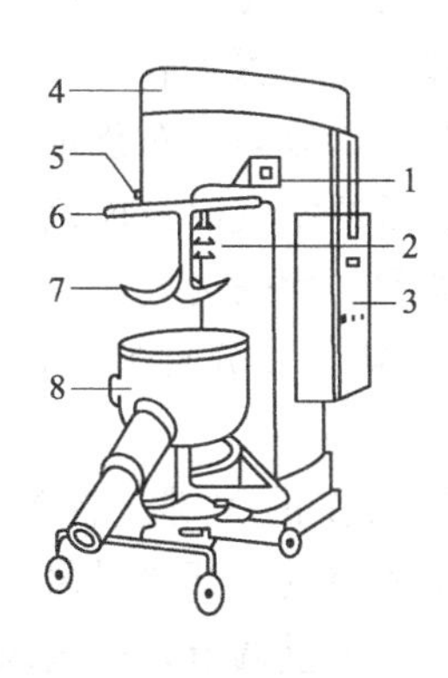

(b) 结构示意图

1—视孔；2—制粒刀；3—电器箱；4—机身；5—送料口；
6—安全环；7—桨叶；8—盛器

图 2-20　高效混合制粒机

所示。工作时，首先将原、辅料按处方比例加入盛料筒，并启动搅拌电机将干粉混合 1～2min，待混合均匀后再加入黏合剂。将变湿的物料再搅拌 4～5min 即成为软材。此时，启动造粒电机，利用高速旋转的造粒刀将湿物料切割成颗粒状。由于物料在筒内快速翻动和旋转，可使物料在短时间内经过造粒刀部位，从而都能被切割成大小均匀的颗粒。

高效混合造粒机的混合造粒时间短，一般仅需 8～10min，所制得的颗粒大小均匀，质地结实，流动性好。所制颗粒的粒径范围为 20～80 目，烘干后可以直接压片。由于采用全封闭操作，故不会产生粉尘，符合 GMP 要求。此外，与传统造粒工艺相比，高效混合造粒机可节省 15%～25%的黏合剂用量。

(3) 流化制粒机

流化制粒机又称为沸腾制粒机，其工作原理是用气流将粉末悬浮呈流化态，再喷入黏合剂使粉末凝结成颗粒。由于气流的温度可以调节，因此可将混合、造粒、干燥等操作在一台设备中完成，故又称为一步造粒机，在制药工业中有着广泛的应用。

流化制粒机由主机和辅助系统两部分组成，结构原理如图 2-21 所示。其中主机部分包括流化室、喷液系统、袋滤器等；辅助系统主要由压缩空气系统和风机系统组成。喷液系统包括贮液桶、输送管泵和喷嘴三部分。

(a) 外观图

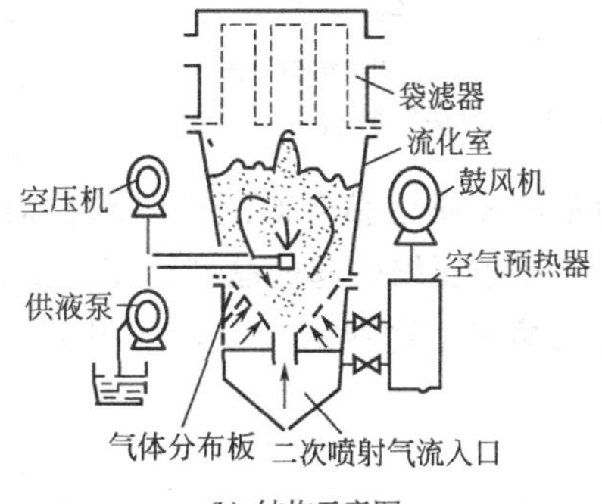

(b) 结构示意图

图 2-21　流化制粒机

喷嘴构造是流化床喷雾造粒干燥设备的关键技术之一，要求其能将黏合剂以雾滴状喷出，并且保证一定喷射角度。流化室多采用倒锥形，以消除流动“死区”。流化室内的气体分布器通常为多孔倒锥体，上面覆盖着60～100目的不锈钢筛网。流化室上部设有布袋过滤器以及反冲装置或振动装置，以防止布袋过滤器堵塞。

工作时，经过滤净化后的空气由鼓风机送至空气预热器，预热至规定温度（60℃左右）后，从下部经气体分布器和二次喷射气流入口进入流化室，使物料呈流化态。随后将黏合剂喷入流化室，继续流化、混合数分钟后，即可出料。湿热空气经布袋过滤器除去粉末后排出。

粉末物料的流化态是操作的关键。首先，容器内的装量要适量，一般装量为容器的60%～80%。其次，风量的控制。开始时风量不宜过大，过大易造成粉末沸腾过高，黏附于滤袋表面，造成气流堵塞。风量调节，以进风量略大于排风量为好。一般进风量确定后，只需调节排风量。启动风机时风门需关闭，以减少启动电源，待风机运转后，可逐步加大排气风门，以形成理想的物料沸腾状态。第三，进风温度。若进风温度过高，则会降低颗粒粒度；过低会使物料过分湿润而结块。

流化制粒机制得的颗粒粒度多为40～80目，颗粒外形比较圆整，压片时的流动性好，有利于提高片剂的质量。流化制粒机可完成多种操作，简化了工序和设备，生产效率高，生产能力大，并容易实现自动化，符合GMP要求。缺点是动力消耗较大。流化制粒机适用于热敏性或吸湿性强的物料造粒，但要求所有物料密度相差不能太大。

3. 干法制粒及其设备

干法制粒有压片法和滚压法。压片法系将固体粉末首先在重型压片机上压实，制成直径为20～25mm的胚片，然后再破碎成所需大小的颗粒。

滚压法系利用转速相同的两个滚动圆筒之间的缝隙，将药物粉末滚压成片状物，然后通过颗粒机破碎制成一定粒径大小的颗粒的方法。片状物的形状由压轮表面的凹槽花纹来决定，如光滑表面或瓦楞状沟槽等。

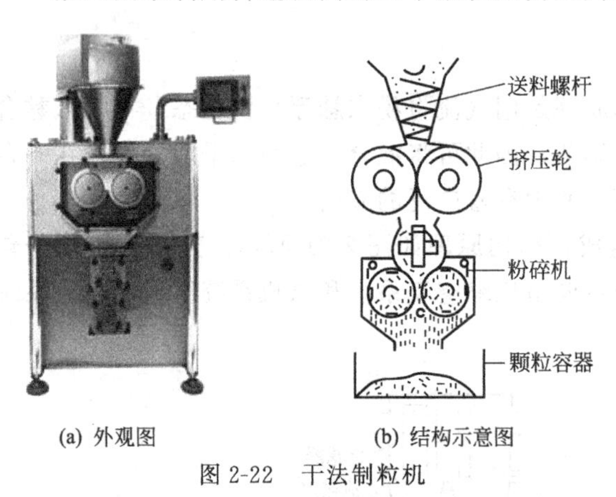

图2-22　干法制粒机

如图2-22所示，投入粉斗中的药物粉末，通过加料器送至压轮进行压缩，压出的固体胚片落入料斗，被粗碎轮破碎成块状物，然后进入具有较小凹槽的中碎轮和细碎轮进一步破碎制成粒度适宜的颗粒，最后进入振荡筛进行整理。适宜大小的颗粒投入下道工序，过细粉与原料混合重复上述过程。

干法制粒因为不需要使用黏合剂制成湿颗粒而省去了再干燥工序，制粒过程简单、省工、省时，但应注意由于压缩引起的晶型转变及活性降低等问题。该法适用于热敏性物料、遇水易分解且容易压缩成型物料的制粒，常用于中药浸膏、半浸膏及黏性较强的药物细粉制粒。

4. 喷雾制粒

如图2-23所示，含水率在70%～80%的物料经雾化器喷成液滴分散于热气流中，空气经过滤、蒸汽加热器及电加热器加热后沿切线方向进入干燥室与液滴接触，液滴遇到热空气后其中的水分迅速蒸发，干燥后的固体粉末落于器底，可连续或间歇出料。废气由干燥室

(a) 喷雾器外观图

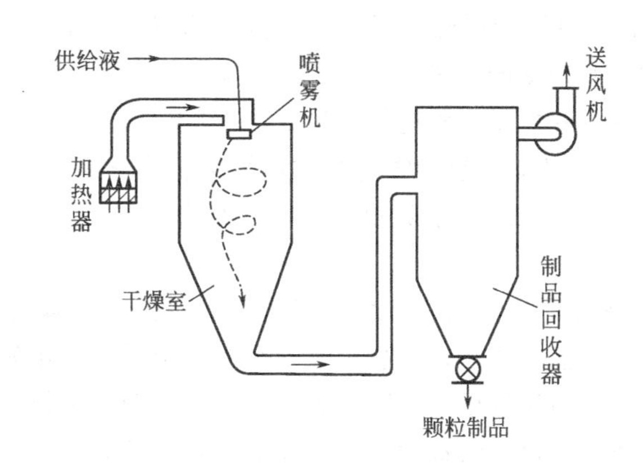

(b) 喷雾制粒装置示意图

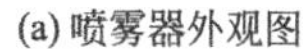

图 2-23　喷雾制粒装置

下方的出口流入旋风分离器，分离出其中携带的固体粉末，然后经风机和布袋过滤器后排放。

料液在干燥室内喷雾成微小雾滴的工作由雾化器来完成，它是喷雾干燥的关键零部件，直接影响产品质量和生产能耗。常用雾化器有离心式喷雾器、压力式喷雾器和气流式喷雾器三种类型。其中离心式喷雾器为一高速旋转的圆盘，圆盘里有放射形叶片，料液送入圆盘中央受离心力作用加速，到达周边时成雾状洒出。压力式喷雾器由空室、切向小孔、漩涡室及喷嘴组成，泵将料液在高压下送入空室，经切向小孔进入漩涡室，再经旋转分散成雾状自喷嘴喷出。气流式喷雾器具有液体和压缩气体两个通道，压缩空气经喷嘴内部的斜形通道喷出，料液由喷嘴的中间通道流出，在出口处与压缩空气混合而雾化。

目前我国应用较普遍的是压力式喷雾器，它适用于黏性料液，动力消耗小，但需附有高压液泵。气流式喷雾器结构简单，适用于任何黏度或稍带固体的料液，但动力消耗最大。离心式喷雾器的动力消耗介于上述两者之间，但造价较高，适用于高黏度或带固体颗粒的料液干燥。

喷雾制粒法所制备的颗粒形状主要呈中空球状粒子，粒径范围在 30μm 至数百微米，具有良好的溶解性、分散性和流动性。缺点是设备高大、前期投资费用高、能量消耗大、操作费用高。此外，黏性较大，料液易粘壁，需用特殊喷雾干燥设备。

由于制粒过程热风温度高，干燥速度非常快（通常需要数秒至数十秒），物料的受热时间极短，干燥物料的温度相对较低，适合处理热敏性物料。近年来喷雾干燥制粒法主要用于抗生素粉针的生产、微丸的制备、固体分散体的研究以及中药提取液的干燥。

五、干燥设备

1. 干燥

干燥是借助于热能使物料中水分或其他溶剂蒸发或用冷冻将物料中的水分结冰后升华而被移出的单元操作。干燥在药物制剂生产中广泛使用，如湿法制粒后必须进行干燥以保证药物的化学稳定性和颗粒的流动性；冷冻干燥是冻干粉针剂的重要生产环节。此外，各种包装容器清洗后都离不开干燥单元。

湿物料进行干燥时涉及下面两个基本过程。

① 将热量传递给湿物料，使物料中的水分发生汽化。

② 汽化后的蒸汽排除。其中，热量提供方式有传导、热空气对流和红外线辐射等。

影响干燥速率的因素主要包括湿物料特性、干燥介质和干燥设备三方面，它们彼此关联。下面就一些主要因素进行讨论。

① 物料的性质。包括物料的物理结构、化学组成、形状和大小、物料层的厚度及水分结合方式。如粉末之间空隙较小，内部结合水扩散较慢，致使粉末性物料比结晶性物料干燥慢。

② 干燥介质的温度、湿度和流速。适当提高干燥介质的温度，可加快水分蒸发速度。干燥介质相对湿度越小，越易干燥。因此在干燥时要预先对气流本身进行干燥和预热，并在烘箱上加设鼓风装置以加速物料表面的气体流动和更新。

为了防止干燥物料被污染，干燥空气介质还需要具有一定洁净度，加上温度、湿度和速度（流速）合称为“四度”要求。

③ 物料与干燥介质的表面。接触面积越大，传热和传质量越大。为此，在干燥过程中要及时更新物料表面。如在静态干燥时定时对物料进行人工翻动；或采用动态干燥，使物料处于跳动、悬浮状态，大大增加其暴露面积，有利于提高干燥速率。

④ 压力。真空干燥不仅能降低干燥温度、加快溶剂蒸发速度、提高干燥速率，而且可得到疏松易碎、质量稳定的产品。

2. 干燥设备

热空气对流干燥又简称为气流干燥，是固体湿物料的主要干燥方式，常用的气流干燥设备有厢式干燥器、流化床干燥器等。

(1) 厢式干燥器

厢式干燥器是常用的干燥设备，多采用强制气流方法，按照气体流动方式可分为水平式、穿流式、真空式等。

① 水平式厢式干燥器。

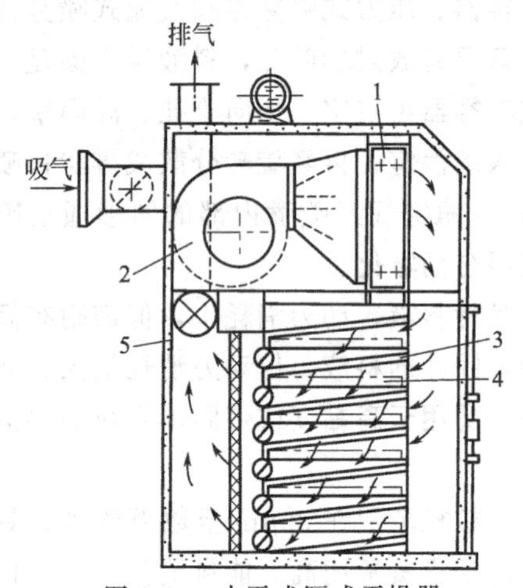

图 2-24 水平式厢式干燥器

1—加热器；2—循环风机；3—干燥板层；4—支架；5—干燥箱主体

如图 2-24 所示，水平式厢式干燥器整体呈厢形，外壁为绝热保温层，厢体上设有气体进出口，物料放于盘中，盘按一定间距放于固定架或小车型的可推动架上。厢内设有热风循环扇、气体加热器和可调的气体挡板、送风和出风口等。热风沿着物料表面平行通过，把湿分带走而达到干燥。水平气流厢式干燥器适用于后期易产生粉尘的泥状物料、少量多品种湿物料的粒状或粉状物干燥。

② 穿流式厢式干燥器。

穿流式厢式干燥器结构与平流式相同，但堆放物料的隔板或容器的底部由金属网或多孔板构成，使热风能够均匀地穿过物料层（见图 2-25），可以提高传热效率。由于气流穿过物料层，因接触面积增大、内部湿分扩散距离短，干燥效率要比水平气流式高 3～10 倍。穿流式厢式干燥器的工作效率低，能否得到质量较好的干燥产品，关键是物料层厚度要均匀、有相同的压力降，以保证气流通过物料层时无死角。有时为防止物料飞散，在盛料盘上盖有金属网。

③ 真空式厢式干燥器。

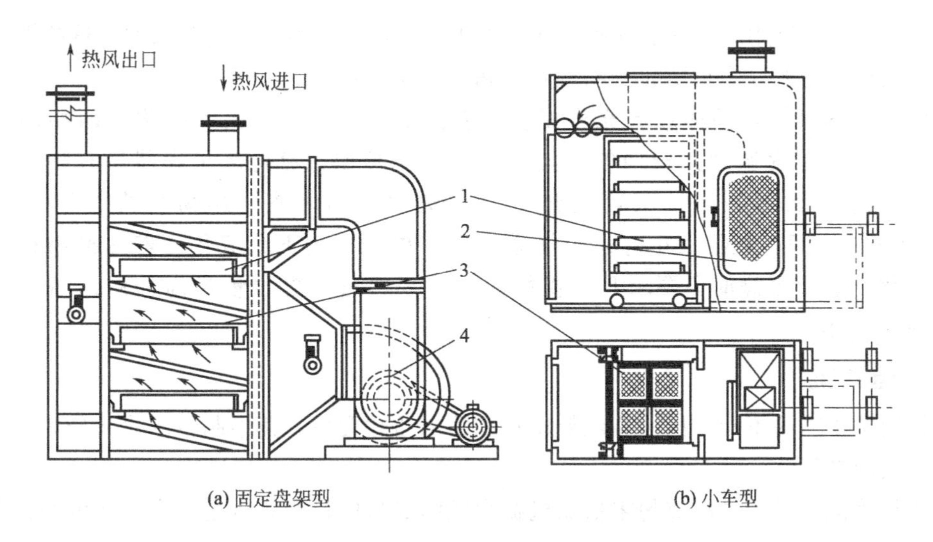

图 2-25　穿流式厢式干燥器

1—料盘；2—过滤器；3—盖网；4—风机

真空式厢式干燥器只能间歇干燥。干燥时将物料盘放于隔板之上。隔板为空心结构，通常内循环有蒸汽或热水。操作时，关闭厢门，用真空泵将厢内抽到所需要的真空度后，打开加热装置并维持一定时间，最后关闭真空泵。如果先关闭真空泵，真空箱内的负压就可能将冷凝器内或真空泵里的液体倒吸回干燥器中，造成产品污染并有可能损坏真空泵。

干燥器的外壳用石棉或类似物保温，以阻止热量的失散。大生产过程中，为了提高干燥速度，采用上述强制气流及分段预热，控制气流速度，提高热空气温度，并采取相应的降低其相对湿度等技术措施。

（2）流化床干燥器

流化床干燥器又称为沸腾干燥器，种类繁多，图 2-26 为单层流化床干燥器的装置流程图（其他形式详见第六章第二节中药材干燥设备）。它是将湿颗粒药物处于流化沸腾状态下与载热气体进行热交换的干燥设备。物料干燥后由排料口排出，废气由流化床顶部排出，经旋风分离器回收被带出的产品后放空。

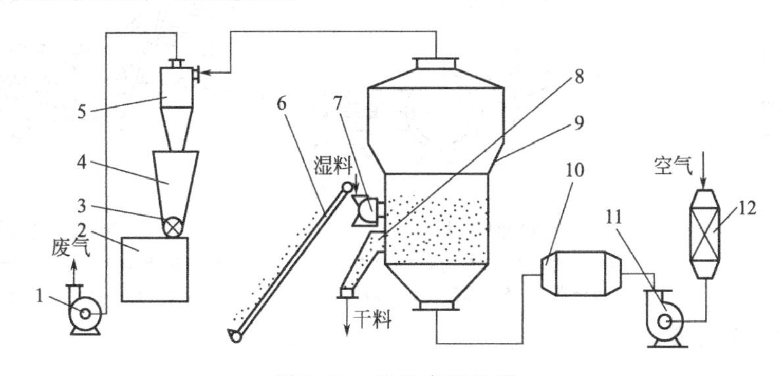

图 2-26　流化床干燥器

1—引风机；2—料仓；3—星形加料器；4—集尘斗；5—旋风分离器；6—皮带输送机；7—抛料机；8—排料管；9—流化床；10—加热器；11—鼓风机；12—空气过滤器

热空气从流化床底部的筛孔板中进入流化床内，故筛板的开孔率直接影响流化质量。理论上开孔率应小一些，但这样气流阻力大，能耗也大。目前，一般开孔率为 4%～13%，孔径为 1～2mm。在使用时，一般在筛板孔板上再铺一层 120 目的不锈钢筛网，这样既有利于流化空气的均匀分布，也可防止药物颗粒从筛孔板中漏出。

在流化床内气体与固体颗粒充分混合，表面更新机会多，大大强化了两相间的传质与传热，因而床层内温度比较均匀。与厢式干燥器相比，流化床干燥器具有物料停留时间短、干燥速率大等特点，比较适合干燥热敏性药物。被干燥物料的颗粒粒径应在 30μm～60mm 之间，粒径太小容易被气流夹带，粒径过大不易流化。若几种物料混合在一起用流化床进行干燥时，要求几种物料的密度要接近。含水量过高且易黏结成团的物料，一般不适用。

六、压片机

根据制备工艺的不同，压片有颗粒压片和粉末压片两种，其中制粒压片又分为湿法制粒压片和干法制粒压片。

压片是将混合后的颗粒或粉末借助机械力压缩成型的过程，也是整个片剂生产的关键部分。冲模是压片机的基本部件，每副冲模通常包括上冲、中模和下冲三个部件，如图 2-27 所示。上、下冲结构相似，且冲头直径相等。上、下冲的冲头直径与中模的模孔相配合，可在中模孔中上下自由滑动，但不存在可泄漏药粉的间隙。

片剂的大小与形状取决于冲头和模孔的直径与形状。冲头和模孔的截面形状可以是圆形，也可以是三角形、椭圆形或其他形状。冲头的端面形状可以是平面，也可以是浅凹形、深凹形或其他形状。此外，还可将药品的名称、规格和线条等刻在冲头的端表面上，以便服用时识别和划分剂量。

加料是将颗粒填充于模孔中的过程。其动作在上冲离开模孔后到准备下压的这段时间内完成。加料器有靴形饲料器、月形栅式饲料器和强迫式饲料器三种。

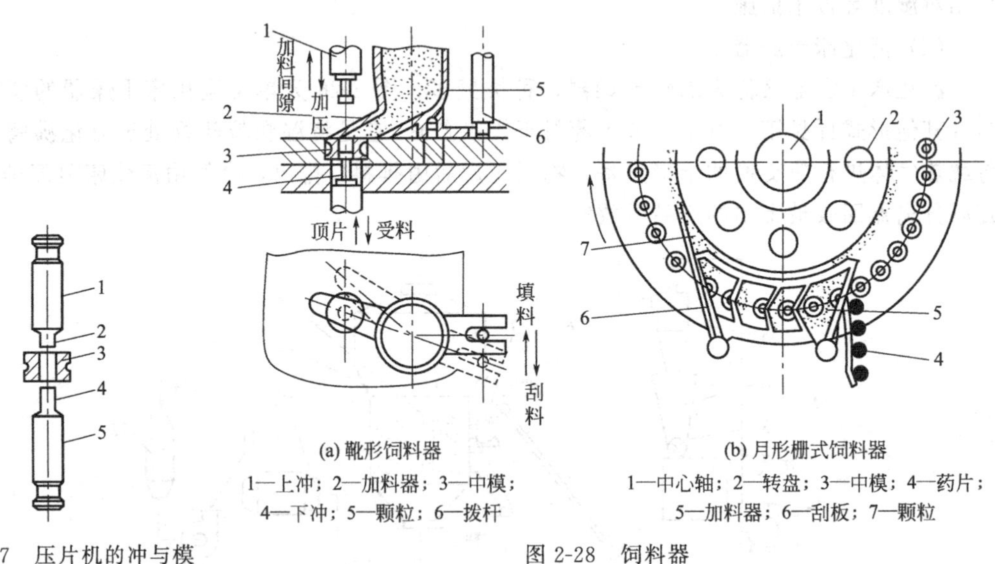

(a) 靴形饲料器
1—上冲；2—加料器；3—中模；4—下冲；5—颗粒；6—拨杆

(b) 月形栅式饲料器
1—中心轴；2—转盘；3—中模；4—药片；5—加料器；6—刮板；7—颗粒

图 2-27 压片机的冲与模
1—上冲；2,4—冲头；3—中模；5—下冲

图 2-28 饲料器

如图 2-28(a) 所示，靴形饲料器饲料时，饲料器做填充和刮料运动，而模孔静止待料。后两种形式的饲料器则与之相反，模孔围绕压片机轴心做圆周运动，在特定的位置自动受料并被固定的刮板刮平后受压。月形栅式饲料器如图 2-28(b) 所示，饲料器靠颗粒的自由下

落而填充式模孔内，因此当颗粒流动性较差或颗粒中细粉量太多而易分层时，片剂的重量差异往往很大，因此对颗粒的质量要求就很高。强迫式饲料器，由于内部装有旋转刮料叶片，在加料过程中多次迫使颗粒物料填满模孔，因而提高了压制片剂量的准确性。

用于制药工业的压片机有单冲压片机、旋转多冲压片机和高速压片机。

1. 单冲压片机

单冲压片机是制药厂早期片剂生产使用的设备。如图 2-29 所示，它由一副冲模、饲料装置及调解器组成。其动力装置是转动轮，可以电动也可以手摇。工作时，在偏心轮及凸轮机构等作用下，转动轮旋转一周可完成充填、压片和出片三个程序。具体工作过程如图 2-30 所示。

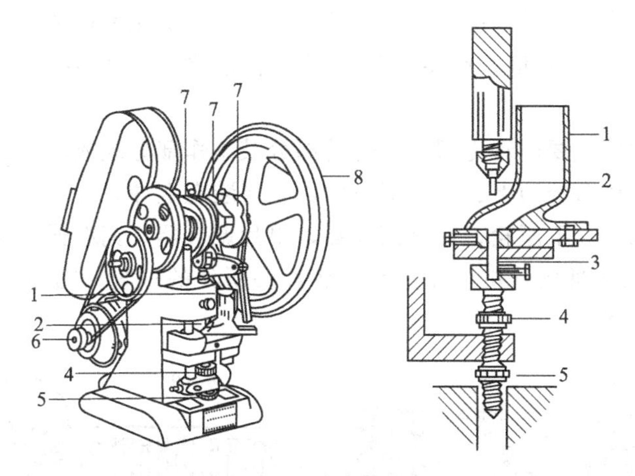

图 2-29 单冲压片机

1—加料器；2—上冲；3—下冲；4—出片调节器；5—偏重调节器；6—电动机；7—偏心轮；8—手柄

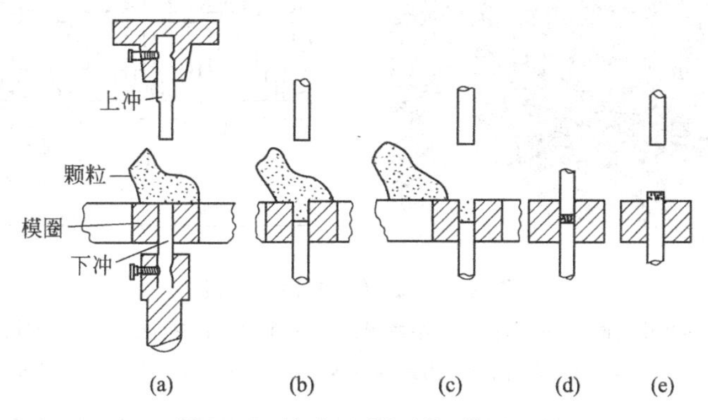

图 2-30 单冲压片机的工作过程

① 上冲上升，下冲下降。

② 饲料器转移至中模上，将靴内物料颗粒填满模孔。

③ 饲料器转移离开中模，同时上冲下降，把颗粒压成片剂。

④ 上下冲相继上升，下冲把片剂从模孔中顶出，至片剂下边与中模上部齐平。

⑤ 饲料器转移至中模上，把片剂推下冲模台而落入接收器中；同时下冲下降，使中模内又充满了颗粒；如此反复压片出片。

单冲压片机每分钟能出 80～100 片，适合小批量、多品种生产，目前多用于实验室里做小样的压片机。该机压片过程属于上冲单向加压完成，片中心的压力较小。由于所压的片剂受力不均匀，内部的密度和硬度不一致，片子表面容易出现裂纹。单冲压片机属于瞬时受压，颗粒所受压力极短，颗粒间空气来不及排出，像一个弹簧似的随所施压力的改变而压缩—膨胀，所压的片子容易松散。

片剂的质量和硬度（即受压力大小）可分别由片重调节器和调节压力部分调整。具体调节方法如下：

① 通过调节下冲下降深度，来调节片剂质量；

② 压力可通过调节上、下冲头间的距离来实现，即调节上冲进入模孔深度。

2. 旋转多冲压片机

旋转式压片机是基于单冲压片机的基本工作原理，又针对瞬时加压无法排除空气的缺陷，在转盘上设置了多组冲模，绕轴不停旋转，改变瞬时加压为持续且逐渐增减压力的方式压片，从而保证了片剂的质量。旋转式压片机是目前制药工业中片剂生产最主要的压片设备。

旋转式多冲压片机主要由动力部分、传动部分及工作部分组成，其核心部件是一个可绕轴旋转的圆形机台。机台分为上、中、下三层，上层装有上冲，中层装有中模，下层装有下冲。另外还有固定的上、下压轮，片重调节器，出片调节器，饲料器，刮料器等装置。

图 2-31 是旋转式多冲压片机压片过程中各冲头所处的位置，图中将圆形机台一个压片全过程展成了平面形式。

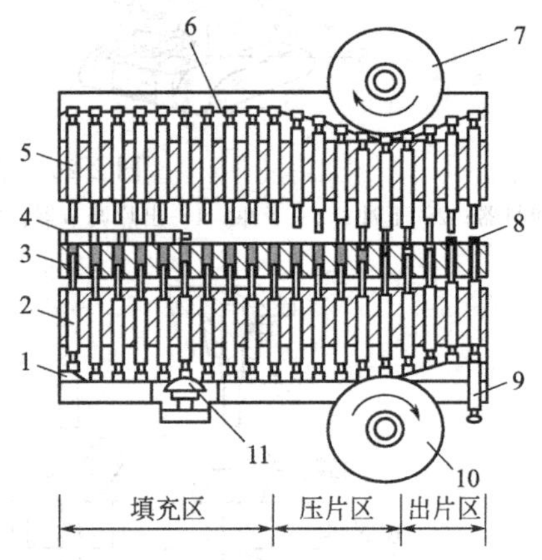

图 2-31 旋转式多冲压片机

1—下冲圆形凸轮轨道；2—下冲；3—中模圆盘；4—加料器；5—上冲；6—上冲凸轮轨道；7—上压轮；8—药片；9—出片调节器；10—下压轮；11—偏重调节器

工作时，圆形机台绕轴旋转，并带着上层的上冲和下层的下冲沿着各自固定的轨道做同步转动。上压轮和下压轮分别装在上冲的上面和下冲下面的适当位置上，在上冲和下冲转动经过各自的压轮时，在压轮的推动下上冲向下、下冲向上运动。因此，上下冲在台做同步转动时，同时完成上下移动。

根据冲模所处的工作状态，可将工作区沿圆周方向划分为填充区、压片区和出片区。在填充区，月形栅式饲料器向模孔填入过量的颗粒。当下冲运行至片重调节器上方时，调节器的上部凸轮使下冲上升至适当位置，将过量的颗粒推出。推出的颗粒被刮料板刮离模孔，并在进入下一填充区时被利用。在压片区，上冲在上压轮的作用下进入模孔，下冲在下压轮的作用下上升。在上、下冲的联合作用下，模孔内的颗粒被挤压成片剂。

在出片区，上、下冲都开始上升，通过出片调节器可将下冲的顶出高度调整至与中模上部相平或略高的位置，压成的片子被下冲顶出模孔，随后被刮片板刮离圆盘并沿斜槽滑入接受器。随后下冲下降，冲模在转盘的带动下，进入下一填充区，开始下一次操作循环。

旋转式多冲压片机的冲模数或冲头数通常为19、25、33、51和75等。按流程又可分为单流程和双流程。单流程只一套压轮；双流程有两套压轮，每一幅冲旋转一周可压2个片。如国内使用较多的ZP-33型压片机（33冲），具有两套加料装置和两套压轮，机台旋转一周即可压制66片。压片时，机台旋转速度、物料的充填深度、片重厚度均可调节。机上装有器械缓行装置，可避免因过载而引起机件损坏。另外，机器配有吸尘装置，通过吸嘴吸取机器运转时产生的粉尘，避免黏结堵塞，并可回收原料重新使用。

旋转式多冲压片机具有众多优点。

① 连续操作，单机生产能力较大。

② 压片过程属于逐渐加压，故颗粒间的空气能有充分的时间逸出，裂片率较低。

③ 由于加料器固定，故运行时的振动较小，粉末不易分层。

④ 饲料器的加料面积较大，属于多次加料，故片重均一性好。但与高速旋转压片机相比，旋转式多冲压片机具有生产效率低、粉尘大、操作复杂、设备和生产环境清洁困难等缺点，目前仅用于大企业的中试生产、产量不高的中小企业或实验室教学演示。

3. 高速压片机

高速压片机是一种旋转式高速压片设备，通过增加冲模套数、改进饲料器装置结构达到高速压片的目的。也有些型号通过装设二次压缩点实现高速压片。

高速旋转压片机工作原理：压片机的主电机通过交流变频无级调速器，并经涡轮减速后带动机台转动。机台在带动上、下冲头沿着各自导轨转动的同时，在导轨限制下，上、下冲头产生上、下相对运动。颗粒经过充填、预压、主压、出片等工序被压制成片剂。其中预压目的是为了使颗粒在压片过程中排出中间携带的空气，以减少裂片和顶裂现象。

在高速压片机操作中最主要的问题是如何确保加料符合规定。由于颗粒充填迅速，位于饲料器下的模孔装填时间不充足，不足以保证颗粒均匀流入和填满，对颗粒流动性要求较高。为此，设计有多种动力饲料方法，可在机台高速旋转情况下迅速实现将颗粒重新填入中模，其中饲料器多为强迫型。

此外，在整个压片过程中，控制系统通过对压力信号的检测、传输、计算、处理等实现对片重的自动控制，废片自动剔除，以及自动采样、故障显示和打印各种系统数据。

ZP1100系列压片机是高速压片机的一种，设备采用模块化设计，充分考虑产品的互换性，一个系列四种型号，大大提高了系统的通用化、标准化程度。片剂重量、压轮的压力和机台转速均可预先调节。压力过载时能够自动卸压。片重误差可控制在2%以内，不合格片剂可自动剔除。

七、包衣设备

由压片机压制获得的药片又称为素片。包衣是压片工序之后常用的一种制剂工艺。主要是在压制片芯的表面包上适宜材料的衣层。片剂包衣的主要目的有：掩盖药物不良气味；降低药物对消化道的不良刺激性；防潮、避光、隔绝空气、保护药物免受空气的降解；提高药物体内外稳定性；控制药物的释放速度和释放位置；改善片剂的外观，易于区别。如硫酸亚铁包衣是为了防止被空气氧化生成硫酸铁，降低胃酸刺激；氯丙嗪包衣是为了延缓吸收，掩盖不良气味、防止诱导脱色，起防止敏化作用；阿司匹林包衣是为了降低胃酸刺激，延缓吸收，防止与抗组胺等药物反应。非那西丁克的表面修饰是为了增加其可压性。

包衣的种类很多，有糖衣、薄膜衣和肠溶衣。

目前，国内大多数包衣片剂为糖衣片。包糖衣的一般工艺为：包隔离层→粉衣层→糖衣层→有色糖衣层→打光。隔离层可防止在后续包衣过程中水分浸入片芯，最常用的隔离层为玉米朊，一般包3～5层。隔离层外是一层较厚的粉衣层，可消除片剂的棱角。包粉衣时，片剂在包衣锅内不断滚动，润湿黏合剂将片剂表面均匀湿润后，再加入适量粉料，使其黏附于片剂表面，然后不断滚动吹热风（40～55℃）干燥20～30min。操作时润湿黏合剂和粉料交替加入，一般包15～18层，片剂棱角消失即可。常用的润湿黏合剂有糖浆、明胶浆、阿拉伯胶浆或糖浆与其他胶浆的混合浆。滑石粉和碳酸钙是包粉衣层的主要原料。如需要包有色糖衣，则可用含0.3%左右食用色素的有色糖浆。打光一般将片剂和精制后的适量蜡粉一起置入打光机中旋转滚动，充分混匀，使糖衣表面涂上一层极薄的蜡层，使片剂更加光滑并防潮。

薄膜衣是指在片芯外包一层比较稳定的高分子材料，因膜层较薄而得名。薄膜衣的一般工艺为：片芯→喷包衣液→缓慢干燥→固化→缓慢干燥。操作时，先预热包衣锅，再将片芯置入锅内，启动排风机和吸尘装置，吸走黏附于素片表面的细粉。同时用热风预热片芯，使其受热均匀。然后将配制好的包衣液均匀地喷雾于片芯表面，同时采用热风干燥，使片芯表面快速形成平整、光滑的表面薄膜。包衣液和缓慢干燥可循环进行，直到形成满意的薄膜衣为止。

由于包衣操作是一项较复杂的工艺，包衣片剂质量的优劣除了与包衣设备及方法有关外，还取决于操作人员的经验。包衣技术经过近十年的发展，研制出多种新型的包衣材料和先进的包衣设备，包衣过程基本实现半自动化控制，降低了人为因素的影响，提高了生产效率和改善了产品质量。特别是薄膜衣片，由于包衣时间短、包衣层用量少（一般小于成品重量的3%），可有效防止衣层碎裂，提高产品的强度。

包衣方法大致可分为滚动包衣、流化包衣和压制包衣三种，对应的包衣设备为包衣锅、流化包衣装置和压制包衣设备。

1. 滚动包衣设备

滚动包衣法是目前生产中常用的方法，主要设备为包衣锅，根据包衣液的添加方式和结构又可分为普通包衣锅、埋管包衣锅和高效包衣机三种。

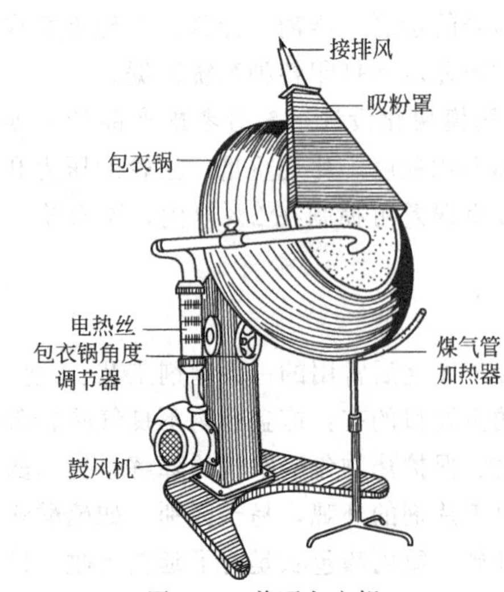

图2-32 普通包衣锅

(1) 普通包衣锅

普通包衣锅是使用较早的滚转式包衣设备，由包衣锅、动力系统、加热系统和排风系统四部分组成，基本结构见图2-32。

包衣锅通常由不锈钢或紫铜等性质稳定并有良好导热性的材料制成。常见形状有荸荠形和莲蓬形两种，片剂包衣常用荸荠形，而微丸包衣则采用莲蓬形。锅体大小和形状可根据厂家生产的规模设计，一般直径100cm，深度55cm。包衣锅一般倾斜安装于转轴上，倾斜角和转速均可以调节，适宜的倾斜角和转速应使药片能在锅内达到最大幅度的上下前后翻动。

加热系统由电加热器和辅助加热器组成，主要对包衣锅内物料表面进行加热，以加速包衣溶液中溶剂挥发。电加热器可将空气预热至所需要的温度，辅助加热器可烘烤包衣锅，同时将热量传递给片芯，起到加快衣层干燥的作用。辅助加热器可采用煤气加热，也可采用电加热。

排风系统主要由吸尘罩和排风管道组成，其作用是排除包衣操作所产生的湿气和粉尘。

工作时，包衣锅以一定的速度旋转，片芯在锅内不断翻滚，由人工间歇地、多次向锅内泼洒包衣材料溶液。经预热的热空气连续吹入包衣锅，必要时可打开辅助加热器，以保持锅体内的温度，衣料在片剂表面不断沉积而成膜层，当包衣达到规定的质量要求后，即可停止出料。

普通包衣锅是最基本的滚转式包衣设备，目前在制药企业中仍被应用。但使用时劳动强度大、干燥速度慢，特别是包糖衣时，所包的层次很多，生产周期长。由于设备不封闭对环境污染强度大，也易受环境影响；又因包衣液一般由人工加入，不同技术人员生产包衣片的一些重要技术参数（如崩解时间、溶出速率等）差异性大且重现性差。

针对上述缺点，国内外一些生产厂家对普通包衣锅进行了一系列改造。

① 锅内加设挡板，改善片剂在锅内的滚动状态。由于挡板对滚动片剂的阻挡，克服了包衣过程中包衣锅内的“包衣死角”，片剂衣层分布均匀度提高，包衣周期可适当缩短。

② 包衣料液用喷雾方式加入锅内，增加了包衣的均匀性，从而降低了包衣质量对操作经验的依赖。为此，在包衣锅附加了喷液装置。

包衣液喷雾方式有无气喷雾和有气喷雾两种。

无气喷雾包衣是利用柱塞泵使包衣液达到一定压力后再通过喷嘴小孔雾化喷出。高压无气泵及自动喷枪结构见图 2-33。

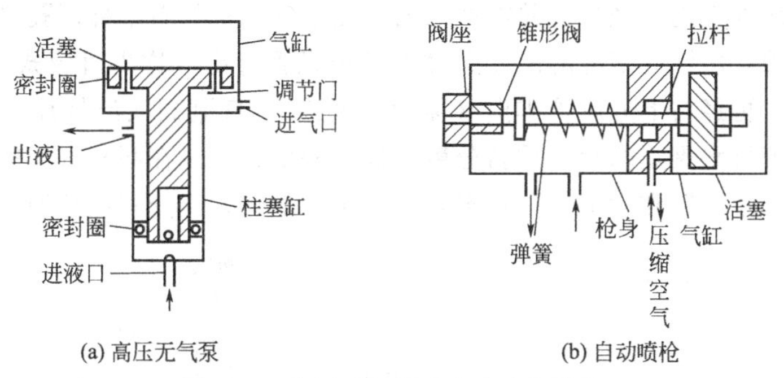

图 2-33 高压无气泵及自动喷枪结构

该法借助压缩空气推动高压无气泵对包衣液加压后使其在喷嘴内雾化。包衣液的挥发不受雾化过程影响，整个包衣工序可由计算机集中控制。无气喷雾包衣适用于包薄膜衣和糖衣。由于压缩空气只用于对包衣液加压，因而对空气质量要求相对较低。但包衣液喷出量较大，只适用于大规模的生产，且在生产中还需要严格调整包衣液的喷出速度，包衣液雾化程度及片床温度、干燥空气温度和流量三者间的平衡。

与无气喷雾相比，有气喷雾包衣因通过压缩空气雾化包衣液，小量包衣液就能达到理想的雾化程度，包衣液的损失也相对较少，但对压缩空气洁净度要求较高，适合小规模生产。由于一些有机物在雾化时即开始挥发，因此空气喷雾包衣更适合于水性薄膜包衣操作。

(2) 埋管包衣锅

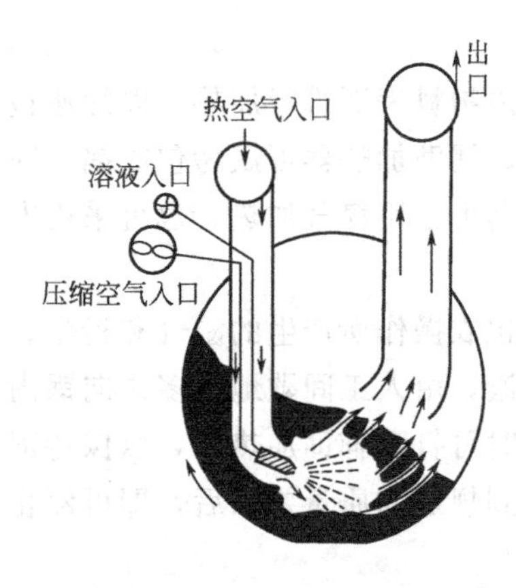

图 2-34 埋管喷雾包衣锅

埋管包衣锅的喷雾系统为一个内装喷头的埋管，在包衣时插入包衣锅翻动的床层内，直接将包衣液喷在片芯上，加热后的压缩空气也伴随雾化过程同时从埋管中吹出，穿过整个片芯层，并从上方排气口排出。埋管喷雾包衣锅如图 2-34 所示。包衣液从贮液罐中由泵加压，经喷头连续雾化喷出，控制箱可调节和控制加热温度、包衣液流量、排气温度等。

埋管喷雾包衣锅设备简单，能耗低，在普通包衣锅内装上埋管和喷雾系统即可实现。埋管法喷雾包衣也可用于包糖衣，但喷出的雾粒应相对小一些，同时必须使片面湿润，否则未被吸收的雾粒干燥后会析出结晶，使片面粗糙。

(3) 高效包衣机

普通包衣锅的敞口式操作，且热风仅吹在片芯层表面即被排出，热交换效率低，浪费了部分热能。而高效包衣机结构封闭，操作过程中无粉尘飞扬；干燥时热风吹过片芯间隙，并与表面的水分或有机溶剂进行热交换，使得片芯表面的湿液充分挥发，因而保证了包衣层薄厚一致，且提高了干燥效率、充分利用了热能，并且可根据不同包衣工艺，将操作参数一次性预先输入计算机，实现包衣过程的程序化、自动化和科学化。

BG150E 型高效包衣机及其辅助系统如图 2-35 所示。

高效包衣机的锅形结构大致可分为网孔式、间隔网孔式、无孔式三类。

① 网孔式高效包衣机。

如图 2-36 所示，包衣锅的整个圆周都带有直径 $\phi 1.8 \sim 2.5$mm 的圆孔，整个锅底被包在一个封闭的金属外壳内。经过滤并被加热的净化空气从锅的右上部网孔进入锅内，穿过运动状态的片芯间隙，由锅底下部的网孔穿过再经排风管排出（称为直流式）；也可以从锅底左下部网孔穿入，再经右上方风管排出（称为反流式）。直流式气流将片芯推向锅的底部并压紧，反流式气流可将聚集的片芯重新分散，处于松散状态。在两种气流的交替作用下，使得片芯不断变换“紧密”和“疏松”状态，从而不停翻转，充分利用热源。

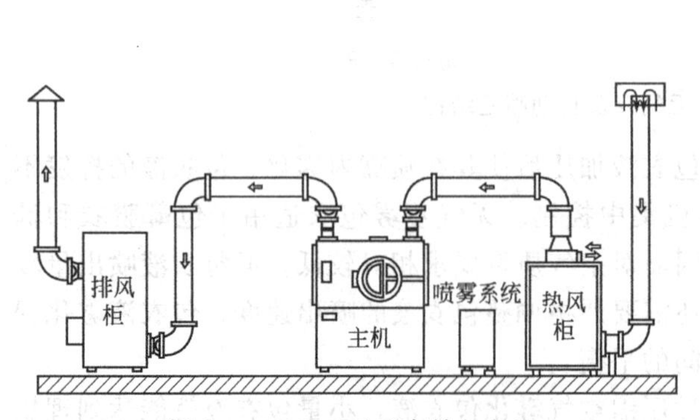

图 2-35 BG150E 型高效包衣机的系统配置图

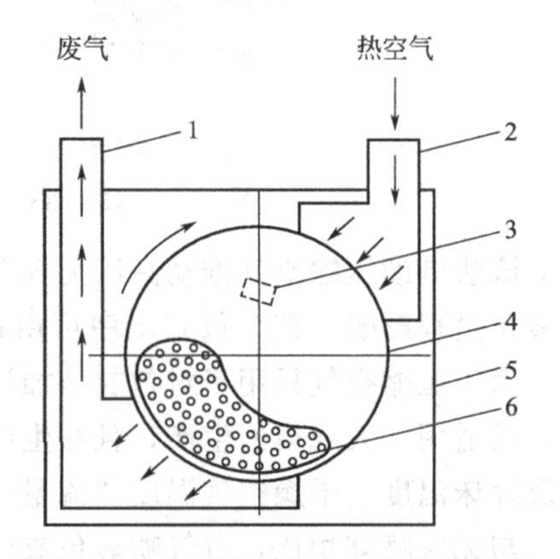

图 2-36 网孔式高效包衣机结构示意
1—排气管；2—进气管；3—喷嘴；4—网孔包衣锅；5—外壳；6—药片

工作时，片芯在滚动的包衣锅体内做复杂的运动，包衣液经蠕动泵（或糖浆泵）至喷枪，从喷枪到片芯。在排风和负压作用下，热风穿过片芯、锅体筛孔，再从风门排出，使沉积在片芯表面的包衣料迅速干燥。

② 间隔网孔式高效包衣机。

如图 2-37 所示，间隔网孔式高效包衣机的锅体开孔不是整个圆周，而是圆周的几个等分部位。图中是 4 个等分，也即圆周每隔 90°有一个开孔区域，并与 4 个风管连接。工作时 4 个风管间隔地与锅体开孔部分连通，达到排湿的效果。

这种排湿结构使锅体减少了打孔的加工量，同时热量也得到了充分利用。不足之处是风机负载不均匀，对风机有一定影响。

③ 无孔式高效包衣机。

该机锅体的圆周没有圆孔，其热交换的形式有两种。一是将布满小孔的 2～3 个吸气桨叶浸没在片芯内，使加热空气穿过片芯层，再穿过桨叶小孔进入吸气管道内被排出，如图 2-38 所示。二是采用了一种较新颖的锅形结构，其流通的热风是由旋转轴部位进入锅内，然后穿过运动的片芯层，通过搅拌桨下部两侧排出锅外。

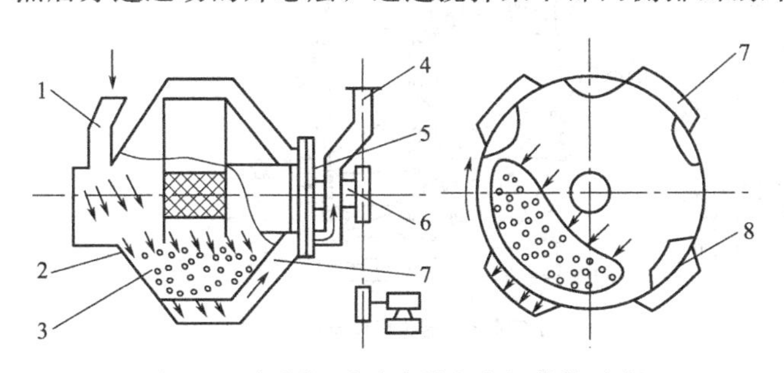

图 2-37　间隔网孔式高效包衣机结构示意

1—进气管；2—锅体；3—片芯；
4—出风管；5—风门；6—旋转主轴；
7—风管；8—网孔区

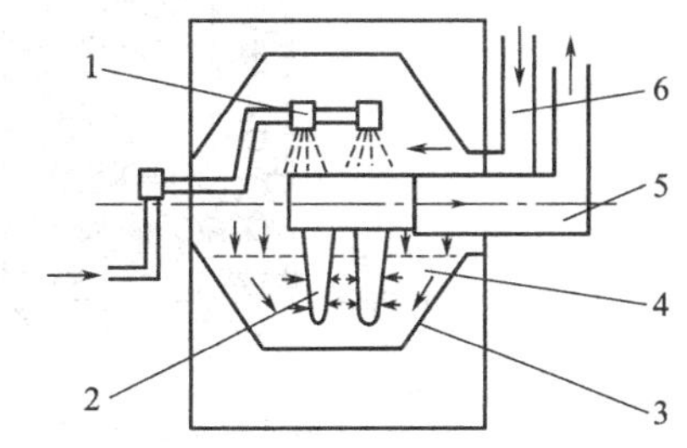

图 2-38　无孔式高效包衣机结构示意

1—喷枪；2—带孔桨叶；
3—无孔锅体；4—片芯层；
5—排风管；6—进风管

无孔式高效包衣机结构设计新颖，除了能达到与有孔包衣机相同的效果外，由于锅体内表面平整光洁，对运动着的片剂没有任何磨损，在加工时也省去了钻孔这一工序，除了适用于片剂包衣外，也适用于微丸等小型药物的包衣。

④ 高效包衣机的配置。

高效包衣机除主体包衣锅外，还有四部分主要配置：定量喷雾系统、供气系统、排风系统、程序控制设备。

定量喷雾系统是将包衣溶液按程序要求定量送入包衣锅，并通过喷枪口雾化喷到片芯表面。该系统由液缸、泵、计量器和喷枪组成。定量控制一般采用活塞定量结构，它是利用活塞行程确定容积的方法定量的，也有利用计时器进行时间控制流量的方法。喷枪由气动控制，按有气和无气两种不同方式选用不同的喷枪，并按锅体大小和物料多少放入 2～6 支喷枪，以达到均匀喷雾的效果。

供气系统由中效、高效过滤器和热交换器组成。由于排风系统产生的锅体负压效应，使外界的空气通过过滤器，并经过加热后进入锅体内部。

排风系统由吸尘器、鼓风机组成，从锅体内排出的湿热空气经吸尘器后再由鼓风机排出。系统中可以接装空气过滤器，并将部分过滤后的热空气返回到送风系统中重新利用，以达到节约能源的目的。送风和排风系统的管道中都装有风量调节器，可调节风量的大小。

程序控制设备的核心是可编程序器或微处理机。它一方面接收来自外部的各种检测信号，另一方面向各执行元件发出各种指令，以实现对锅体、喷枪、泵以及温度、湿度、风量等参数的控制。

2. 流化包衣机

流化包衣机原理与流化喷雾制粒相近，即利用气动雾化喷嘴将包衣液喷到流化室内悬浮于空气中的片剂表面。经预热的空气以一定的速度经气体分布器进入流化室，除了使药片悬浮于空气中上下翻动外，还要使包衣液中的溶剂挥发，在药片表面形成一层薄膜。控制预热空气及排气的温度和湿度可对操作过程进行控制。与流化喷雾制粒不同的是，气动雾化喷嘴常位于流化室底部，结构见图 2-39。

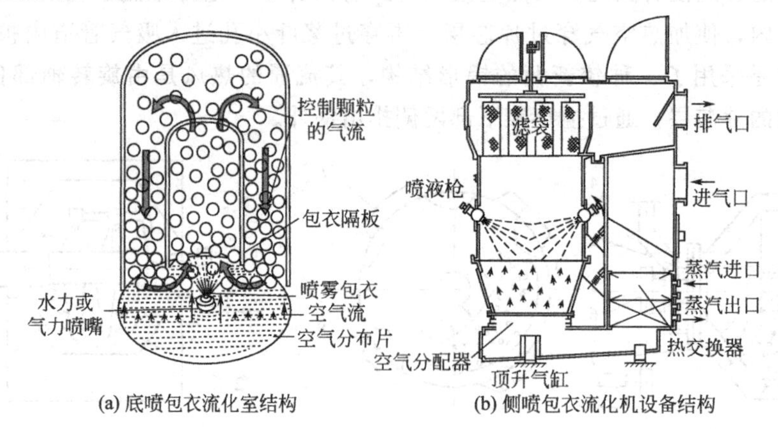

图 2-39　流化包衣机结构

流化包衣机具有包衣速度快，不受药片形状限制等优点，是一种常用的薄膜包衣设备。缺点是包衣层太薄，且药片做悬浮运动时碰撞较强烈，外衣易碎，颜色也不佳。此外，为了保持流化态，片芯不可过大。

3. 压制包衣设备

压制包衣是使用干燥的包衣材料将片芯包裹后再在压片机上直接压制成型。该法适用于湿热敏性药物的包衣。压制过程如图 2-40 所示。现常用的压制包衣机是将两台旋转式压片机用单传动轴配成套，以特制的传动器将压成的片芯送至另一台压片机上进行包衣。

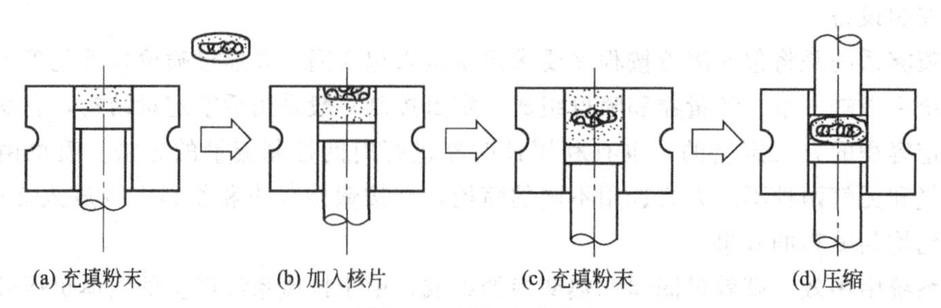

图 2-40　压制包衣示意

如图 2-41 所示，传动器是由传递杯、柱塞以及传递杯和杆相连接的转台组成的。片芯压制完成后从模孔中被推出，由传递杯捡起，通过桥道送至包衣转台上。桥道上有许多小孔眼与

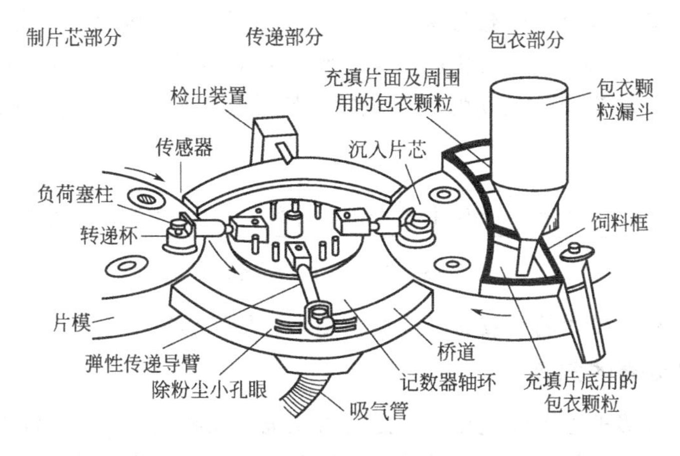

图 2-41 压制包衣机结构

吸气泵相连接，除去片芯表面残留的药粉，可防止在传递时污染包衣材料。包衣时，一部分包衣材料先填入模孔作为底层，然后放置片芯层，再将包衣材料填满模孔压制成包衣片。

为了保证压制的片剂均有片芯，采用一台自动控制装置。如发现片芯未被捡起，以至于未能传递到包衣转台上时，精密传感器立即将空白片抛至不合格片子收集器中。

第二节 胶囊剂生产工艺与设备

将药物装入空心硬质胶囊或密封于弹性软质胶囊而制成的固体制剂称为胶囊剂。世界各国药典收载的胶囊剂品种仅次于注射剂和片剂而居第三位。胶囊剂不仅外形美观，服用方便，而且胶囊外壳可以遮盖不良气味，提高药物稳定性；还可以通过囊材的合理选择做到药物定时、定位、定量释放。与片剂相比，生产时不用添加黏合剂或考虑成型、溶解特性等添加各种辅料。在胃肠道中分散快，吸收好。根据胶囊的硬度和封装方法不同，胶囊剂可分为软胶囊剂和硬胶囊剂两种。

一、硬胶囊生产技术

硬胶囊剂是将固体、半固体或液体药物直接灌装于硬质胶囊壳中制成的，是目前除片剂之外应用最广泛的一种口服固体剂型。装入胶囊壳中的固体药物形状有粉末、颗粒、微丸等。

硬胶囊壳结构如图 2-42 所示，空胶囊呈圆筒形，分为囊体和囊帽两段，囊体的外径略小于囊帽内径，两者套合后可通过局部凹槽锁紧，以防止填充的药物泄漏。

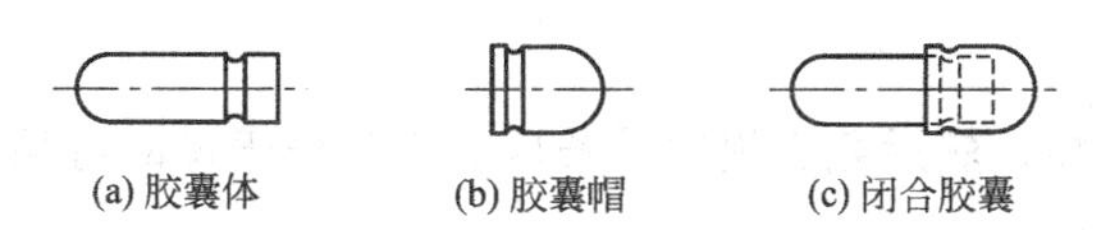

图 2-42 硬质胶囊壳示意

硬胶囊共有 8 种规格，其装填容积见表 2-4。

表 2-4 硬胶囊规格及装填容积

规格/号	5	4	3	2	1	0	00	000
装填容积/mL	0.14	0.21	0.27	0.35	0.48	0.66	0.90	1.37

注：号数越小，装填容积越大，0～2 号为常用规格。

硬胶囊剂的制备一般分为填充药物处理、空胶囊填充、胶囊抛光、分装和包装等工序，其生产工艺流程见图2-43。同片剂生产一样，硬胶囊剂的原辅料一般也要经过粉碎、过筛、混合、制粒等处理，以改变其流动性或避免填充物分层。胶囊填充是硬胶囊制备的关键步骤，必须达到定量填充。

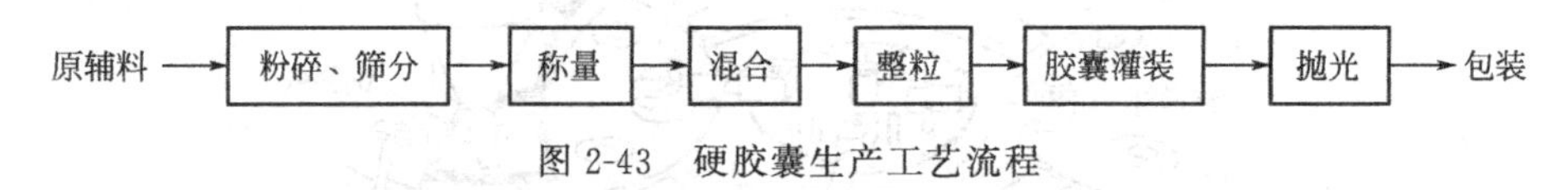

图2-43　硬胶囊生产工艺流程

硬胶囊剂生产企业使用的空胶囊一般均由空心胶囊厂提供。

二、硬质空胶囊的制备

明胶是硬质空胶囊的主要成囊材料，是由大型哺乳动物的骨或皮水解制得的。为了进一步增加明胶的韧性和可塑性，可加入甘油、山梨醇、羧甲基纤维素钠、油酸酰胺磺酸钠等增塑剂；添加增稠剂琼脂可减少其流动性，增加胶动力；对光敏药物还需要添加2%～3%二氧化钛遮光剂；食用色素、防腐剂尼泊金等辅料的添加，可起到美观、防腐作用。

空胶囊的生产过程分为：溶胶、蘸胶、干燥、脱模、切割、套合等工序，主要由自动化生产线完成。由于使用明胶原料，空胶囊对环境的温度和湿度较为敏感。最理想的生产和贮存的环境条件为温度为10～25℃，相对湿度35%～45%。空胶囊可用10%环氧乙烷与90%卤烃的混合气体灭菌。制得的空胶囊囊体应光洁、色泽均匀、切口平整、无变形、无异臭；松紧度、脆碎度、崩解时限（10min内部全部溶化或崩解）应符合《中华人民共和国药典》规定。空胶囊出厂保质期为9个月。如果环境超过上述条件，胶囊易变软、帽体分开困难，或变脆、易穿孔、破碎。

（1）溶胶

一般先称取明胶，用蒸馏水洗净后再加蒸馏水浸泡数分钟，然后移入夹层蒸汽锅中，逐次加增塑剂、防腐剂或着色剂及足量的热蒸馏水，加热（70℃以下）熔融成胶液，过滤，滤液于60℃下静置，澄明后备用。

（2）蘸胶

用固定于平板上的若干对钢制模杆浸于胶液中一定深度，浸蘸数分钟后提出液面，将模板翻起，吹冷风使胶液均匀冷却固化。囊体、囊帽分别一次成型。

（3）干燥

将蘸好胶液的胶囊囊胚置于架车上，推入干燥室或由传送带传输，通入恒定温度的干燥空气，使水分逐渐排出。

（4）脱模、切割

囊胚干燥后进行脱模，然后截成规定的长度。在气候干燥时可采用喷洒水雾，使囊胚适当回潮后再进行脱模操作。

（5）检查、包装

采用电子仪自动检查，挑选制作完成的空胶囊，自动剔去废品。然后将囊体、囊帽套合。如需要还可以在空胶囊上印字，所用油墨中可添加8%～12%聚乙二醇400或类似的高分子材料，以防所印字迹磨损。

三、硬胶囊剂的定量灌装

硬胶囊的生产操作可分为手工操作、半自动操作、全自动间歇操作和全自动连续操作。

随着硬胶囊剂使用量的不断增加，国内的生产厂家已经告别了以手工填药为主的生产方式，从国外引进了先进的全自动胶囊灌装设备。国内的制药机械厂家也开发、研制了一些自动化胶囊灌装机。除手工操作外，机械灌装胶囊可分为以下几道工序，如图 2-44 所示，工作时，空胶囊首先按囊帽在上、囊体在下被定向处理，之后囊壳体帽分离，分别置于上囊板和下囊板内；药物被定量填充到囊体中后，囊体和囊帽进行闭合，最后被送出灌装设备。

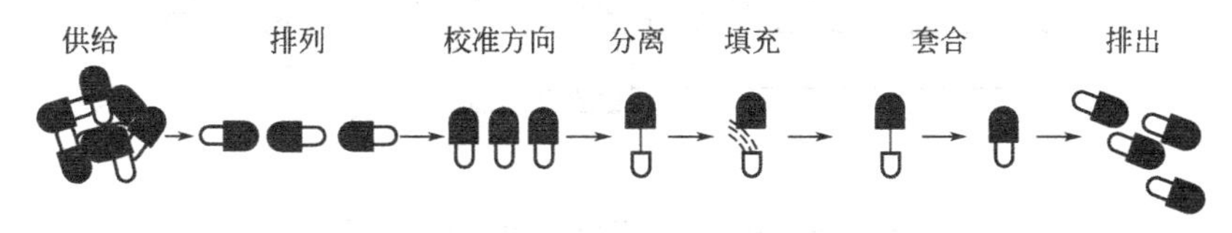

图 2-44　机械灌装胶囊的工序

药物填充是硬胶囊剂生产的关键步骤，其分装重量差异必须符合国家药典要求。固体药物定量填充的装置类型较多，如插管定量装置、模板定量装置、活塞-滑块定量装置和真空定量装置等。

1. 插管定量装置

插管定量装置分为间歇式和连续式两种，如图 2-45 所示。

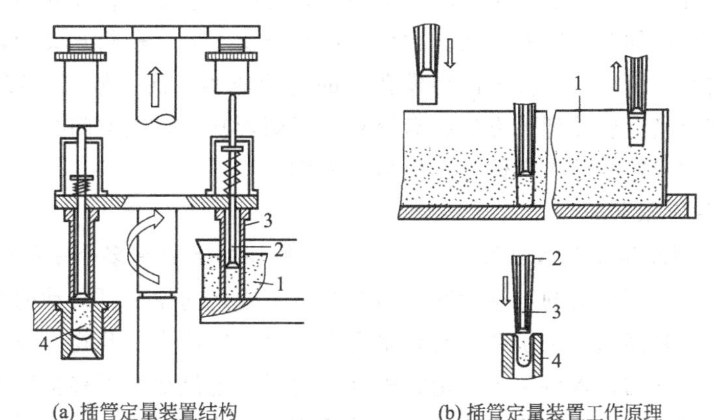

(a) 插管定量装置结构
1—药粉斗；2—冲杆；3—计量管；4—囊体

(b) 插管定量装置工作原理
1—计量槽；2—计量管；3—冲塞；4—囊体

图 2-45　插管定量装置结构与工作原理

间歇式插管定量装置是将空心定量管插入药粉斗中，利用管内的活塞将药物压紧，然后定量管提升，离开粉斗旋转 180°至囊体上方，活塞下降，将药物柱压入囊体，完成填充过程。其机械动作为间歇式。药物的填充量是通过调节药粉斗中的物料层高度以及定量管内活塞的冲程来实现的。通常用于流动性和可压缩性较好的粉末和颗粒状药物。为此，药物处方中常加入一些润滑剂和助流剂，如硬脂酸镁、微粉硅胶等，以防止药物黏附于活塞表面。

连续式插管定量装置也是采用定量管定量，但其插管、压紧、填充操作是随机器本身在回转过程中连续完成的。由于填充速度较快，插管在药粉中的停留时间很短，故要求药物不仅要有良好的流动性和一定的可压缩性，而且各组分的密度应相近，且不易分层。为避免定量管从粉斗中抽出后存在空洞，影响填充精度，药粉斗内常设有刮板、耙料器等装置。

2. 模板定量装置

模板定量装置的结构与工作原理如图 2-46 所示，它利用冲头逐次将药物夯实到定量杯中，最后填充到囊体中。这种填充方式装量准确，误差可控制在±2%之内，特别适用于流

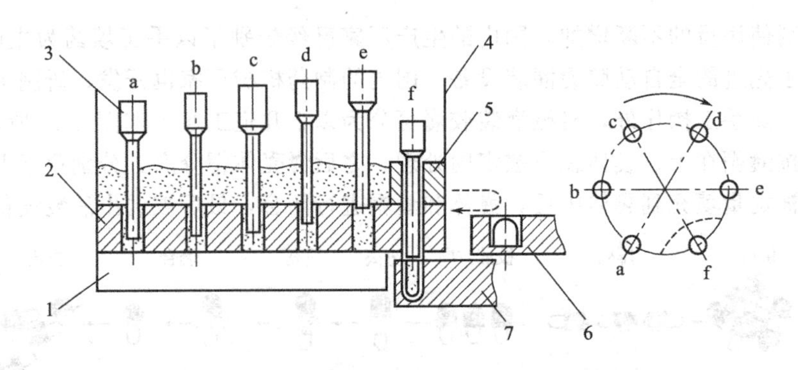

图 2-46 模板定量装置结构与工作原理

1—底盘；2—定量盘；3—剂量冲头；4—粉盒盘；5—刮粉器；6—上囊板；7—下囊板

动性差和易粘的药物，可通过压力和升降高度来调节填充质量。

其中左图为定量装置及其工作过程的平面形式。药粉盒由定量盘和粉盒圈组成，工作时可带着药粉做间歇回转运动。定量盘沿周向设有若干组模孔（图中每一单孔代表一组模孔），冲头的组数和数量与模孔的组数和数量相对应。工作时，凸轮机构带动各组冲杆做上下往复运动。当冲杆上升后，药粉盒间歇旋转一个角度，同时药粉自动将模孔中的空间填满。随后冲杆下降，将模孔中的药粉压实一次。此后，冲杆再次上升，药粉盒又旋转一个角度，药粉再次将模孔中的空间填满，冲杆再次将模孔中的药粉压实一次。如此旋转一次，填充一次，压实一次，直到定量盘旋转到下方的底盘处有一半圆形缺口，其空间被下囊板占据，此时冲杆下降将模孔中的药粉柱推入囊体，完成填充操作。

3. 活塞-滑块定量装置

常见的活塞-滑块定量装置如图 2-47 所示。在料斗的下方有多个平行的定量管，每一定量管内均有一个可上下移动的定量活塞。料斗与定量管之间设有可移动的滑块，滑块上开有圆孔。当滑块移动并使圆孔位于料斗与定量管之间时，料斗中的药物微粒或微丸经圆孔流入定量管。随后滑块移动，将料斗与定量管隔开。此时，定量活塞下移至适当位置，使药物经支管和专用通道填入囊体。调节定量活塞的上升位置可控制药物的填充量。活塞-滑块定量装置最早用于微丸的灌装，它对药物的流动性要求较高。

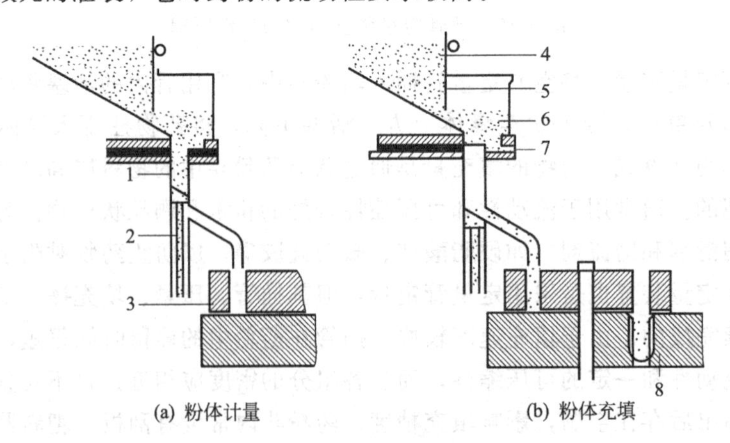

图 2-47 活塞-滑块定量装置结构与工作原理

1—计量管；2—定量活塞；3—星形轮；4—药斗；5—调节板；6—微粒盘；7—滑块；8—囊体盘

图 2-48 是一种连续式活塞-滑块定量装置的工作过程示意，图中已将定量转盘展成了平

面形式。转盘上设有若干个定量圆筒，每一圆筒内均有一个可上下移动的定量活塞。工作时，定量圆筒随转盘一起转动。当定量圆筒转至第一料斗下方时，定量活塞下行一定距离，使第一料斗中的药物进入定量圆筒。当定量圆筒转至第二料斗下方时，定量活塞又下行一定距离，使第二料斗中的药物进入定量圆筒。当定量圆筒转至下囊板的上方时，定量活塞下行至适当位置，使药物经支管填充进胶囊体。随着转盘的转动，药物填充过程可连续进行。由于该装置设有两个料斗，因此可将两种不同药物的颗粒或微丸，如速释微丸和控释微丸装入同一胶囊中，从而使药物在体内迅速达到有效治疗浓度并维持较长的作用时间。

4. 真空定量装置

真空定量装置是一种新型的连续式药物填充装置，其工作原理是先利用真空系统将药物吸入定量管，然后再利用压缩空气将药物吹入囊体中，图 2-49 为其工作原理示意。

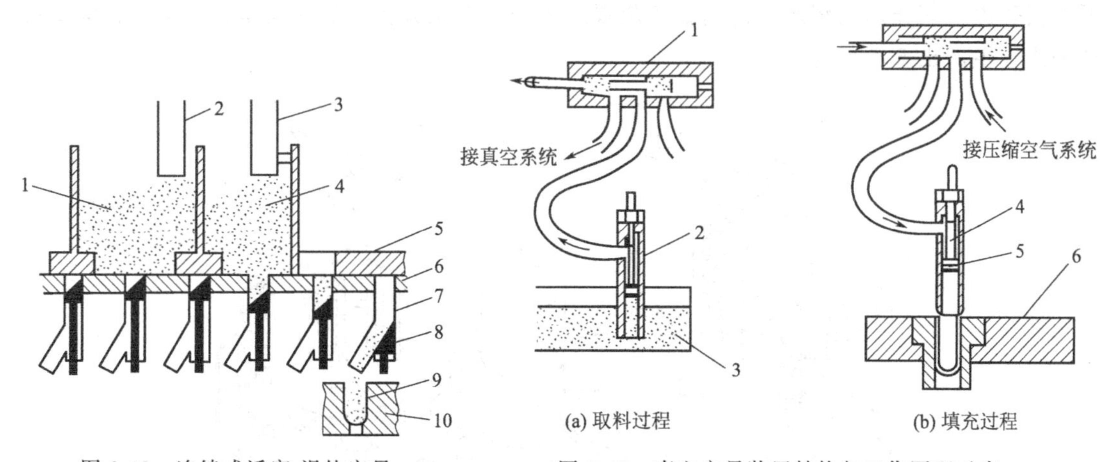

图 2-48　连续式活塞-滑块定量装置工作过程示意

1—第一料斗；2、3—加料器；4—第二料斗；5—滑块低盘；6—转盘；7—定量圆筒；8—定量活塞；9—胶囊体；10—下囊板

图 2-49　真空定量装置结构与工作原理示意

1—切换装置；2—定量管；3—料槽；4—定量活塞；5—尼龙过滤器；6—下囊板

真空定量管内设有可调节的活塞，活塞的下部安装有尼龙过滤器。在取料或填充过程中，定量管可分别与真空系统或压缩空气系统相连。取料时，定量管插入料槽，在真空的作用下，药物被吸入定量管。填充时，定量管位于胶囊体的上部，在压缩空气的作用下，将定量管中的药物吹入囊体中。当胶囊体、帽未被分离时，定量管内药粉柱将被吹回料斗，从而避免污染机器，并减少药物浪费。调节定量活塞的位置可控制药物的填充量。

真空定量装置由于无任何机械活动部件，对药物流动性要求不高，可直接灌装药物原料，从而可省去原辅料的制粒、整粒和干燥等生产环节，节约了操作成本和时间。

随着近年来填充机的发展，目前国外已经实现将膏类半固体及液体油类填充成硬胶囊剂。该技术是在标准填充机上增加精确的液体定量泵，填充的误差可控制在 1%以内。对于黏度较高的药物，料斗和泵设有加热装置，以防止药物凝结。同时料斗内设有搅拌系统，以保证药物的流动性。

目前国内尚没有填充液体药物的相应设备，需要注意的是填充液体药物时要考虑空胶囊的特性，如填充的液体不能与明胶发生反应，或使胶囊壳软化、溶解。明胶溶解于极性溶剂，在 30℃下可溶于水，因此填充的药物不应含水，最好为纯油剂。

四、硬胶囊生产设备

硬胶囊填充机是生产硬胶囊剂的专用设备，对于品种单一、生产量较大的硬胶囊剂多采用全自动胶囊填充机。而全自动胶囊填充机可根据主工作盘的运动方式，分为间歇回转和连续回转两种类型。虽然间歇回转式和连续回转式在执行机构的动作方面存在差异，但其生产硬胶囊剂的工艺过程几乎相同。

1. 全自动胶囊填充机的结构和工作原理

间歇回转式全自动胶囊填充机的工作台面上设有可绕轴旋转的主工作转盘，主工作转盘可带动胶囊板做周向旋转。如图 2-50 所示，填充机包括工作和药粉填充两个转台，两者之间的转动速度相匹配。围绕工作转盘设有空胶囊排序与定向装置、拔囊装置、剔除废囊装置、囊体和囊帽对中装置、闭合胶囊装置、出囊装置和清洁装置等。传动系统设在工作转盘下部机壳内，其作用是将运动传递给各装置或机构，以完成各个工序操作。主工作转盘每旋转一圈，生产出 5 粒胶囊剂。

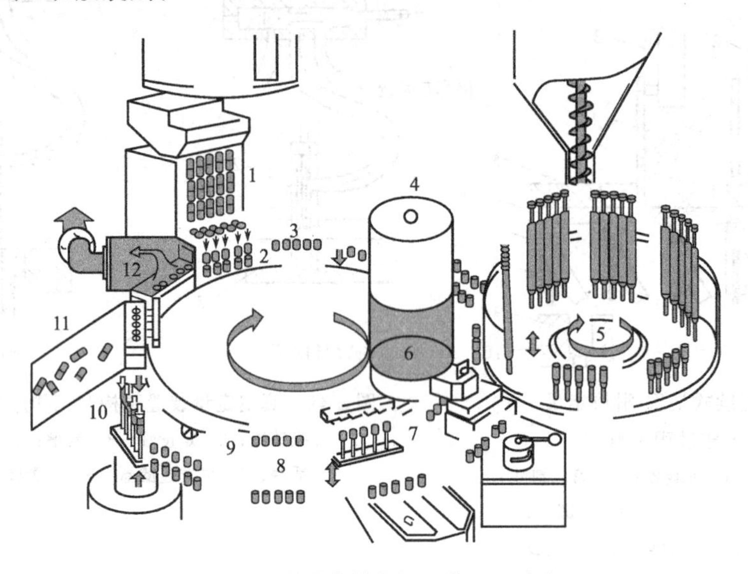

图 2-50 硬胶囊填充机工作过程示意

1—空胶囊的排序和定向装置；2—拨囊装置；3—定量填充装置；4—工作转台；5—药粉填充转台；6—传动机构；7—剔除废囊装置；8—拨囊装置；9—囊体和囊帽对中装置；10—出囊装置；11—自动清洁装置

工作时，自贮囊斗落下的杂乱无序空胶囊经排序与定向装置后，均被排列成囊帽在上的状态，并逐个落入工作转台上的囊板孔中。在拔囊区，拔囊装置利用真空吸力使胶囊体落入下囊板孔中，而胶囊帽则留在上囊板孔中。在体、帽错位区，上囊板连同囊帽一起移开，而载有囊体的下囊板置于定量填充装置的下方。在填充区，定量填充装置将药物填充进胶囊体。在废囊剔除区，剔除装置将未拔开的空胶囊从上囊板孔中剔除。在胶囊闭合区，上、下囊板对中，在外力作用下囊帽与囊体闭合。在出囊区，闭合胶囊被出囊装置顶出囊板孔，并经出囊滑道进入包装工序。在清洁区，清洁装置将上、下囊板孔中的药粉、胶囊皮屑等污染物清除。随后，进入下一个操作循环。由于每一区域的操作工序均要占用一定的时间，因此主工作盘是间歇转动的。

(1) 空胶囊的排序与定向

为防止空心胶囊变形，出厂的机用空心硬胶囊均为体帽合一的套合胶囊。使用前，首先要对杂乱胶囊进行排序。

空胶囊排序装置如图 2-51 所示。落料器的上部与贮囊斗相通，内部设有多个圆形孔道，每一孔道的下部均设有卡囊簧片。工作时，落料器做上下往复滑动，使空胶囊进入落料器的孔中下滑。当落料器上行时，卡囊簧片将一个胶囊卡住。当落料器下行时，簧片架产生旋转，卡囊簧片松开胶囊，在重力作用下胶囊由下部出口排出。就这样周而复始，落料器每上下往复滑动一次，每一孔道就会输出一粒空胶囊。

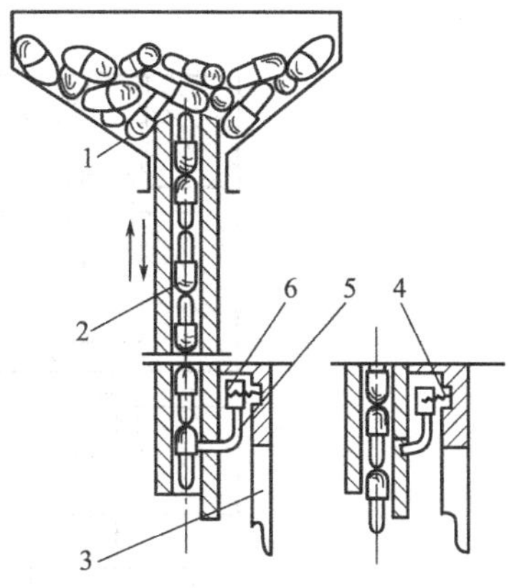

图 2-51　排序装置结构

1—贮囊斗；2—落料器；3—压囊爪；4—弹簧；5—卡囊簧片；6—簧片架

由排序装置输出的空胶囊有的帽在上，有的帽在下，需要经过定向装置完成空胶囊的定向排列。定向装置由定向滑槽、顺向推爪和压囊爪组成，推爪在槽内做水平往复运动，如图 2-52 所示。工作时，空胶囊依靠自重落入定向滑槽中。由于定向滑槽的宽度略大于胶囊体而略小于胶囊帽，因此滑槽对囊帽有束缚而不接触囊体。由于结构上的特殊设计，顺向推爪做水平往复运动时，只作用于直径较小的胶囊体中部。当顺向推爪推动胶囊体时，胶囊体将围绕滑槽与胶囊帽的夹紧点转动，到达定向器座的边缘时，囊体向前倾倒。此时，垂直运动的压囊爪使空胶囊翻转 90°垂直推入囊板孔中。

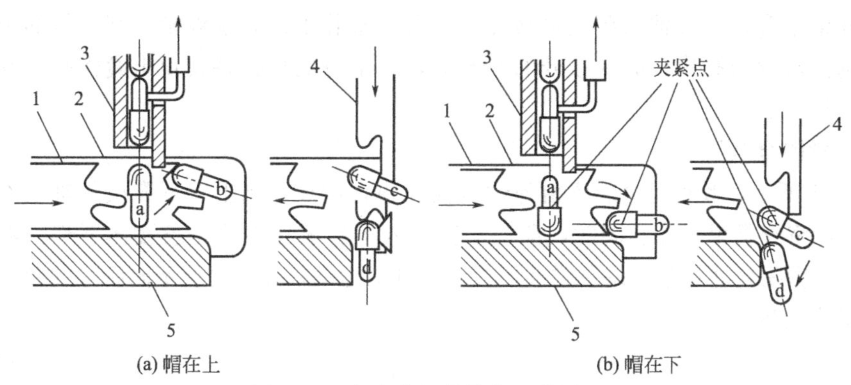

图 2-52　定向装置结构与工作原理

1—顺向推爪；2—定向滑槽；3—落器；4—压囊爪；5—定向器座

(2) 空胶囊的体、帽分离

经定向排序后的空胶囊还需将囊体与囊帽分离开来，操作由拔囊装置完成。该装置由上、下囊板以及真空系统组成，如图 2-53 所示。当空胶囊被压囊爪推入囊板孔后，气体分配板上升，下囊板贴紧，顶杆随气体分配板同步上升并伸入到下囊板的孔中。接通真空系统。上、下囊板孔的直径相同，但都为台阶孔。上、下囊板台阶小孔的直径分别小于囊帽和囊体直径。当囊体被真空吸至下囊板孔中时，上囊板孔中的台阶可挡住囊帽下行，下囊板孔中的台阶可使囊体下行至一定位置时停止，以免囊体被顶杆顶破，从而达到体帽分离的目的。

(3) 药物填充

当空胶囊体、帽分离后，上囊板在组合凸轮推动作用下与下囊板错开，下囊板移动至定量填充装置的下方。药物定量填充装置将定量药物填入下方的囊体中，完成药物填充过程。

(4) 剔除装置

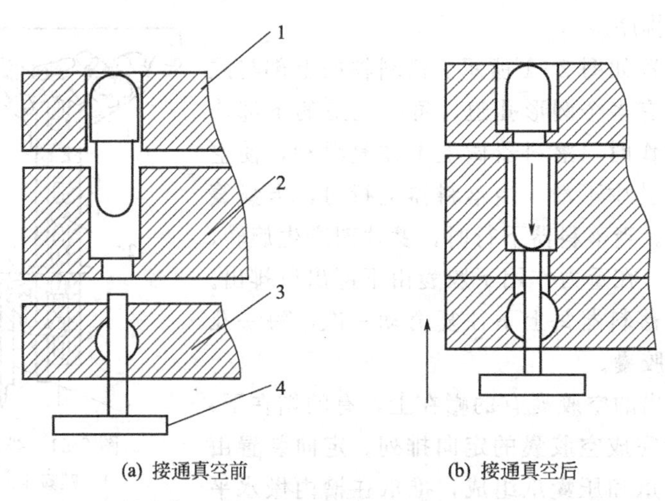

图 2-53　拔囊装置的结构与工作原理

1—上囊板；2—下囊板；3—真空气体；4—分配板

在空胶囊体、帽分离过程中，个别空胶囊未能分开而于上囊板孔中，不能填充药物。为防止这些空胶囊混入成品中，应在胶囊闭合前将其剔除出去。

剔除装置如图 2-54 所示，是一个可上下往复运动的顶杆架，上面设有与囊板孔相对应的顶杆。当上、下囊板转动时，顶杆架停留在下限位置。当上、下囊板转动至剔除装置并停止时，顶杆架上升，顶杆伸入到上囊板孔中。若囊板孔中仅有胶囊帽，则上行的顶杆对囊帽不产生影响。若囊板孔中存有未拔开的空胶囊，则上行的顶杆将其顶出囊板孔，并被压缩空气吹入集囊袋中。

（5）胶囊闭合装置

如图 2-55 所示，胶囊闭合装置由弹性压板和顶杆组成。当上、下囊板的轴线对中后，弹性压板下行，将胶囊帽压住。同时，顶杆上行伸入下囊板孔中顶住胶囊体下部。随着顶杆上升，胶囊体、帽闭合并锁紧。调节弹性压板和顶杆的运动幅度，可使不同型号的胶囊闭合。

（6）出囊装置

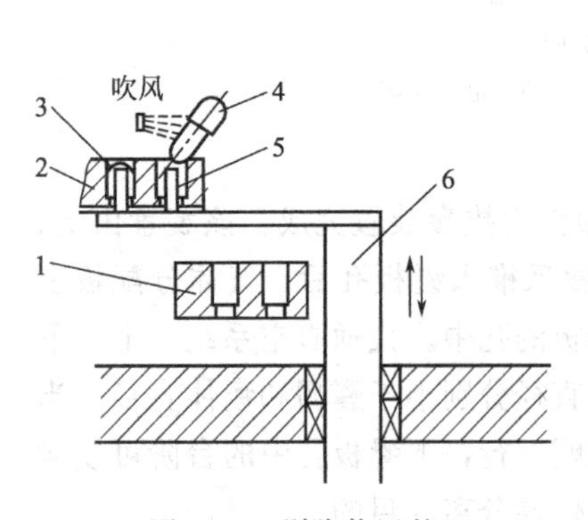

图 2-54　剔除装置的结构与工作原理

1—下囊板；2—上囊板；3—胶囊帽；4—未拔开空胶囊；5—顶杆；6—顶杆架

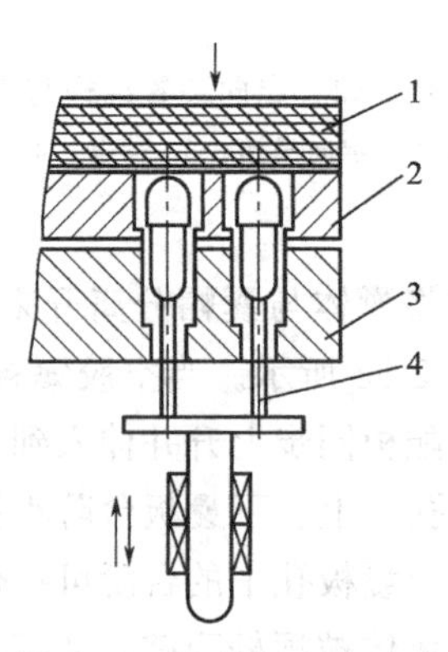

图 2-55　胶囊闭合装置的结构与工作原理

1—弹性压板；2—上囊板；3—下囊板；4—顶杆

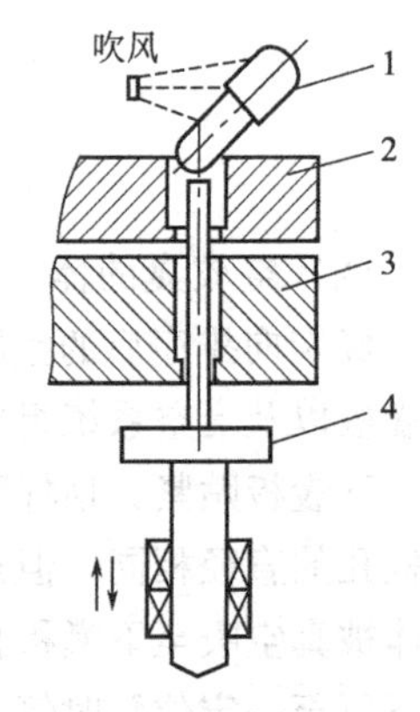

图 2-56　出囊装置的结构与工作原理

1—闭合胶囊；2—上囊板；3—下囊板；4—出料顶杆

如图 2-56 所示，出囊装置是一个可上下往复运动的出料顶杆，当囊板孔轴线对中的上、下囊板携带着闭合胶囊旋转时，出料顶杆处于低位，即位于下囊板下方。当携带闭合胶囊的上、下囊板旋转至出囊装置上方并停止时，出料顶杆上升，其顶端自下而上伸入囊板孔中，将闭合胶囊顶出囊板孔。随后，压缩空气将顶出的闭合胶囊吹入出囊滑道中，在风力和重力作用下滑向集囊箱中。

(7) 清洁装置

清洁装置实际上是一个设有风道和缺口的清洁室，如图 2-57 所示。当囊孔轴线对中的上、下囊板旋转至清洁装置的缺口处时，压缩空气系统接通，囊板孔中的药粉、囊皮屑等污染物被压缩空气自下而上吹出囊孔，并被吸尘系统吸入吸尘器。随后，上、下囊板离开清洁室，开始下一周期的循环操作。

2. 全自动间歇式胶囊填充机

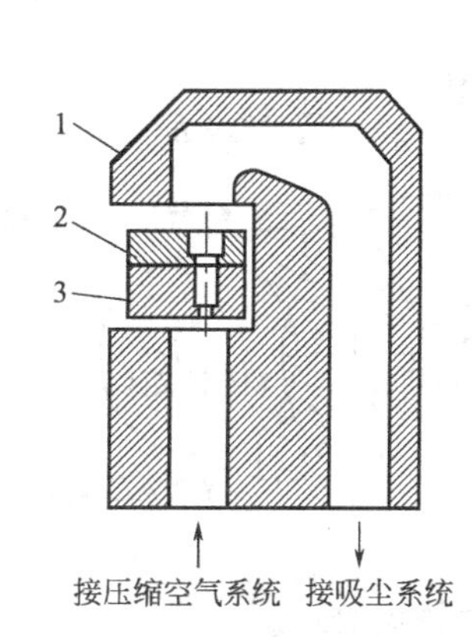

图 2-57　清洁装置的结构与工作原理

1—清洁装置；2—上囊板；

3—下囊板

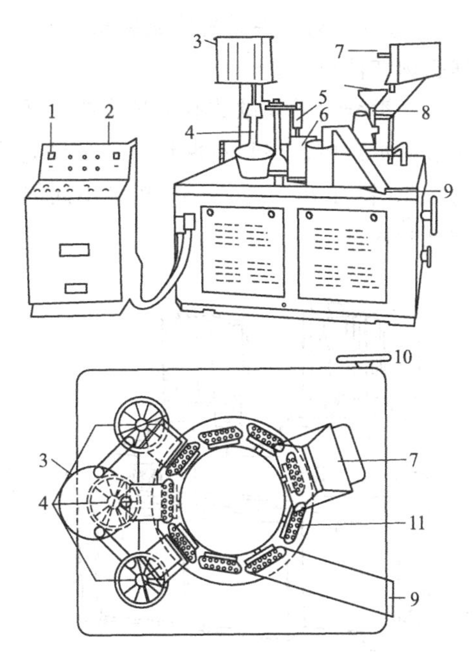

图 2-58　Zanasi AZ-60 型全自动胶囊填充机结构

1—总开关；2—控制台；3—总料斗；

4—剂量器料斗；5—剂量器；6—灌装转台；

7—胶壳料斗；8—胶壳顺向器；9—成品出口；

10—调节手轮；11—模板

图 2-58 为意大利产 ZanasiAZ-60 型全自动胶囊填充机结构图。空胶囊由贮料斗经定向器排列进入工作转台的囊板模孔内。囊板由上、下两块活动部件组成。空胶囊在真空作用下进行体、帽分离后，装有囊帽的上囊板向后移动，而装有囊体的下囊板则转到药物填充转台的下方等待药物填充。填充部分包括一个总药粉料斗和三个分药粉料斗组成，每个分药料斗有 8 个定量器。开机前需要调节、校准每一个定量器的剂量，校准后 8 个定量器由一个总开关控制。总药料斗内设搅拌器，分药料斗内设搅拌翼片。当药物填充转台旋转至工作转台的药物填充区上方时，一个分药料斗上的 4 个定量器负责下囊板上 4 个囊体的药物填充。完成填料后下囊板转出填料区域，同时体、帽未分离的空胶囊被顶出上囊板并收回。上下囊板重新合并，胶囊闭合后被推出，进入收集管道。收集管道内安装有粉末清除装置，通过气流作

用吸除囊壳表面的药物粉末。同时，收集管内设有检查胶囊长度的设备，保证所有闭合的胶囊剂成品长度一致，然后再由收集口收集。整台设备的操纵系统为一个分开单元，机器润滑系统、真空系统、压缩空气系统统一。

与 ZanasiAZ-60 型胶囊填充机相关的几个技术问题如下。

① 由于机器有三个分药粉斗，当生产停止时，每只粉斗中大约残留有 1kg 物料，这些药粉一般不与其他批次药物混合，浪费较大。故该机器最好用于药物的大批量生产。此外，机器的总操作系统与设备分开，体积大，安装面积较大。总药料斗比较高，加料不方便。

② 机器共有 24 只定量器，每 8 只由一个开关集中控制。在操作之前已经调节、校准了每一个定量器，但并不能保证操作过程中的装量差异，仍需要在操作过程中对个别定量器进行微量调节。

③ 当机器使用带“锁点”的空胶囊时，胶囊体、帽分离效果不好。

④ 药粉流动性差时易造成装量差异，故药粉斗中搅拌系统应设计合理，其搅拌强度应根据药物特性可调。

另一类全自动间歇式胶囊填充机为德国的 GKF 型。图 2-59 为 GKF2400 机型的外观及操作过程示意图。该机有两组填料部件，能同时分别工作，生产能力大大提高，最大生产能力为 2540 粒/min。与 Zanasi 机型不同的是，该机采用模板定量装置填料。该机还可直接灌装微丸和片剂。

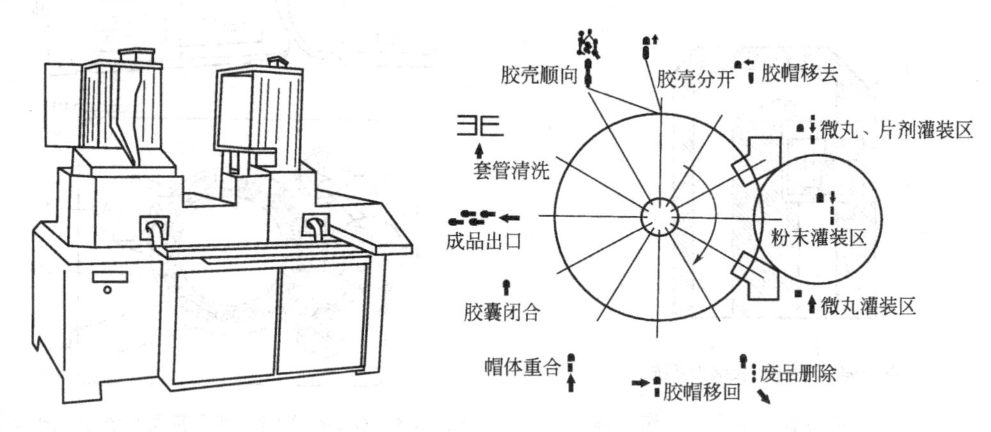

图 2-59　GKF2400 机型的外观及操作过程示意

五、软胶囊生产技术

软胶囊（又称胶丸）是将一定量的液体药物（或药材提取物）加适量的辅料密封于球形或椭圆形的软质囊材中制成的剂型。软胶囊完全密封，其厚度可防止空气进入，提高了药物的稳定性，延长药物的储存期。因此，低熔点药物、生物利用度差的疏水性药物、具有不良气味的药物、微量活性药物且遇光、湿、热不稳定及易氧化的药物适合制成软胶囊。对于油状药物，制成软胶囊可省去吸收、固化等处理，还可避免油状药物从吸收辅料中渗出，故软胶囊是油状药物最适宜的剂型。

软胶囊的囊材由明胶、甘油、水或其他适宜的药用材料制成。软质囊材中可以填充多种油类或对明胶无溶解作用的液体药物、药物溶液或悬浊液，也可填充固体药物。软胶囊与硬胶囊的主要区别是软胶囊的囊壳中加入了一定量的甘油，可塑性增强，弹性大。软胶囊的容积一般要求尽量小，充填的药物通常为一个剂量。

软胶囊作为20世纪的新剂型，在21世纪得到了迅速的发展。其制备方法主要有压制法和滴制法。其中压制法制成的软胶囊因四周有明显的压痕，又称为有缝软胶囊，其外形取决于模具，常见有橄榄形、椭圆形、球形等。滴制法制成的软胶囊呈球形且无缝，所以也称无缝软胶囊。

软胶囊的制备工艺流程包括明胶液制备、药液配制、软胶囊压（滴）制、洗丸（脱脂）、干燥和包装等工序，见图2-60。

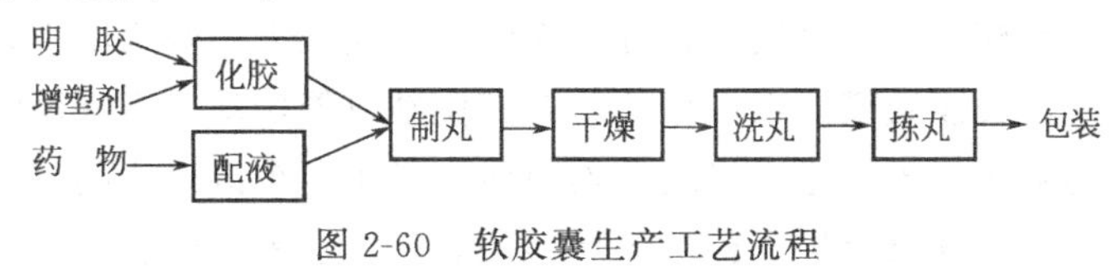

图2-60　软胶囊生产工艺流程

六、软胶囊生产设备

软胶囊成套的生产设备包括明胶液熔制设备、药液配制设备、软胶囊压（滴）制设备、干燥设备和回收设备等。下面主要介绍滚模式软胶囊压制机和软胶囊滴丸机。

1. 滚模式软胶囊压制机

滚模式软胶囊压制机由软胶囊压制主机、输送机、干燥机、电控柜、明胶桶和料液桶组成。其中关键设备为软胶囊压制主机，包括机座、机身、供液系统、滚模、下丸器、明胶盒等。如图2-61所示，药液桶和明胶桶吊置于高处，按照一定流速向主机上的贮液槽和明胶盒中流入药液和明胶，其余各部分则直接安置在工作场地的地面上。

(1) 胶带成型装置

配制好的明胶液置于机器上方的明胶桶中，明胶桶下部连有两根输胶管，分别与两侧的明胶盒（涂胶机箱）相连。明胶桶由不锈钢制成，桶外设有夹套，夹套内有可控温电加热装置，并充满软化水。为防止明胶液冷却固化，明胶桶内的温度宜控制在60℃左右，打开底部球阀，明胶可自动流入明胶盒。

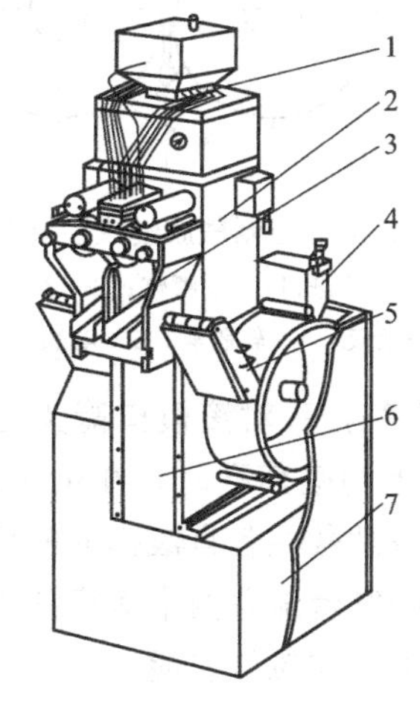

图2-61　滚模式软胶囊压制机外形

1—供料斗；2—机头；3—下丸器；4—明胶盒；5—油辊；6—机身；7—机座

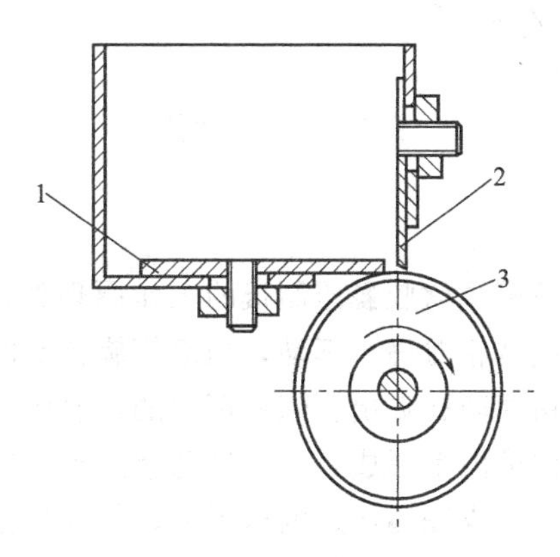

图2-62　明胶盒示意

1—流量调节板；2—厚度调节板；3—胶带鼓轮

如图2-62所示，明胶盒内置电加热元件使明胶盒内恒温在60℃左右，以保持明胶的流动性。明胶盒的底部有一块可调节活动板，或设置底阀，控制流到下方旋转鼓轮上的明胶流量，从而调节胶带成型的厚度。鼓轮的宽度与滚模长度相同。胶带鼓轮表面很光滑，转动平稳，16～20℃的冷风吹拂其表面，使鼓轮上的明胶液冷却成胶带，成型后的胶带由上、下两个平行钢辊牵引前行。在钢辊之间有两个浸有食用油的“海绵”辊子为胶带表面涂油，以保证其表面光滑。

（2）软胶囊成型装置

滚模和楔形喷体是软胶囊成型装置的两个关键部件。

主机上左右两个滚模组成一套模具，分别安装于滚模轴上。两根滚模轴做相对运动，其中左滚模轴既能转动，又能做横向水平移动，右滚模轴只能转动。当滚模间装入左右两条胶带后，可旋紧滚模的侧向加压旋钮，将胶带均匀地压紧于两个滚模之间，牵动胶带前行。两根滚模轴的平行度是保证软胶囊生产正常运行的关键，要求平行度全长不大于0.05mm。为了确保滚模能均匀接触，需要在组装后利用标准滚模在主轴上进行漏光检查。

滚模上均匀分布着凹槽（相当于半个胶囊的形状），其排数与喷体的喷药孔相等。凹槽周边的突台（高出表面0.1～0.3mm），随着两个滚模的相对转动而对合。

如图2-63所示，楔形喷体中间有一排药液进口，与下方两侧曲面上的喷药孔相通。楔形喷体的曲面与滚模的外径相吻合，内置电加热元件，使其温度保持在37～40℃。药液由导管送入喷体。

成型后的胶带由油辊系统和导向筒送到两个滚模与主机的楔形喷体之间。如图2-64所示，喷体的表面与胶带良好地贴合，形成密封状态，以防止空气进入。由于喷体温度较高，胶带与之接触后受热变软，贴敷在滚模上。

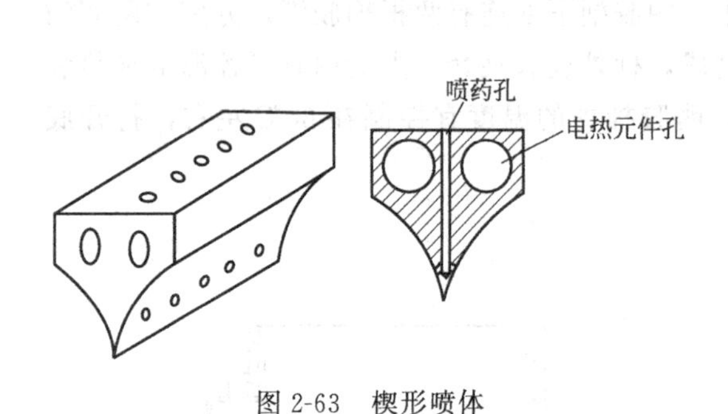

图2-63　楔形喷体

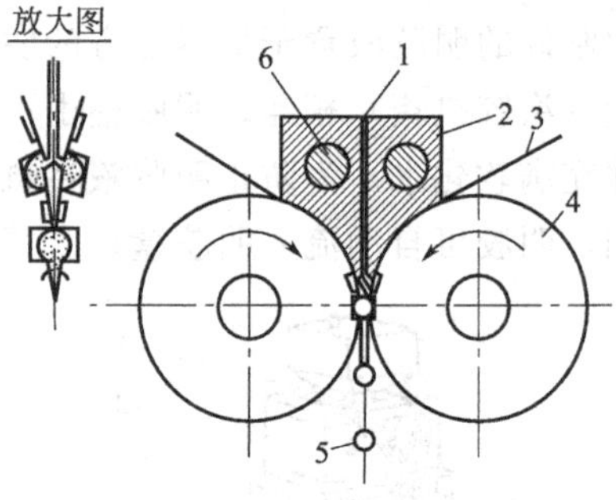

图2-64　压制软胶囊成型装置

1—药液进口；2—喷体；3—胶带；4—滚模；5—软胶囊；6—电热元件

滚模式软胶囊压制机的工作原理如图2-65所示。工作时，一对滚模按箭头方向同步转动，喷体相对静止不动，当滚模旋转到凹槽对准楔形喷体上的喷药孔时，在供药泵作用下，药液由喷药孔喷出。依靠药液的喷射压力使两条变软的胶带贴敷在各自滚模的凹槽内，这样每个凹槽内都形成一个注满药液的半个软胶囊。凹槽周边的突台随着两个滚模的相对转动而对合，形成胶囊周边的压紧力，使胶带被挤压黏合，形成了一粒粒软胶囊。

（3）软胶囊干燥、废胶网回收

随着滚模的继续旋转或移动，软胶囊被切离胶带依次落入斜槽和胶囊输送机。此时的软胶囊由于胶皮含水量高而比较弱软，须用乙醇将其表面润滑剂清洗干净后，送入相对湿度为20%～30%、温度为21～24℃的转笼式干燥机中进行定型。一般需要在滚筒中放置十多个小时才能分装。

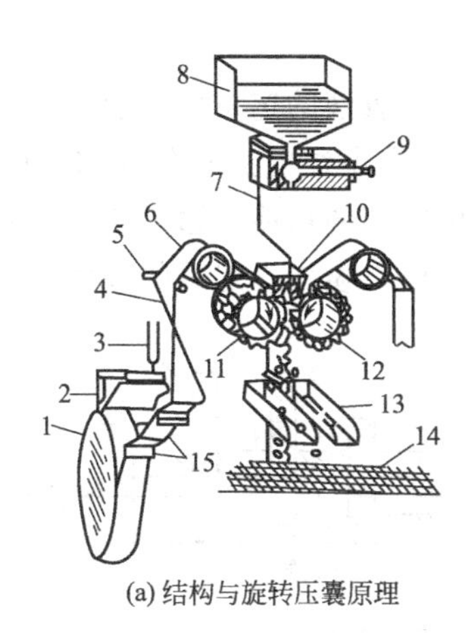

(a) 结构与旋转压囊原理

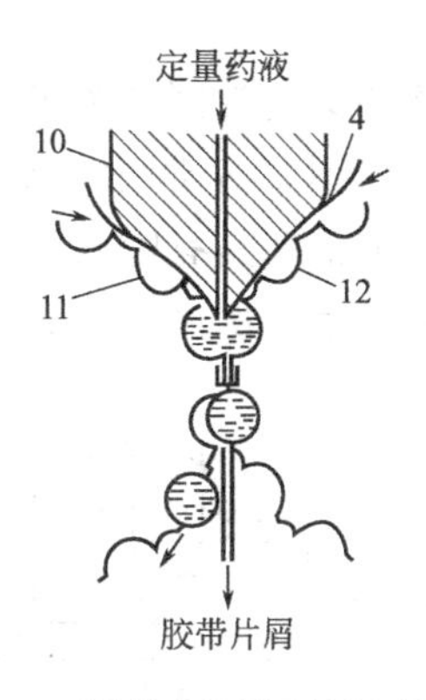

(b) 药液注入胶囊及封合原理

图 2-65　滚模式软胶囊压制机的工作原理

1—鼓轮；2—涂胶机箱；3—输胶管；4—胶带；5—胶带导杆；6—送料轴；7—导管；8—药液贮槽；9—计量泵；10—楔形喷体；11、12—滚模；13—导向斜槽；14—胶囊输送机；15—油轴

在软胶囊被剥离的同时，产生的网孔状废胶带在拉网轴的作用下，收集到剩胶桶内，重新熔化使用。

(4) 药液计量装置

合格的软胶囊的另一项重要技术指标是药液装量差异。要得到装量差异较小的软胶囊产品，首先要保证向胶囊中送入的药液量可调；其次保证供药系统密封可靠，无漏液现象。软胶囊生产所用的药液计量装置为柱塞泵。其利用凸轮带动十个柱塞，在一个往复运动中向楔形喷体中供药两次，调节柱塞行程，即可调节供药量大小。

滚模式软胶囊压制机的自动化程度高，生产能力大，是软胶囊剂生产的常用设备。

2. 软胶囊滴丸机

软胶囊滴丸机是滴制法生产软胶囊剂的专用设备，主要结构包括动力滴丸系统、冷却系统和干燥系统三部分。生产时，明胶液和油状药液两相通过滴丸喷头按不同速度喷出，当一定量的明胶液将定量的油状药液包裹后，滴入第三种不相混溶的冷却液中，由于表面张力作用而最终形成圆球形，并逐渐凝固成软胶囊。成型的滴丸同冷却液一起流经过滤器，滴丸被筛网截流，进入干燥和清洗工序。而冷却液在循环泵作用下返回冷却管。软胶囊滴丸机的结构与工作原理如图 2-66 所示。

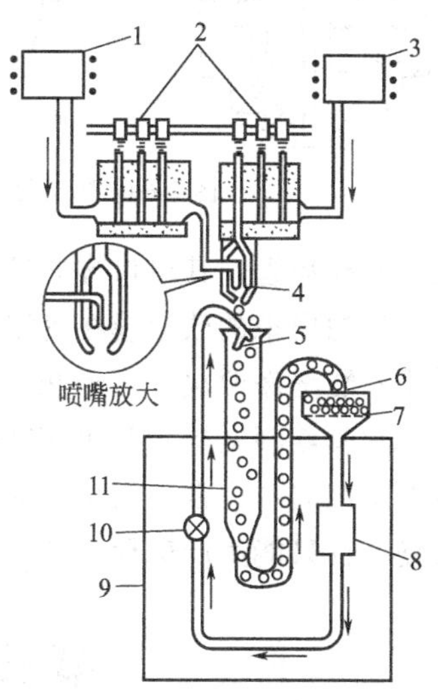

图 2-66　软胶囊滴丸机结构与工作原理

1—原料贮槽；2—定量装置；3—明胶贮槽；4—喷嘴；5—液体石蜡出口；6—胶丸出口；7—过滤器；8—液体石蜡贮槽；9—冷却箱；10—循环泵；11—冷却泵

明胶液由明胶、甘油和蒸馏水配制而成，其质量组成为明胶 40%、甘油 12%、蒸馏水 48%。为防止明胶液冷却固化，其贮槽外设有可控温电加热装置，以使明胶液保持熔融状态。药液贮槽外也设有可控温电加热装置，其作用是控制适宜的药液温度。软胶囊滴制时，明胶液的温度宜控制在 75～80℃，药液的温度宜控制在

60℃左右。

生产中喷头的滴制速度控制是关键，药液和明胶液的定量可由活塞式计量泵完成。常用的三柱塞泵工作原理如图 2-67 所示。泵体内有 3 个做往复运动的活塞，中间的活塞起吸液和排液的作用，两边的活塞具有吸入阀门和排出阀门的功能。通过调节推动活塞运动的凸轮方位可控制 3 个活塞的运动次序，进而可使泵的出口喷出一定量的液体。

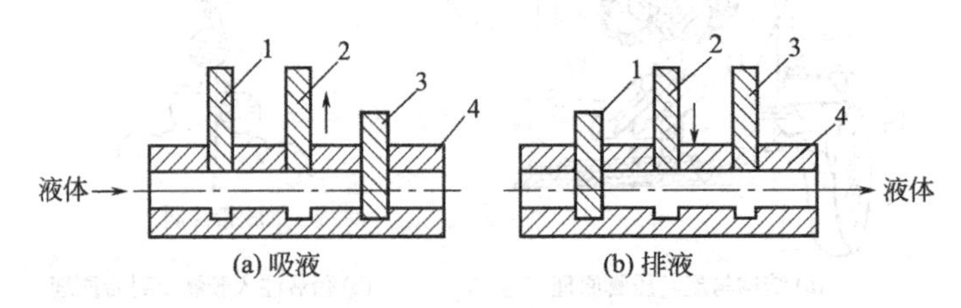

图 2-67 三柱塞泵工作原理

1～3—活塞；4—泵体

喷头为软胶囊滴丸机的关键部件，其结构如图 2-68 所示。计量后的明胶液由上部进入喷头，通过喷头套管的外侧喷出，而计量后的药液由侧面进入喷头，由套管内侧喷出。两种液体喷出的顺序从时间上看，明胶液喷出的时间较长，而药液的喷出位于明胶液喷出过程的中间时段，依靠明胶的表面张力作用将药滴完整地包裹起来。两种液体应该在严格同心的条件下先后有序地喷出才能形成合格的胶囊，否则将发生偏心、脱尾、破损等不合格现象。

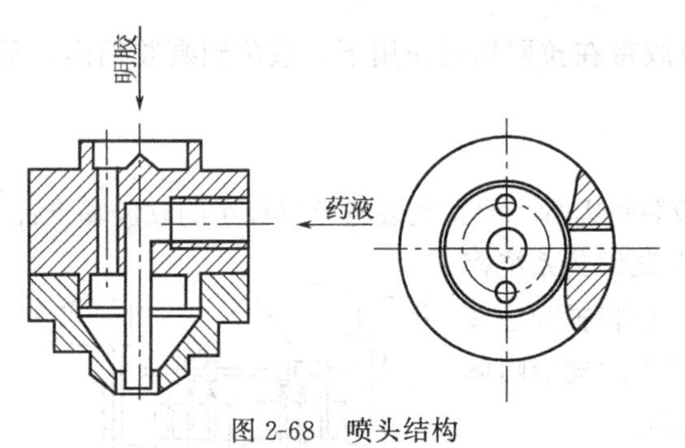

图 2-68 喷头结构

冷却管中的冷却液通常采用液体石蜡，其温度控制在 13～17℃。在冷却箱内通入冷冻盐水对石蜡液体进行降温。石蜡由循环泵输送至冷却管，其出口方向偏离管中心，故液体石蜡进入冷却管后即向下做旋转运动。

过滤出来的软胶囊在室温下（20～30℃）冷风干燥。为除去表面的润滑剂，在干燥后应采用乙醚洗涤两次，再经 95%的乙醇洗涤后于 30～35℃条件下烘干，直至水分合格为止。

软胶囊滴丸机是利用滴制造粒原理进行工作的设备，生产过程中回料较少，故能有效地降低生产成本。常见的鱼肝油丸、维生素丸等软胶囊剂均可用该设备生产。缺点是生产速度较慢，且只能生产球形产品。

第三节 丸剂生产工艺与设备

丸剂是用药物细粉或提取物加适当辅料或黏合剂制成的具有一定直径的球形制剂，分蜜丸、水蜜丸、水丸、蜡丸等类型。直径小于 2.5mm 的各种丸剂又称为微丸，是近几年发展起来的一种新型制剂。微丸包括不包衣的速释微丸和包衣的缓释微丸，是长效及控释的一种常用剂型。微丸流动性好，可按计量分装成硬胶囊剂。

目前，丸剂的主要制备方法有塑制、泛制、滴制三种。

一、丸剂的塑制设备

1. 丸剂的塑制工艺

塑制法是将药物细粉或提取物辅以适当辅料或黏合剂先制成可塑性较大的丸块，再依次经制丸条、切割成粒、搓圆而成丸粒的一种方法。其工艺流程如图 2-69 所示。

原辅料→粉碎、筛分→配料→混合→制丸→干燥→包装

图 2-69　塑制法丸剂生产工艺流程

将药物经混合制成湿度适宜、软硬适度可塑性丸块的过程，术语称“合坨”。丸块取出后应立即搓条。暂时不搓条的丸块应注意保湿，防止干燥。合坨是塑制法的关键，丸块的软硬度和黏稠度直接影响丸粒成型和在贮存中是否变形。优质丸块要求能随意塑形而不开裂，手搓捏而不粘手，不黏附器壁。小批量生产时，可用槽型混合机进行合坨。

丸条是将丸块制成粗细适宜的条形以便切割成粒。制备小量丸条可用搓条板，将丸块按每次制成丸粒数进行称取，置于搓条板上，手持上板，两板对搓，施加适当压力，将丸块搓成粗细一致且两端齐平的丸条，丸条长度由预计成丸数量确定。大量生产用丸条机。

丸条制备完成后，将丸条按照一定粒径切割即得到丸粒。大量生产时使用制丸机。一般成丸后应立即分装，以保证丸药的滋润状态。有时为了防止丸剂霉变，可进行干燥。

2. 丸剂的塑制设备

丸剂的塑制设备主要有丸条机、制丸机和滚圆机等。

(1) 丸条机

丸条机可将药物细粉与黏合剂充分混合，并制成具有一定几何形状的丸条，以供制丸之用。丸条机一般由加料器、混合器、挤出机等组成，如图 2-70 所示。

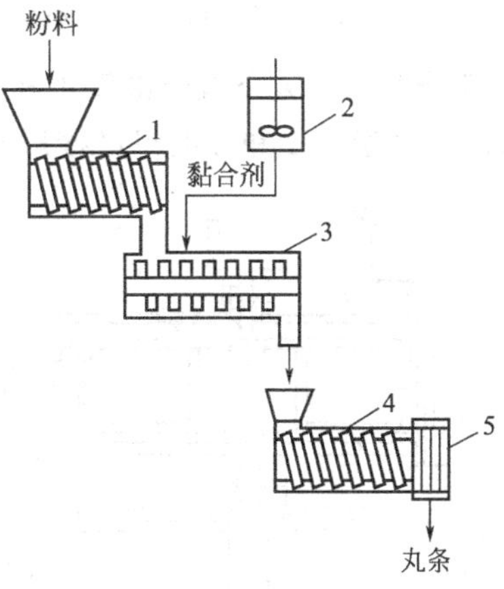

图 2-70　丸条机的工作原理

1—加料器；2—黏合剂贮槽；3—混合器；4—挤出机；5—模板

工作时，药物细粉经螺旋加料器送入混合器，并在混合器内与加入的黏合剂充分混合。混合均匀的物料在挤压机螺旋推进器挤压作用下，由模板的模孔（或筛网）中挤出，成为具有一定几何形状的条状物。通过改变模板的形状和尺寸，可制得不同截面形状和尺寸的丸条。

(2) 滚筒式制丸机

滚筒式制丸机是利用滚筒上的凸起刃口和凹槽将丸条切割滚压成丸剂，是常用的丸剂生产设备。目前，滚筒式制丸机有双滚筒式和三滚筒式两种，以三滚筒式最为常用。

① 双滚筒式制丸机。

双滚筒式制丸机的结构如图 2-71 所示，其主要部件是两个表面有半圆形切丸槽的金属滚筒，两滚筒切丸槽的刃口相吻合，滚筒的一端有齿轮。当齿轮转动时，两滚筒按相对方向转动，但转速一快一慢（约 90r/min∶70r/min）。工作时，将丸条置于两滚筒切丸槽的刃口上，滚筒转动时，将丸条切断并搓圆成丸剂。

② 三滚筒式制丸机。

三滚筒式制丸机的结构如图 2-72 所示，其主要部件是三个呈三角形排列的有槽金属滚筒。滚筒的式样均相同，但滚筒 3 的直径较小，且滚筒 1 和 3 只能做定轴转动，转速分别为 150r/min 和 200r/min。滚筒 2 绕自身轴以 250r/min 的转速旋转，同时在离合器的控制下定时地前后移动。

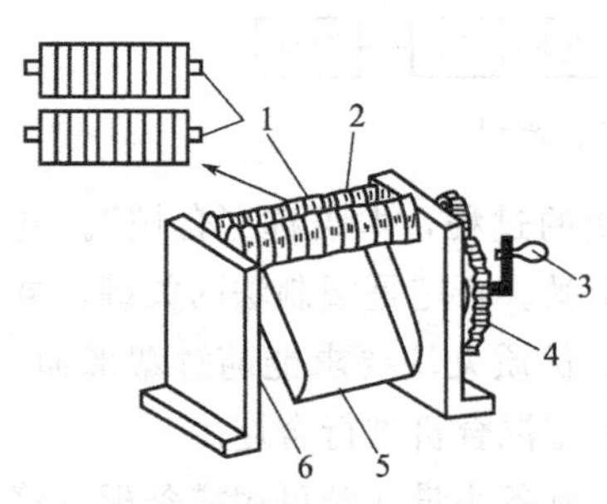

图 2-71　双滚筒式制丸机的结构

1—滚筒；2—刃口；3—手摇柄；4—齿轮；5—导向槽；6—机架

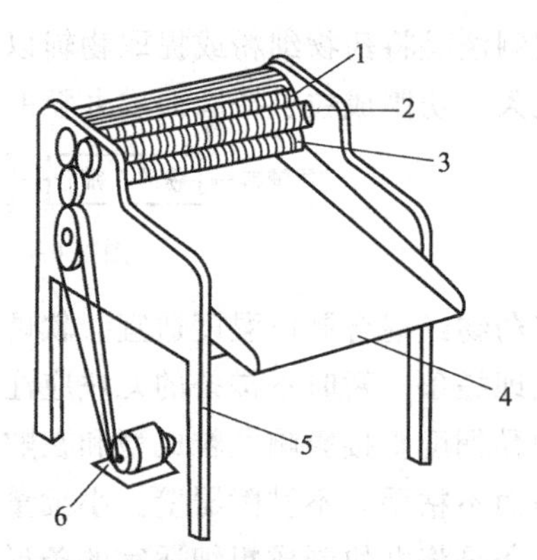

图 2-72　三滚筒式制丸机的结构

1～3—有槽滚筒；4—导向槽；5—机架；6—电动机

工作时，将丸条置于滚筒 1 和 2 之间。此时三个滚筒都做相对运动，且滚筒 2 还向滚筒 1 移动。当滚筒 1 和 2 的刃口接触时，丸条被切割成若干小段。在三个滚筒的联合作用下，小段被滚成光圆的药丸。随后滚筒 2 移离滚筒 1，药丸落入导向槽。采用不同直径的滚筒，可以制得不同重量和大小的丸粒。

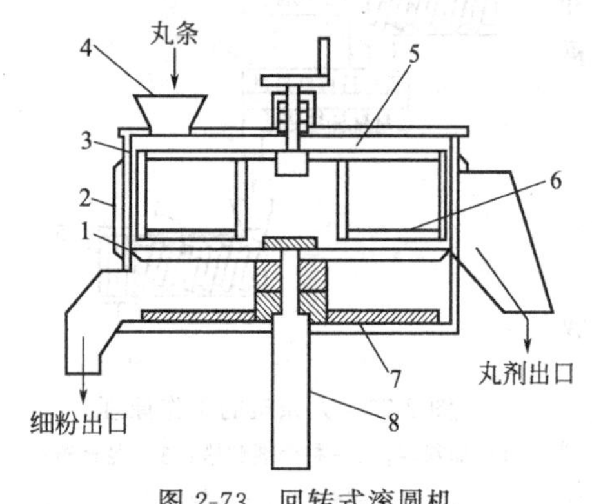

图 2-73　回转式滚圆机

1—摩擦板；2—调温夹层；3—筒壁；4—加料口；5—挡板；6—桨叶；7—刮板；8—转轴

(3) 回转式滚圆机

回转式滚圆机的结构如图 2-73 所示，其主要部件是一块可水平旋转的摩擦板。此外，筒内还设有桨叶，其旋转方向与摩擦板的旋转方向相反。筒外设有调温夹层，其内可通入蒸汽或冷却水，以控制操作过程的温度。

工作时，丸条由加料口装入滚圆机。在高速旋转的摩擦板带动下，使丸条之间相互碰撞及丸条与摩擦板和筒壁之间产生相互摩擦，致使丸条被分成长度均匀的小球，并被滚圆成球形药丸。当物料因含湿量较大而难以滚圆时，可经加料斗向筒体内加入适量粉末，以吸收物料表面的湿分。由于桨叶与摩擦板的旋转方向相反，因而可增加物料的运动速度，起到提高操作效率的作用。

目前，国外许多厂家将丸条机和回转式滚圆机配合使用，用于微丸剂生产。

3. 丸剂的干燥设备

丸剂一般在 80℃下进行干燥，对含有挥发性成分的药物应在 80℃以下干燥。所用干燥设备有厢式干燥器和隧道式干燥设备等。厢式干燥器参照本章第一节的干燥设备。

隧道式干燥设备由传送带、干燥室、加热装置等组成。它将湿物料置于传送带上进入干燥室内。干燥室可采用洁净的热空气加热，或远红外发生器加热，或微波头加热。传送带略带倾斜，丸剂从进口滚动至出口完成干燥。干燥时间可根据物料性质调节传送带运行速度来确定。隧道式干燥设备具有物料受热均匀、干燥时间短、可连续性生产等优势，可保证丸剂满足水分和崩解度要求，是丸剂理想的干燥设备。

塑制法具有自动化程度高、工艺简单、丸剂大小均匀、表面光滑、制作过程产尘量少、效率高等优点，是制备中药丸剂的常用方法。

目前，规模性生产多采用联合制丸机，即在同一台设备上完成制丸条和分割、搓圆等工序。如中药全自动制丸机，广泛用于一些中小药厂的水丸、水蜜丸及蜜丸生产。

二、丸剂的泛制设备

丸剂的泛制法如同“滚雪球”，是将药物细粉用水或其他液体黏合剂交替润湿，在容器中不断滚动，逐层增大的一种制丸法，又称为转动造粒。其工艺流程为：

药物粉末＋辅料→起模→成型→盖面→干燥→造丸→包衣→质查→包装

1. 普通包衣锅泛制丸剂

丸剂的泛制可在包衣锅内完成。方法是将适量的混合药粉加入包衣锅内，然后使包衣锅旋转，喷雾器向锅内喷入适量的水或其他黏合剂，使药粉在翻滚过程中逐渐形成坚实而致密的小粒，即为丸模。此后间歇性地将水和药粉加入锅内，使小粒逐渐增大，泛制成所需大小的丸剂。在泛制过程中，可用预热空气和辅助加热器对颗粒进行干燥。可见，丸剂的泛制可分为丸模产生和丸粒长大两步。最后筛选出合格的丸粒，放在包衣锅内充分滚动，加少量水润湿（也可加极细的药粉与其他润湿剂形成的悬浮物）继续滚动，直到丸粒表面光洁，色泽一致，形状圆整为止。

普通包衣锅泛制的丸剂常常会出现粒度不均匀或畸形，所以干燥后须经筛除去不合格产品，通常使用筛丸机和检丸器来完成，见图 2-74、图 2-75。

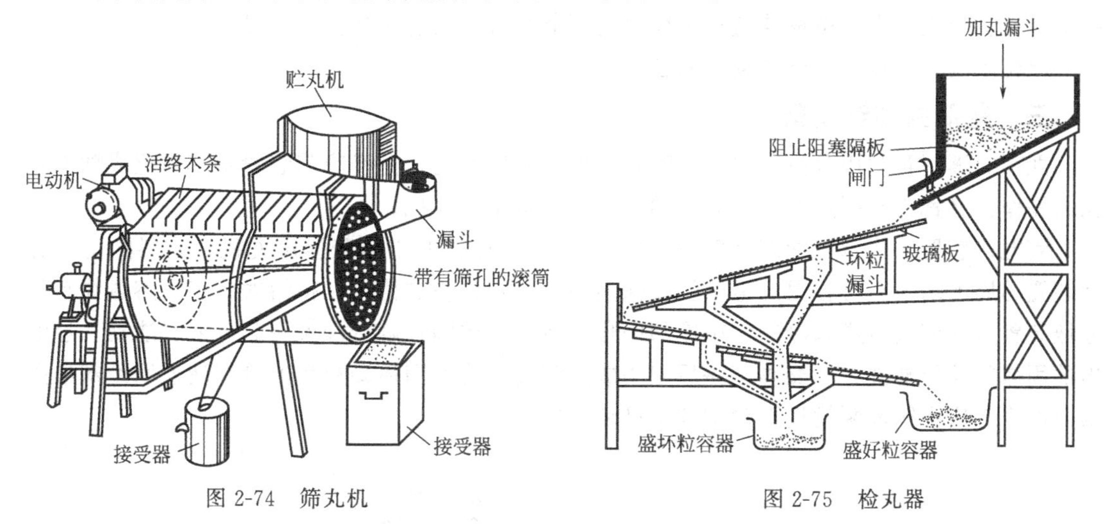

图 2-74　筛丸机　　　图 2-75　检丸器

普通包衣锅泛制丸剂因工艺复杂、质量难于控制，产尘量大、污染环境，已经较少使用。

2. 流化床制丸设备

流化床制丸设备又称为离心式制粒机，是目前较为先进的高效制丸设备，具有操作灵活、能耗低、自动化程度高等特点。

流化床制丸设备结构简单，与流化包衣机相似，其系统配置如图 2-76 所示，由主机、供粉机、喷浆系统、鼓风机、抽风机、空气压缩系统组成。与普通流化包衣机不同的是，喷雾器安装在容器的壁上，底部有旋转运动的转盘。经预热的空气以一定的速度经气体分布器由底部进入流化室，物料除上、下运动外，还做旋转运动，形成了螺旋状运动轨迹，其结构和工作原理如图 2-77 所示。工作时，将粉料放于主机内，通过对粒子表面喷射雾化的黏合剂，靠高速旋转的转盘产生的离心力和摩擦力作用，粉料间相互聚结滚动成微型颗粒（母粒）；然后再按一定比例对机内母粒喷射雾化黏合剂和加入粉料，使母粒逐渐长大成为符合

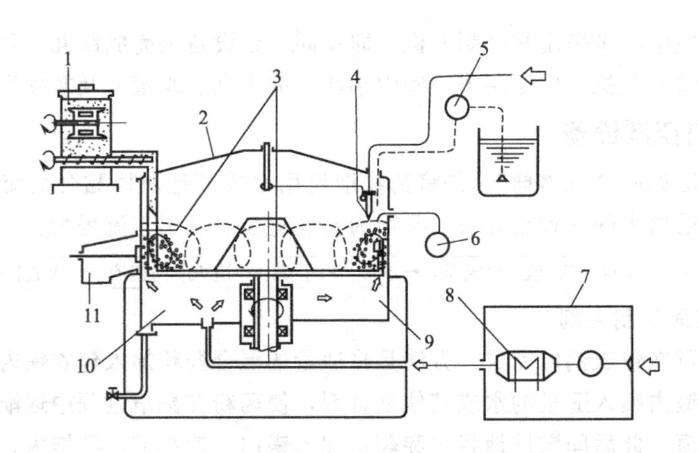

图 2-76　流化床制丸设备

1—供粉机；2—定子盖；3—定子与转子；4—喷浆系统；5—恒流泵；6—湿度感应器；7—压缩空气系统；8—热交换器；9—空气缝；10—空气腔；11—出料口

要求的丸剂。达到要求后，可在粒子表面喷射包衣液，直接进行包衣。

流化床制丸设备是一种先进的多功能制丸设备，与滚筒式制丸机相比，所制的丸剂球形度好，大小更均匀。可由计算机控制母粒制备、母粒长大和抛光干燥三个阶段的自动转换，能够在粒度长大过程中按最佳造粒规律自动调节黏合剂喷射流量和供粉量。

流化床制丸设备多用于微丸的制备。

三、丸剂的滴制设备

丸剂的滴制是利用分散装置（喷嘴）将熔融液体雾化，再经冷却装置将其固化成球形颗粒的操作，又称为滴制造粒。滴丸剂的制备设备常用滴丸机。

滴丸机装置工作示意如图 2-78 所示，其工作过程类似于软胶囊滴丸机，物料贮槽和分散装置的周围均设有可控温的电热器及保温层，使物料在贮槽内保持熔融状态。熔融物料经分散装置形成液滴后进入冷却管中冷却固化，所得固体颗粒随冷却液一起进入过滤器，过滤出的固体颗粒经清洗、干燥等工序后即为成品滴丸。滤除固体颗粒后的冷却液返回冷却液贮槽，经冷却后由循环泵输送至冷却柱中循环使用。

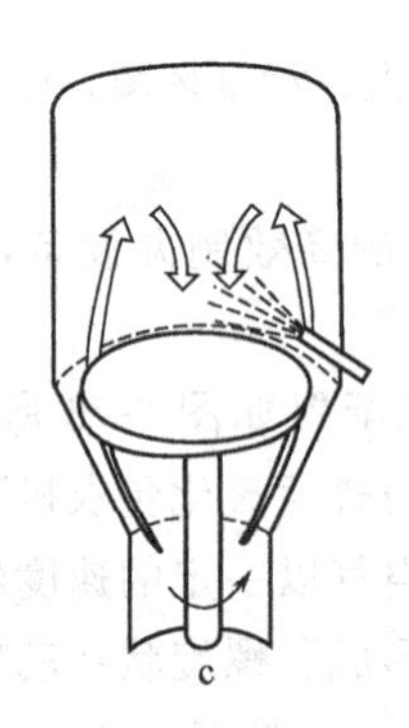

图 2-77　流化床制丸设备的流化室结构和工作原理

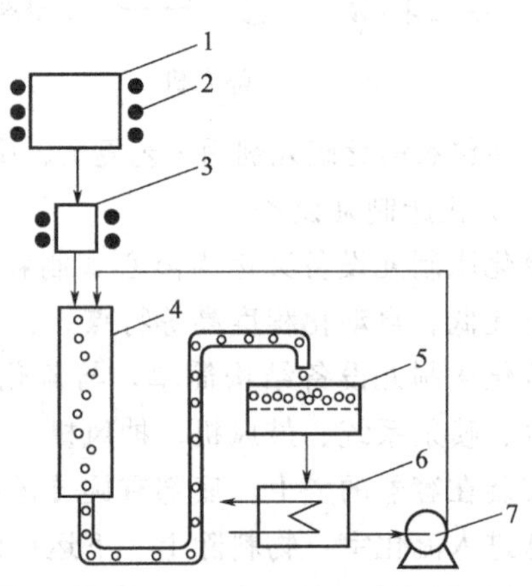

图 2-78　滴丸机装置工作示意

1—物料贮槽；2—电热器；3—分散装置；4—冷却柱；5—过滤器；6—冷却液槽；7—循环泵

第四节　口服固体制剂的包装设备

药品包装是固体制剂生产的最后一道工序，系指选用适宜的材料和容器，利用一定技术对药物制剂的成品进行分（灌）、封、装、贴签等加工过程的总称，也是药品贮存、运输和使用过程中应用的一种技术手段。药品包装的作用可概括为：保护功能、使用功能、销售功能和贮运功能。具体作用如下：

① 保护药品质量，如避光、防潮、防霉、防虫蛀、避免与空气接触等，以提高药品的稳定性、延缓药品变质。

② 包装与应用要求相配合，如单剂量包装，防止药品在待用过程中污染、失效、变质，减少浪费。

③ 起到标识药品和便于携带的作用。

④ 促进销售。药品包装是消费者购买的最好媒介，其消费功能是通过药品包装装潢设计来体现的。

过去口服固体包装大多为手工操作，效率很低，占用了工厂的很大一部分劳动力和生产场地。近年来随着机械化程度的不断提高和国外先进设备的引进，机械化包装设备已经替代了手工包装操作。口服固体制剂中颗粒剂、片剂和胶囊剂等剂型生产量较大，包装设备自动化程度较高，本节将重点介绍。

一、药品包装分类和包装材料

1. 药品包装分类

口服固体制剂包装主要分为单剂量包装、内包装和中包装及外包装三种。

（1）单剂量包装

单剂量包装是指对药物制剂按照用途和给药方法对药物成品进行分剂量包装的过程，如将小颗粒剂装入小包装袋，将片剂、胶囊剂装入泡罩铝塑材料中的分装过程等。

（2）内包装和中包装

将数个或数十个成品包装于一个容器或材料内的过程称为内包装，如将几十粒片剂或胶囊装于塑料或玻璃瓶中；将数十粒片剂或胶囊内包装于一板泡罩式的铝塑包装材料中，再装于中包装的纸盒中，以防止潮气、光、微生物、外力撞击等因素对药品造成破坏性的影响。

（3）外包装

将已完成内包装的药品装入箱中或桶和罐等容器中的过程称为外包装。进行外包装的目的是将小包装的药品进一步集中于较大的容器内，以便药品贮存和运输。

2. 药品包装材料

药品的内包装容器也称直接容器，常采用塑料、玻璃、金属、复合材料等。外包装一般采用内加衬垫的瓦楞纸箱、塑料桶、胶合板桶等。

（1）纸包装材料

常用纸包装材料有白纸板、牛皮箱纸板和瓦楞纸板等。

白纸板常用于药品中包装的一般折叠盒，其结构由面层、芯层和底层组成，面层由漂白的木浆制成，芯层和底层由机械木浆等制成。

牛皮箱纸板具有较高的耐折性、耐破性、强度和抗压性。它是用硫酸盐木浆、竹浆挂面，再用其他纸浆挂底制成。多用于外贸商品及珍贵药品的外包装纸箱。

瓦楞纸板是由瓦楞芯和纸板用黏合剂黏结而成的加工纸板，具有较高的强度和一些优良性质。瓦楞纸板结构可分为单面、双面瓦楞纸板和双瓦楞纸板、三瓦楞纸板等，广泛用于药品的外包装。

(2) 塑料和复合材料

常用塑料包装材料有聚乙烯（PE，主要用于制造薄膜）、聚丙烯（PP，用于生产大输液包装袋）、聚氯乙烯（PVC，主要用于制造透明硬质包装容器）、聚偏氟乙烯（PVDF，主要用于复合材料的涂复层）、聚酯（PET，用于生产大输液包装袋）。塑料袋等多采用热塑性塑料吹塑成型。

复合包装材料由两种或数种不同材料组合而成，改进了单一材料的性能，并能发挥各组合材料的优点。薄膜和塑料瓶均可复合，复合薄膜的基材除塑料薄膜外，尚可用纸、玻璃纸、铝塑等。如 PE 作内层，纸作外层，以提供阻隔性能和热合性能。

复合薄膜的制造方法可分为胶黏复合、熔融涂布复合和共挤复合三种。胶黏复合是将两种或两种以上的基材借胶黏剂将它们复合为一体。熔融涂布复合是通过挤出机将热塑性塑料熔融塑化成膜，立即与基材相贴合、压紧，冷却后即成为一体的复合薄膜。共挤复合是采用数个挤出机将塑料塑化，按层次挤出，利用吹塑法或流延法制成复合膜。

利用真空金属蒸镀可在塑料薄膜表面镀上一层极薄的金属膜，即可成金属化塑料薄膜，如在 PET、PP、PE、PVC 等表面镀铝或其他一些金属，可形成金属膜。由于金属化塑料薄膜可提高防湿性、密封性、遮光性、卫生性，并有提高表面装潢作用，故应用较为广泛。

(3) 玻璃

玻璃由于性能优良、价格低廉，所以在制药工业仍得到大量使用，如液体制剂和灭菌及无菌制剂（见第三章）。口服固体制剂中的玻璃容器主要用于瓶包，但目前使用量逐渐减少，多被塑料瓶所替代。

(4) 金属包装材料

包装用金属材料常用的有铁基、铝质包装材料。按金属的使用形式分为板材和箔材，板材用于制造包装容器，箔材多是复合包装材料的主要部分。

铁基包装材料有镀锡薄钢板、镀锌薄钢板等。为避免金属进入药品中，容器内壁常涂覆一层保护层，多用于药品包装盒、罐等。镀锌板俗称白铁皮，是将基材浸镀而成，多用于盛装溶剂的大桶等。

铝箔多使用 0.02mm 厚的特制铝箔，广泛应用于铝塑泡罩包装与双铝箔包装等。泡罩包装用铝箔内外均有涂层，依次是黏合层、铝箔基材、印刷和保护层。铝由于易于压延和冲拔，可制成更多形状的容器，如气雾剂容器、软膏剂软管等。

二、口服固体制剂的包装设备

片剂和胶囊剂的包装形式几乎完全一样，需要注意的是胶囊壳中明胶的耐温性及其本身易因含水量引起的硬度和脆性改变，以及囊壳与内装物间相互作用导致的胶囊崩解性改变。

对于片剂和胶囊剂包装类不外乎以下三类：

① 条带状包装，也称为条式包装，是采用塑料或复合材料条带进行热封合（SP）包装，也多用于颗粒剂、粉末及流体和半流体药物的包装。

② 泡罩式包装（PTP）。

③ 瓶装或袋装之类的散包装。

①和②类属于已经按剂量分成小单位的包装，更适合患者的使用。③类的瓶装包括玻璃瓶装和塑料瓶装，装量较大，适合一定量的携带和存放。

1. 自动袋式装填包装机

自动袋式装填包装机是直接用卷筒状热封包装材料，自动完成制袋、计量和充填、排气或充气、封口和切断等多种功能。热封包装材料主要有各种塑料薄膜以及由纸、塑料、铝箔等制成的复合材料，它们具有防潮阻气、易于热封和印刷、质轻柔、价廉、易于携带和开启等优点。

自动制袋装填包装机普遍采用的包装流程如图 2-79 所示。自动包装机的种类多种多样，下面主要介绍冲剂，片剂包装中广泛使用的立式自动制袋装填包装机。

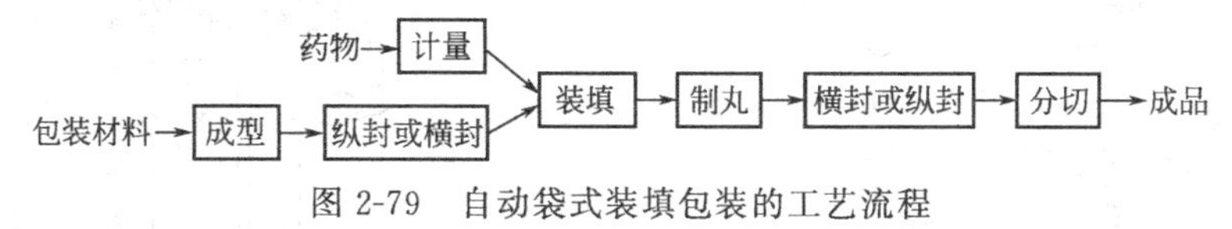

图 2-79　自动袋式装填包装的工艺流程

(1) 立式间歇制袋中缝封口包装机

如图 2-80 所示，卷筒薄膜经导辊引入成型器，通过成型器和加料管以及成型筒的作用，形成中缝搭接的圆筒形。其中加料管的作用为：外作制袋管，内为输料管。

封合时，纵封器垂直压合在套在加料管外的薄膜搭接处，加热形成牢固的纵封。其后，纵封器回退复位，由横封器闭合对薄膜进行横封，同时向下牵引一个袋的距离，并在最终位置加压切断，可见，每一次横封可以同时完成上袋下口和下袋上口的封合。而药物的填充是在薄膜受牵引下移时完成的。

(2) 立式连续制袋装填包装机的结构

立式连续制袋装填包装机系列有多种型号，适用于不同的物料以及多种规格范围的袋型。典型的立式连续制袋装填包装机结构如图 2-81 所示，机箱内安装有动力装置及传动系统，驱动纵封滚轮和横封轴的转动，同时传送动力给定量供料器使其工作给料。

卷筒薄膜安装在退卷架上，可以平稳地自由转动。在牵引力作用下，薄膜展开经导轴引导送出。

制袋成型器在机上通过支架固定在安装架上，可以调整位置。在操作中，需要正确调整成型器对应纵封滚轮的相对位置。纵封装置主要是一对相对旋转的纵封滚轮，其外圆周滚花，内装发热元件，在弹簧力作用下相互压紧。纵封滚轮的作用是牵引薄膜及薄膜对接纵边的热封合。横封装置主要是一对横封轴，相对旋转，内装发热元件。其作用是对薄膜进行横向热封合及切断包装袋的作用。一般情况下，横封辊旋转一周进行一次或两次的封合动作。当每个横封辊上对称加工有两个封合面时，旋转一周，两辊相互压合两次。在两个横封辊的封合面中间，分别装嵌有刀刃和刀板，在两辊压合热封时能轻易地切断薄膜。

物料供给装置是一个定量供料器。对于粉状及颗粒物料，主要采用量杯式定容计量。量杯容积可调。定量供料器为转盘式结构，从料仓流入的物料在其内由若干圆周分布的量杯计量，并自动充填成型后的薄膜管。

电控检测系统是包装机工作的中枢系统。电控柜内可按需要设置纵封温度、横封温度以及对印刷薄膜设定色标检测数据等，这对控制包装质量起到至关重要的作用。

2. 泡罩包装机

泡罩包装是将一定数量的药品单独封合包装。底面是可以加热成型的 PVC 塑料硬片，

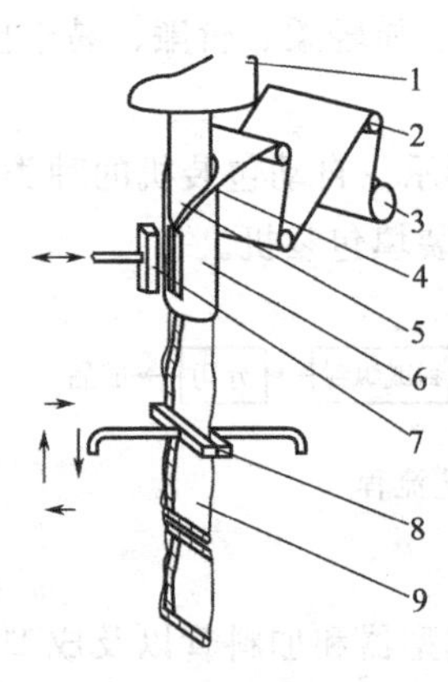

图 2-80 立式间歇制袋中缝封口包装机的工作原理

1—供料器；2—导辊；3—卷筒薄膜；4—成型器；5—加料器；6—成型筒；7—纵封器；8—横封器；9—成品袋

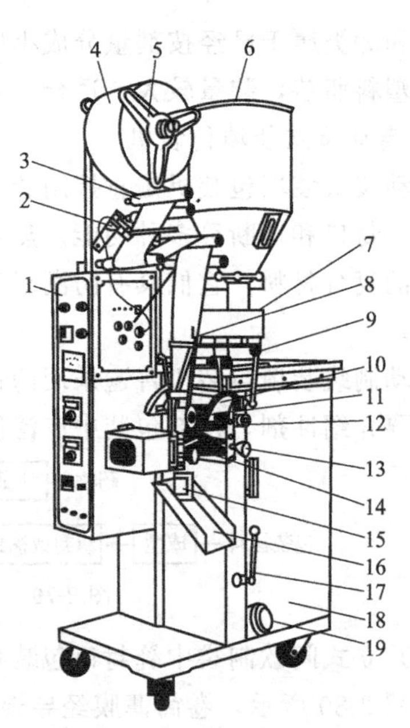

图 2-81 立式连续制袋装填包装机的结构

1—电控柜；2—光电检测装置；3—导辊；4—卷筒薄膜；5—退卷架；6—料仓；7—定量供料器；8—制袋成型器；9—供料离合手柄；10—成型安装架；11—纵封滚轮；12—纵封调节器；13—横封调节器；14—横封辊；15—包装成品；16—卸料器；17—横封离合手柄；18—机箱；19—调节旋钮

形成单独的凹穴，上面盖上一层表面涂覆有热熔黏合剂的铝箔，并与PVC塑料封合构成包装。如图2-82所示，泡罩包装工艺流程包括凹穴成型、加料、印刷、打印批号、密封、压痕、冲裁等工序，可由一台泡罩包装机完成。

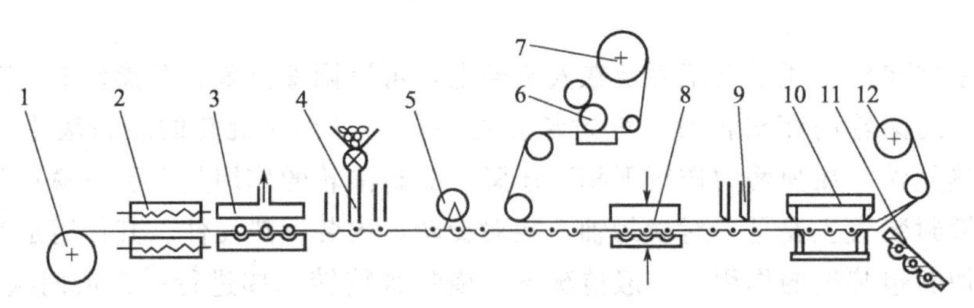

图 2-82 泡罩包装工艺流程

1—塑料膜辊；2—加热器；3—成型；4—加料；5—检整；6—印字；7—铝箔辊；8—热封；9—压痕；10—冲裁；11—成品；12—废料辊

泡罩包装机实现了连续化、快速包装作业，简化了包装工艺。常用的泡罩包装机有滚筒式、平板式和滚板式三种形式。

(1) 滚筒式泡罩包装机

滚筒式泡罩包装机的结构如图2-83所示。薄膜卷筒上的PVC片穿过导向辊，利用辊筒式成型模具的转动被匀速放卷，半圆弧形加热器对紧贴于成型模具上的PVC片加热到软化程度，成型模具的泡窝孔转动到适当的位置与机器的真空系统相通，将已软化的PVC片瞬时吸塑成型。已成型的PVC片通过料斗或上料机时，药片充填入泡窝，铝塑通过导向辊送入，连续转动的热封合装置中的主动辊表面上制有与成型模具相似的孔型，主动辊拖动充有药片的PVC泡窝片向前移动，外表面带有网纹的热压辊压在主动辊上面，利用温度和压力将盖材（铝箔）与PVC片封合。封合后的PVC泡窝片利用一系列的导向辊做间歇运动，通过打字装置时在设定的位置打出批号，通过冲裁装置时冲裁出成品板块，由输送机传送到下道工序，完成泡罩包装作业。

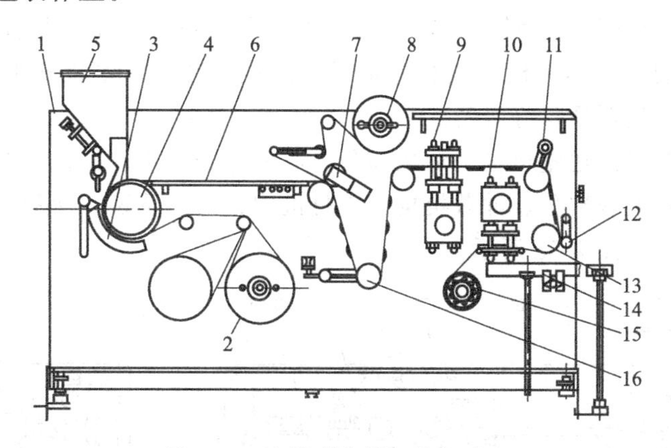

图 2-83 滚筒式泡罩包装机示意

1—机体；2—薄胶卷筒（成型膜）；3—远红外加热器；4—成型装置；5—料斗；6—监视平台；7—热封合装置；8—薄膜卷筒（复合膜）；9—打字装置；10—冲裁装置；11—可调式导向辊；12—压紧辊；13—间歇进给辊；14—输送机；15—废料辊；16—游辊

该机采用真空吸塑成型，生产连续化、效率高，双辊滚动热封合，在封合处近似线接触，瞬间封合效果好，但不适合深泡窝成型。

（2）平板式泡罩包装机

平板式泡罩包装机的结构如图2-84所示。PVC片通过预热装置预热软化，在成型装置中吹入压缩空气或先以冲头预制成型再加压缩空气成型泡窝。药片或胶囊通过上料机时自动充填药品于泡窝内，在驱动装置作用下进入热封装置，使得PVC片与铝箔在一定温度和压力下密封，最后由冲裁装置冲剪成规定尺寸的板块。

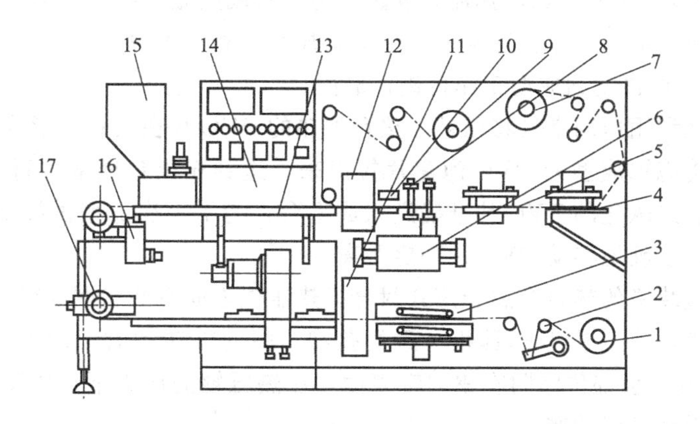

图 2-84 平板式泡罩包装机示意

1—塑料膜辊；2—张紧轮；3—加热装置；4—冲裁站；5—压痕装置；6—进给装置；7—废料辊；8—气动夹头；9—铝箔辊；10—导向板；11—成型站；12—封合站；13—平台；14—配电、操作盘；15—下料器；16—压紧轮；17—双铝成型压模

平板式泡罩包装机最大特点是泡窝由压缩空气吹塑成型，拉伸比大，泡窝深度可达35mm，可用于大蜜丸、医疗器械及食品等行业的包装。

（3）滚板式泡罩包装机

滚板式泡罩包装机是近年工业发达国家广为流行的一种高速泡罩包装机。它综合了滚筒式包装机和平板式包装机的优点，克服了两种机型的不足。它采用平板式成型模具，压缩空气成型，使得成型泡罩的壁厚均匀、坚固，适合于各种药品包装。采用滚筒式连续封合，PVC片和铝箔在封合处为线接触，在较低的压力下可以获得理想的封合效果。由高速运转的打字、打孔（断裂线）和无横边废料冲裁机构组成。因此，滚板式泡罩包装机具有高效率、节省包装材料、泡罩质量好等特点。

滚板式泡罩包装机由送塑机构、加热部分、成型部分、步进机构、充填台、上料机、热封部分、打字、压断裂线部分、冲裁机构、盖材机构、气动系统、冷却系统、电控系统、传递系统和机架组成，如图2-85所示。

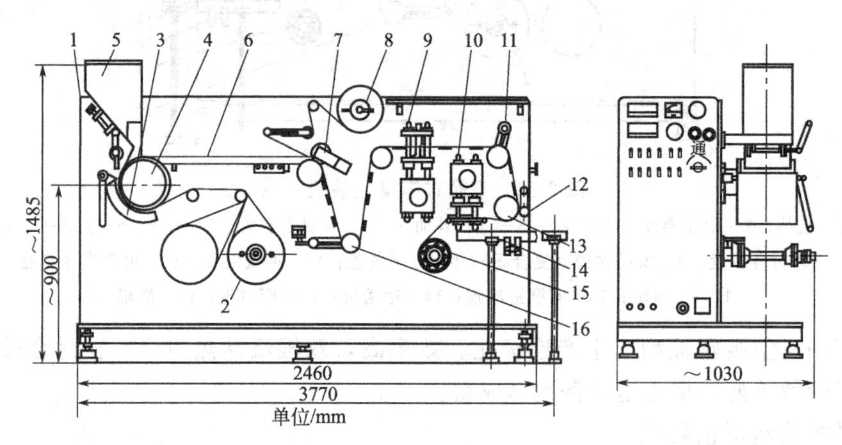

图2-85　DPA250型滚板式泡罩包装机

1—机体；2—薄膜卷筒（成型膜）；3—远红外加热器；4—成型装置；5—上料装置；6—监视平台；7—热封合装置；8—薄膜卷筒（复合膜）；9—打字装置；10—冲裁装置；11—可调式导向器；12—压紧辊；13—间歇进给辊；14—运输机；15—废料辊；16—游辊

加热装置将PVC片加热到热弹性温度区，为吹塑成型做好准备。当PVC片通过加热装置加热时，要求温度均匀一致，以保证成型泡罩质量。板式吹塑成型属于间歇加热和成型，PVC片被加热后，再移动到成型工作台进行成型。

成型工作台是利用压缩空气将已被加热台加热的PVC片在模具中形成泡罩。

步进机构可将泡罩成型的PVC泡窝片拉出来，送到充填台准备进行药品充填。同时，将加热平台已被加热软化的PVC片准确送入成型台，为下一次成型做好准备。步进机构是以步进辊为动力，准确地移动PVC片一定距离。

滚板式泡罩包装机的热封合属于滚式封合。热压辊表面有凸状网纹或凸点，保证封合的密封性。驱动辊表面有与成型模具相一致的孔型，驱动辊转动时，PVC泡罩进入泡窝内，PVC片泡罩制剂的平板部位贴附在驱动辊表面，在热压辊的压力下，PVC片和铝箔封合在一起，使得药品得到良好的密封。

3. 双铝箔包装机

双铝箔包装自动填充热封包装机所用的包装材料是涂覆铝箔，产品的形式为板式。由于涂覆铝箔具有优良的气密性、防湿性和避光性，因此双铝箔包装对要求密封、避光的片剂、丸剂等的包装具有优越性。双铝箔包装除可包装圆形片外，还可包装异形片、胶囊、颗粒、粉剂等。双铝箔包装机也可用于纸袋材料包装。

双铝箔包装机一般采用变频调速，裁切尺寸大小可任意设定，能在两片铝箔外侧同时对版印刷，可实现充填、热封、压痕、打批号、裁切等工序连续完成。

如图 2-86 所示，铝箔通过印刷器，经过一系列导向轮、预热辊，在两个封口模轮间进行充填并热封，并通过切割机构进行纵切及纵向压痕，在压痕切线器处横向压痕、打批号，最后裁切机构按所设定的排数进行裁切。压合铝箔时，温度在 130～140℃之间，封口模轮表面刻有纵横精密的棋盘纹，以保证封合的严密性。

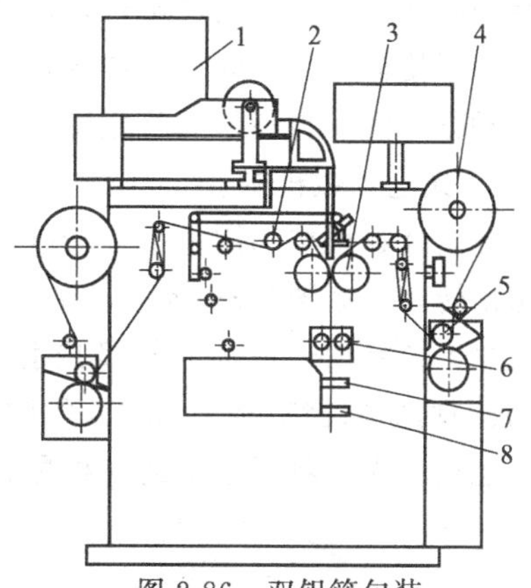

图 2-86 双铝箔包装机结构示意

1—振动上料器；2—预热辊；3—模轮；4—铝箔；5—印刷器；6—切割机构；7—压痕切线器；8—裁切机构

4. 瓶装设备

瓶装设备可完成理瓶、计数、装瓶、塞纸、理盖、旋盖、贴标签、印批号等工作。许多固体成型药物，如片剂、胶囊剂、丸剂等常以瓶装形式供应于市场。瓶包装生产线如图2-87所示。

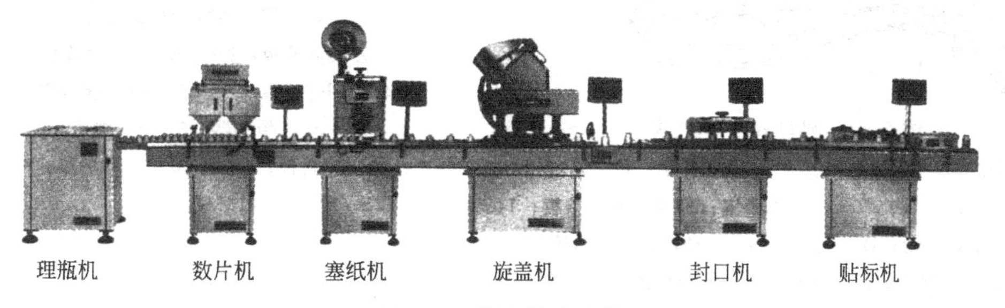

图 2-87 瓶包装生产线

瓶装机一般由理瓶机构、输瓶轨道、数片机构、理盖机构、旋盖机构、贴签机构、打印批号机构和电气控制机构等部分组成。

(1) 计数机构

目前广泛使用的数粒（片、胶囊、丸）计数机构主要有圆盘计数机构、光电计数机构。

① 圆盘式计数。

圆盘式计数也叫圆盘式数片机构，如图 2-88 所示。一个与水平成 30°倾角的带孔转盘，盘上开设有几组（3～4 组）小孔，每组的孔数依每瓶装量数决定。在转盘下面装有一个固定不动的托盘。托盘不是一个完整的圆盘，而具有一个扇形缺口，其扇形面积只容纳转盘上的一组小孔。缺口的下边紧连着一个落片斗，落片斗下口直抵装药瓶口。转盘上小孔的形状应与待装药物形状相同，且尺寸略大，转盘的厚度要满足小孔内只能容纳一粒药的要求。转盘的转速不能过大（0.5～2r/min），因为要与输瓶带上的药瓶移动速度匹配。此外，转速太快将产生过大的离心力，不能保证转盘转动时，药粒在盘上靠自重滚动。当每组小孔随转盘旋至最低位置时，药粒将埋住小孔，并填满小孔。当小孔随转盘旋转到最高位时，小孔上面堆叠的药粒将在自重作用下滚动到转盘的最低处。

为了保证每个小孔均落满药粒和使多余的药粒自动滚落，需常改变转盘的旋转速度，使转盘间歇变速，并抖动着旋转，以利于计数准确。

为了使输瓶带上的瓶口和落片斗下口准确对位，利用凸轮带动一对撞针，经在线传输定瓶器动作，使即将到位的药瓶定位，以防药粒散落在瓶外。

② 光电计数机构。

光电计数机构利用一个旋转平盘，将药粒抛向转盘周边，在周边围墙开缺口处，药粒将被抛出转盘。如图 2-89 所示，在药粒由转盘滑入药粒溜道时，溜道上设有光电传感器，通过光电系统将信号放大并转换成脉冲电信号，输入到控制器。控制器内有“预先设定”和“比较”功能的控制器。当输入的脉冲个数等于设定的数目时，控制器向磁铁发出脉冲电信号，磁铁动作，将通道上的翻板翻转，药粒通过并引导入瓶。

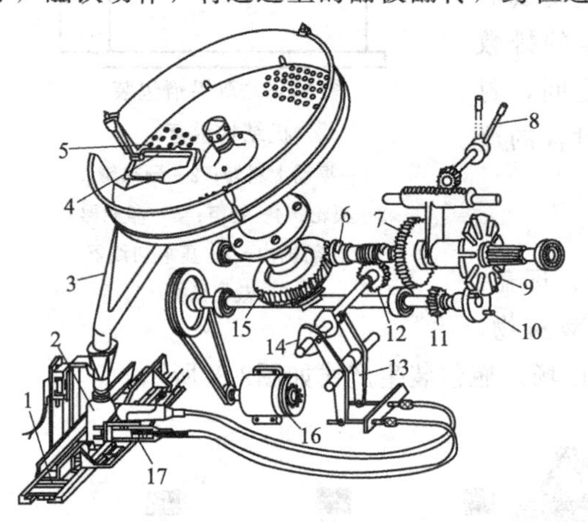

图 2-88 圆盘式数片机构

1—输瓶带；2—药瓶；3—落片斗；4—托板；5—带孔转盘；6—蜗杆；7—直齿轮；8—手柄；9—槽轮；10—拨销；11—小直齿轮；12—蜗轮；13—摆动杆；14—凸轮；15—大蜗轮；16—电机；17—软线传输定瓶器

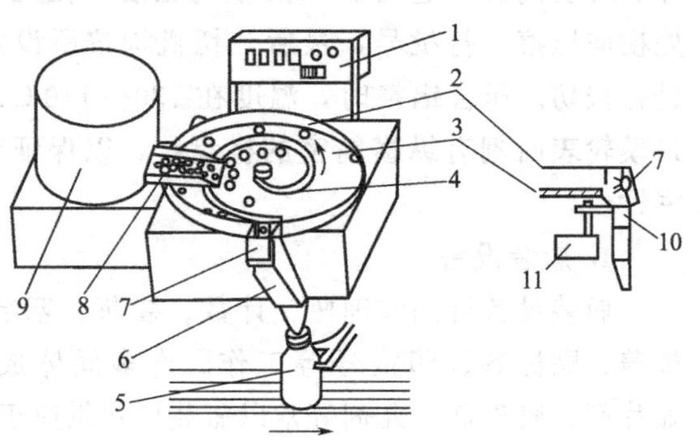

图 2-89 光电计数机构

1—控制器面板；2—围墙；3—旋转平盘；4—回形拨杆；5—药瓶；6—药粒溜道；7—光电传感器；8—下料溜板；9—料桶；10—翻板；11—磁铁

对于光电计数装置，根据光电系统的精度要求，只要药粒尺寸足够大（例如＞8mm），反射的光通量足以启动信号转换器就可以工作。这种装置的计数范围远大于模板计数装置，在预选设定中，根据瓶装要求（如 1～999 粒）任意设定，不需更换机器零件，即可完成不同装量的调整。

(2) 理瓶、输瓶机构

输瓶机构多采用直线、匀速前行的输送带，输送带的走速可调。由理瓶机送到输瓶带上的瓶子，彼此之间具有足够的间隔，以保证送到计数器落料口前的瓶子没有堆积现象。在落料口处多设有挡瓶定位装置，间歇地挡住待装的空瓶和放走装完药物的满瓶。

理瓶、输瓶机构保证每次进一个瓶子，更换规格件可以输送多种直径规格的瓶子。这些瓶子在各工位的中心位置不变。

装瓶机也有采用梅花盘间歇旋转输送机构输瓶。梅花轮间歇转位、停位准确，不需要定瓶器。

(3) 塞纸机构

装瓶药物的实际体积均小于瓶子的容积，为防止贮运过程中药物相互磕碰，造成破碎、掉末等现象，常用洁净碎纸条或纸团、脱脂棉等填充瓶中的剩余空间。在装瓶联动机或生产线上单设有塞纸机。

常见的塞纸机构有两类：一类是利用真空吸头，从裁好的纸摞中吸起一张，然后转移到瓶口处，由塞纸冲头将纸折塞入瓶；另一类是利用钢钎扎起一张纸后塞入瓶内。

(4) 封蜡机构与封口机构

封口机构是指玻璃药瓶加软木塞后，为了防止吸潮，常需用石蜡将瓶口封固的机械。它应包括熔蜡罐及蘸蜡机构。熔蜡罐是利用电加热使石蜡熔化并保温的容器。蘸蜡机构是利用机械手将输瓶轨道上的药瓶（已加木塞）提起并翻转，使瓶口朝下浸入石蜡液面一定深度（2～3mm），然后再翻转到输瓶轨道上。目前，药厂已经很少使用药瓶蜡封包装工艺了。

用塑料瓶装药物时，由于塑料瓶尺寸规范，可以采用浸树脂的纸张封口。利用模具将浸树脂的纸张冲裁后，经加热使封纸上的胶软熔。届时，输送轨道将待封药瓶送至压辊下，当封纸通过时，封口纸粘于瓶口上，废纸带自行卷绕收拢。

(5) 理盖、旋盖机构

无论玻璃瓶或塑料瓶，均以螺旋口与瓶盖连接。人工旋盖操作不仅劳动强度大，而且松紧程度不一致。

散堆的瓶盖在理盖振动槽内沿螺旋轨道上行，经整理后按一定规则排列进入落盖轨道。振动的强弱决定了送盖速度，由调压器控制。如图 2-90 所示，旋盖头做旋转和上下往复运动。当旋盖头第一次下降到取盖位置时，正好罩住由机械手送来的瓶盖，此时线闸放松，弹簧经套、轴承、推杆、销、压头迫使爪向内收拢，将瓶盖抓紧。旋盖头第二次下降时，将瓶盖旋紧在瓶口上。瓶盖旋紧后，旋盖头开始上升，此时线闸钢丝拉紧，消除对压头的推力，而弹簧将压头向上推，将爪放松。

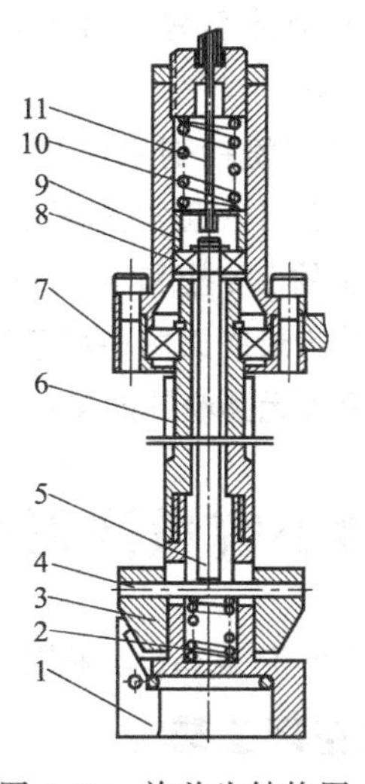

图 2-90 旋盖头结构图

1—爪；2，10—弹簧；3—压头；4—销；5—推杆；6，9—套；7—座；8—轴承；11—线闸

第三章　注射剂生产设备

注射剂系指将药物制成供注入体内的灭菌溶液、乳状液和混悬液以及粉针剂。注射剂由药物、溶剂、附加剂及特制的容器所组成，是临床广泛应用的剂型之一，并且是一种不可替代的临床给药途径。注射剂因其直接注入体内，因此具有药效迅速、作用可靠等特点，特别适合于不宜口服的药物以及不宜口服给药的患者，但其制造过程复杂，生产过程要求的环境洁净等级高。产品质量要求无菌、无热原、澄明、稳定等。

注射剂按照分散系统的不同可分为溶液型注射剂（包括水溶液型和油溶液型注射剂）、混悬型注射剂、乳剂型注射剂、注射用无菌粉针剂等四类。

① 溶液型注射剂。对于易溶于水且在水中稳定的药物，可制成水溶液型注射剂，如氯化钠注射液、葡萄糖注射液等。有些在水溶液中不稳定的药物，若溶于油，可制成油溶液型注射剂，如黄体酮注射液。

② 混悬型注射剂。对于水难溶性药物或注射后要求延长药效的药物，可制成水或油混悬液，如醋酸可的松注射液。这类注射剂一般仅供肌内注射。溶剂可以是水，也可以是油或其他非水溶剂。

③ 乳剂型注射剂。对于水不溶性液体药物或油性液体药物，根据医疗需要可以制成乳剂型注射剂，例如静脉注射脂肪乳剂等。

④ 注射用无菌粉针剂。注射用无菌粉针剂系将供注射用的无菌粉末状药物装入安瓿或其他适宜容器中，临用前加入适当的溶剂（通常为灭菌注射用水）溶解或混悬而成的制剂。例如遇水不稳定的药物——青霉素 G 的 Na 盐和 K 盐的无菌粉末。

根据注射剂制备工艺的特点将其分为最终灭菌小容量注射剂、最终灭菌大容量注射剂、非最终灭菌无菌粉针注射剂。其中非最终灭菌无菌粉针剂又包括无菌分装粉针剂和无菌冻干粉针剂。

第一节　最终灭菌小容量注射剂生产工艺及设备

最终灭菌小容量注射剂是指装量小于 50mL，采用湿热灭菌法制备的灭菌注射剂。

一、最终灭菌小容量注射剂生产工艺

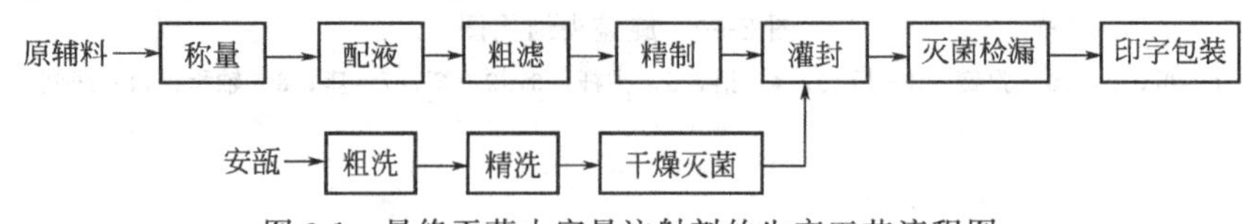

图 3-1　最终灭菌小容量注射剂的生产工艺流程图

最终灭菌小容量注射剂的生产过程如图 3-1 所示，包括原辅料的准备、注射剂容器的处理、注射液的配制与滤过、注射液的灌封、灭菌与检漏、质量检查、印字包装等工序。

1. 原辅料的准备

注射用的原料必须符合《中华人民共和国药典》所规定的各项杂质检查与含量限度。注

射溶剂通常使用注射用水、注射用油及其他注射用溶剂。

注射用水为纯水即经蒸馏所得的水，具体处理工艺见第七章第一节，主要用于注射用粉针剂溶剂或注射液的稀释剂。《中华人民共和国药典》(简称《药典》) 对注射用油的质量有明确的规定，常用油溶剂有芝麻油、大豆油、茶油等。其他注射用溶剂：如乙醇可与水、甘油、挥发油以任意比例混合，用于肌内注射或静脉注射，但比例超过 10%的肌内注射会产生疼痛感；甘油常与乙醇、丙二醇、水混合使用，浓度一般在 1%～50%。

2. 注射剂容器的处理

最终灭菌小容量注射剂所用的容器通常为曲颈易折安瓿，由硬质中性玻璃制成。成品安瓿有单支安瓿和双联安瓿两大类，常用规格有 1mL、2mL、5mL、10mL 和 20mL 五种，如图 3-2 所示。因玻璃的质量有时会影响注射剂的质量，因此国家标准对玻璃的质量有明确的规定。

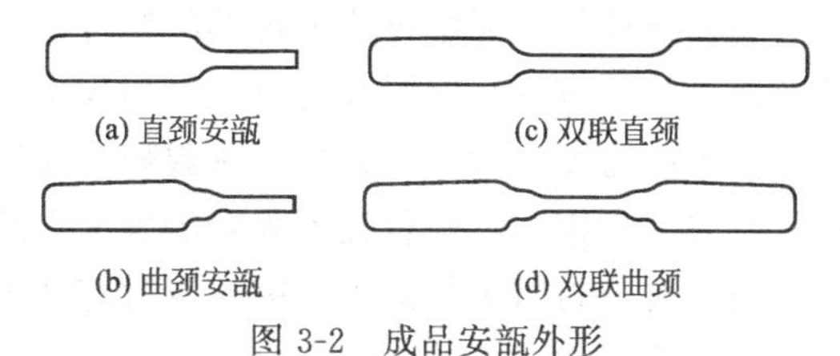

图 3-2　成品安瓿外形

安瓿在使用以前需要进行检查，包括外观、尺寸、应力、清洁度等物理检查和耐酸、耐碱等化学检查。检查合格的安瓿需要切割、圆口。

安瓿作为装注射液的容器，在其制造及运输过程中难免会有灰尘和微生物粘带于瓶内。为此在灌装药液前必须经过洗涤和干燥灭菌处理。

3. 注射液的配制与滤过

注射剂药液配制设备由配制罐、储液罐、泵、过滤系统组成。

配制罐的材质一般为耐酸碱搪瓷或不锈钢，可通过夹层进行加热或冷却并带有搅拌装置。在选择配液容器时应注意与料液的性质及工艺相适应，配制浓的盐溶液不宜选用不锈钢容器；需加热的料液不宜选用塑料容器。

常用的配制方法有浓配法和稀配法两种。浓配法是将全部药物加入部分溶剂中配成浓溶液，加热或冷藏后过滤，然后稀释至所需浓度，此法可滤除溶解度小的杂质。对于优质原料可采用稀配法，即将全部药物加入所需溶剂中，一次配成所需浓度，再行过滤。配制所用注射用水贮存时间不宜超过 12h，药液配制好后，要进行半成品的测定，一般主要包括 pH 值、含量等项目，合格后才能滤过灌封。

与溶液型注射剂不同的是，乳剂和悬浮液型注射剂的制备是在均化设备中完成。均化包括乳化和匀浆等，在操作过程中伴有粒径减小，表现为粉碎、混合等操作特征。但均化所要求的混合程度和粉碎粒度更高，一般先对药物进行粉碎和搅拌，然后均化。少量生产一般在研钵和乳钵中完成，而大量生产需在机械设备中完成，均化设备有均质机、胶体磨等。配制油性注射液，应将注射用油先经 150℃干热灭菌 1～2h，冷却至适宜温度后趁热配置，过滤，温度一般以 60℃左右为宜。

注射剂的滤过是除去杂质保证药品质量的重要操作过程，在注射剂的生产中一般采用粗滤和精滤两级过滤。过滤系统由钛棒过滤器和膜过滤器组成，钛棒过滤器用于脱炭过滤，膜过滤器用于过滤杂质和细菌。考虑药液管道输送过程的污染，在灌装前药液出口处要求加装 0.22μm 膜过滤器，确保药液的安全。

4. 注射液的灌封

注射液的灌封是将检查合格的滤液进行灌装和封口。工业生产上的灌封操作是在安瓿全自动灌封机上完成的。将安瓿传送至轨道，药液灌注由灌注针完成，在灌装同时充气、封口，再由轨道送出产品。

灌装药液时应注意以下几点。

① 剂量要准确。灌装时可按《药典》附录要求适当增加药液量，以保证注射用量不少于标示量。根据药液的黏稠度不同，在灌装前必须校正注射器的吸液量，试装若干只安瓿，经检验合格后再进行灌装。

② 药液不得沾瓶。如果灌注速度过快时药液易溅至壁而沾瓶。另外，注射器活塞中心有毛细孔，可使针头挂的水滴缩回，以防止沾瓶。

在安瓿灌封过程中可能出现的问题有：剂量不准，封口不严（毛细孔），出现焦头、瘪头、爆头等，应分析原因及时解决。如焦头主要是因安瓿颈部沾有药液，封口时碳化所致。其原因可能为灌药时给药太急，溅起药液在安瓿瓶壁上；针头往安瓿里灌药时不能立即回缩或针头安装不正；打药行程不配合等也会导致焦头的产生。

封口有拉封与顶封两种，因拉封对药液的影响小，目前常用。

5. 注射液的灭菌与检漏

除采用无菌操作生产的注射剂外，一般注射液在灌封后必须尽快进行灭菌。在洁净度较高的环境下生产的最终灭菌注射剂，一般采用湿热灭菌。灭菌条件为：1～5mL 安瓿注射剂的流通蒸汽 100℃、30min；10～20mL 安瓿常用 100℃、45min 灭菌。

灭菌后的安瓿应立即进行漏气检查。一般在灭菌和检漏两用的灭菌柜中完成。

6. 注射剂的质量检查

灭菌后的注射剂应进行质量检查，检查项目包括：

① 澄明度检查；

② 热原检查；

③ 无菌检查。

此外，还要进行降压物质、异常毒性、渗透压、pH、刺激性、过敏性等项目的检查。

二、最终灭菌小容量注射剂的生产设备

(一) 均化设备

均化是指液体中互不相溶的液-液和固-液混合，即将一种液滴或固体颗粒粉碎成极细微粒或小液滴分散到另一种液体之中，使其成为稳定的乳状液或悬浮液。注射剂生产用的均化设备有高压均质机、胶体磨和超声均质机等。

1. 高压均质机

均质阀是高压均质机的重要部件，通常由壳体、阀座、阀芯、冲击环、压力调节装置和密封装置等构成。一般的高压均质机都是由两级均质阀串联而成的。高压均质阀的内部具有特别设计的几何形状，在增压机构的作用下，高压溶液快速通过均质腔，物料会同时受到高速剪切、高频震荡、空穴现象和对流撞击等机械力作用和相应热效应，由此引发的机械力及化学效应可诱导物料大分子的物理、化学及结构性质发生变化，最终达到均质的效果。

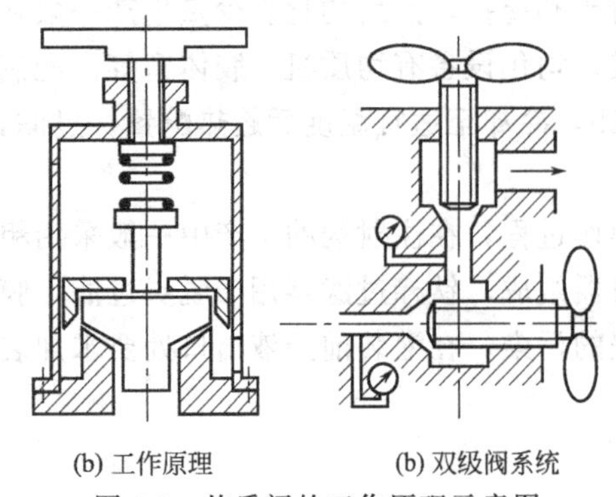
(b) 工作原理　　(b) 双级阀系统

图 3-3　均质阀的工作原理示意图

均质阀的工作原理如图 3-3 所示，物料在尚未

通过工作阀时，一级均质阀和二级均质阀（又称乳化阀）的阀芯和阀座均紧密地贴合在一起。物料在通过工作阀时，阀芯和阀座都被物料强制地挤开一条狭缝。物料在通过一级均质阀时，压力突然降低，随着压力能的突然释放，料液在阀芯、阀座和冲击环这三者组成的狭小区域内产生类似爆炸效应的强烈空穴作用，同时伴随着物料通过阀芯和阀座间狭缝产生的剪切作用以及与冲击环撞击产生的高速撞击作用，从而使颗粒得到超微细化。一般来说，剩余压力（即乳化压力）调得很低，二级乳化阀的作用主要是使已经细化的颗粒分布得更加均匀一些。

均质阀的结构对均质效果、能耗及磨损影响极大，国外对均质阀的结构进行了大量研究，设计出大量不同结构形式的均质阀，研究主要围绕如何提高均质效果以及提高阀的使用寿命进行，图 3-4 展现了 12 种均质阀的结构形式。

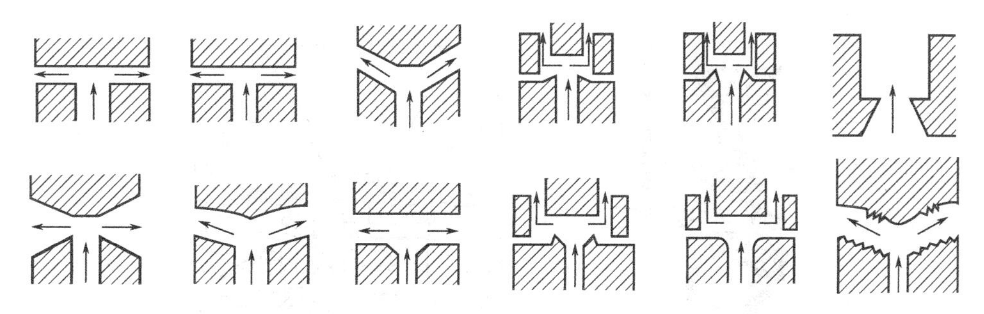

图 3-4　不同均质阀的结构形式

高压均质机的特点如下。

① 均质化作用强烈。由于均质机的传动机构是容积式往复泵，所以从理论上说，均质压力可以无限地提高，而压力越高，细化效果就越好。

② 均质机的细化作用主要是利用了物料间的相互作用，所以物料的发热量较小，因而能保持物料的性能基本不变。

③ 均质机能耗较大。

④ 均质机的工作压力比较大，其中均质阀易磨损，维护工作量较大。

⑤ 均质机不适合于黏度很高的料液。

2. 胶体磨

胶体磨主要由进料斗、外壳、定子、转子、电动机、调节装置和底座等构成。如图 3-5 所示，工作时，转子高速转动，物料通过定子和转子间的环间隙。由于高速旋转，附于转子表面的物料速度最大，而附于定子表面的物料速度为零。其间产生很大的速度梯度，物料受其剪切力、摩擦力、撞击力和高频振动等复杂作用而被粉碎、分散、研磨、细化和均质。

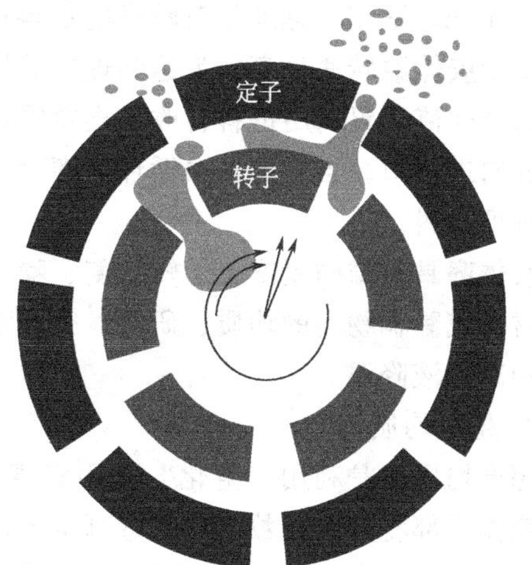

图 3-5　胶体磨工作原理示意图

胶体磨有卧式和立式两种结构。卧式胶体磨的转轴水平布置，其结构如图 3-6 所示，定子和转子间的间隙一般为 50～150μm，转子的转速为 3000～15000r/min。卧式胶体磨适用于黏度较低的物料均化。立式胶体磨的转轴垂直布置，其结构如图 3-7 所示，转速为 3000～

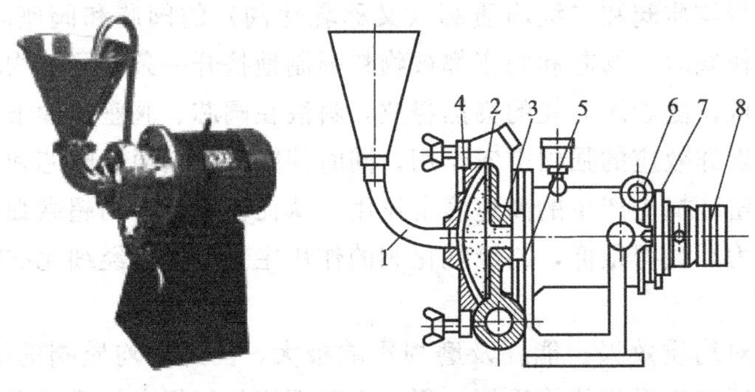

图 3-6 卧式胶体磨

1—进料口；2—转子；3—定子；4—工作面；5—卸料口；6—紧锁装置；7—调节环；8—皮带轮

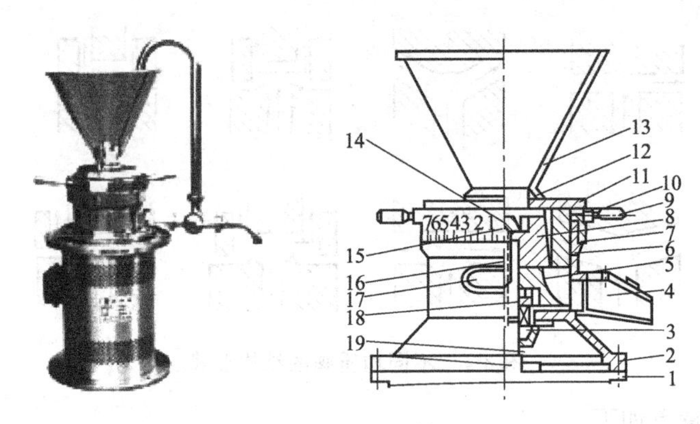

图 3-7 立式胶体磨

1—电机；2—机座；3—密封盖；4—排料槽；5—圆盘；6,11—“O”形丁腈橡胶密封圈；
7—产品溜槽；8—转齿；9—手柄；10—间隙调整带；12—垫圈；13—给料斗；14—盖形螺母；
15—注油孔；16—主轴；17—铭牌；18—机械密封；19—甩油盘

10000r/min，适用于黏度相对较高的物料均化，且卸料和清洗相对便利。

由于胶体磨转速很高，为达到理想的均质效果，物料一般要磨几次，需要有回流装置。胶体磨的回流装置利用进料管改为出料管，在管上安装一蝶阀，在蝶阀的前一段管上另接一条管通向进料口。当需要多次循环研磨时，关闭蝶阀，物料反复回流。当达到要求时，打开蝶阀则可排料。

胶体磨具有结构紧凑、运转平衡、噪声小、耐腐蚀、易清洗、维修方便等特点。对于热敏性材料或黏稠物料的均质、研磨，往往需要把研磨中产生的热量及时排走，可以在定子外围使用冷却液降温。

3. 超声均质机

超声均质机是利用“空化”作用实现物料的均化。所谓“空化”是指在超声波的作用下，液体内部将产生无数内部几近真空的微气泡（空穴）。微气泡在超声波作用下逐渐长大，当尺寸适当时因产生共振而闭合。在气泡湮灭时，自气泡中心向外将产生能量极大的微驻波。随之产生高温、高压，同时微气泡间的激烈摩擦还会引起放电、发光和发声现象。在超声波的作用下，微气泡不断产生与湮灭，“空化”不息，产生了搅动、冲击、扩散和渗透等一系列复杂而强度较大的机械作用。

超声均质机通过将频率20～25kHz的超声波发生器放入料液中或使用能使料液具有高速流动特性的装置，利用超声波在料液中的搅拌作用使物料实现均质。

超声均质机按超声波发生器的形式分为机械式、磁控振荡式和压电晶体振荡式等。

(1) 机械式超声均质机

机械式超声均质机主要由喷嘴和簧片组成，其发生器的原理及结构如图 3-8 所示。

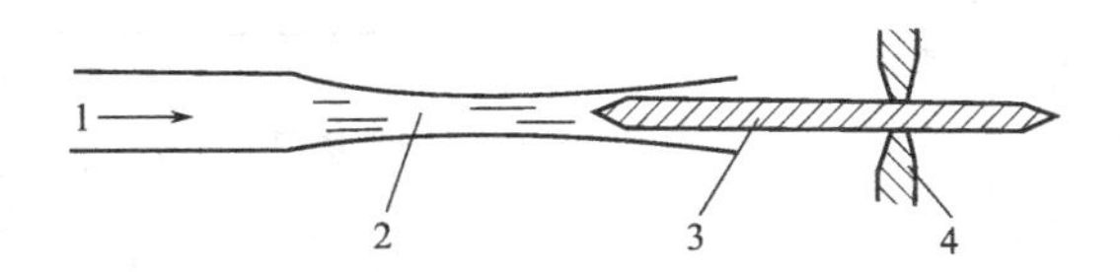

(a) 机械式超声波发生器工作原理示意

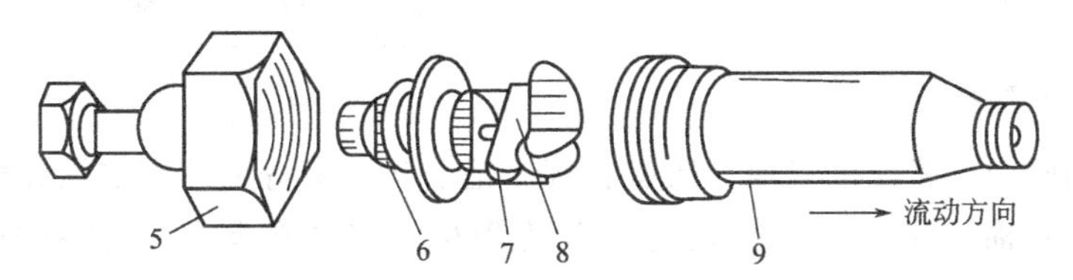

(b) 机械式超声波发生器结构图

图 3-8 机械式超声波发生器原理及其结构

1—进料口；2—矩形缝隙；3，8—簧片；4—夹紧装置；5—底座；6—可调喷嘴体；7—喷嘴心；9—共鸣钟

簧片处于喷嘴前方，它是一块边缘成楔形的金属片，被两个或两个以上的节点夹住。当料液在 0.4～1.0MPa 的泵压下经喷嘴高速射到簧片上时，簧片便发生频率为 18～30MHz 的振动。这种超声波立即传给料液，使料液呈激烈的搅拌状态，料液中的大粒子便碎裂，料液被均质化，均质后的料液从出口排出。

(2) 磁控振荡式均质机

磁控振荡式均质机超声波发生器用镍粒铁等磁环振荡频率达到几十千赫，使料液在强烈搅拌作用下达到均质。

(3) 压电晶体振荡式均质机

压电晶体振荡式均质机利用硫酸钡或水晶振荡子作超声波发生器，使振荡频率达到几十千赫以上，对料液进行强烈振荡而达到均质。

(二) 药液滤过设备

1. 概述

在药剂生产中，广泛采用过滤技术来分离悬浮液以获得澄清液体。滤过是指以某种多孔物质作介质，在外力作用下，使流体通过介质的孔道而固体颗粒被截留下来，从而实现固液分离的操作。滤过操作中采用的多孔介质称为过滤介质或滤材，被过滤介质截留的固体颗粒层称为滤饼，通过过滤介质流出的液体称为滤液。滤过也是注射剂除去杂质保证药品质量的重要操作过程。

在滤过操作过程中，液体中的部分固体粒子因粒径大于滤材的孔径而被截留下来。当过滤介质表面形成滤饼层后，部分粒径小于滤材孔径的颗粒也能被截留下来。因而在过滤初期时，滤液相对比较浑浊，而随着操作的继续进行，滤液变得逐渐清澈。在制剂生产中，也会将一定体积的初滤液重新过滤。也有极少的一部分粒径细小的固体粒子，尽管可以深入到滤饼层的深层，但在静电及分子间力作用下吸附到孔道壁上而被截留。如图 3-9、图 3-10 所示。

过滤介质是滤饼层的支撑物，应具有足够的机械强度，属于惰性物质且吸附性低，尽可

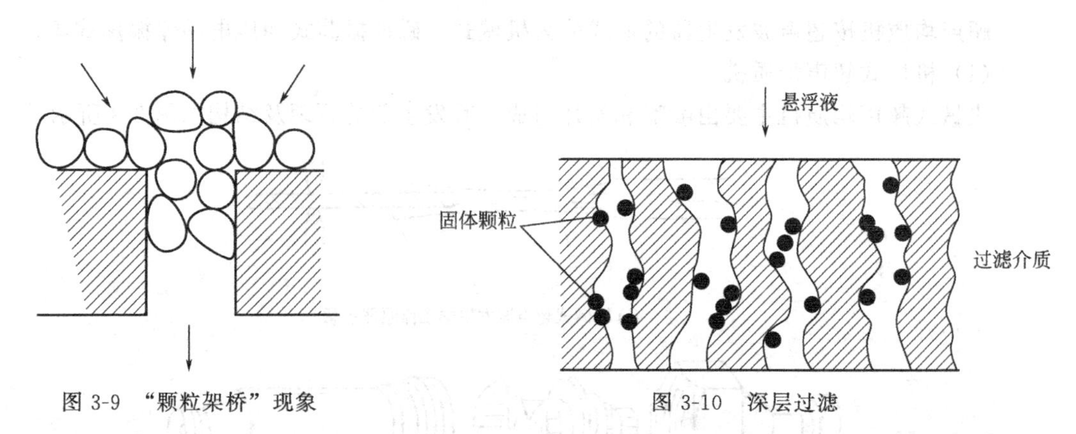

图 3-9 "颗粒架桥"现象　　图 3-10 深层过滤

能有较小的流动阻力。常用的过滤介质有：棉、毛、丝、麻等天然织物及各种合成纤维制成的织物，细砂、石棉、硅藻土等粒状物，多孔陶瓷、多孔塑料等具有微细孔道的固体材料等。

对于可压缩性滤饼，饼层颗粒间的孔道会变窄，流动阻力加大，生产能力下降，有时会因颗粒过于细密而将通道堵塞。为了避免此情况，可将某种质地坚硬且能形成疏松床层的另一种固体颗粒预先涂于过滤介质上，或混入悬浮液中，以形成较为疏松的滤饼，使滤液得以畅流，这种物质称为助滤剂。常用的助滤剂有硅藻土、活性炭、珍珠岩、石棉等。

滤过的推动力是滤饼和过滤介质两侧的压力差。过滤推动力有重力、加压、真空及离心力。以重力作为推动力的操作，设备简单，但过滤速率慢、生产能力低；加压过滤可以在较高的压力差下操作，在很大程度上提高了过滤速率，但对设备的强度、紧密性要求较高；真空过滤推动力的大小与真空度成正比，过滤速率较高，但受到大气压力和过滤时温度的限制；离心过滤产生的离心力较大，滤速快，滤饼中的含液量较低。

此外，为了提高过滤速率，在过滤设备中应尽可能大地提高有效过滤面积。

2. 单元滤过设备

注射剂过滤和精制过程中使用的滤过设备通常用砂滤棒、板框压滤器、垂熔玻璃过滤器、微孔滤膜过滤器等。注射剂生产中一般采用粗滤和精制两级过滤，即将配置好的注射溶液先用砂滤棒、板框压滤器等进行预滤，然后用垂熔玻璃滤器、微孔滤膜过滤器串接在预滤设备的末端，对滤液进行精制。

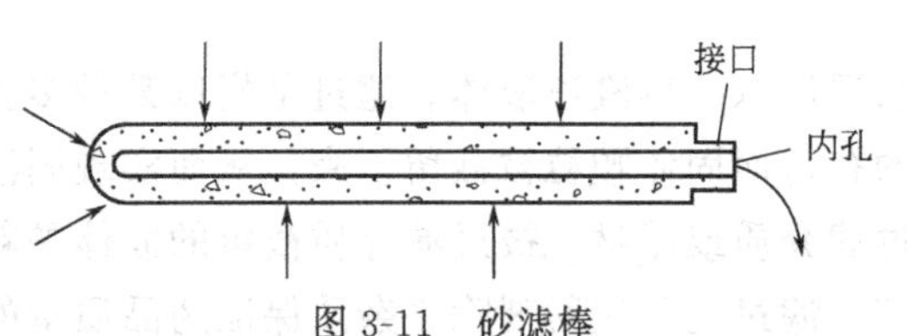

图 3-11 砂滤棒

(1) 砂滤棒

砂滤棒是以 SiO_2、Al_2O_3、黏土、白陶土等材料经过 1000℃以上的高温焙烧成空心的滤棒，如图 3-11 所示。配料的粒度越细，制得的砂滤棒的孔隙越小，过滤阻力越大。砂滤棒的微孔径约为 10μm，相同尺寸的砂滤棒依据微孔径不同，可分为细、中、粗号几种规格。目前，市场上销售的粗号砂滤棒容积滤液流量可大于 500mL/min，细号砂滤棒容积滤液流量约为 300mL/min。

操作时，将砂滤棒的接口密封接头与真空系统连接后置于药液中，即可完成过滤作用。滤液在压力作用下透过管壁，经管内空间汇集流出。当处理量较大时，可将多支砂滤棒并联于真空系统上。

砂滤棒在操作过程中易于脱砂，并对药液有一定吸附作用，清洗也比较困难。但过滤速度快且价格低廉，常用做药液粗滤。

(2) PE管过滤器

PE管是用聚乙烯高分子粉末烧结而成一端封死的管状滤材，其形状类似砂滤棒，如图3-12所示。当采用的原料粒径不同、烧结工艺不同时，PE管将会具有不同的微孔径及孔隙度。

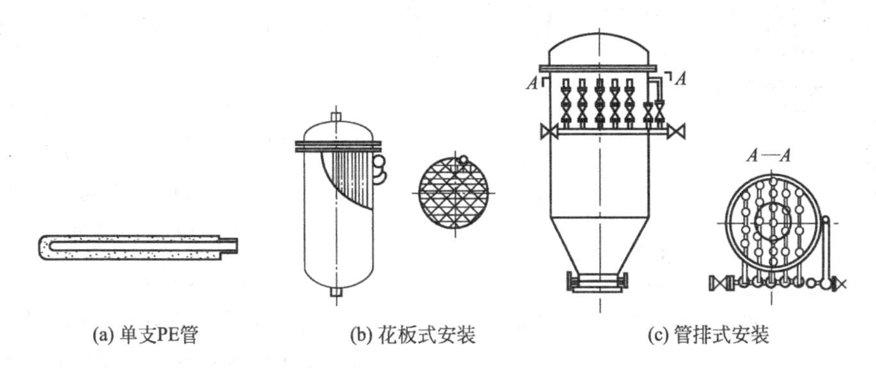

图3-12 PE管过滤器的结构形式

以粉末烧结而成的PE管，其微孔孔道细而弯曲，各孔道相互连通，呈交叉无规则状态分布，对于粒径大于0.5μm的悬浮物及菌类有很好的截留能力。过滤时，可采用外部加压或内部抽真空的方式，使药液穿过管壁的孔隙进入管内，滤渣则截留于管壁外侧，从而达到过滤分离的目的。随着管壁上滤渣的不断增多，过滤阻力逐渐增加，滤速则随之下降。这时可利用压缩空气或水由管内向外反冲再生，使PE管表面甚至孔道内的滤渣及堵塞颗粒脱落，从而恢复滤速。

PE管具有耐磨损、耐冲击、机械强度好、不易脱粒、不易破损的特点，使用寿命长。PE管还具有耐酸、碱及大部分有机溶剂（如酯、酮、醚等）的腐蚀，无毒，无味等特点。也可以根据使用温度等特殊需要配以不同的添加剂和烧结工艺来满足用户要求。PE管一般情况下使用温度在80℃以下，对个别溶剂则应控制在70℃以下方可保证其刚度。

PE管上的平均毛细管径有5～140μm不同尺寸，过滤管的内径有6～140mm、壁厚有1～30（mm）等不同规格。通常最大长度可达1m，需要时可将数管接长。

将单支的PE管固联在管板上构成图3-12(b)、(c)所示的PE管过滤器。当过滤面积较小时，为减少接管排列空间，常做成三角形或正方形花板式结构。PE管开口的一端在管板孔固定，形成一个管束，再将整个管束固定在机壳内，管束的一侧与无管的一侧用管板隔开。装有PE管的一侧机壳内充满药液，利用药液的泵压（或气压）或在无管一侧抽真空，作为推动力完成滤过过程。过滤后的药液在无管一侧汇集并引出。当过滤面积较大时（大于$5m^2$），为了保证反吹再生的效果和便于维护检查，多制成管排式结构，如图3-12(c)所示，即将多个PE管的开口端与一个钢管（钢管上开孔）相联，制成管排，再将多个管排固定于机壳内，各管排的引出端置于机壳外，作为滤液的引出管道，并汇集于一个总管。而各管排的引出管上均设有单独的控制阀门，以实现反冲时各管排的独立操作，可防止PE管清洗时出现“短路”，而影响清洗质量。

PE管已广泛应用于制药行业，如注射剂包装容器清洗水的过滤、针剂药液的过滤、制备液中活性炭的分离、抗生素发酵液的过滤、抗生素结晶体的过滤、医药针剂用空气净化过滤等。

(3) 板框式压滤机

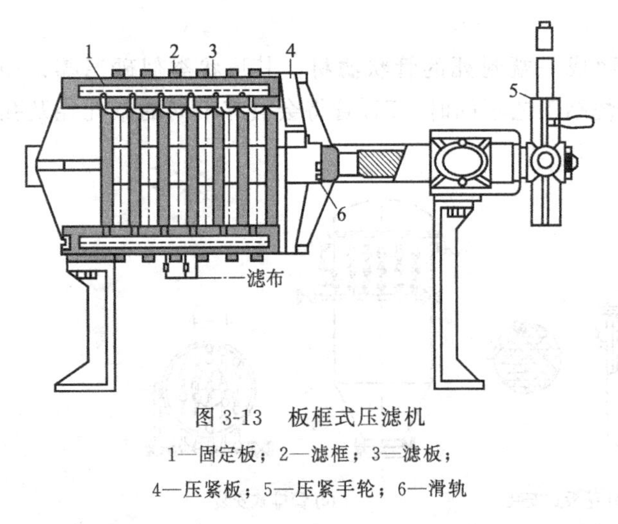

图 3-13 板框式压滤机

1—固定板；2—滤框；3—滤板；4—压紧板；5—压紧手轮；6—滑轨

如图 3-13 所示，板框式压滤机主要由若干块滤板、滤框交替排列组装。板、框都用支耳架在一对横梁上，用压紧装置压紧或拉开。每机所用滤板和滤框的数目视生产能力和悬浮液的情况而定。

滤板和滤框成方形，角端均开有小孔，板与框合并压紧后构成供过滤溶液的通道。这些通道与滤框内侧小孔相通。当框的两侧盖以滤布时，空框和滤布构成了容纳滤液和滤饼的空间。滤板两侧表面做成纵横交错的沟槽，而形成凹凸不平的表面，凸部用来支撑滤布，凹槽是滤液的流道。

其工作原理如图 3-14 所示，药液经泵输送加压引入，由通道进入各滤框与其两侧的过滤介质所构成的滤室中。经过过滤介质过滤后，药液在滤板的沟槽中汇集并流入滤板底部，进入滤液通道并引出。滤板和滤框多采用不锈钢材料制作。过滤介质则依过滤要求选择，或是滤布、滤纸等。

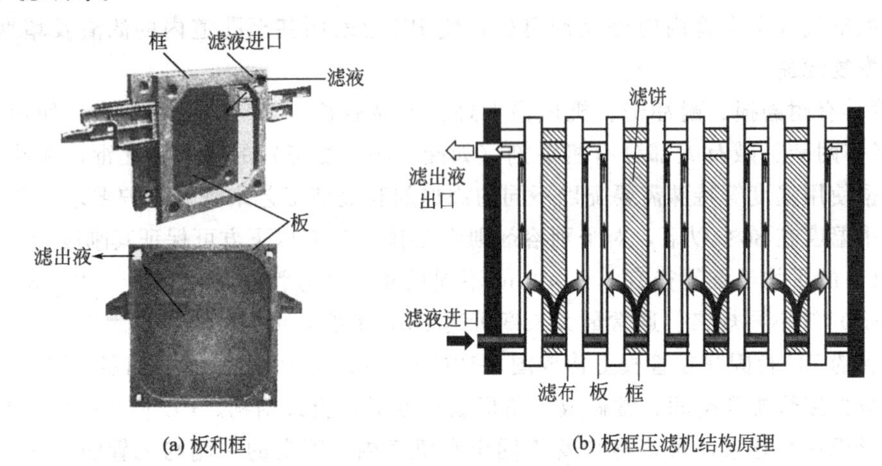

(a) 板和框　　(b) 板框压滤机结构原理

图 3-14 板框式压滤机工作原理示意图

板框式压滤机为间歇式操作，一批药液处理完毕后，拆机清洗并更换过滤介质，多用于黏度大、微粒细、固体含量较低的难过滤悬浮液的处理。在药物制剂生产中，多用于中药提取液的除杂，也可用于水针注射液的粗滤。

(4) 垂熔玻璃过滤器

如图 3-15 所示，垂熔玻璃过滤器是以均匀的玻璃细粉高温熔合而成且具有均匀孔径的滤板，再将此滤板粘接于玻璃漏斗中。若不做滤板，制成滤棒或滤球亦可。

垂熔玻璃过滤器的化学性能稳定，对药液无吸附作用，且与药液不起化学作用。在过滤过程中，无碎渣脱落，滞留的药液少，易于洗涤。新器具使用前需先用铬酸清洗液或硝酸钠溶液抽滤清洗，再用清水（蒸馏水）及去离子水抽洗至中性。

垂熔玻璃过滤器依滤板微孔径的大小分为＜2μm、2～5μm、5～15μm、15～40μm、

40～80μm、80～120μm 六个规格。垂熔玻璃过滤器的总处理量较小，最大容积为 5L。但由于垂熔玻璃的孔径分布均匀，常在注射剂精制时使用。

(5) 微孔滤膜过滤器

药用微孔滤膜过滤器的结构如图 3-16 所示。微孔滤膜过滤器采用高分子材料制作滤膜，置于滤网孔板上，使滤膜能承受足够的压力。滤膜托板与上滤盖之间的空间构成滤室。经过一段操作后，药液中所夹带的气体将汇集于滤室上部，故需定期使用排气嘴将气体排出，以防影响药液向滤室的输入和影响膜面的有效工作面积。托板与下滤盖之间的空间用以收集滤液并集中由出液嘴将滤后药液引走。

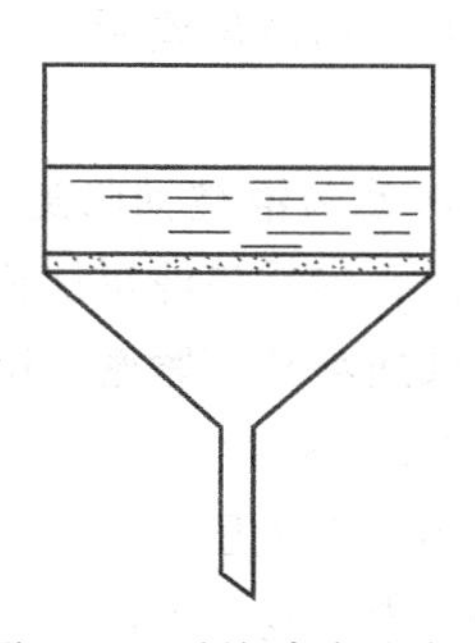

图 3-15　垂熔玻璃过滤器

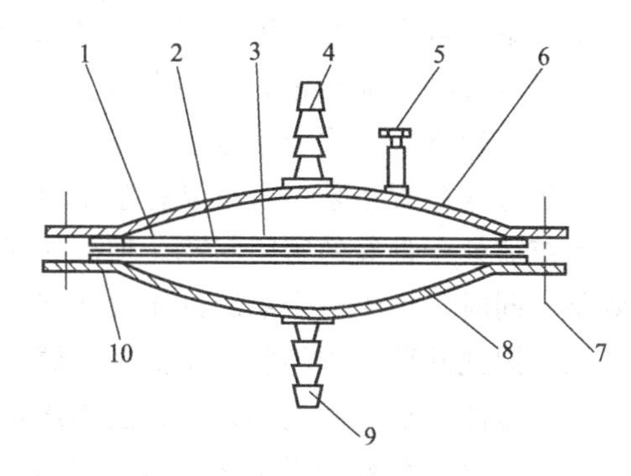

图 3-16　微孔滤膜过滤器

1—硅胶圈；2—滤膜；3—滤网托板；
4—进液嘴；5—排气嘴；6—上滤盖；
7—连接螺栓；8—下滤盖；9—出液嘴；10—硅胶圈

为了增大过滤面积，需要时也可制成如板框压滤机的形式，在滤板两侧均铺有微孔滤膜，多片滤板重叠排列，药液并行引入或串联引入滤室，其工作原理如图 3-17 所示。

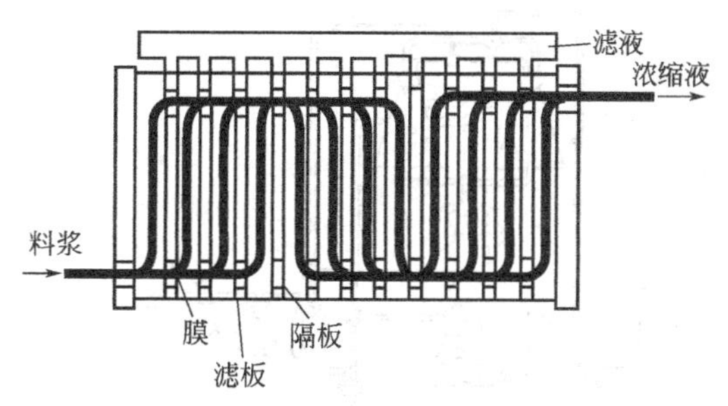

图 3-17　板式滤膜式过滤器的串、并联原理图

微孔直径为 0.2～0.45μm 的滤膜可用于滤出细菌，微孔直径为 0.45～1.2μm 的滤膜可用于滤出不溶微粒。对小于 0.1μm 的微粒如病毒和热原等则不能滤除，必要时需使用孔径更小的超滤膜。

微孔滤膜作为末端精致使用的过滤介质，对其前置的预过滤要求极为严格，否则极易引起堵塞和截流淤积，导致过滤不能进行，甚至影响滤膜的寿命。

(6) 药液过滤设备的使用及维护

① 新设备的清洗。为保证药品的无菌生产，各种过滤器在投入使用之前，均应经过认真清洗。通常均要求先用去离子水浸泡 24h，对不锈钢制零件应进行 30min、120℃蒸汽灭菌，或经过说明书上所允许的酸、碱液清洗。有的过滤元件还应通过气泡检漏合格后，方能使用。

② 正确操作。各种过滤器使用中必须保证进料与滤后产品不能发生短路、泄漏。有的过滤器由于微孔孔径分布不均和孔隙较大，在过滤初期，部分微粒易穿过过滤介质而影响过滤液质量（如 PE 管过滤器）。为此在过滤初期需将不合格滤液返回料液罐，待介质表面建立起一定滤饼层，滤液澄清，并经检验合格后，方可将滤液引出。

③ 再生。对于长期使用的过滤器，或是过滤含渣量较大的药品时，过滤介质表面易形成

一层黏性污垢，造成透过速率衰减加快，届时应及时进行清洗再生。除微孔滤膜过滤器外，大多可以进行反冲再生。即由滤液出口引入净化水，再经去离子水清洗，或煮沸后再用。

④ 贮存。许多过滤器在停用期间需保证过滤介质成浸润状态，以防止杂质在微孔中干化或是微孔滤膜的干裂。

3. 联合滤过装置

注射剂生产中的过滤过程常常将两种或两种以上的过滤设备串联使用，以保证注射剂质量。通常情况下，砂滤棒或板框式压滤机作粗滤，垂熔玻璃过滤器、PE 管或微孔滤膜过滤器作精滤。

根据生产规模及配液区域与灌封区域的相对位置和距离，联合过滤设备可分为高位静压过滤、减压过滤和加压过滤三种类型。高位静压过滤装置主要利用液位差所产生的压力进行过滤，速率较慢，适用于小量生产。

减压过滤装置是采用真空泵将整个过滤系统内形成负压而使药液被抽吸通过过滤介质。整个系统需处于良好的密闭状态。但减压过滤有时压力不稳定，容易使滤饼层松动而影响过滤效果。同时，由于整个系统处于负压状态，一些微生物或杂质易从不紧密处吸入系统而污染产品，因此除菌过程不宜采用减压过滤。减压过滤装置见图 3-18。

加压过滤主要利用离心泵对过滤系统加压而达到过滤目的。由于压力大且稳定，过滤速度快。同时整个系统处于正压状态，密闭性好，空气中杂物、微生物等不易污染过滤液，且药液可反复连续过滤，过滤质量好。但进入系统的空气必须经过过滤。如图 3-19 所示，注射液经离心泵输送，通过砂滤棒或微孔滤膜过滤后进入贮液瓶，然后经导管送至各灌封机。由于灌封速度与过滤速度不可能完全相同，而贮液瓶中药液又应该维持着一定量以供灌装，因此贮液瓶中药液量可通过控制离心泵的开关来维持。

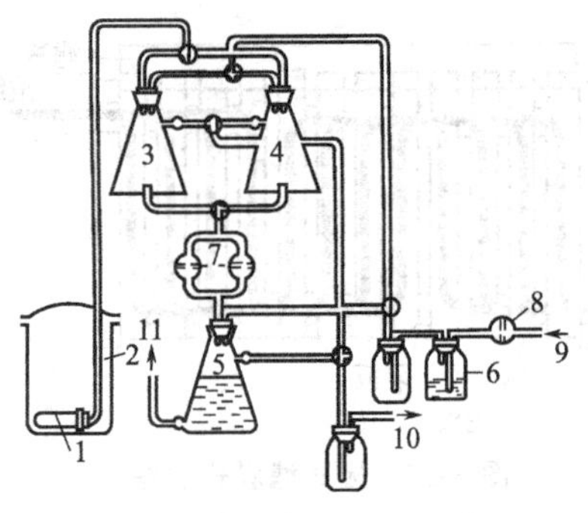

图 3-18　注射剂减压连续过滤装置

1—滤棒；2—贮液桶；3～5—滤液瓶；6—洗气瓶；7—垂熔漏斗；8—滤气球；9—进气口；10—抽气；11—接灌注器

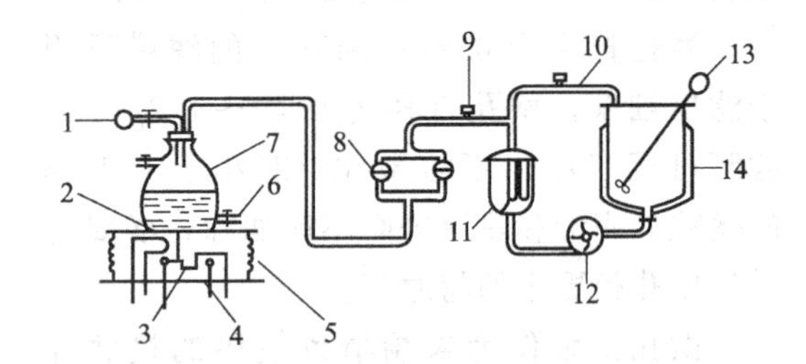

图 3-19　加压过滤装置

1—空气进口滤器；2—限位开关（长断）；3—连板接点；4—限位开关（长开）；5—弹簧；6—接灌注器；7—贮液瓶；8—滤器；9—阀；10—回流管；11—砂滤棒；12—泵；13—电动搅拌器；14—陪液

应该注意的是过滤过程中，药液从配液容器中经导管至初滤或精滤，导管必须使用不锈钢或聚四氟乙烯软管，粗滤品和精滤品应分别置于密封的、经过灭菌的、密闭的不锈钢或玻璃容器中。为使产品避免热原污染，所有设备及容器应易于清洁并能耐受 200℃的加热，对塑料或不耐热的材料可用环氧乙烷、双氧水或酸碱溶液等处理。配液至灌封整个系统在每次生产结束后应及时清洗，保持清洁。

图 3-20 为两组药液配制、过滤工艺的流程图。

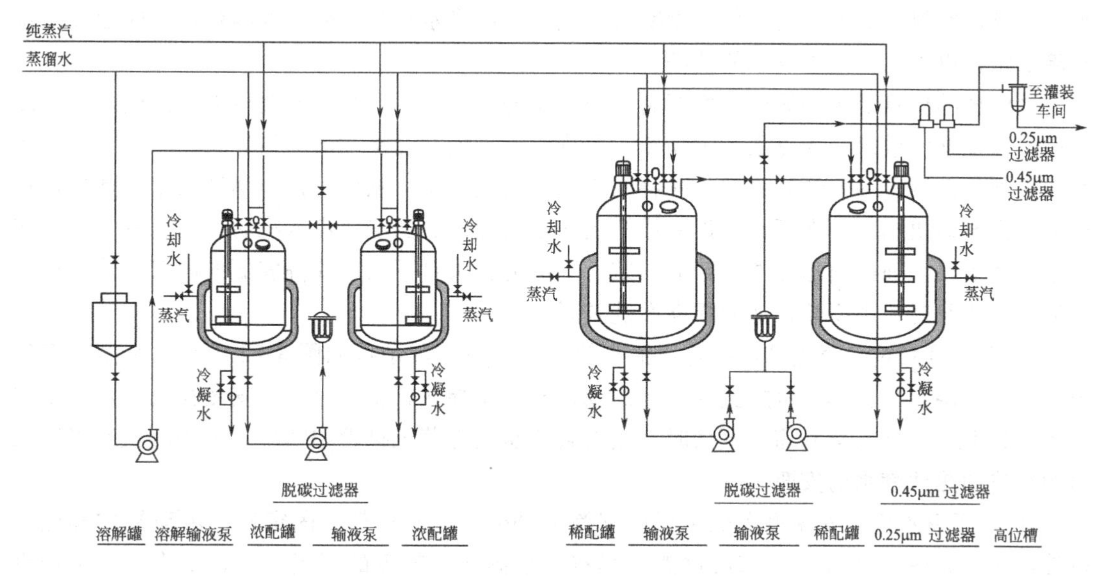

图 3-20 药液配制、过滤流程

（三）安瓿洗灌封设备

最终灭菌小容量注射剂所用的容器通常为曲颈易折安瓿。为了避免安瓿瓶内粘带微生物、灰尘等污染物影响最终注射剂质量，安瓿首先要经过清洗、干燥灭菌等预处理后，才能灌装注射液。要求最后一次清洗时，须采用注射用水洗涤。在注射剂生产中，所涉及的安瓿清洗设备有安瓿清洗设备、安瓿灌装设备、安瓿灌封设备及安瓿洗、烘、灌封联动线。

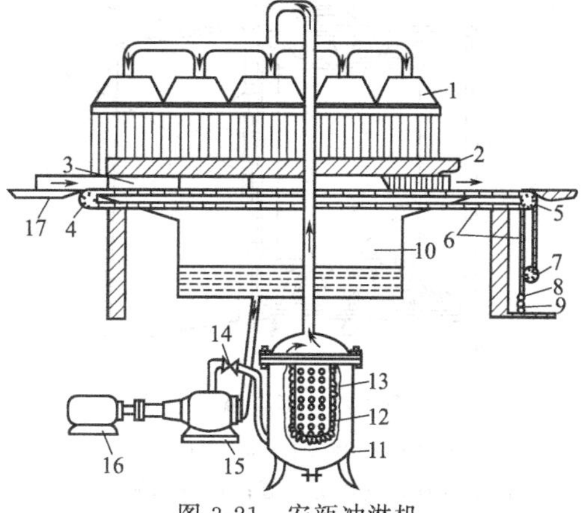

图 3-21 安瓿冲淋机

1—多孔喷头；2—尼龙网；3—盛安瓿铝盘；4—链轮；5—止逆链轮；6—链条；7—偏心凸轮；8—垂锤；9—弹簧；10—水箱；11—滤过器；12—涤纶滤袋；13—多孔不锈钢胆；14—调节阀；15—离心泵；16—电机；17—轨道

1. 安瓿清洗设备

常用的安瓿洗涤设备有喷淋式安瓿洗瓶机组、气水喷射式洗瓶机组和超声波安瓿洗瓶机三种。

（1）喷淋式安瓿洗瓶机组

喷淋式安瓿洗瓶机组由冲淋机、蒸煮机和安瓿甩水机组成。安瓿瓶经冲淋机清洗并灌满水，送入蒸煮箱蒸煮消毒约 30min，之后送入安瓿甩水机甩干。如此反复 2～3 次即可将安瓿洗净。

① 冲淋机。安瓿冲淋机是利用清洗液（通常为水）冲淋安瓿内、外壁浮尘，并向瓶内注水的设备。图 3-21 是一种简单的安瓿冲淋机，它仅由传送系统、淋水板及水循环系统三部分组成。

工作时，安瓿以口朝上的方式整齐排列于安瓿盘内，并在输送带的带动下，逐一通过淋水板的各组喷嘴的下方。同时，去离子水或蒸馏水以一定的压力和速度由各组喷嘴喷出，对安瓿瓶内外进行冲净，同时使安瓿内部也灌满水。冲淋水废液由下部集水箱收集，并由循环水泵提升，经过滤器滤过后由各组喷嘴再次喷出。洗涤水经过不断过滤净化，同时经常更换水箱的水，以确保安瓿淋洗水的洁净。

冲淋机的优点是结构简单，效率高。缺点是耗水量大，且个别安瓿可能会因受水量不足而难以保证淋洗效果。为克服上述缺点，可增设一排能往复运动的喷射针头。工作时，针头可伸入到传送到位的安瓿瓶颈中，并将水直接喷射到内壁，从而可提高淋洗效果。此外，也可以增设翻盘机构，并在下面增设一排向上的喷射针头。当安瓿盘入机后，利用翻盘机构使安瓿口朝下，上面的喷嘴冲洗安瓿的外壁，下面的针头自下而上冲洗安瓿的内壁，使冲淋下来的污垢能及时流出安瓿，从而提高淋洗效果。

② 安瓿蒸煮箱。蒸煮箱可由普通消毒箱改制而成，其结构如图 3-22 所示。小型蒸煮箱内设有若干层盘架，其上可放置安瓿盘。或设有小车导轨，工作时可将安瓿盘放在可移动的小车盘架上，再推入蒸煮箱。蒸煮时，蒸汽直接从底部蒸汽排管中喷出，利用蒸汽冷凝所放出的潜热加热注满水的安瓿。

③ 安瓿甩水机。安瓿甩水机主要由圆筒形外壳、离心框架、固定杆、传动机构和电动机等组成，如图 3-23 所示。离心框架上焊有两根固定安瓿盘的压紧栏杆。工作时，不锈钢框架上装满安瓿盘，瓶口朝外，并在瓶口上加装尼龙网罩，以免安瓿被甩出。机器开动后，在离心力的作用下，安瓿内的积水被甩干。

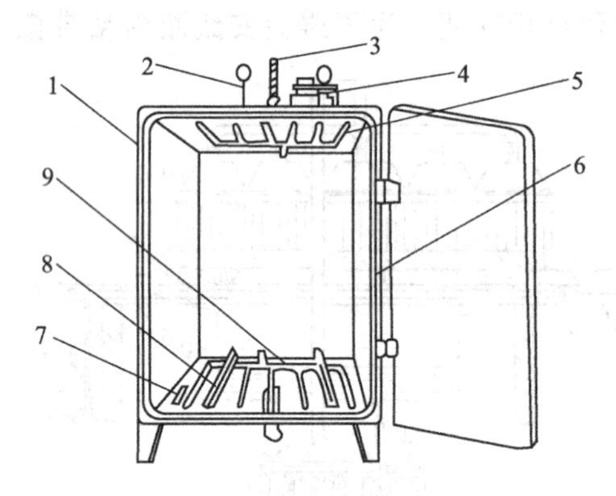

图 3-22　蒸煮箱

1—箱体；2—压力表；3—温度计；4—安全阀；5—淋水排管；6—密封圈；7—箱内温度计；8—小车道轨；9—蒸汽排管

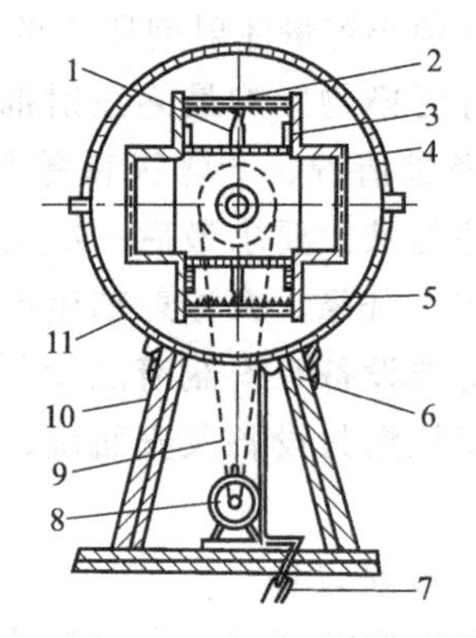

图 3-23　安瓿甩水机

1—安瓿；2—固定杆；3—安瓿盘；4—离心框架；5—网罩；6—出水口；7—刹车踏板；8—电动机；9—皮带；10—机架；11—外壳

喷淋式安瓿洗瓶机组设备简单，曾被广为采用。但这种设备占用场地大、耗水量多，而且洗涤效果欠佳，不适宜于曲颈安瓿。

(2) 气水喷射式洗瓶机组

气水喷射式洗瓶机组主要由供水系统、压缩空气及其过滤系统、洗瓶机三大部分组成。洗涤时，利用洁净的洗涤水及经过过滤的压缩空气，通过喷嘴交替喷射安瓿内外部，将安瓿喷洗干净。气水喷射式洗瓶机组工作原理如图 3-24 所示。

压缩空气的压力一般为 294.2～392.3kPa，冲洗顺序为气→水→气→水→气，一般冲洗 4～8 次。洗涤水与空气的净化是关键，特别是压缩空气，要先冷却后再经过过滤介质净化。这种清洗设备，处理工序较复杂，但洗涤效果好，符合 GMP 要求，适用于大规模安瓿和曲颈安瓿的洗涤。

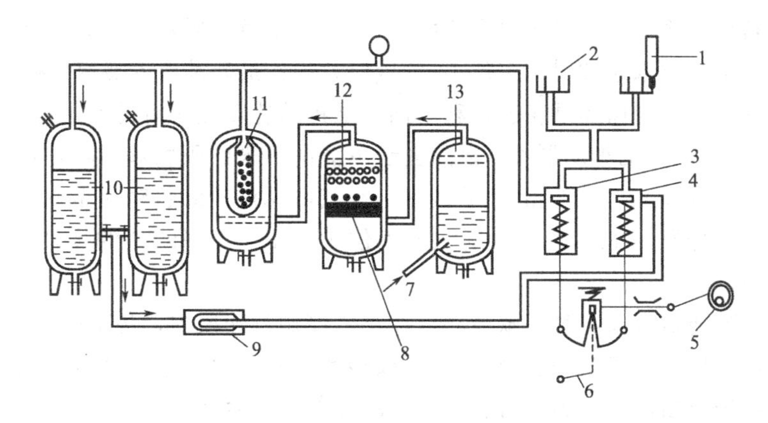

图 3-24　气水喷射式洗瓶机组工作原理

1—安瓿；2—针头；3—喷气阀；4—喷水阀；5—偏心轮；6—脚踏板；7—压缩空气进口；8—木炭层；9—双层涤纶滤袋器；10—水罐；11—双层涤纶滤袋器；12—瓷环层；13—洗气罐

(3) 超声安瓿洗瓶机

超声安瓿洗涤机是一种利用超声技术清洗安瓿的先进设备，是目前较为先进且能实现连续化生产的安瓿清洗设备。其工作原理是利用超声波使浸于清洗液中的安瓿与液体的接触界面处剧烈地震动所产生的一种“空化”作用，使安瓿表面的污垢因冲击而剥落，进而达到清洗安瓿的目的。利用超声技术清洗，安瓿既能保证外壁清洁，又能保证内部无尘、无菌，从而达到清洁要求。

工业上常用连续操作的机器来实现大规模处理安瓿的要求。运用针头单支清洗技术和超声清洗技术相结合构成了连续回转式超声安瓿洗瓶机，其工作原理如图 3-25 所示。在水平卧装的针鼓转盘上设有 18 排针管，每排针管有 18 支针头，共有 324 支针头。在与转盘相对应的固定盘上，于不同的工位配有不同的水、气管路接口。在转盘间歇转动时，各排针头依次与循环水、压缩空气、新鲜蒸馏水等接口相通。

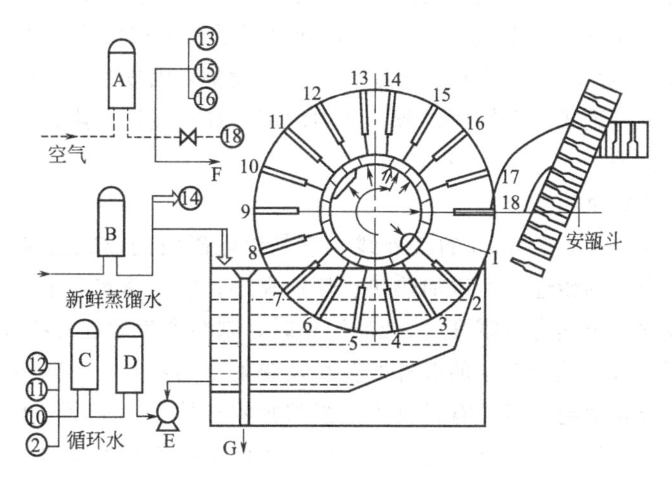

图 3-25　18 工位连续回转式超声安瓿洗瓶机

A、B、C、D—过滤器；E—循环泵；F—吹除玻璃屑；G—溢流回收

安瓿斗呈 45°倾斜，下部出口与清洗机的主轴平行，并开有 18 个通道。借助于推瓶器，每次可将 18 支安瓿推入针鼓转盘的第 1 个工位。

洗涤槽内设有超声振荡装置，并充满洗涤水。洗涤槽内还设有溢流装置，故能保持所需的液面高度。新鲜蒸馏水（50℃）由泵输送至 0.45μm 微孔膜滤器 B，经除菌后送入洗涤槽。除菌后的新鲜蒸馏水还被引至工位 14 的接口，用作最后冲净安瓿瓶内壁。

洗涤槽下部出水口与循环泵相连，利用循环泵将淋洗废液先后送入孔径约为 10μm 的粗滤器 D 和孔径约为 1μm 的细滤器 C，以除去超声清洗下来的脏物和污垢，最后以 0.18MPa 的压力分别送入工位 2、10、11 和 12 的接口。空气由无油压缩机输送至 0.45mm 微孔膜滤器 A，除菌后压力降至 0.15MPa，分别送入工位 13、15、16 和 18 的接口，用于吹净瓶内残水和推送安瓿。

工作时，针鼓转盘绕固定盘间歇转动，在每一停顿时间段内，各工位分别完成相应的操作。在第 1 工位，推瓶器将 18 支安瓿推入针鼓转盘。在第 2 至第 7 工位，安瓿首先被注满循环水，然后在洗涤槽内接受超声清洗。8 和 9 两个工位为空位。10 至 12 工位，针管喷出循环水对倒置的安瓿内壁进行冲洗。在 13 工位，针管喷出净化压缩空气将安瓿吹干。在 14 工位，针管喷出新鲜蒸馏水对倒置的安瓿内壁进行冲洗。在 15 和 16 工位，针管喷出净化压缩空气将安瓿吹干。17 工位为空位。在 18 工位，推瓶器将洗净的安瓿推出清洗机。可见，安瓿进入清洗机后，在针鼓转盘的带动下，将依次通过 18 个工位，逐步完成清洗安瓿的各项操作。

一般安瓿清洗时以蒸馏水作为清洗液。清洗液温度越高，污物的溶解速度越快。此外，温度越高，清洗液黏度越小，超声产生的空化效果越好。但温度过高，会影响超声头的正常工作。通常清洗液温度控制在 60～70℃为宜。洗涤槽内设有电加热管以维持清洗液温度。

回转式超声安瓿洗瓶机的附属设备较多，设备投资较大，但清洗效果好，作为安瓿洗瓶机的换代产品，自动化程度高，生产能力大，常与隧道式烘箱和安瓿灌封机组成生产联动线。

2. 安瓿干燥灭菌设备

洗净后的安瓿还需进行干燥灭菌处理，以除去生物粒子的活性。常规工艺是将洗净的安瓿置于 350～450℃的高温下，保持 6～10min，既可灭活细菌和热原，也能使安瓿干燥。

干燥灭菌设备的类型较多，烘箱是最原始的干燥设备，因规模小、机械化程度低、劳动强度大，目前大多被隧道式灭菌箱所代替。常用的有远红外隧道式烘箱、电加热隧道式烘箱和热层流干热灭菌箱等。

(1) 远红外隧道式烘箱

远红外线是指波长大于 5.6μm 的红外线，它是以电磁波的形式直接辐射到被加热物体上的，不需要其他介质的传递，所以加热快、热损失小，能迅速实现干燥灭菌。

任何物体的温度大于热力学零度（－273℃）时，都会产生远红外线辐射。物体的材料、表面状态、温度不同时，其所产生的红外线波长及辐射率均不同。不同物质对红外线的吸收能力也不同，水、玻璃及绝大多数有机物均能强烈吸收红外线，从而产生高温。

远红外隧道式烘箱是由远红外发生器、传送带和保温排气罩组成的，如图 3-26 所示。

远红外隧道式烘箱工作时，安瓿瓶口朝上装于盘中，由隧道的一端用链条传送带送进烘箱。隧道加热分预热段、中间段及降温段三段，预热段内安瓿由室温升至 100℃左右，大部分水分在这里蒸发；中间段为高温灭菌区，温度达 300～450℃，残余水分进一步蒸干，细菌及热原被杀灭；降温区是由高温降至 100℃左右，而后安瓿离开隧道。

为保证箱内的干燥速度不降低，在隧道顶部设有强制抽风系统，以便及时将湿热空气排

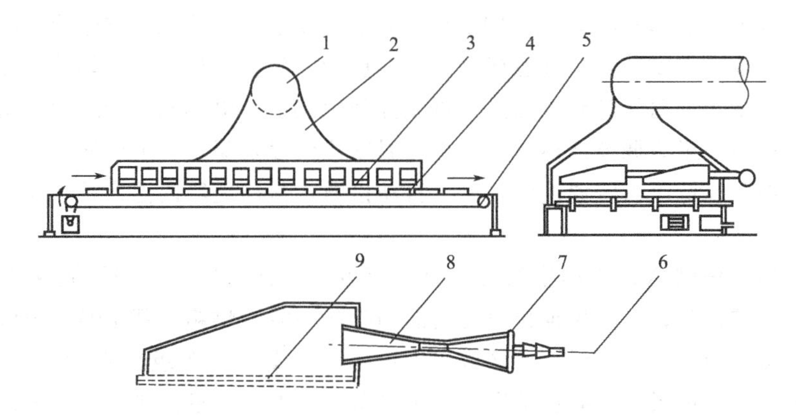

图 3-26　远红外隧道式烘箱

1—排风管；2—罩壳；3—远红外发生器；4—盘装安瓿；5—传送链；6—煤气管；7—通风板；8—喷射器；9—铁铬铝网

出；隧道上方罩壳上部应保持 5～20Pa 的负压，以保证远红外发生器燃烧稳定。

该机操作和维修时应注意以下几点。

① 调风板开启度的调节。根据煤气成分不同而异，每个辐射器在开机前需逐一调节调风板，当燃烧器赤红无焰时固紧调风板。

② 防止远红外发生器回火。压紧发生器内网的周边不得漏气，以防止火焰自周边缝隙（指大于加热网孔的缝隙）窜入发生器内部引起发生器内或引射器内燃烧，即回火。

③ 安瓿规格须与隧道尺寸匹配。为了使烘干效率最高，需保证安瓿顶部距离远红外发生器面 15～20cm，否则应及时调整其距离。此外，还需定期清理隧道及加润滑油，保持运动部位润滑。

（2）电热隧道式灭菌烘箱

电热隧道式灭菌烘箱主要由传送带、加热器、层流箱、隔热机架等部件组成，如图 3-27 所示。

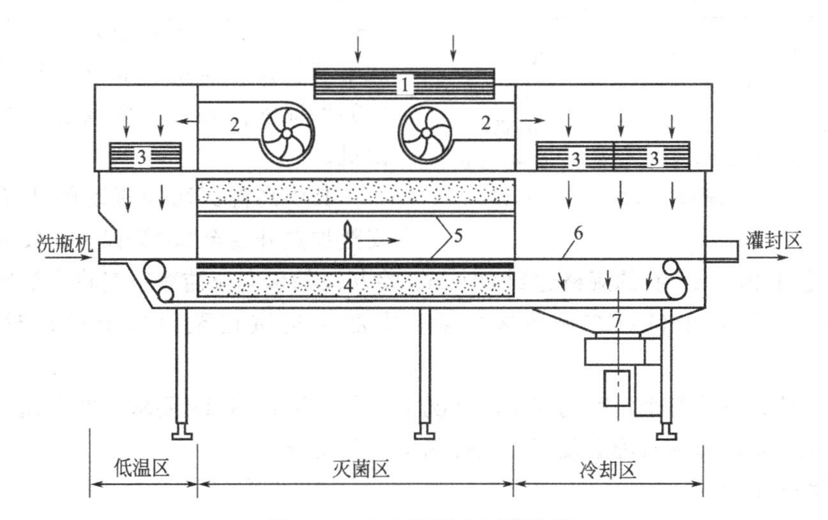

图 3-27　电热隧道式灭菌烘箱

1—中效过滤器；2—风机；3—高效过滤器；4—隔热层；5—电热石英管；6—水平网带；7—排风

传送带由三条不锈钢丝编织网带构成，将安瓿水平运送进、出烘箱，水平传送带宽

400mm，两侧垂直带高 60mm，三者同步移动，能够防止安瓿移出带外。加热器由 12 根电加热管沿隧道长度方向安装，在隧道横截面上呈包围安瓿盘的形式。电热丝装在镀有反射层的石英管内，热量经反射聚集到安瓿上，以充分利用热能。电热丝分两组，一组为电路常通的基本加热丝；另一组为调节加热丝，当箱内温度达到设定温度 350℃时，可调电热丝会自动断电；当箱内温度低于设定温度时，又会自动接通，从而使箱内温度始终保持在设定范围之内。

烘箱的进出口提供 A 级洁净空气以垂直层流方式吹向安瓿，一则可确保洗净的安瓿不会受到外界空气的污染；二则保证出口处安瓿的冷却降温。烘箱中部干燥灭菌区的湿热空气可由另一风机排至箱外，但干燥灭菌区应保持正压，必要时以 A 级的洁净空气进行补充。

隧道下部装有排风机，并有调节阀门，可调节排出的空气量。排气管的出口处还有碎玻璃收集箱，以减少废气中玻璃细屑的含量。

工作时，传送带将安瓿送入箱体（隧道），并依次通过低温区、干燥灭菌区和冷却区，然后离开隧道，完成干燥灭菌操作。

电热隧道式灭菌烘箱是目前比较先进的连续式干燥灭菌设备，其优点是自动化程度高，符合 GMP 生产要求，并能有效地提高产品质量和改善生产环境。缺点是造价昂贵，能耗大，维修复杂。

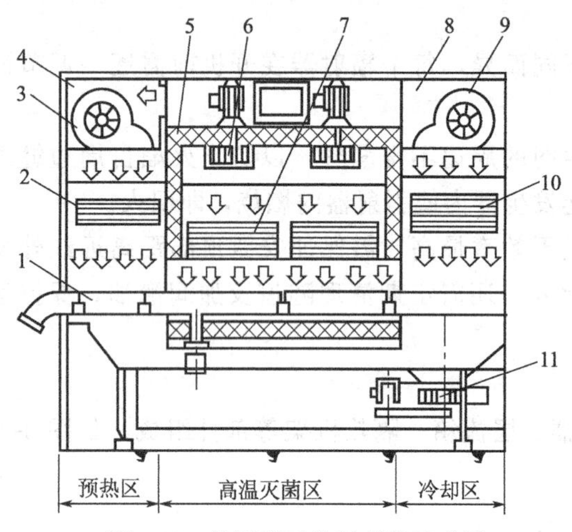

图 3-28 热层流干热灭菌箱示意图

1—传送带；2—空气高效过滤器；3—前层流风机；4—前层流箱；5—高效灭菌箱；6—热风机；7—热空气高效过滤器；8—后层流箱；9—后层流风机；10—空气高效过滤器；11—排风机

（3）热层流干热灭菌箱

如图 3-28 所示，热层流干热灭菌箱由相对独立的预热区、高温灭菌区及冷却区组成。前后层流箱及高温灭菌箱均设有独立的空气净化系统，确保操作在单向流 A 级的洁净空气保护下进行，机器内压力高于外界大气压 5Pa，使外界空气不得进入。热层流干热灭菌箱的各部分控制温度可在 0～350℃范围内任意设定，并有控制温度达不到设定温度时停止网带运转功能，能可靠保证安瓿在设定的温度下通过干燥灭菌机。

其中高温灭菌段流动的洁净热空气将安瓿加热升温至 300℃以上，安瓿经过高温区的总时间超过 10min，有的规格达到 20min。冷却段的单向流洁净空气将安瓿冷却至室温（不高于室温 15℃），出口设在无菌区作业。安瓿从进隧道至出口全过程时间平均约为 30min。

热层流干热灭菌箱整个过程均在密闭情况下进行，符合 GMP 要求，常与超声安瓿清洗设备和多针拉丝安瓿灌封机配套使用组成针剂生产联动线。

3. 安瓿灌封设备

注射液灌封是指将滤过精制后的药液，定量地灌注于经过清洗、干燥及灭菌处理的安瓿内，并加以封口的过程。定量灌封是注射剂装入容器的最后一道工序，也是注射剂生产中的最重要工序，注射剂质量直接由灌封区域环境和灌封设备决定。药液的灌装和封口一般在同一台设备上完成。安瓿灌封机是注射剂生产的主要设备之一，一般包括传送、灌注和封口等部分。由于安瓿规格大小的差异，灌封机分为 1～2mL、5～10mL 和 20mL 三种机型。下面以 1～2mL 机型安瓿灌装机为例介绍其工作原理。

安瓿灌封的工艺过程一般应包括安瓿的排整、灌注、充氮和封口等工序。

安瓿的排整是将密集堆放的灭菌安瓿依照灌封机的要求，在一定的时间间隔（灌装机动作周期）内，将定量的（固定支数）安瓿按一定的距离间隔排放在灌封机的传送装置上。

灌注是将精制后的药液经计量，按一定体积注入安瓿中去。为适应不同规格、尺寸的安瓿要求，计量机构应便于调节。由于安瓿颈部尺寸较小，经计量后的药液需使用类似注射针头的灌注针灌入安瓿。又因灌封是数支安瓿同时灌注，故灌封机相应地有数套计量机构和灌注针头。

对于易氧化的药品，还要在灌装药液的同时，充填惰性气体如 N_2，以取代安瓿内药液上部的空气。此外，有时在灌注药液前还得预充 N_2，提前置换空气。充气功能是通过 N_2 管线端部的针头来完成的。

封口是指用火焰加热将已灌注药液且充 N_2 后的安瓿颈部熔合密封。加热时安瓿需自转，使颈部均匀受热熔化。为确保封口不留毛细孔隐患，现代灌封机均采用拉丝封口工艺。拉丝封口不仅是瓶颈玻璃自身的融合，而且用拉丝钳将瓶颈上部多余的玻璃靠机械动作强力拉走，加上安瓿自身的旋转动作，可以保证封口严密不漏，且使封口处玻璃薄厚均匀，而不易出现冷爆现象。

(1) 传送部分

传送部分的结构与工作原理如图 3-29 所示。安瓿斗与水平呈 45°倾角，梅花盘由链条带动，每旋转 1/3 周即可将 2 支安瓿推至固定齿板上。

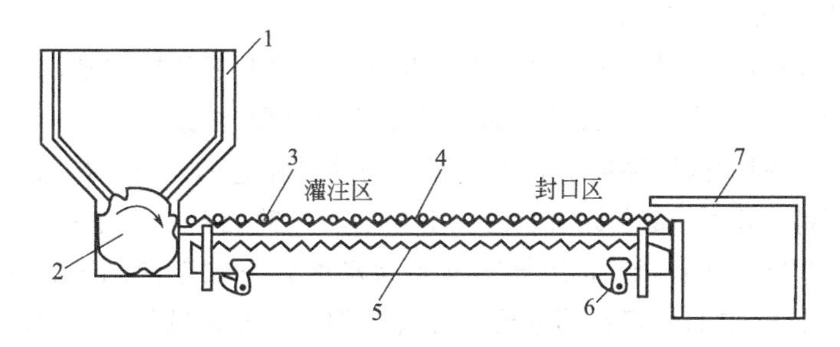

图 3-29 安瓿灌封机传送部分结构与工作原理

1—安瓿斗；2—梅花盘；3—安瓿；4—固定齿板；5—移瓶齿板；6—偏心轴；7—出瓶斗

固定齿板由上、下两条齿板构成，每条齿板的上端均设有三角槽，安瓿上下端可分别置于三角槽上而固定，使安瓿也与水平持 45°倾角口朝上，以便灌注药液。

移瓶齿板在其偏心轴的带动下开始动作。移瓶齿板也有上下两条，与固定齿板等距地装在其内侧（在同一个垂直面内共有四条齿板，上下两条是固定齿板，中间两条是移瓶齿板）。移瓶齿板的齿形是椭圆形，以防在送瓶过程中将瓶撞碎。工作时，移瓶齿板先将安瓿从固定齿板上托起，然后超过固定齿板三角槽的齿顶，接着偏心轴带动移瓶齿板向前移过 2 个齿距，并将安瓿重新放入固定齿板中，之后移瓶齿板空程返回。因此，偏心轴每转一周，安瓿右移 2 个齿距，依次通过灌药和封口两个工位，最后将安瓿送入出瓶斗。

完成封口的安瓿在进入出瓶斗时，在移瓶齿板推动的惯性力下，安瓿在舌板处转动 40°，使安瓿转动并呈竖立状态进入出瓶斗。

在偏心轴的一个转动周期内，前 1/3 个周期用来使移瓶齿板完成托瓶、移瓶和放瓶动作；在后 2/3 个周期内，安瓿在固定齿板上滞留不动，以便完成灌注、充氮和封口等工序操作。

（2）灌注部分

灌注部分主要由凸轮杠杆装置、吸液灌液装置、注射装置和缺瓶止灌装置组成，其结构与工作原理如图 3-30 所示。

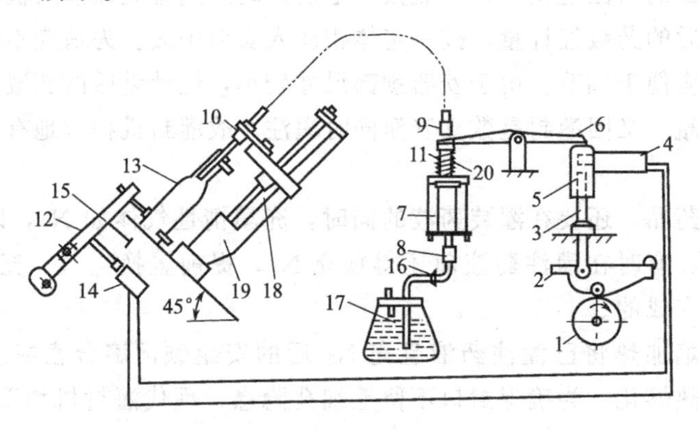

图 3-30 安瓿灌注部分结构与工作原理

1—凸轮；2—扇形板；3—顶杆；4—电磁阀；5—顶杆座；6—压杆；7—针筒；8，9—单向玻璃阀；10—针头；11—压簧；12—摆杆；13—安瓿；14—行程开关；15—拉簧；16—螺钉夹；17—贮液罐；18—针头托架；19—针头托架座；20—针头活塞

① 凸轮杠杆装置和吸液灌液装置。

由凸轮 1、扇形板 2、顶杆 3、顶杆座 5 及针筒 7 等构件组成。主要完成将药液从贮液瓶中吸入注射器，并推入安瓿瓶内。

凸轮 1 的连续转动，通过扇形板 2，转换为顶杆 3 的上下往复移动，再转换为压杆 6 的上下摆动，最后转换为针头活塞 20 在针筒 7 内的上下往复运动。

针筒 7 与一般容积式医用注射器相仿，所不同的是在它的入口和出口端各装有一个单向玻璃阀 8 及 9。当针头活塞 20 在针筒 7 内向上移动时，筒内产生真空；下端单向阀 8 开启，药液由贮液罐 17 中被吸入针筒 7；当筒芯向下运动时，下端单向阀 8 关阀，上端单向阀 9 受压而自动开启，针筒中的一定量药液通过导管及伸入安瓿内的针头 10 而注入安瓿 13 内。

② 注射装置。主要由针头 10、针头托架座 19、针头托架 18、单向玻璃阀 8 及 9、压簧 11、针头活塞 20 和针筒 7 等部件组成，主要保证将注射液注入安瓿瓶内。

针头 10 固定在托架 18 上，托架可沿托架座 19 的导轨上下滑动，使针头伸入或离开安瓿，完成对安瓿的药液灌装。灌装药液后的安瓿常需充入 N_2 或其他惰性气体，充气针头（图中未示出）与灌液针头并列安装于同一针头托架上，灌装后随即充入气体。

工作时，凸轮 1 转到图示位置，开始压扇形板 2 摆动，使顶杆 3 上升，在有安瓿瓶的情况下顶杆连通电磁阀 4 伸入顶杆座内的部分，与电磁阀连在一起的顶杆座 5 上升，导致压杆 6 的另一端下压，推动针筒 7 中的活塞向下移动。此时，单向阀 8 关闭，9 开启，药液经管道进针头 10 而注入安瓿内，直至规定容量。当凸轮不再压扇形板时，针筒的活塞靠压簧 11 复位。此时，单向阀 9 关闭，8 开启，药液又被吸入针筒。顶杆和扇形板依靠自重下落，扇形板与凸轮圆弧处接触后又开始新的一期药液灌注。

③ 缺瓶止灌机构。由摆杆 12、行程开关 14、拉簧 15 及电磁阀 4 组成。其功能是当送

瓶机构因某种故障致使在灌液工位出现缺瓶时，能自动停止灌液，以免药液的浪费和污染。

当灌装工位因故致使安瓿空缺时，拉簧 15 将摆杆触头与行程开关 14 触头相接触，行程开关闭合，致使开关回路上的电磁阀 4 动作，在电磁力的作用下，将伸入顶杆座内部分拉出，使顶杆 3 失去对压杆 6 的上顶动作，从而达到止灌的目的。

(3) 封口部分

拉丝封口主要由压瓶装置、加热装置和拉丝装置三个机构组成。拉丝机构的动作包括拉丝钳的上下移动及钳口的启闭。按其传动形式可分为气动拉丝和机械拉丝两种。二者之间的主要区别在于前者是借助气阀凸轮控制压缩空气进入拉丝钳管路而使钳口启闭，而后者由钢丝绳通过连杆-凸轮机构控制钳口的启闭。气动拉丝机构的结构简单、造价低、维修方便，但亦存在噪声大并产生废气污染环境等缺点。机械拉丝机构结构复杂，制造精度要求高，但它无污染、噪声低，适用于无气源的场所。

① 压瓶装置。主要由压瓶滚轮 2、拉簧 3、摆杆 4、压瓶凸轮 5 和蜗轮蜗杆箱 10 等部件组成。压瓶装置的作用，一是防止拉丝钳拉安瓿颈丝时安瓿随拉丝钳移动；二是能使安瓿绕自身轴线转动，使瓶颈受热均匀。

② 加热装置。主要部件是燃气喷嘴，所用燃气是由煤气、氧气和压缩空气组成的混合气，燃烧火焰的温度可达 1400℃左右。

③ 拉丝装置。主要由钳座 11、拉丝钳 12、气阀 13 和凸轮 14 等部件组成。钳座上设有导轨，拉丝钳可沿导轨上下滑动。借助于凸轮和气阀，可控制压缩空气进入拉丝钳管路，进而可控制钳口的启闭。

如图 3-31 所示，当安瓿被移瓶齿板送至封口工位时，由于压瓶凸轮-摆杆机构的作用，安瓿颈部靠在固定齿板的齿槽上，下部放在蜗轮蜗杆箱的滚轮上，底部则放在呈半球形的支头上，而上部由压瓶滚轮压住。此时，蜗轮转动带动滚轮旋转，从而使安瓿围绕自身轴线缓慢旋转。瓶颈受到来自喷嘴火焰的高温加热而成熔融状态。同时，气动拉丝钳沿钳座导轨下移并张开钳口将安瓿头钳住，然后拉丝钳上移将熔融态的瓶口玻璃拉抽成丝头抽断，从而使安瓿闭合。当拉丝钳运动至最高位置时，钳口启闭两次，将拉出的玻璃丝头甩掉。安瓿封口后，压瓶凸轮 5 和摆杆 4 使压瓶滚轮松开，移瓶齿板将安瓿送出。

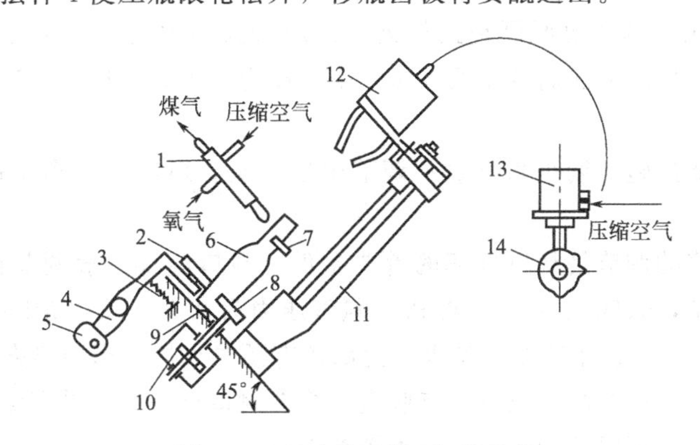

图 3-31 气动拉丝封口机构结构

1—燃气喷嘴；2—压瓶滚轮；3—拉簧；4—摆杆；5—压瓶凸轮；6—安瓿；7—固定齿板；8—滚轮；9—半球形支头；10—蜗轮蜗杆箱；11—钳座；12—拉丝钳；13—气阀；14—凸轮

(4) 灌封过程中常见生产问题及解决方法

灌装过程中常见的问题如下。

① 冲液现象。冲液是指在灌注药液过程中，药液从安瓿内冲溅到瓶颈上方或冲出瓶外，冲液不仅会造成药液装量不准，并且影响封口，容易出焦头现象。

解决冲液的主要方法如下。

a. 将注液针头出口端制成三角开口，中间为拼拢的梅花形“针端”。

b. 调节注射针头进入安瓿的位置使其恰到好处。

c. 改进提供针头托架运动的凸轮轮廓设计，使针头吸液和注液的行程加长而不给药时的行程缩短，保证针头出液先急后缓。

② 束液不良。束液是指在灌注药液结束时，针头上不得有液滴。若“束液”不好，针尖上残留有剩余的液滴，既影响装量准确，又在封口时容易出现焦头或瓶颈破裂等问题。

解决束液不良的主要措施如下。

a. 改进灌液凸轮的轮廓设计，使其在注液结束时返回行程缩短，速度快。

b. 设计使用有毛细孔的单向阀，使针筒在注液结束后对针筒内的药液有微小倒吸作用。

c. 在贮液瓶和针筒连接的导管上加夹一只螺钉夹，靠乳胶导管的弹性作用控制束液。

③ 封口火焰调节。生产中，因封口影响产品质量的问题较为复杂。如火焰温度的过高或过低、火焰头部与安瓿瓶颈的距离大小、安瓿转动的均匀程度以及操作的熟练与否都对封口质量有影响。其中有一些属设备问题，另一些则属于不正常操作所致。常见的封口问题如下。

a. 泡头。产生泡头的主要原因是火焰太大使药液挥发；预热火头太高；主火头摆动角度不当；安瓿压脚不牢固，使瓶子上爬；钳子太低造成钳去玻璃太多。

解决泡头的主要措施：调小火焰；钳子调高；适当调低火头位置并调整火头摆动角度在1°～2°之间。

b. 平头。产生平头（亦称瘪头）的主要原因是瓶口有水迹或药迹，拉丝后因瓶口液体挥发，压力减小，外界压力大而瓶口倒吸形成平头。

解决平头的主要措施：调节针头位置和大小，不使药液外冲；调节退火火焰，不使已圆口的瓶口重熔。

c. 尖头。产生尖头的主要原因是预热火焰、加热火焰太大，造成拉丝时丝头过长；火焰喷嘴离瓶口过远，导致加热温度太低；压缩空气压力太大，造成火力过急，以致温度低于玻璃软化点。

解决尖头的主要措施：调小煤气量；调节中层火头，对准瓶口离瓶颈3～4mm处；调小空气量。

总之，封口火焰的调节是封口好坏的首要条件。封口温度一般调节在1400℃左右，由煤气和氧气压力控制，煤气压力≥0.98kPa，氧气压力为0.02～0.05MPa。火焰头部与安瓿瓶颈的最佳距离为10mm。生产中拉丝火头前部还有预热火焰，当预热火焰使安瓿瓶颈加热到微红后，再移入拉丝火焰熔化拉丝，有些灌封机在封口火焰后还设有保温火焰，使封口的安瓿缓慢冷却，以防安瓿因冷却过快而发生爆裂现象。

（5）安瓿灌封机维修保护知识

① 燃气头应该经常从火焰的大小来判断是否良好，因为燃气头的小孔使用一定时间后容易积炭堵塞或小孔变形而影响火力。

② 灌封机火头上面要装有排气管，既能排除热量及空气中少量灰尘，又能保持室内温

度、湿度和洁净度，有利于产品质量和工作人员的健康。

③ 机器必须保持清洁，生产过程中应及时清除药液和玻璃碎屑，严禁机器上有油污；交班前应将机器各部件清洗一次，加油一次。每周应大擦洗一次，特别是擦净平常使用中不易清洗到的地方，并可用压缩空气吹净。

④ 在机器使用前后，应按照制造厂家提供的详细说明书等技术资料检验机器性能。

4. 安瓿洗灌封联动机组

注射剂安瓿的清洗、干燥灭菌、灌封工序使用单机设备完成时，由于这些设备基本上是不密闭或不完全密闭，在制剂生产中易造成产品的污染。

目前，国内外最终灭菌小容量注射剂的生产常将安瓿清洗、烘干灭菌以及药液灌封三个步骤联合起来组成生产线，实现了注射剂生产承前联后同步协调操作。

(1) 联动机组组成

联动机组由安瓿清洗机、烘干灭菌机和安瓿灌封机三台单机组成。联动机组除了可以连续操作之外，每台单机还可以根据需要单独进行生产操作。

图 3-32 为安瓿洗烘灌封联动机组结构示意图，主要工艺特点如下。

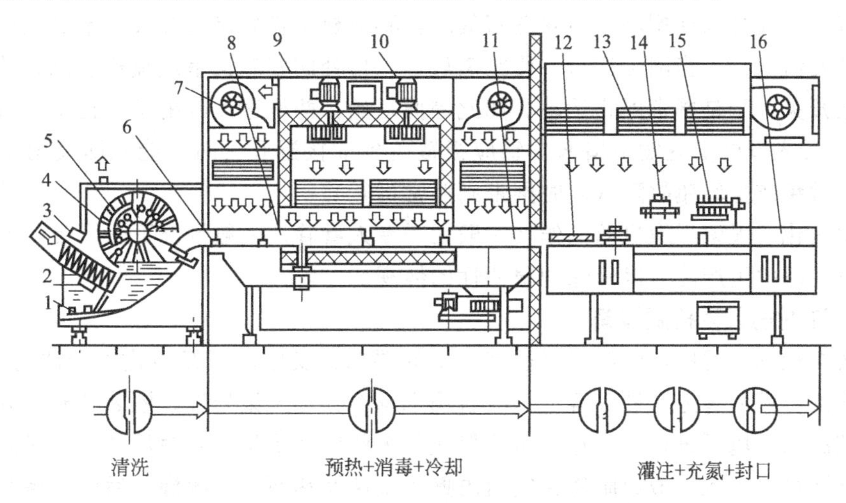

图 3-32　安瓿洗、烘、灌联动机组结构及工作原理

1—水加热器；2—超声波换能器；3—喷淋水；4—冲水、气喷嘴；5—转鼓；6—预热器；7，10—风机；8—高温灭菌区；9—高效过滤器；11—冷却区；12—不等距螺杆分离；13—洁净层流罩；14—充气罐装工位；15—拉丝封口工位；16—成品出口

① 采用了安瓿超声波清洗、多针水气交替冲洗、热空气层流消毒、多针灌装和拉丝封口等先进生产工艺和技术。全机结构紧凑，安瓿进出口采用串联式，减少半成品的中间周转，可避免交叉污染。

② 适合于 1mL、2mL、5mL、10mL、20mL 5 种安瓿规格，通用性强，规格更换件少，更换容易。但安瓿洗、烘、灌封联动机组价格昂贵，部件结构复杂，对操作人员的管理知识和操作水平要求较高，维修较困难。

③ 全机设计考虑了运转过程的稳定可靠性和自动化程度，采用了先进的电子技术和微机控制，实现机电一体化，使整个生产过程达到自动平衡、监控保护、自动控温、自动记录、自动警报和故障显示。生产全过程是在密闭或层流下工作的，符合 GMP 要求。

(2) 伺服机构

烘箱与前面的安瓿清洗机及与后面的灌封机相连，三机联动的速度匹配至关重要。箱体内网带的运送具有伺服特性，因而为安瓿在箱体内的平稳运行创造了条件。伺服机构原理如图 3-33 所示，伺服机构是通过接近开关与满缺瓶控制板等相互作用来执行的。即将网带入口处安瓿的疏密程度通过支点作用反馈到接近开关上，使接近开关及时发出信号进行控制并自动处理以下几种情况。

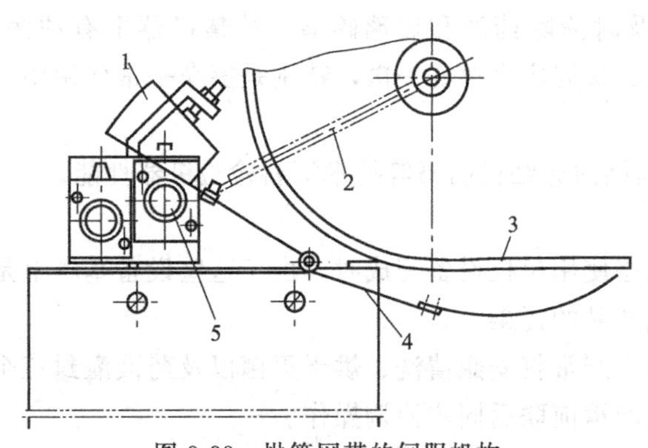

图 3-33　烘箱网带的伺服机构

1—感应板；2—拉簧；3—垂直网带；4—满缺瓶控制板；5—接近开关

① 当网带入口处安瓿疏松时，感应板在拉簧作用下脱离后接近开关，此时能立即发出信号，令烘箱电机跳闸，网带停止运行。

② 当安瓿清洗机的翻瓶器间歇动作出瓶时，即在网带入口处的安瓿呈现“时紧时”状态时，感应板亦随之来回摆动。当安瓿密集时，感应板覆盖后接近开关，于是发出信号，网带运行，将安瓿送走；当网带运行一段距离后，入口处的安瓿又呈现疏松状态，致使感应板脱离后接近开关，于是网带停止运动。如此周而复始，两机速度匹配臻于正常运行状态。

③ 当网带入口处安瓿发生堵塞，感应板覆盖到前接近开关时，能立即发出信号，令清洗机停机，避免产生轧瓶故障（此时网带则照常运行）。

自动化简化了灭菌干燥机的操作，一般无需专人看管。一般情况下，网带的速度应大于洗瓶和灌封两机的生产能力以确保伺服特性的体现。

（四）注射剂灭菌检漏设备

注射液在配制过程中，经滤过可达到无菌的要求；安瓿内壁经纯化水和注射用水清洗，并经干燥灭菌；灌装管道、针头等均经注射用水洗净并经灭菌处理；灌装各安瓿开口工序均在洁净度较高的环境下进行。为进一步确保注射剂的内在质量，灌封后的安瓿必须进行高温灭菌，以灭活可能混入药液或附着在安瓿内壁的细菌及热原。安瓿灌装后的灭菌是注射剂生产必不可少的环节。灭菌方式主要采用湿热灭菌，常用的灭菌设备有柜式热压灭菌箱和双扉程控消毒检漏箱。灭菌完成后尚需使用擦瓶机对安瓿表面进行清洁，以待质检。

1. 柜式热压灭菌箱

国内注射剂厂家多采用定型的卧式热压灭菌箱，其结构如图 3-34 所示。

热压灭菌箱的箱体分为内外两层，外层由覆有保温材料的保温层及外壳构成；内层箱体内装有淋水管、蒸汽排管及与外界接通的蒸汽进管、排冷凝水管、进水管、排水管、真空管、有色水管等配件。箱内设有轨道，轨道上可载有数层的格车。格车上有活动的网络架。格车进出灭菌箱可用搬运车方便装卸安瓿。箱门由人工启闭，关门后转动锁轮，若干插销销紧箱门，构成受压容器。箱外上方还装有安全阀和压力表。

热压灭菌箱的工作程序有高温灭菌、检漏、冲洗色迹三个功能。

(1) 高温灭菌

灭菌时，打开蒸汽阀，让蒸汽通入夹层中加热数分钟，以除去夹层内空气，夹层压表读数上升至所需要压力。用搬运车将装满安瓿的格车沿导轨推入箱内，关闭箱门。待夹层加热完毕后，再将蒸汽通入箱内，控制一定压力。当箱内温度上升至设定温度后，控制加热蒸汽

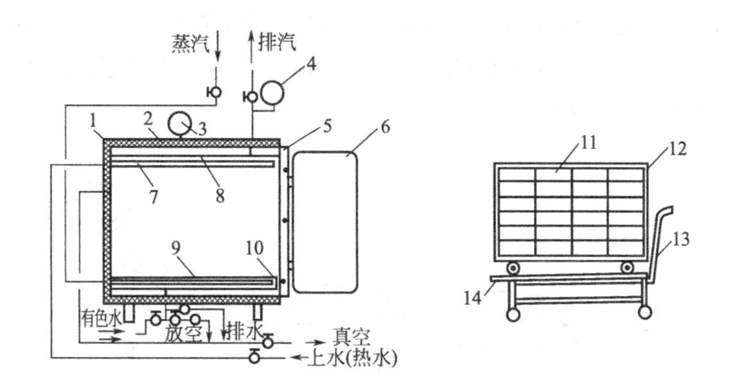

图 3-34　热压灭菌箱的结构

1—保温层；2—箱体；3,4—压力表；5—高温密封圈；6—箱门；7—淋水排管；8—内壁；9—蒸汽排管；10—导轨；11—安瓿盘；12—格车；13—搬运车；14—格车导轨

的压力，使箱内温度保持在所需的灭菌温度。当达到规定的灭菌时间时，关闭蒸汽阀，打开排气阀将箱内蒸汽排除，灭菌阶段结束。

(2) 灌注有色水检漏

安瓿在灌封过程中可能出现质量问题，如冷爆、毛细孔等难以用肉眼分辨的不合格安瓿，为此在灭菌后设有一道检漏工序，操作也在灭菌箱内完成。

通常在完成蒸汽灭菌后即刻向箱内灌注入有色水进行检漏。因为受高温蒸汽灭菌后的安瓿是热的，当与有色的冷水相遇时，安瓿内空气收缩并产生负压。此时，凡是封口不好的安瓿均会吸入有色水，而封口好的安瓿则有色水不能进入，从而将封口不严的安瓿检出。加入有色水的方法有两种：一是真空吸入法，另一种是用水泵压送法，可根据具体情况选择。

(3) 冲洗色迹

安瓿经灌注有色水检漏后其表面不可避免地留有色迹，此时淋水管可放出热水冲洗掉这些色迹。至此，整个灭菌检漏工序全部结束。

灭菌检漏结束后，从灭菌箱中拉出装有安瓿的格车，干燥后可直接剔除渗入色液的安瓿，而大部分合格品则将进入质量待检步骤。

2. 双扉程控消毒检漏箱

双扉程控消毒检漏箱是卧式长方形，采用立管式环形薄壁结构。双扉门采用拉移式机械自锁保险，密封结构采用耐高温“O”形圈，利用特殊结构的气压推力使“O”形圈发生侧向位移，使双扉门达到拉移式自锁密封作用。当消毒压力处于－0.01～0.01MPa 范围外，门即自锁不能打开。箱内压力依靠硅橡胶“O”形圈的密封得到保证。程控式可按设定的温度、压力、真空度及持续时间的长短来操作，也可以按工序要求用预先储存的三种程序来安排生产。

工作时，未消毒的药品从箱的一端进入，经过箱内消毒灭菌和色水检漏后，将已灭菌的药品从箱的另一侧门取出，可使产品消毒前后严格分开。

双扉程控灭菌箱在使用过程中应注意定期校正仪表的精度与准确性，并保持消毒箱内清洁。双扉程控灭菌箱是目前国内较为先进的注射剂灭菌检漏设备，由于价格昂贵，尚未普遍使用，一般只采用手控的双扉消毒检漏箱。

3. 擦瓶机

安瓿经灭菌检漏后虽经热水冲色，但安瓿外表面仍残留水渍、色斑和影响印字的不洁物。个别的漏液安瓿，也会污染其他安瓿外表面。因此工艺上要求擦瓶，为印字做准备。擦瓶机结构简单，如图 3-35 所示。

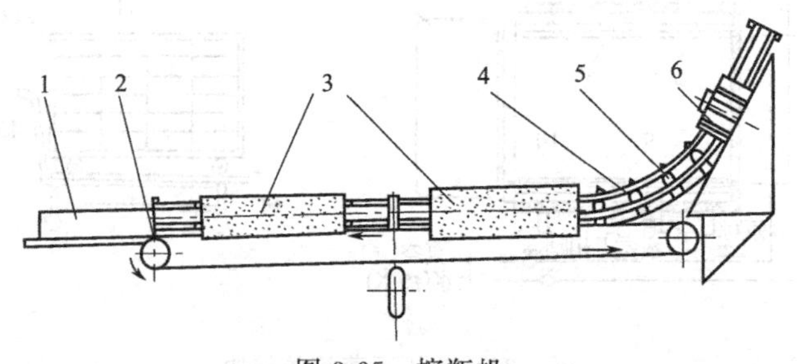

图 3-35 擦瓶机

1—出瓶盘；2—传送带；3—擦辊；4—轨道栏杆；5—安瓿；6—拨瓶轮轨道

擦瓶机主要由瓶盘、花轮、进瓶轨道、拨轮、行走带、擦辊、出瓶轨道及出瓶盘组成。

已灌封并消毒的安瓿放入与水平面呈 60°倾角的进瓶盘，使安瓿形成下滑的重力，在进瓶盘的下口设有一等速旋转的拨瓶轮，将安瓿依次在拨瓶爪作用下单个进入宽度仅容一个安瓿通过的轨道。轨道底部有传送带，将安瓿缓慢送过两组擦辊部位。擦辊由胶棒及干绒布套（或干毛巾套）组成。擦辊轴水平卧置于安瓿轨道一侧的中端处，它由链轮拖动旋转。当传送带将安瓿拖带到有擦辊处，受摩擦作用边自转边前进。两组擦辊中第一个直径稍大，用于揩擦安瓿的中上部，第二个直径稍小，用于揩擦安瓿的中下部，其直径差异应适于相应的安瓿的颈部与瓶身直径的差异，其工作原理见图 3-36。滚擦干净的安瓿于轨道末端的出瓶盘集中贮存。

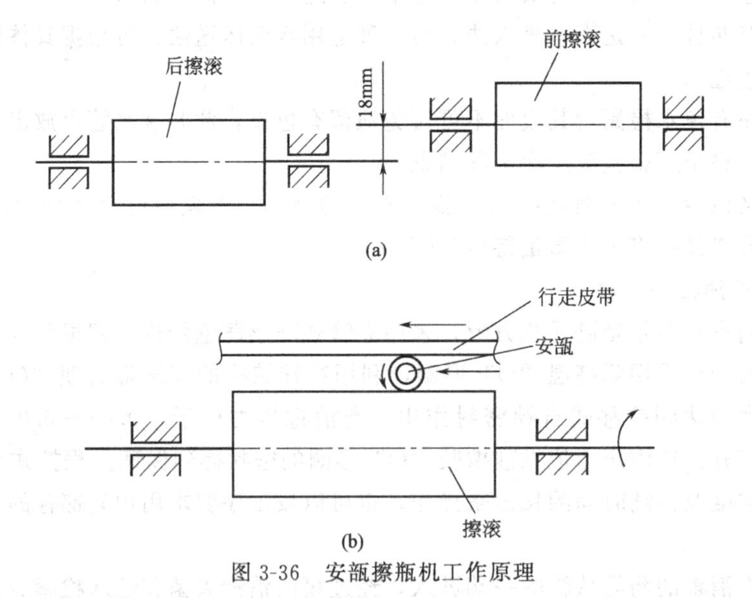

图 3-36 安瓿擦瓶机工作原理

（五）安瓿质检设备

注射剂质检中，澄明度检查是保证注射剂质量的关键。在针剂生产过程中，难免会带入一些异物，如未滤除的不溶物、容器或滤器的剥落物以及空气中的尘埃等。这些异物在体内会引起肉芽肿、微血管阻塞及肿块等不同的损坏。这些带有异物的注射剂通过澄明度检查时可被剔除。

经灭菌检漏后的安瓿通过一定照度的光线照射，通过人工目测或光电设备还可进一步判别是否存在破裂、漏气、装量过满或不足等问题。空瓶、焦头、泡头或有色点、浑浊、结晶、沉淀以及其他异物等不合格的安瓿也可得到剔除。

1. 人工灯检

人工目测检查主要依靠待测安瓿被振摇后药液中微粒的运动从而达到检测目的。按照我国 GMP 的有关规定，一个灯检室只能检查一个品种的安瓿。检查时一般采用 40W 青光的日光灯做光源，并用挡板遮挡以避免光线直射入眼内；背景应为黑色或白色（检查有色异物时用白色），使其有明显的对比度，提高检测效率。检测时将待测安瓿置于检查灯下距光源约 200mm 处轻轻转动安瓿，目测药液内有无异物微粒。人工灯检要求工作人员视力不低于 0.9（每年必须定期检测视力）。

人工灯检法设备简单，但劳动强度大，眼睛极易疲劳，检出效果差异较大。

2. 安瓿澄明度光电自动检测仪

安瓿异物自动检查仪的原理是利用旋转的安瓿带动药液一起旋转，当安瓿突然停止转动时，药液由于惯性会继续旋转一段时间。在安瓿停转的瞬间，以光束照射安瓿，在光束照射下产生变动的散射光或投影，背后的荧光屏上即同时出现安瓿及药液的图像。利用光电系统采集运动图像中（此时只有药液是运动的）微粒的大小和数量的信号，并排除静止的干扰物，再经电路处理可直接得到不溶物的大小及多少的显示结果。再通过机械动作及时准确地将不合格安瓿剔除。

利用安瓿异物检查机能同时检查两个安瓿，也可使每个安瓿接受两次检查，以提高检查精度。图 3-37 为安瓿澄明度光电自动检查仪的主要工位示意图。待检安瓿放入不锈钢履带上被输送进拨瓶盘，拨瓶盘和回转工作台同步做间歇运动，安瓿 4 支一组间歇地进入回转工作转盘，各工位同步进行检测。第一工位是顶瓶夹紧。第二工位高速旋转安瓿带动瓶内药液高速翻转。第三工位异物检查，安瓿停止转动，瓶内药液仍高速运动，光源从瓶底部透射药液，检测头接收其中异物产生的散射光或投影，然后向微机输出检测信号。第四工位是空瓶、药液过少检测，光源从瓶侧面透射，检测头接收信号整理后输入微机程序处理。第五工序是对合格品和不合格品由电磁阀动作，不合格品从废品出料轨道予以剔除，合格品则由正品轨道输出。

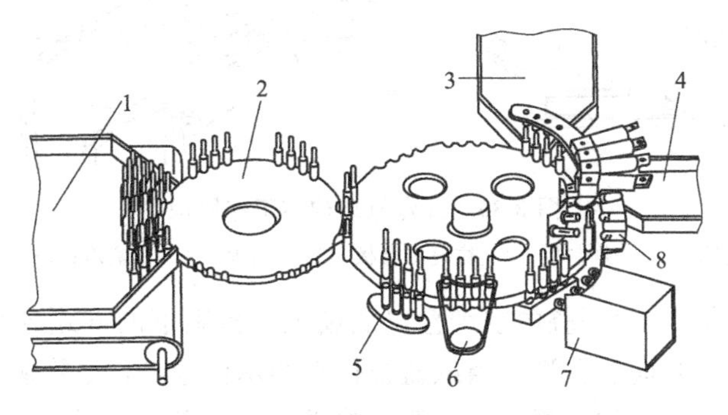

图 3-37　安瓿澄明度光电自动检查仪工位示意

1—输瓶盖；2—拨瓶盘；3—合格贮瓶盘；4—不合格贮瓶盘；5—顶瓶；6—转瓶；7—异物检查；8—空瓶、液量过少检查

实践表明，与人工目测法相比，澄明度检查仪的检出率是人工目测法的 2～3 倍，而漏检率降为人工目测法的 1/2，误检率也在人工误检率的范围之内。可见，澄明度检查仪具有

较好的检测效果。此外，澄明度检查仪还具有结构简单、操作和维修方便、劳动强度较低等优点。缺点是对有色安瓿的灵敏度很低，且漏检率随药液中微粒数量的减少而增大，故必须采用二次检查，从而降低了机器的检查速度。

（六）安瓿包装设备

灯检、热原、pH值等检验合格的安瓿还需在瓶身上正规印写上药品名称、含量、批号、有效期以及商标等标记，并将印字后的安瓿数支一组装入贴有明确标签的纸盒里，其流程如图3-38所示。

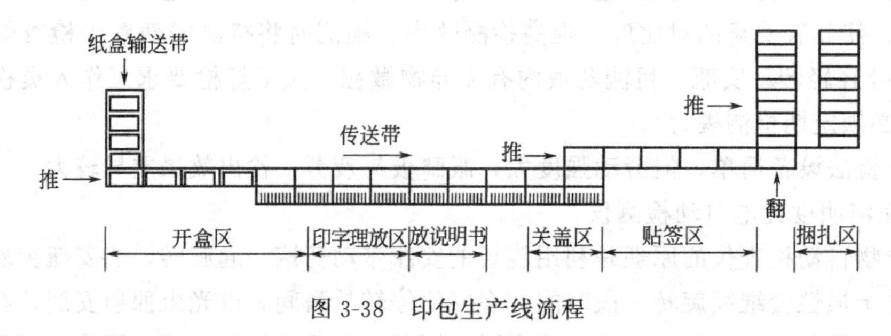

图3-38 印包生产线流程

印包生产线包括开盒机、印字机、装盒关盖机、贴签机四个单机联动而成。虽然1～2mL安瓿印包生产线与10～20mL安瓿印包生产线所用单机的结构不完全相同，但其工作原理是相同的。下面以1～2mL安瓿印包生产线为例，介绍主要单机的结构与工作原理。

（1）开盒机

安瓿的尺寸有统一的标准，因此装安瓿用的纸盒尺寸和规格也有一定标准。开盒机是依照标准纸盒的尺寸设计和动作的。开盒机的作用是将一叠叠堆放整齐的空纸盒的盒盖翻开，以供存放印好字的安瓿。开盒机主要由输送带、光电管、推盒板、翻盒爪、弹簧片、翻盒杆等部件或元件构成，其结构如图3-39所示。

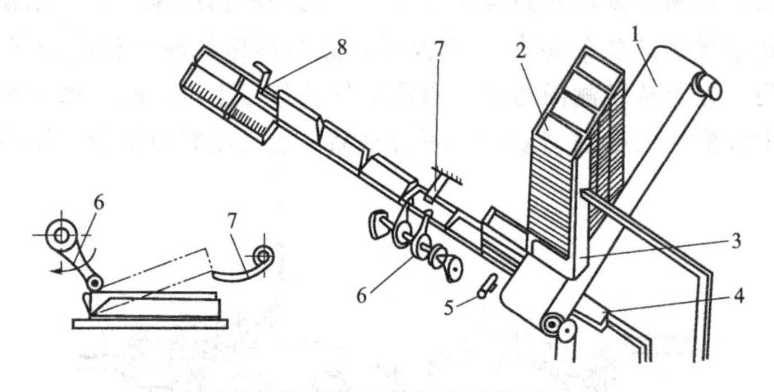

图3-39 开盒机结构与工作原理

1—输送带；2—空纸盒；3—推盒板；4—往复推盒板；5—光电管；6—翻盒爪；7—弹簧片；8—翻盒杆

操作时，由人工将20盒一叠的空纸盒以底朝上、盖朝下的方式放在输送带上。输送带做间歇直线运动，将纸盒向前移送。当纸盒被推至图示位置时，尽管输送带仍在不停做间歇运动，但只要推盒板尚未动作，纸盒就只能在输送带上打滑，而不再移动。光电管的作用是检查纸盒的个数并指挥输送带和推盒板的动作。当光电管前已无纸盒时，光电管即发出信号，指挥推盒板将输送带上的一叠纸盒推送至往复推盒板前的盒轨中。

推盒板做往复运动，推盒板每次动作仅将光电管前一叠纸盒中的最下面一只纸盒移送一只纸盒长度的距离。翻盒爪绕自身轴线不停地旋转，其动作与推盒板协调同步。当推盒板将一只纸盒推送到翻盒爪位置，恰好使翻盒爪与盒底相接触时，就给纸盒一定压力，迫使纸盒向上翘，纸盒底部越过弹簧片的高度，此时翻盒爪已转过盒底，盒底随即下落，但其盒盖已被弹簧片卡住。张开口的纸盒在推盒板的推送下至翻盒杆区域。

当张开口的纸盒被传送至翻盒杆区域时，受到曲线状翻盒杆的作用，迫使纸盒的张口越张越大，直至将盒盖完全翻开。翻开的纸盒则由另一条输送带输送至安瓿印字机区域。

(2) 安瓿印字机

经检验合格后的针剂在装入纸盒前均需在瓶体上印上药品名称、规格、生产批号、有效期和生产厂家等标记，以确保使用上的安全。

安瓿印字机是用来在安瓿表面上印字的专用设备，该设备还能将印好字的安瓿摆放于已翻盖的纸盒中。安瓿印字机主要由输送带、安瓿斗、托瓶板、推瓶板和印字轮系统组成，其工作原理如图 3-40 所示。

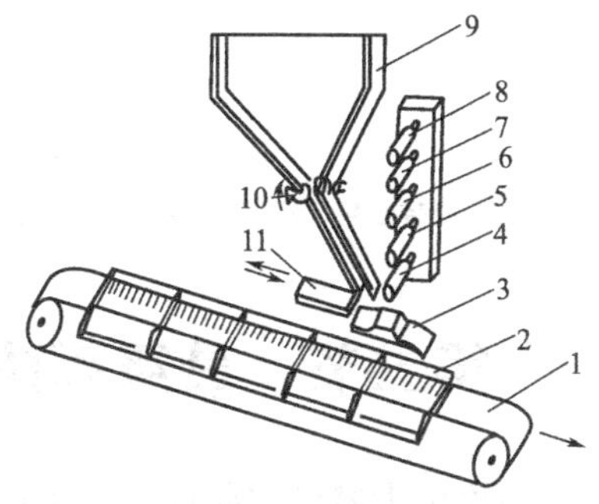

图 3-40　安瓿印字机结构与工作原理

1—输送带；2—纸盒；3—托瓶板；4—橡皮印字轮；5—字模轮；6—橡胶上墨轮；7—质轮；8—匀墨轮；9—安瓿斗；10—拨瓶轮；11—推瓶板

安瓿斗与机架呈 25°倾斜，底部出口外侧装有一对转向相反的拨瓶轮，其作用是防止安瓿在出口窄颈处被卡住，使安瓿能顺利进入出瓶轨道。印字轮系统由五只不同功能的轮子组成。匀墨轮上的油墨，经转动的钢质轮、上墨轮，可均匀地加到字模轮上，转动的字模轮又将其上的正字模印翻印到橡胶印字轮上。

由人工将安瓿堆放到加瓶料斗内，安瓿靠自重在料斗中下滑涌向料斗出口。由人工将油墨加在匀墨轮 8 上。操作时，印字轮、推瓶板、输送带等的动作保持协调同步。在拨瓶轮的协助下，安瓿由安瓿斗进入出瓶轨道，直接落在镶有海绵垫的托瓶板上。此时，往复运动的推瓶板将安瓿送至印字轮下，转动的印字轮在压住安瓿的同时也使安瓿反向滚动，从而完成安瓿印字的动作。而印好字的安瓿则从托瓶板的末端甩出，落入输送带上已翻盖的纸盒内。

此时一般再由人工将盒中未放整齐的安瓿进行整理，并再在其上放一张预先印制好的使用说明书，最后再合上盒盖，由输送带送往贴签机贴签。

(3) 安瓿贴标签机

装有安瓿的纸盒外应贴有标签，标签的内容应包括药品名称、规格、适应证、用法用量以及生产批号等内容，贴标签机是完成向装有安瓿的纸盒上贴标签的设备。

传统工艺采用贴签机设备利用胶水将标签粘贴于盒盖上，而目前多采用不干胶代替胶水，将标签直接印制在背面有胶的胶带纸上，由不干胶贴签机完成贴标签。印制时预先在标签边缘划上剪切线，由于胶带纸的背面贴有连续的背纸（即衬纸），故剪切线不会使标签与整个胶带纸分离。

不干胶贴签机的工作原理如图 3-41 所示，印有标签的整盘不干胶带安装于胶带纸轮上，并经多个中间张紧轮，引至剥离刃前。背纸的柔韧性较好，并被预先引至背轮上。当背纸在剥离刃上突然转向时，刚度大的标签纸仍将保持前伸状态，并被压签滚轮压贴到输送带上不断前进的纸盒盒盖上。背纸轮的缠绕速度与输送带的前进速度要协调同步。随着背纸轮直径的增大，其转速应逐渐下降。

需要指出的是，就安瓿的整个印包生产线而言，单机设备还应包括标签打印机、纸盒捆扎机或大纸箱的封装设备等，此处不再一一叙述。

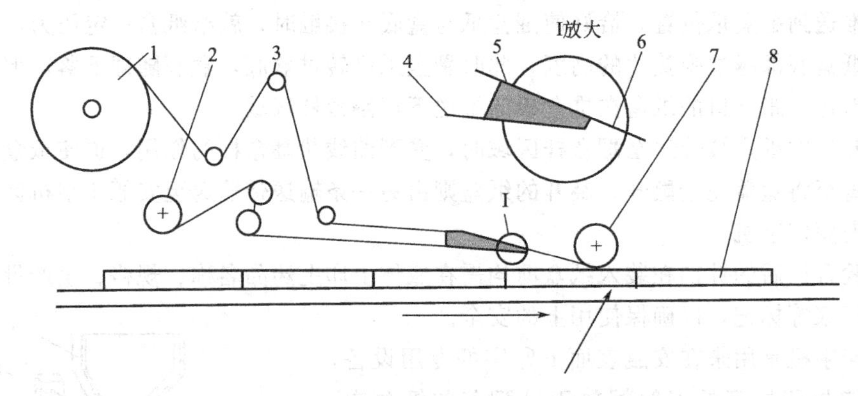

图 3-41 不干胶贴签机工作原理

1—胶带纸轮；2—背纸轮；3—张紧轮；4—背纸；5—剥离刃；6—标签纸；7—压签滚轮；8—纸盒

第二节 最终灭菌大容量注射剂生产工艺及设备

最终灭菌大容量注射剂又称大输液，是指由静脉以及胃肠道以外的其他途径滴注入体内的大剂量注射剂，一般输入剂量在50mL以上甚至数千毫升。由于其用量大而且直接进入人体血液，因此质量要求较高。

一、输液剂生产工艺技术

与最终灭菌小容量注射剂的生产过程相似，输液剂生产也包括原辅料的准备、配制与滤过，包装容器处理、灌封和灭菌、质检、印字包装等工序。但由于输液剂的容量远大于注射剂，其生产过程中有一些专用设备。

1. 输液的配置和滤过

输液剂的药液配制多用浓配法，如果原料质量好的，也可以采用稀配法。输液配制通常加入0.01%～0.5%的针用活性炭，具体用量视品种而异，加入活性炭的目的是吸附热原、杂质和色素，并可做助滤剂。

输液滤过方法、滤过装置与安瓿装注射剂处理基本相同。在粗滤时，滤棒上先吸附一层活性炭，并反复循环滤过直至滤液澄清时为止。精滤多采用0.22～0.45μm的微孔滤膜，在使用前需先用注射水漂洗至无异物脱落，并做气泡点试验以检查泄漏情况。

2. 大输液的包装容器

目前国内大输液包装形式主要有玻璃瓶、塑料瓶和非PVC软袋三种。

玻璃瓶是传统的大输液包装容器，其优点是透明度高、便于检查，可高温灭菌(121℃)，水氧透过率低，药液不易氧化变质。其缺点是稳定性差、密封性差；制剂生产过程烦琐，包装容器的清洗及封口较为麻烦；易碎，不利于运输；玻璃瓶烧制时存在环境污染和能源消耗量大的缺陷；输液产品在使用过程中需形成空气回路，外界空气进入瓶体形成内压以使药液滴出，增加了输液过程的二次污染。

塑料瓶包装的主要材质为聚乙烯（PE）和聚丙烯（PP)。其优点是塑料瓶的制瓶、灌封均在洁净区内完成，甚至由同一台机器完成，避免中间污染；一次性包装用品，避免交叉污染；瓶子轻而不易碎，便于运输。缺点是透明度差，不利于灯检；高温灭菌时瓶子会变形，只能用中低温灭菌；水氧透过率高，不适合灌装氨基酸类大输液药品；不同规格的输液品在同一条生产线上切换困难。

目前广泛使用的非 PVC 输液袋多由聚烯烃多层共挤膜制得，以 3 层结构为主。内层为完全无毒的惰性聚合物，化学稳定性好，不脱落或降解出异物，通常采用 PP、PE；中层为致密层，具有优良的水、气阻隔性能，如 PP、聚酰胺（PA）；外层主要是提高软袋的机械强度。聚烯烃多层共挤膜软袋的特点是制袋过程不使用黏合剂、增塑剂，并且膜材无溶出、不掉屑，为输液软袋的安全使用提供了保障；膜材易于热封、弹性好、抗冲击，温度耐受范围广，既耐高温（可在 121℃下灭菌），又抗低温（−40℃）；相对塑料瓶透明度高，利于澄明度检查；化学惰性、药物相容性好，适宜包装各种输液；不含氯化物，用后处理时对环境无害；生产工艺简单、自动化程度高。但膜材价格较高，并且专用的制袋、灌封设备多为进口，价格高昂，因此其生产成本高于其他包装技术。

3. 输液剂的生产工艺流程

输液剂所采用的包装容器不同，其生产工艺也有所不同。

(1) 玻璃瓶装大输液

玻璃瓶装大输液生产工艺流程如图 3-42 所示，包括输液玻璃瓶及隔离膜和胶塞的清洗，药液灌装，封口（包括盖膜、塞胶塞、翻胶塞），轧铝盖，灭菌、灯检、贴标签和装箱。

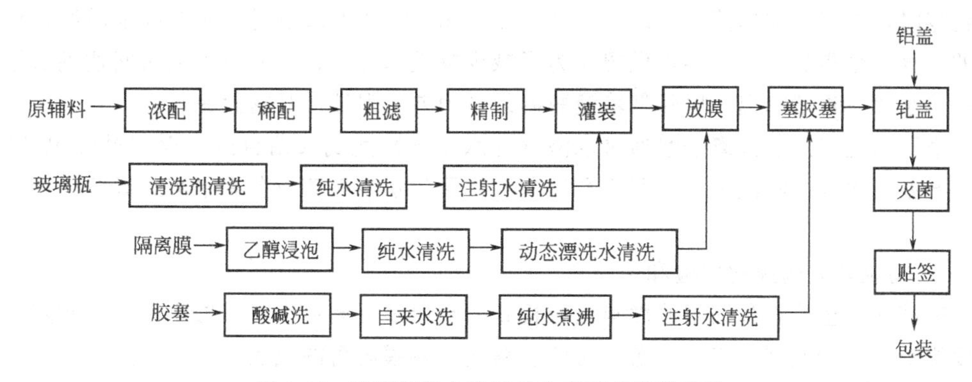

图 3-42　玻璃瓶装大输液的生产工艺流程示意

① 玻璃瓶容器及其附件的清洁处理。

为了保证大输液剂质量，玻璃瓶容器及其附件（膜、胶塞和铝盖）应该严格按工艺规程进行清洁处理。清洗工序通常包括：直接水洗、酸洗、碱洗，最后应用注射用水清洗。清洗后的玻璃瓶不经灭菌直接去灌装，因此玻璃瓶容器及其附件清洗工序或清洗后期应设置在洁净区内。值得注意的是碱液对玻璃有腐蚀作用，接触时间不宜过长。

② 输液剂用胶塞的使用方法及注意事项。

输液瓶所用胶塞对输液瓶的质量影响很大，要求其柔软有弹性、能耐受多次穿刺而无碎屑脱落、耐溶、耐高温灭菌、化学性质稳定、无毒等。胶塞在使用前一方面进行加强处理，另一方面还要加衬薄膜。

新的橡胶塞处理方法是先用 0.2%NaOH 溶液浸泡 2h，除去表面的硫化物及硬脂酸，用饮用水搓洗；再用 10%HCl 煮沸 1h 左右，除去表面的氧化锌、碳酸钙等，用饮用水反复搓洗干净。再用纯水煮沸 30min 灭菌处理。加塞前还需用注射水随冲洗随用。

使用天然胶塞时，需内衬涤纶膜以防止胶塞直接与药液接触，造成污染。薄膜在使用前需逐张分散于药用乙醇浸泡或放于蒸馏水中于 112～115℃加热处理或煮沸 30min，再用注射用水动态漂洗后备用。

输液剂用胶塞质量正在逐步提高，目前我国正逐步推广合成橡胶的使用，如丁基橡胶塞清洗后增加硅化处理工序，以期逐步达到不用隔离膜的衬垫。

③ 玻璃瓶装大输液的灌封。

玻璃瓶装大输液的灌封由药液灌注、盖膜、塞胶塞和轧铝盖四部分组成。灌封是制备大输液的重要环节，必须按照操作规程四步连续完成，特别是薄膜位置要放端正，否则失去隔离作用。同时要严格控制操作室内的洁净度，防止细菌和粉尘的污染。目前大输液生产多用旋转式自动灌封机、自动翻塞机、自动落盖轧口机完成整个灌封过程，实现联动化线生产，提高了工作效率和产品质量。灌封完成后，应进行检查，对于轧口松动的输液，应剔除处理，以免灭菌时冒塞或储存时变质。

④ 玻璃瓶装大输液的灭菌。

为了减少微生物污染繁殖的机会，输液灌封后应立即进行灭菌。目前大输液常用高压蒸汽灭菌和水浴灭菌。

高压蒸汽灭菌由高压蒸汽灭菌柜完成。根据输液的质量要求及输液容器大且厚的特点，高压蒸汽灭菌开始应逐渐升温，一般预热 20～30min。如果骤然升温，会引起输液瓶爆炸。待达到灭菌温度 115℃、压力升至 68.64kPa，维持 30min 后停止加热。当灭菌容器内压力下降到零时，放出容器内蒸汽，缓慢（大约 15min）打开灭菌柜门。如果带压操作，易造成严重的人身安全事故，后果不堪设想。为了减少爆破和漏气，也有在灭菌时间达到后用不同温度的热水喷淋逐渐降温，以降低输液瓶内外压力差，保证产品密封完整。

水浴灭菌是采用热去离子水通过水浴（即水喷淋）达到灭菌目的。灭菌过程包括装瓶、注水、升温、灭菌、降温排水、开门和出瓶。常用的水浴灭菌设备有水浴式灭菌柜和回转式灭菌柜。

⑤ 玻璃瓶装大输液的质检和包装。

大输液的质量检查包括澄明度与微粒检查、热原及无菌检查、酸碱度及含量测定等。在澄明度检查时，如发现崩盖、歪盖、松盖、漏气、隔膜脱落的成品，也应剔除。

澄明度合格的产品可以进行贴签、包装，进一步装箱后以便运输。

（2）塑料瓶装大输液

塑料瓶装大输液生产工艺流程如图 3-43 所示，生产工艺包括塑料瓶吹塑成型，清洗、药液灌装、热熔封口，灭菌、灯检、贴标签和装箱。

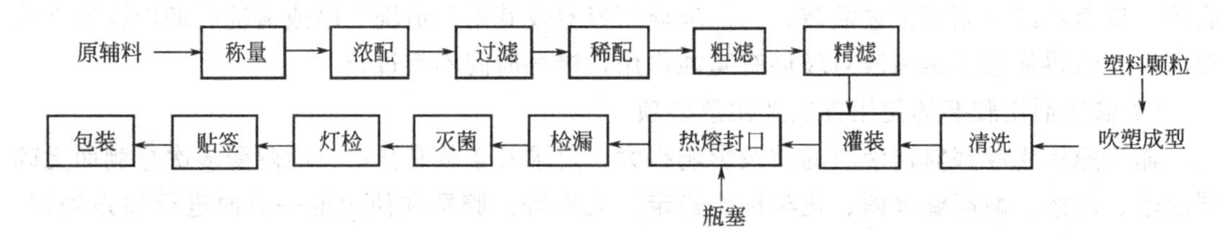

图 3-43　塑料瓶装大输液生产工艺流程示意

① 塑料瓶生产方法。

塑料瓶装大输液的生产方法有一步法和分步法两种。一步法是从塑料颗粒处理开始，制瓶、灌装、封口等工序在一台机器内完成。分步法则是由塑料颗粒制瓶后，再由清洗、灌装、封口联动生产线完成。

与玻璃瓶装大输液生产工艺相比，塑料瓶包装容器及其附件为一次性使用容器，其清洗和封口比较简单（一步法生产工艺甚至节省了塑料瓶清洗工序），设备自动化程度高，不存在存瓶工序。生产流水线体积小，配合紧凑，生产过程中污染环节少，符合 GMP 要求。但设备一次性投资较大。此外，限于塑料瓶透明度较低，成品塑料瓶装大输液灯检的灵敏度受影响。

目前，欧美国家的塑料瓶包装大输液生产以一步法生产线为主，而我国则以二步法生产工艺为主。

② 塑料瓶大输液的检漏。

塑料瓶灌装后的封口质量检测一般采用真空检漏方式。其工作原理是塑料瓶由星轮拨瓶盘送入工作台，测试头钟罩罩住瓶身，瓶头处的橡胶密封圈充满空气，体积膨胀，将其密封，启动真空泵，将钟罩内真空抽至≤0.3bar，如钟罩内出现水蒸气，则判为缺陷瓶，将被自动剔除。

(3) 非 PVC 复合膜袋装大输液

非 PVC 复合膜袋装大输液生产工艺如图 3-44 所示，复合膜共挤输液袋生产工艺包括：复合膜印字、热合制袋、热合接口、药液灌装、组合盖焊封口，灭菌、灯检、贴标签和装箱。

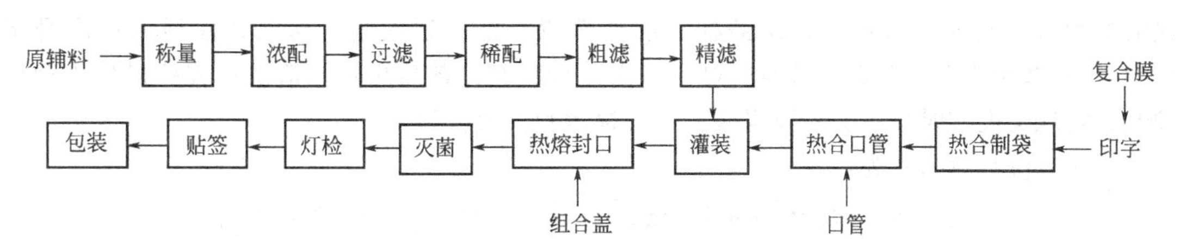

图 3-44 非 PVC 袋装大输液的生产工艺流程示意图

塑料袋直接采用无菌材料压制，一般不用洗涤工序，热合成袋后直接灌装。和常规的玻璃瓶装输液相比，袋装大输液的生产速度较慢；由于制袋、罐装一次完成，生产线长度很短(均为 13.4m)，生产过程中污染环节少，符合 GMP 要求；设备自动化程度高，洁净区操作人员少，从制袋到罐装完成仅需四人。缺点是生产过程中压缩空气使用量大，袋装大输液的灯检较为困难。

对于复合膜袋装大输液的灭菌，国内一些药厂采用 109℃条件下灭菌 45min。由于灭菌温度较低，生产过程更要注意防止污染。为了防止灭菌时输液袋膨胀破裂，有些采用外加布袋，或在灭菌时间达到后，通入压缩空气。通入压缩空气的目的，一方面是驱逐锅内蒸汽，另一方面减少包装容器内外的压力差。待温度降到室温后，打开灭菌器设备取出产品。

二、输液剂生产设备

本节主要介绍玻璃瓶装大输液生产中所涉及的专用生产设备。

1. 胶塞清洗设备

目前常用的胶塞清洗设备有容器型机组和水平多室圆筒型机组。胶塞清洗机的关键部件由清洗筒、清洗水箱（清洗箱）、洁净热空气进口、进出料门、进出水管路、真空泵、主传动机构等部件组成。

(1) 容器型清洗器

容器型清洗器为圆筒型，上端圆筒，下端为椭圆形封头，封头与圆筒连接处有筛网分布板，清洗器通过水平悬臂轴支撑于机身上，器身可以摆动或 180°。胶塞、洁净水、蒸汽、热空气均可通过悬臂轴进入清洗器内。操作时，用真空吸入橡胶塞，注入洁净水，从下方通入适量无菌空气，对胶塞进行沸腾流化状清洗。容器也左右各做90°摆动，使胶塞上的杂质迅速洗涤排出。该机采用纯蒸汽湿热灭菌，121℃灭菌30min。干燥时，采用无菌热空气由上至下吹干，为防止胶塞凹处积水并使传热均匀，器身也进行摆动，最后器身旋转180°，使经处理的胶塞排出。

容器型胶塞清洗机的出口安置于无菌室的内侧，机身置于无菌室外侧。在卸塞处有高效平行流洁净空气保护。

新胶塞的清洗程序通常为：

新胶塞→碱煮→酸煮→蒸馏水煮→注射水浸泡→无菌热空气干燥

(2) 水平多室圆筒型清洗机

水平多室圆筒型清洗机组集胶塞清洗、硅化、灭菌、干燥于一体，全过程电脑控制，可用于大输液的丁基橡胶塞和西林瓶橡胶塞的清洗。

水平多室圆筒型清洗机的洗涤桶内有8等分分布的料仓，料仓表面布满筛孔，中心轴可带动料仓旋转。洗涤时，洁净水分成两路，一路从设置在洗涤桶顶部的喷淋管向下喷淋，另一路通过主传动轴上喷嘴由上向下喷射，下部料仓浸于水中，杂质由桶侧的溢流管溢出，完成清洗后将水排干。灭菌时，洗涤桶夹层通蒸汽，桶内逐次通入蒸汽，使桶内温度升至120℃。胶塞干燥后，常温无菌空气进入桶内，待胶塞冷却后出料。清洗过程的操作由微机控制，实现工况实时显示、故障报警、中文提示和报表打印。

具体清洗程序通常为：

装料→清洗（转动）→排水（溢流）→第一次漂洗→第二次漂洗→硅化→

漂洗过量硅油→洁净蒸汽灭菌→真空去湿→无菌热风干燥→冷却出料

2. 玻璃瓶清洗设备

洗瓶工序是输液剂生产的一个重要工序，洗涤质量的好坏直接影响产品的质量及使用安全。玻璃瓶通常由人工拆除外包装，送入理瓶机。也有用真空或压缩空气拎取玻璃瓶，并送至理瓶机。按顺序排列起来的玻璃瓶，逐个由传送带输送到外洗瓶机，再由传送带带入内洗瓶机完成洗涤操作。

(1) 理瓶机

理瓶机的作用是将拆包取出的瓶子按顺序排列起来，并逐个输送给洗瓶机。理瓶机形式很多，常见的有圆盘式和等差式。

① 圆盘式理瓶机。圆盘式理瓶机如图3-45所示，低速旋转的圆盘上搁置着待洗的玻璃瓶，固定的拨杆将运动着的瓶子拨向转盘周边，经由周边的固定围沿将瓶子引导至输送带上。

② 等差式理瓶机。等差式理瓶机如图3-46所示，数根平行等速的传送带被链轮拖动着一致前进，传送带上的瓶子随着传送带前进。与其相垂直布置的差速输送带，利用不同齿数的转轮变速达到不同的速度要求。第Ⅰ、第Ⅱ带以较低速度运行，第Ⅲ带的速度是第Ⅰ带的1.18倍，第Ⅳ带的速度是第Ⅰ带的1.85倍。差速是为了达到在将瓶子引出机器的时候，不至于形成堆积从而保持逐个输入洗瓶机的目的。在超过输瓶口的前方还有一条第Ⅴ带，其与第Ⅰ带的速度比是0.85，而且与前4根带子的转动方向相反，其目的是把卡在出瓶口的瓶子迅速带走。

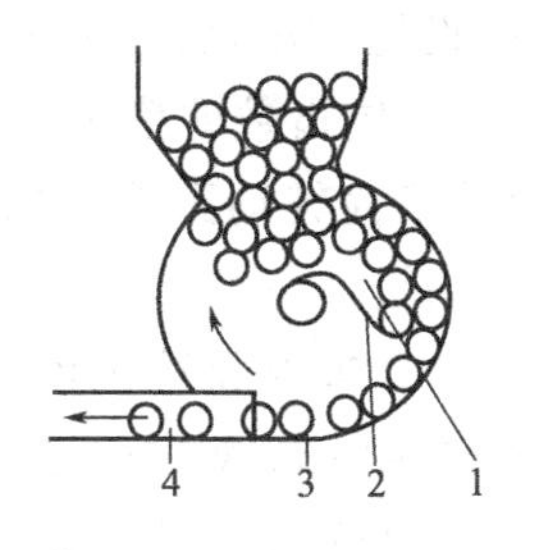

图 3-45　圆盘式理瓶机

1—转盘；2—拨杆；3—固定围沿；4—输送带

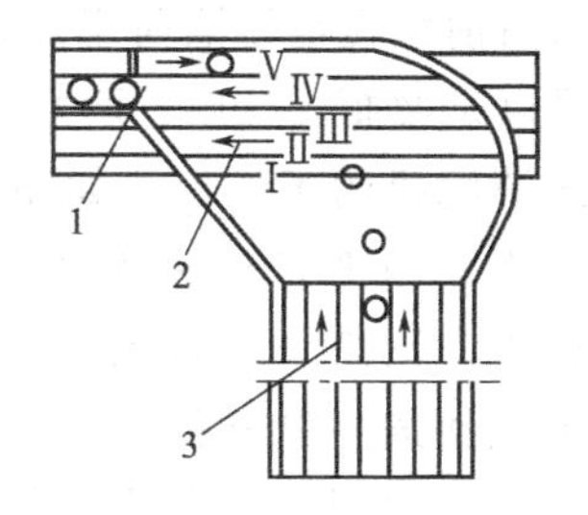

图 3-46　等差式理瓶机

1—玻璃瓶出口；2—差速进瓶机；3—等速进瓶机

(2) 玻璃瓶清洗机

玻璃瓶清洗机分为外洗机和内洗机，玻璃瓶在内洗机中通常完成粗洗和精洗两道工序。内洗机的形式很多，有滚筒式、箱式等。

① 外洗机。外洗机是清洗输液瓶外表面污垢的设备。其基本结构为传送带的两侧有竖立的毛刷，玻璃瓶在输送带的带动下从毛刷中间通过，瓶子通过时产生相对运动，使毛刷能全面清洗玻璃瓶外表面。毛刷上部设有淋水管，可及时冲走刷洗的污物。

外洗机有毛刷固定式和转动式两种，其工作原理如 3-47 所示。

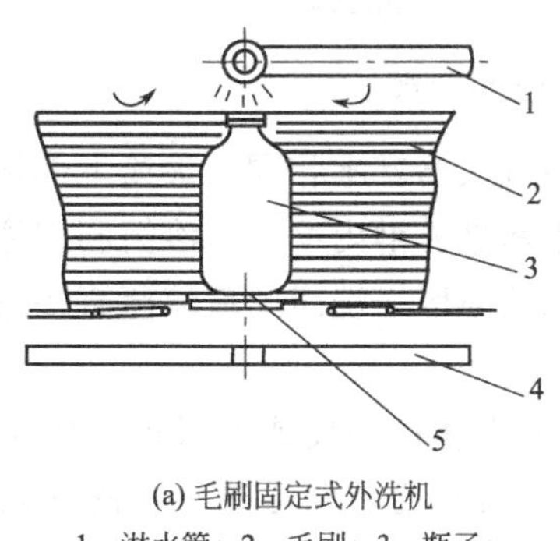

(a) 毛刷固定式外洗机

1—淋水管；2—毛刷；3—瓶子；4—传动装置；5—输送带

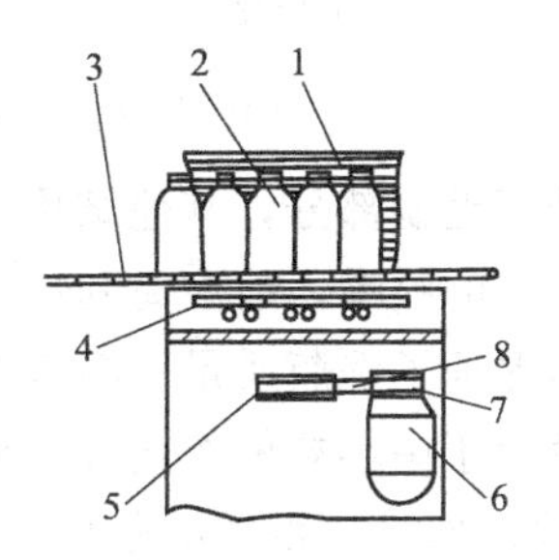

(b) 毛刷转动式外洗机

1—毛刷；2—瓶子；3—传送带；4—传动齿轮；5,7—皮带轮；6—电机；8—三角带

图 3-47　外洗机工作原理示意图

② 滚筒式洗瓶机。滚筒式清洗机是一种带毛刷刷洗玻璃瓶内腔的清洗机。该机的主要特点是结构简单、操作可靠、维修方便、占地面积小。粗洗和精洗分别置于不同洁净级别的生产区内，不产生交叉污染。设备的外形如图 3-48 所示。

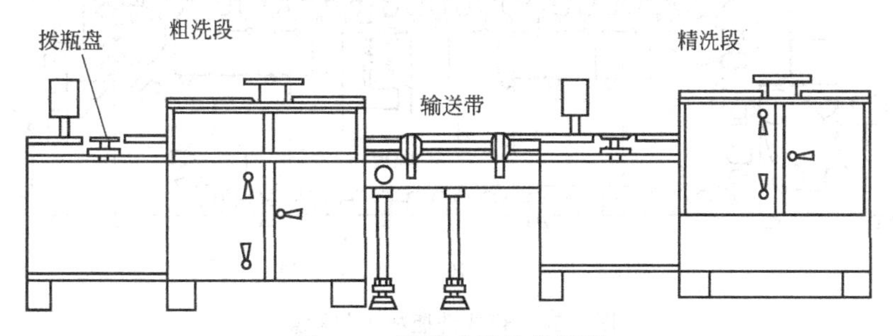

图 3-48　滚筒式清洗机外形

该机由两组滚筒组成，一组滚筒为粗洗段，另一组滚筒为精洗段，中间用长 2m 的输送带连接。因此精洗段可至于洁净区内，洗净的瓶子不会被空气污染。

粗洗段由前滚筒与后滚筒组成，进入滚筒的瓶子数是由设置在滚筒前端的拨瓶轮控制的，一次可以是两瓶、三瓶、四瓶或更多。进瓶数可通过更换不同齿数的拨瓶轮实现。

滚筒式清洗机的工作位置如图 3-49 所示，载有玻璃瓶的滚筒转动到设定的位置 1 时，碱液注入瓶内；当带有碱液的玻璃瓶处于水平位置时，毛刷进入瓶内刷洗瓶内壁约 3s，之后毛刷退出。滚筒间歇转到下两个工位时，逐一由喷液管对瓶内腔冲碱液。当瓶子随滚筒转到进瓶通道停歇位置时，进瓶拨轮同步送来的待洗空瓶将碱液冲洗过的瓶子推向设有常水外淋、内刷、常水冲洗的后滚筒继续清洗。粗洗后的玻璃瓶经输送带送入精洗滚筒进行精洗。

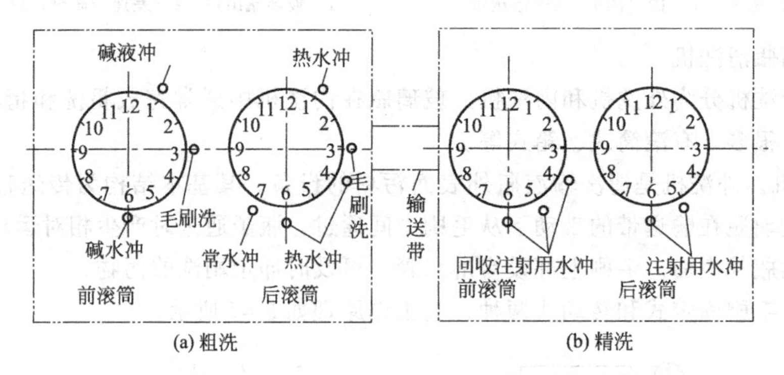

图 3-49　滚筒式清洗机的工位示意

精洗滚筒取消了毛刷部分，其他结构和原理与粗洗滚筒基本相同。滚筒下部设置了回收注射用水和注射用水的喷嘴，前滚筒利用回收注射用水做外淋内冲，后滚筒利用注射用水做内冲并沥水，从而保证了洗瓶质量。精洗滚筒设置在洁净区，洗净的玻璃瓶直接进入灌装工序。此种洗瓶机适用于中小规模的输液剂生产。

③ 全自动箱式洗瓶机。箱式洗瓶机整机密闭，由不锈钢铁皮或有机玻璃罩子罩起来工作。其工位如图 3-50 所示，玻璃瓶在机内的清洗工艺流程为：两道热水喷淋→两道碱液喷淋→两道热水喷淋→两道冷水喷淋→两道喷水毛刷清洗→两道冷水喷淋→三道注射水喷洗、两注射水淋洗→沥干。

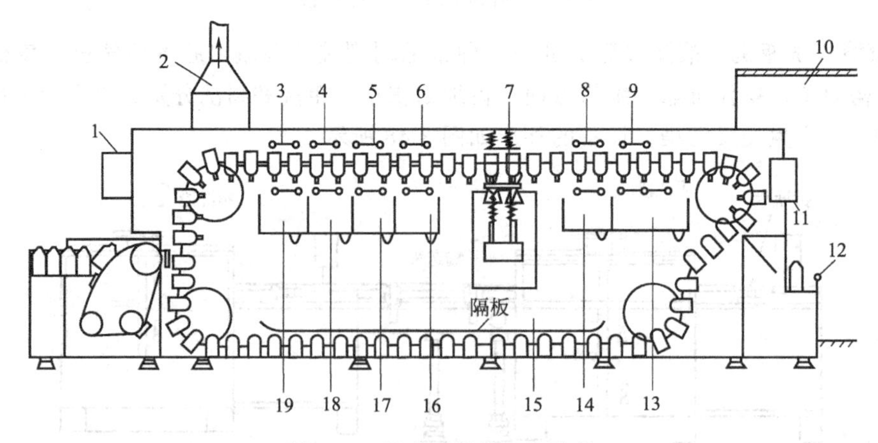

图 3-50　箱式洗瓶机工位示意

1,11—控制箱；2—排风管；3,5—热水喷淋；4—碱水喷淋；6,8—冷水喷淋；7—毛刷带冷喷；9—蒸馏水喷淋；10—出瓶净化室；12—手动操纵杆；13—蒸馏水收集槽；14,16—冷水收集槽；15—残液收集槽；17,19—热水收集槽；18—碱水收集槽

“喷”是指用直径 1mm 的喷嘴由下向上往瓶内喷射具有一定压力的流体，可产生较大的冲刷力。“淋”是指用 1.5mm 的淋头，提供较多的洗涤用水由上而下淋洗瓶外，以达到将脏物带走的目的。

洗瓶机上部装有引风机，将热水蒸气、碱蒸气强制排出，并保证机内空气是由净化段流向箱内。各工位装置都在同一水平面内呈直线排列，在各种不同喷淋液装置的下部均设有单独的液体收集槽，其中碱液是循环使用的。为了防止各工位淋溅下来的液滴污染轨道下边的空瓶盒，在箱体内安装有一道隔板收集残液。

工作时，玻璃瓶在进入洗瓶机轨道之前为瓶口朝上，利用一个翻转轨道将瓶口翻转向下，并使瓶子成排（一排 10 支）落入瓶盒内。瓶盒在传送带上间歇移动前进。各工位喷嘴对准瓶口喷射，并要求瓶子相对喷嘴有一定的停留时间。同时，旋转毛刷也有探入、伸出瓶口和在瓶内做相对停留时间（3.5s）的要求。玻璃瓶沥干后，仍需利用翻转轨道脱开瓶盒落入局部层流的输送带上。

使用洗瓶机时应注意外、内洗瓶机上毛刷的清洁及耗损情况。工作结束后应及时清除机内所有的输液瓶，使机器免受负载。此外，应经常性检查各送液泵及喷淋头的过滤装置，发现脏物应及时清除，以免因喷淋压力或流量变化而影响洗涤效果。

3. 灌装设备

输液灌装设备是将配制好的药液定量灌注到容器中。由于与药液接触的零部件因摩擦而有可能产生微粒时，需加终端过滤器，如计量泵注射式灌装形式；灌装易氧化的药液时，设备应有充 N_2 装置等。

灌装机有许多形式，按运动形式分为旋转式灌装机和直线式灌装机。前者广泛应用于饮料和糖浆等小容量口服液的灌装，由于是连续式运动，机械设计较为复杂；后者则属于间歇运动，机械结构相对简单。

按灌装方式分为常压灌装、负压灌装、正压灌装；按计量方式有流量定时式、量杯容积式和计量泵注射式三种。

下面介绍两种常用的输液灌装机。

(1) 量杯式负压灌装机

量杯式负压灌装机如图 3-51 所示，该机由药液量杯、托瓶装置及无级变速装置三部分组成。盛料桶中有 10 个计量杯，量杯与灌装套用硅胶管连接，玻璃瓶由螺杆式输瓶器经拨瓶星轮送入转盘的托瓶装置，托瓶装置由圆柱凸轮的导轨控制升降，灌装头套住瓶肩形成密封空间，通过真空管道瞬间抽成真空，计量杯中的药液因负压流进瓶内。

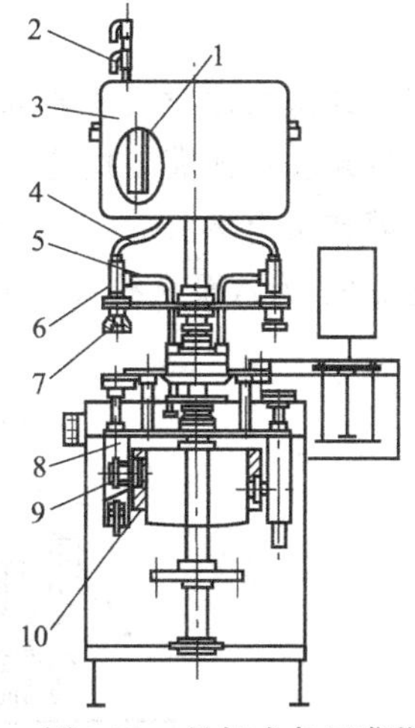

图 3-51　量杯式负压灌装机
1—计量杯；2—进液调节阀；3—盛料桶；4—硅胶管；5—真空吸管；6—瓶肩定位套；7—橡胶喇叭口；8—瓶托；9—滚子；10—升降凸轮

瓶肩定位套如图 3-52 所示，由定位套、密封圈、灌封头体、药液引流管、药液管接口、真空管接口、紧套螺母、密封套组成。

工作时，量杯式负压灌装机回转式操作流程：玻璃瓶随托盘上升进入定位套中，并由定位套定位，密封圈使灌封头体与瓶口构成密封空间；随着转盘的转动，玻璃瓶进入抽取真空工位。转盘上 10 个灌装头中有 5 个以上玻璃瓶处于抽真空和灌药状态。当瓶子随转盘转过真空工位，负压灌药结束。随后，瓶子随托盘下降与定位套脱离，之后由拨盘拨向输出导轨。

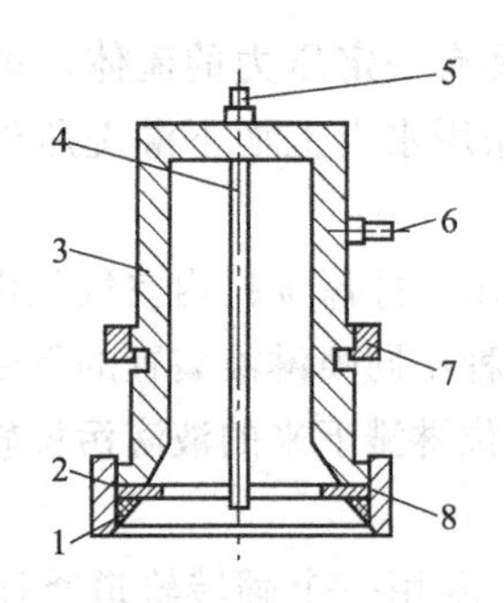

图 3-52 瓶肩定位套

1—定位套；2—密封圈；3—灌封头体；4—药液引流管；5—药液管接口；6—真空管接口；7—紧套螺母；8—密封套

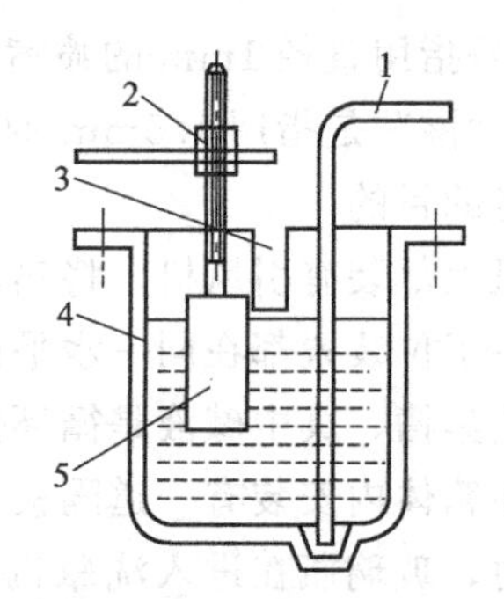

图 3-53 量杯计量示意图

1—吸液管；2—调节螺母；3—量杯缺口；4—计量杯；5—计量调节块

量杯式计量装置如图 3-53 所示，以容积定量，超过溢流缺口的药液由缺口处流入盛料桶，为计量粗定位。误差调节是通过计量调节块在计量杯中所占的体积而定，旋转螺母可调节计量块在计量杯中的升降，从而实现计量的微调。

工作时，吸液管与真空管在定位套和瓶子间构成密闭空间时抽去瓶内空气。在真空作用下，常压下计量杯中的药液通过吸液管流向负压的输液瓶内。为了使吸液管能吸净量杯中药液，在结构上将计量杯下部设计一个凹坑。

量杯式负压灌装机的优点是：量杯计量、负压灌装，药液与其接触的零部件无相对机械摩擦，没有微粒产生，保证了药液在灌装过程中的澄明度；计量块调节计量，调节方便简捷；机器设有无瓶不灌装机构。缺点是机器回转速度加快时，量杯药液产生偏斜，可能造成计量误差。

(2) 计量泵注射式灌装机

计量泵注射式灌装机是通过注射泵对药液进行计量，并在活塞的推力下将药液灌充于容器中。灌装头有 2 头、4 头、6 头、8 头、12 头等。机型有直线式和回转式两种。

图 3-54 为八泵直线式灌装机示意图，输送带上洗净的玻璃瓶每 8 个一组由两星轮分隔

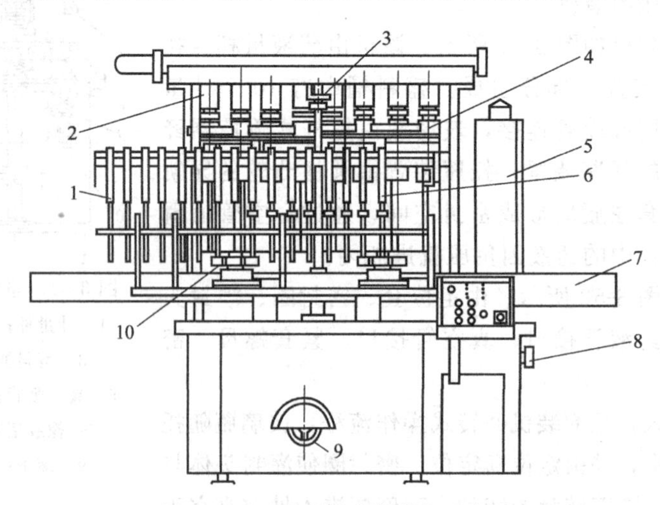

图 3-54 八泵直线式灌装机示意图

1—预充氮头；2—进液阀；3—灌装头位置调节手柄；4—计量缸；5—接线箱；6—灌装头；7—灌装台；8—装量调节手柄；9—装置调节手轮；10—拨瓶轮

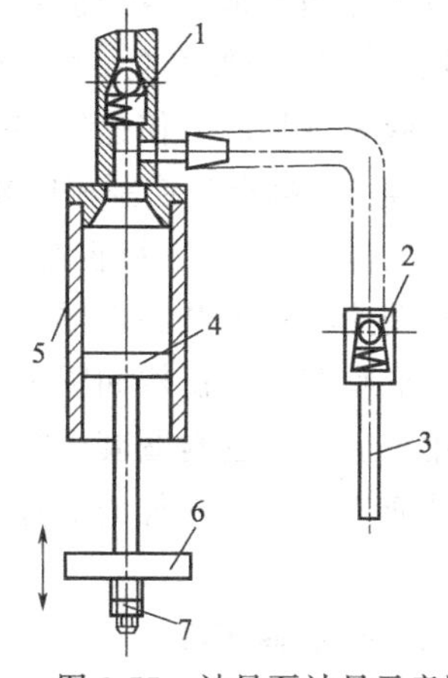

图 3-55 计量泵计量示意图
1，2—单向阀；3—灌液管；4—活塞；5—计量缸；6—活塞升降板；7—微调螺母

定位，V形卡瓶板卡住瓶颈，使瓶口准确对准充氮头和进液阀出口。灌装前，由8个充氮头向瓶内预充 N_2，灌装时边充氮边灌液。充氮头、进液阀及计量泵活塞的往复运动都是靠凸轮控制。从计量泵出来的药液先经终端过滤器再进入进液阀。

计量泵计量如图3-55所示，计量泵是以活塞的往复运动进行充填。计量原理同样是以容量计量。首先粗调活塞行程，达到灌装量，装量精度由下部的微调螺母来调定，它可以达到很高的计量精度。

由于采用容量式计量，计量调节范围较广，从100～500mL之间可按需要调整。改变进液阀出口形式可对不同容器进行灌装，如玻璃瓶、塑料瓶、塑料袋及其他容器。因为是活塞式强制充填液体，因此可适应不同浓度液体的灌装。无瓶时计量泵转阀不打开，可保证无瓶不灌液。药液灌注完毕后，计量泵活塞杆回抽时，灌注头止回阀前管道中形成负压，灌注头止回阀能可靠地关闭，加之注射管的毛细管作用，可靠地保证了灌装完毕不滴液。

4. 封口设备

封口设备与灌装机配套使用，药液灌装后必须在洁净区内立即封口，免除药品的污染和氧化。实际生产中常由人工向已灌装药液的输液瓶口放置涤纶隔离膜，用塞塞机塞上翻边橡胶塞，再由翻塞机翻塞，最后用轧盖机在已翻完边的胶塞上盖铝盖并扎紧。玻璃瓶装大输液的封口设备由塞塞机、翻塞机、轧盖机组成。使用T形橡胶塞时，则可以用塞胶塞机完成。

(1) 塞胶塞机

塞胶塞机主要用于T形胶塞对A形玻璃输液瓶封口，可自动完成输瓶、螺杆同步送瓶、理塞、送塞、塞塞等工序的工作。

如图3-56所示，该机为一回转式工作台。灌好药液的玻璃瓶在输液轨道上经螺杆按设

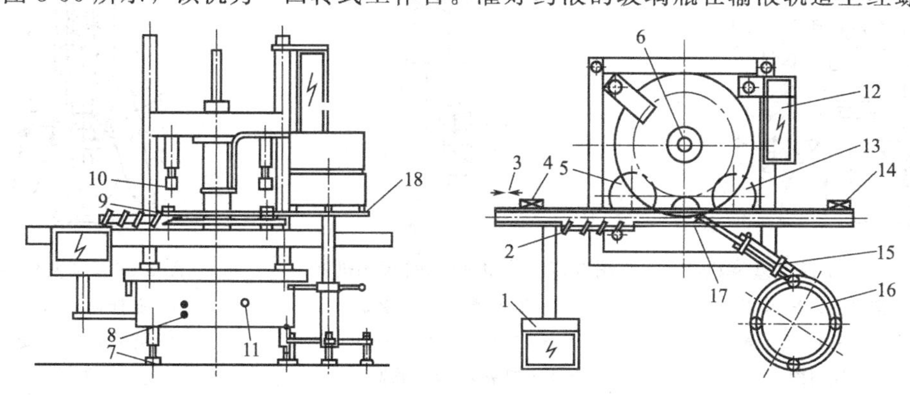

图 3-56 塞胶塞机
1—操作箱；2—进瓶螺杆；3—压缩空气接口；4—缺瓶装置；5—进瓶拨轮；6—真空泵接口；7—调节螺栓及脚垫；8—主轴加油口；9—托瓶盘；10—扣塞头；11—减速机油窗；12—接线箱；13—出瓶拨轮；14—堆积装置；15—水平振荡装置；16—料斗；17—分塞装置；18—垂直振荡装置

定的节距分隔开来，再经拨轮送入回转工作台的托瓶盘上。理塞料斗中的T形塞经垂直振荡装置沿螺旋形轨道送入水平振荡装置中，在水平振荡的作用下，胶塞被送至分塞装置处，由分塞装置再将胶塞传递给扣塞头。扣塞头将胶塞塞入瓶口。如遇缺瓶，缺瓶检测装置发出信号，经PC机指令控制相应扣塞头不供胶塞。出瓶时输送带上如堆积瓶子太多，出瓶防堆积装置发出信号，PC机控制自动报警停机。故障消除后，机器恢复正常运转。工业PC机和变频调速器都安装在电器控制箱中。

T形胶塞塞塞机构如图3-57所示。当夹塞爪（机械手）抓住T形塞，玻璃瓶瓶托在凸轮作用下上升，密封圈套住瓶肩形成密封区间，真空吸孔充满负压，玻璃瓶继续上升，夹塞爪对准瓶口中心，在外力和瓶内真空的作用下，将塞插入瓶口，弹簧始终压住密封圈接触瓶肩。

（2）塞塞翻塞机

塞塞翻塞机主要用于翻边形胶塞对B型玻璃输液瓶进行封口，能自动完成输瓶、理塞、送塞、塞塞、翻塞等工序的工作。该机由理塞振荡料斗、水平振荡输送装置和主机组成。

翻边胶塞的塞塞原理如图3-58所示，加塞头插入胶塞的翻口内时，真空吸孔吸住胶塞。对准瓶口时，加塞头下压，杆上销钉沿螺旋槽运动，加塞头既有向瓶口压塞的功能，又有模拟人手动作将胶塞旋转地下压塞入瓶口内的功能。

塞好胶塞的玻璃瓶由拨瓶轮传送到翻塞工位，利用爪、套同步翻塞，机械手将胶塞翻边头翻下并平整地将瓶口外表面包住。

翻塞机构要求翻塞效果好，且不损坏胶塞。普遍设计为五爪式翻塞机，如图3-59所示，爪子平时靠弹簧收拢，整个翻塞机构随主轴做回转运动。玻璃瓶进入回转的托盘后，翻塞杆沿凸轮槽下降，瓶颈由V形块或花盘定位，瓶口对准胶塞。翻塞爪插入橡胶塞，由于下降距离的限制，翻塞芯杆抵住胶塞大头内径平面，而翻塞爪张开并继续向下运动，达到张开塞子翻口的作用。

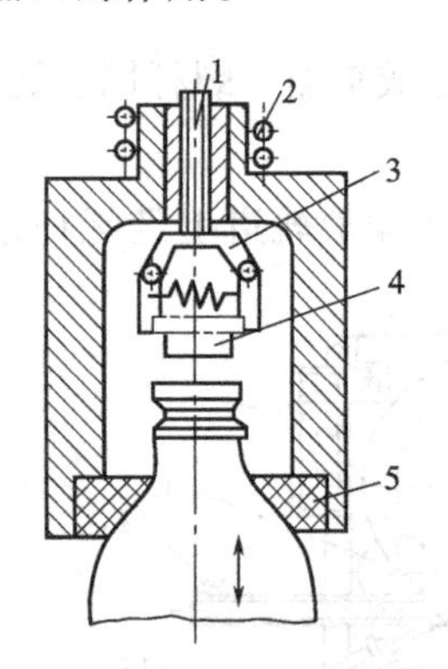

图3-57 “T”形胶塞塞塞机构

1—真空吸孔；2—弹簧；
3—夹塞爪；4—T形塞；
5—密封圈

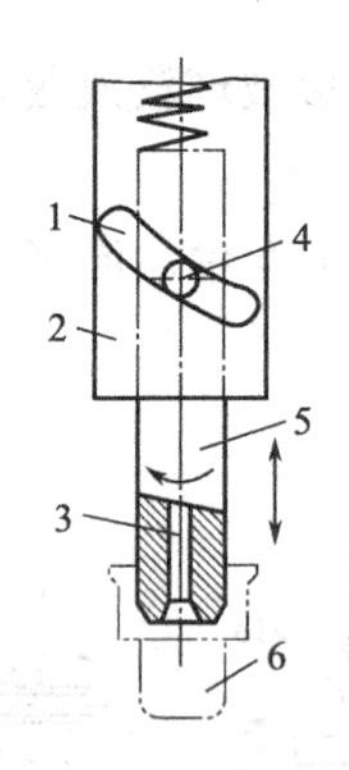

图3-58 翻边胶塞的塞塞机构

1—螺旋槽；2—轴套；
3—真空吸孔；4—销轴；
5—加塞头；6—胶塞

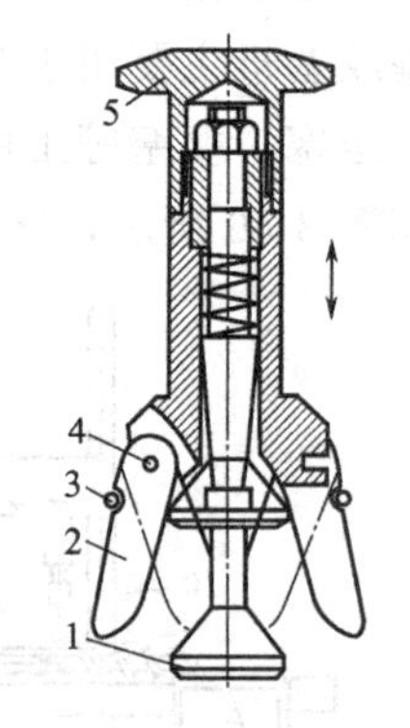

图3-59 翻塞机构

1—芯杆；2—爪子；
3—弹簧；4—铰链；
5—顶杆

（3）玻璃输液瓶轧盖机

铝盖有适用于翻边形胶塞和T形胶塞的铝盖。轧盖机由振动理盖落盖装置、掀盖头、轧盖头及无极变速器等机构组成。

理盖时，铝盖在电磁振荡器中振荡旋转并沿桶周入轨，使上平面在贴轨道前移中能通过小缺口分检并输送入U形槽道，实现随U形槽道移动中翻转180°，从而完成盖口向下的转变。在U形槽道末端由弹簧片收住铝盖，槽道末端还有一个下凸形压条构成的掀盖头。当随输送带送来的已翻边胶塞的输液瓶经过输盖槽末端时，带走一个铝盖，随后在掀盖头的压力下将铝盖压住并包裹在胶塞上，进入轧盖工序。

轧盖工作时，玻璃瓶由输瓶机送入拨盘内，拨盘间歇地运动，每运动一个工位依次完成上盖、掀盖、轧盖等功能。轧盖时，瓶不转动，而轧刀绕瓶旋转。轧头上设有三把轧刀，呈正三角形布置，轧刀收紧由凸轮控制，轧刀的旋转是由专门的一组皮带变速机构来实现的，而转速和轧刀的位置可调。轧盖时玻璃瓶由拨盘粗定位和轧头上的压盖头准确定位，使轧盖质量更有保证。

轧刀机构如图3-60所示，整个轧刀机构沿着主轴旋转，在凸轮作用下上下运动。三把轧刀均能自行以转销为轴自行转动。轧盖时，压瓶头抵住铝盖平面，凸轮收口座继续下降，滚轮沿斜面运动，使三把轧刀（图中只绘出一把）向铝盖下沿收紧并滚压，即起到轧紧铝盖的作用。

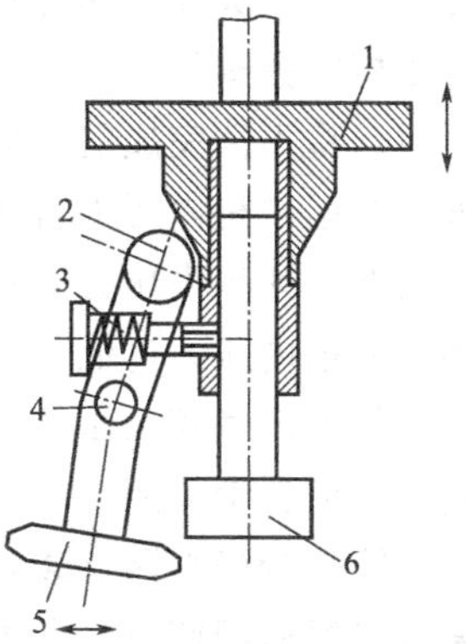

图3-60 轧刀机构

1—移动凸轮收口座；2—滚轮；3—压紧弹簧；4—转销；5—轧刀；6—压瓶头

5. 灭菌设备

输液剂的灭菌工序不同于溶液型注射剂，因为输液剂容量大，灭菌不彻底将严重影响输液剂的质量和使用安全，因此对灭菌程度要求较高。目前常用的灭菌设备有高压蒸汽灭菌柜（见输液剂灭菌检漏设备）和水浴灭菌柜。其中水浴式灭菌设备有水浴式灭菌柜和回转水浴式灭菌柜，在大输液生产中被广为使用。

（1）水浴式灭菌柜

水浴式灭菌柜的灭菌方式是采用去离子水为载热介质，对输液剂进行加热灭菌。

水浴式灭菌柜的流程如图3-61所示，水浴式灭菌柜由矩形柜体、热水循环泵、换热器及微机控制柜组成。灭菌柜中，利用循环的热去离子水通过水浴式（即水喷淋）达到灭菌目的。灭菌过程分为加热升温、保温、降温三阶段。对载热介质去离子水的加热和冷却都是在柜体外的热交换器中进行的。热源为水蒸气，一般用自来水对热去离子水进行冷却。

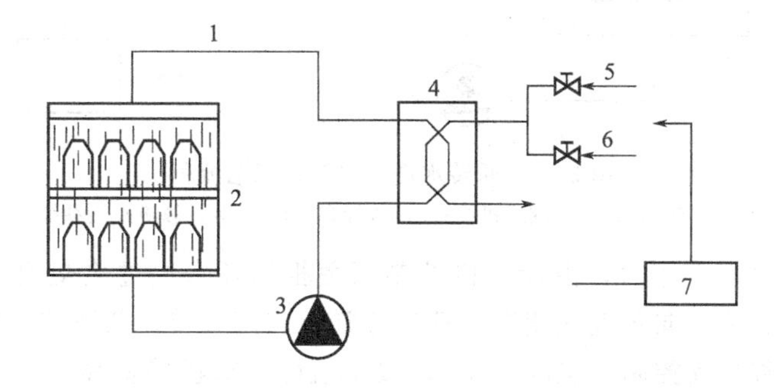

图3-61 水浴式灭菌柜流程

1—循环水；2—灭菌柜；3—热水循环泵；4—换热器；5—蒸汽；6—冷水；7—控制系统

灭菌操作过程如下：将需灭菌的大输液用输送车经送瓶轨道推进灭菌柜，然后启动手动按钮，关闭柜体密封门。由一台辅助供水泵将去离子水注入柜室，到达指定水位后，水位控制系统发出工作信号输入微机指令系统，使之进入工作状态。首先启动热水循环泵，泵送去离子水做循环流动，直至整个灭菌过程结束。灭菌期间，去离子水通过一台外置不锈钢板式换热器进行加热，控制执行系统，按所接受的预定程序进行升温、恒温、降温的控制和数字显示。灭菌达到设定时间后，蒸汽阀关闭，冷水阀打开，再通过换热器将去离子水冷却到出瓶温度，冷水阀关闭，循环水泵关闭，排水阀打开，灭菌柜排气阀打开，使柜内压力降为常压，排尽柜内去离子水。真空泵启动对柜门的密封槽抽真空，O 形密封圈退回槽内。手动开启柜门，将灭菌完成的大输液推出柜外，灭菌过程完毕。

灭菌过程中柜内压力自动调节。当压力达到给定上限时，补气阀自动关闭，柜内自动进入恒压状态。如柜内压力逐步升高，并可能超过饱和蒸气压时，通过自动压力控制系统打开排气阀。如柜内压力过低，柜内的去离子水可能在低于设定温度下产生汽化，由此大输液包装容器内外将产生较大压差，压力控制系统启动压缩空气补给阀，使压缩空气进入柜内，达到规定压力值自动关闭。

若大输液为塑料瓶（袋）包装时，通过预定的程序可有附加压缩空气进入柜内，以此克服升温或降温时因瓶（袋）内压力不等于瓶（袋）外压力而产生变形的压力差。

水浴式灭菌柜的特点如下。

① 采用密闭的去离子水循环系统灭菌对药品不产生污染，符合 GMP 要求。

② 柜内灭菌能使温度均匀、可靠，无死角。

③ 采用 F_0 值（标准灭菌时间）监控灭菌过程，可保证灭菌的质量。

④ 该装置对玻璃瓶或塑料瓶（袋）装大输液，能够很好地满足灭菌要求，灭菌效果达到《中国药典》标准。

（2）回转水浴式灭菌柜

回转水浴式灭菌柜主要用于脂肪乳输液和其他混悬输液剂型的灭菌，既有水浴式灭菌柜的全部性能和优点，又有自身独特的优点。该灭菌柜工艺流程如图 3-62 所示，由柜体、旋转内筒、减速传动机构、热水循环泵、热交换器、工业计算机控制柜等组成。

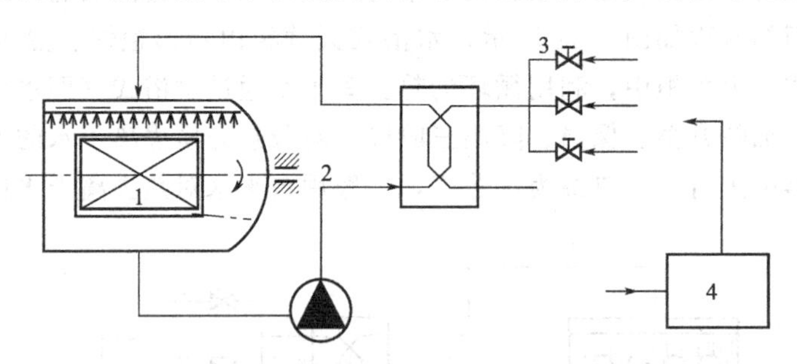

图 3-62　回转水浴式灭菌柜工艺流程

1—回转内筒；2—减速机构；3—执行阀；4—工业计算机控制系统

回转水浴式灭菌柜工作时，由计算机控制灭菌柜循环水通过热交换器加热、恒温和冷却。循环水从上面和两侧向药液瓶喷淋，药液瓶随柜内筒旋转，药液传热快，温度均匀，确保灭菌效果。全过程自动控制，温度、压力、F_0 值由计算机屏幕显示，超越自动报警。灭菌参数自动实时打印。

回转灭菌柜的优点如下。

① 柜内设有旋转内筒，内筒的转速可调，玻璃瓶固紧在小车上，小车与内筒压紧为一体。内筒旋转有准停装置，方便小车进出柜内。

② 装满药液的包装容器随内筒转动，使容器内药液不停地旋转翻滚，药液传热快，温度均匀，不会产生沉淀或分层，可满足大体积输液剂、脂肪乳和其他混悬输液药品的灭菌工艺要求。

③ 采用先进的密封装置——磁力驱动器，灭菌过程无泄漏无污染。

6. 玻璃瓶装大输液剂生产联动线

同最终灭菌小容量注射剂的生产，玻璃瓶装大输液的生产也推行使用工艺更紧凑的联动线。PSY70 大输液灌装机组由外洗机、洗瓶机、灌装机、翻塞机、轧盖机、贴标机等六台单机联合组成成套设备，并可根据制药厂工艺流程和厂房设施的需要配备集瓶机、灯检设备，并与平面输瓶机和垂直输瓶机等设备组成输液生产流水线，生产能力可达 3600～4200 瓶/h，适用于 100mL、250mL、500mL 的 B 型玻璃瓶大输液的生产，机组流程见图 3-63。

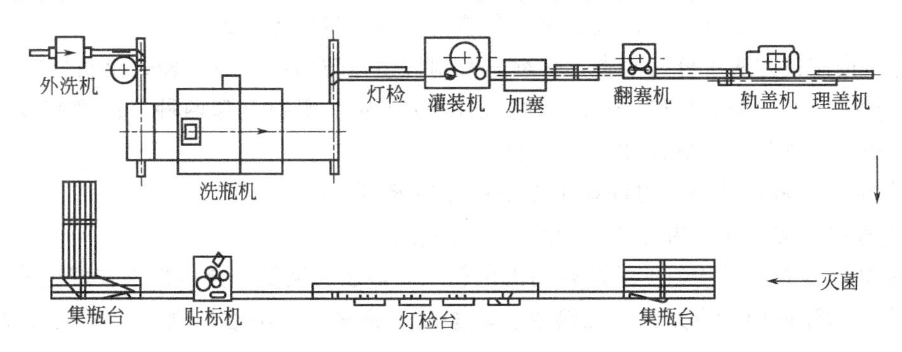

图 3-63　PSY70 大输液灌装成套设备机组流程

PSY70 大输液灌装成套设备机组中的单机分别采用 QSWP4 外洗机、QSP60 洗瓶机、GCP12 灌装机、FZJ8 翻塞机、FGL8 轧盖机和 TNZ100 贴标机。

生产时，经过外洗后的输液瓶单列输入进瓶装置，分瓶螺杆将瓶等距离分隔成 10 个一排，由进瓶凸轮将瓶子推入瓶匣，并随瓶匣通过瓶链到达各清洗液喷淋工位，依次用碱液、热水、纯水及注射水等分别进行内、外喷淋，冲洗段为隧道式，并用净化气体保持清洁。冲洗段设计成间歇式运动，在瓶走时不进行冲洗，以节约冲洗液。清洗完毕的输液瓶进入滴水区，瓶子在滴水区停留 37.5～60s 后，通过滑道进入出瓶工位，经滑槽落下，在凸轮的接应下达到出瓶区。

当输液瓶进入灌装工位时，由托平台托起使进料管对准瓶口，同时注液缸活塞在凸轮控制下向下运动，将药液连续压入瓶内。100～500mL 的容量可按需要调整相应的凸轮计量。每个注液缸活塞滚轮设有偏心微调装置，装量精度达到 1.0%以下。灌装完毕后，托瓶台下降，输液瓶通过输瓶带传出机外，放隔离膜。同时，注液缸活塞反向运动，缸内重新抽入药液。灌装器设筒式终端滤器进行精滤，并可以根据需要同时向瓶内充入 N_2，无瓶时注液缸转阀不打开，保证无瓶不灌装，灌装阀内设有防滴漏装置，能保护灌装完毕后不滴液。之后对注满药液的玻璃瓶塞塞、翻塞、轧铝盖、灭菌、贴标。

TNZ100 贴标机是一种真空转鼓式的贴标设备，自动化程度高，能自动完成无瓶不吸标、无标不上浆等动作，该机还有自动打印功能。

第三节　无菌粉针剂的生产工艺及设备

粉针剂是以固体形态分装，在使用之前加入注射水或其他溶剂，将药物溶解而使用的一类灭菌制剂。凡是不适宜加热灭菌或在水溶液中不稳定的药物，如某些抗生素、一些酶制剂及血浆等生物制剂，均需制成注射用无菌粉针剂。近年来，为提高中药注射剂的稳定性，已将某些中药注射剂制成粉针剂供临床使用，如双黄连粉针剂、天花粉粉针剂、茵栀黄粉针等。

制备粉针的方法有两种：一种是无菌分装，即将原料药精制成无菌粉末，在无菌条件下直接分装在灭菌容器中密封，个别品种还可将分装在注射容器中后灭菌。另一种是冷冻干燥，即将药物配制成无菌水溶液，在无菌条件下经过过滤、灌装、冷冻干燥，再充惰性气体，封口而成。

粉针剂的分装容器有抗生素瓶（简称西林瓶）、直管瓶、安瓿瓶三种类型。其中直管瓶因使用不方便而很少使用；安瓿瓶主要用于分装冷冻干燥制品，但由于制剂生产设备能耗大，目前只适用于小品种生产；抗生素瓶分装占粉针产量的绝大部分。

西林瓶按制造方法可分为两类：一种是管制抗生素玻璃瓶；另一种是模制抗生素瓶。管制的有 3mL、7mL、10mL 和 25ml 四种。模制的分为 A 型和 B 型两种，A 型有 5～100mL 共十个规格，B 型有 5～12mL 共三个规格。

《中华人民共和国药典》对注射用无菌粉针要求如下：

① 供直接分装成注射用无菌粉针的原料药应无菌；

② 未规定检查含量均匀度的注射用无菌粉末，灌装时装量差异应控制在规定范围以内；

③ 供静脉注射用的应无菌、无热原、草酸盐、钾离子、不溶性微粒、可见异物检查和溶血试验等应符合规定；

④ 注射用无菌粉末应标明所用溶剂。

一、无菌分装粉针剂的生产工艺技术

无菌分装粉针剂是指采用灭菌溶液结晶或喷雾干燥制得无菌原料药，直接分装密封后得到的产品。其生产工艺流程如图 3-64 所示，包括原辅料的擦拭消毒，包装容器清洗、灭菌干燥，分装，压盖，目检，包装等工序。

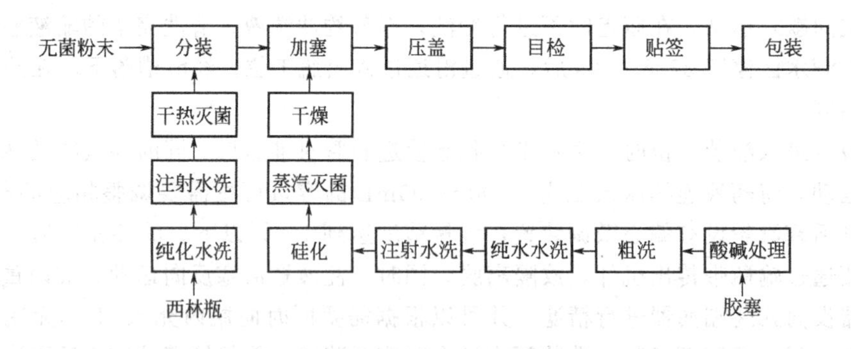

图 3-64　无菌分装粉针剂工艺流程

1. 包装容器处理

无菌分装粉针剂包装容器包括玻璃瓶（多为西林瓶）、胶塞和铝盖，在使用前应严格按操作规程进行清洗、灭菌和干燥处理。

根据《药品生产质量管理规范》，粉针剂用西林瓶的清洗方法类似于针剂用安瓿和大输液玻璃瓶的清洗，需要经过粗洗和精洗。清洗洁净后的西林瓶常用电烘箱在 180℃条件下灭菌 1.5h 或隧道式烘箱于 320℃条件下加热 5min 以上。采用隧道式干燥烘箱灭菌时，冷却段的出口应设在洁净室内，并有A级洁净空气冷却。

西林瓶所用的胶塞一般需经0.3%稀盐酸煮洗5～15min、饮用水及纯水冲洗，并不断用空气进行搅拌，最后用注射水漂洗。清洗洁净的胶塞进行硅化处理，所用硅油应经180℃加热1.5h去除热原，处理后的胶塞在8h内灭菌。胶塞可采用热压蒸汽灭菌，在121℃条件下灭菌40min。灭菌所用蒸汽宜用纯蒸汽。灭菌后胶塞经真空脱湿，再通入120℃热空气干燥或置于120℃柜式烘箱内干燥。西林瓶用胶塞多用水平多室圆筒型清洗机或较为先进的超声波胶塞清洗机清洗。

尽管铝盖不直接与药粉接触，但需要置于120℃烘箱内干燥灭菌1h后使用。如果在冲制过程中带有较多油污，还需采用洗涤剂清洗，再用软化水冲洗干净后干燥灭菌。

2. 无菌原料药处理、分装

无菌原料药可用灭菌结晶法、喷雾干燥法制备，必要时需进行粉碎、过筛等操作，在无菌条件下制得符合注射用灭菌粉末。

分装必须在洁净室内完成，按规定粉针剂的剂量，通过专用粉针分装机定量地分装于西林瓶内，分装完成后立即用洁净的胶塞盖住瓶口。通常分装和盖胶塞在同一台机器上完成。为了防止铝屑污染产品，轧铝盖均与分装分开，在另一台机器上完成。目前使用的分装机器有螺旋式分装机、气流分装机等。

3. 轧封铝盖、质检

粉针剂一般均易吸湿，在有水分的情况下药物稳定性下降，因此在玻璃瓶装粉盖胶塞后，用铝盖严密地包封在瓶口上，保证瓶内的密封，防止药品受潮、变质。

为了保证粉针剂质量，对轧封铝盖后的产品要进行目测，主要检查玻璃瓶有无破损、裂纹，瓶口胶塞是否封好，瓶内药粉装量是否准确及瓶内是否有异物。

4. 无菌分装过程要注意以下问题

(1) 装量差异

药粉因吸潮而黏性增加，导致流动性下降，药粉的物理性质如晶形、粒度、比体积及机械设备性能等因素均能影响装量差异。

(2) 澄明度

药粉未经过一系列处理，污染机会增多，往往药粉溶解后能出现毛毛或小点，以至于澄明度不合要求。因此从原料处理开始，注意环境控制，严格防止污染。

(3) 染菌

由于产品系无菌操作，稍有不慎可能局部受污染，而微生物在固体粉末中繁殖又较慢，不易为肉眼所见，危险性更大。为此，分装应在层流净化装置中进行。

(4) 吸潮变质

应选择性能良好的橡胶塞，以防止透气。此外，铝盖压紧后应对瓶口烫蜡，以防止水汽透入。

二、无菌分装粉针剂的生产设备

粉针剂生产过程包括粉针剂包装容器（主要为西林瓶、胶塞、铝盖）的清洗、灭菌和干燥，粉针剂填充，盖胶塞，轧铝盖，半成品检查，粘贴标签等。无菌分装粉针剂是以联动线的形式进行生产。如图3-65所示，联动线由超声波洗瓶机、隧道灭菌箱、抗生素玻璃瓶装粉针分装机、西林瓶轧盖机、传送带、灯检机和贴签机等组成。

1. 西林瓶清洗设备

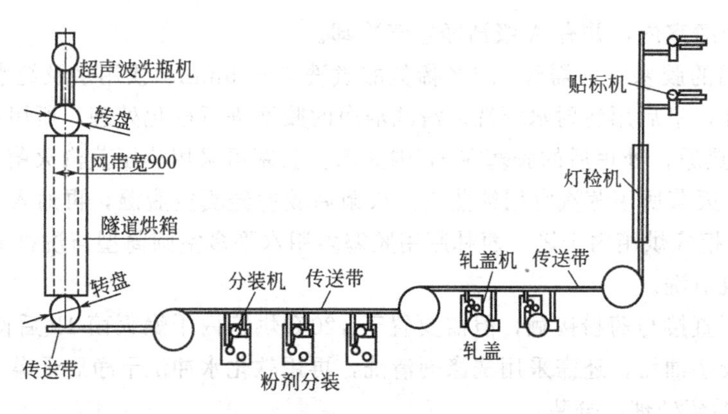

图 3-65　无菌分装粉针剂生产设备联动线工艺流程

常用的西林瓶清洗设备有毛刷式洗瓶机和超声波洗瓶机。

(1) 毛刷式洗瓶机

如图 3-66 所示，毛刷式洗瓶机是粉针剂生产中广泛使用的一种洗瓶设备，通过毛刷去除内外瓶壁上污垢。主要包括理瓶机和洗瓶机。

① 理瓶机。主要功能是将西林瓶排列整齐并送入冲洗，由贮料斗、提升器、梳瓶器、翻瓶杆、推瓶板组成。

工作时，提升器能把贮料斗内堆放的西林瓶提升到梳瓶器处，电梳瓶器往返运动将瓶子梳理成直线排列的形式传送到翻瓶器处，翻瓶杆顶在瓶底上，当翻瓶杆向外做 180°转动时瓶子下滑方向不变。瓶口向下时则翻瓶杆即插入瓶内，同时向外转动将瓶带出，并做 180°垂直转动使瓶子瓶口向上。再经推瓶板逐次向洗瓶机内推动，使瓶子进入洗瓶机。

② 洗瓶机。由进瓶盘、刷瓶转盘和冲瓶三部分组成。

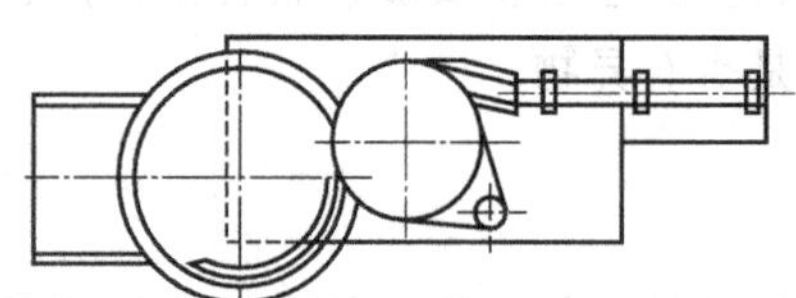

图 3-66　毛刷式洗瓶机

1—输瓶转盘；2—旋转主盘；3—刷瓶机构；4—翻瓶轨道；5—机架；6—水汽系统；7—传动系统

工作时，经理瓶机整理并排列整齐的西林瓶经推瓶板送入洗瓶机的进瓶转盘，进瓶转盘的转动可将待洗的西林瓶送入进瓶轨道，进瓶轨道可使瓶子倒转 90°，与水平成 45°倾角。在进瓶轨道上安装有淋水管，可对西林瓶内外充分淋水，然后由一个转动的圆形毛刷刷洗瓶体外表面，并借助毛刷的推动力将瓶子送入刷洗转盘。刷瓶转盘上安装有 20 把毛刷，由一凸轮轨道控制，能在旋转中插入西林瓶内，刷洗瓶子的内表面。刷洗结束后毛刷即从瓶内抽出，瓶子经转盘轨道进入冲瓶轨道，冲瓶轨道上安装的喷嘴连接有净化压缩空气、软化水及注射用水，首先将瓶内的水用净化压缩空气冲净，然后用软化水和注射用水冲洗，最后由净化压缩空气将瓶内吹干。冲瓶轨道的后端可使与水平呈一定角度的西林瓶复位，洗净的西林瓶仍然以整齐的瓶口向上的形式出瓶。

毛刷式洗瓶机工作时常出现毛刷折断或弯曲，瓶子刷不干净和瓶体内残留水等。造成毛刷损坏的主要原因是由于毛刷铁丝的绕曲方向与毛刷旋转方向相反，有时也由于瓶体内在洗瓶转盘中定位与毛刷的同心度相差较大。解决方法是应该注意毛刷的选择并在生产操作中适当调整毛刷的位置与角度。毛刷的头部应能够碰到清洗瓶体的底部，否则易造成瓶底残留脏污。当进瓶轨道与刷瓶转盘之间高度不一致时，则易造成瓶体挤压而破裂。而当压缩空气压力低或空气喷嘴安装位置较高时，则瓶体内部分水迹不易被完全吹净。因此，在洗瓶过程中应随时注意出现的问题，并及时加以解决来保证洗瓶的质量与效率。

(2) 超声波洗瓶机

超声波洗瓶机由超声波水池、冲瓶传送装置、冲洗部分和空气吹干等几部分组成。其工作原理如安瓿超声洗瓶机。YQC8000/10-C 型超声波洗瓶机结构如图 3-67 所示。

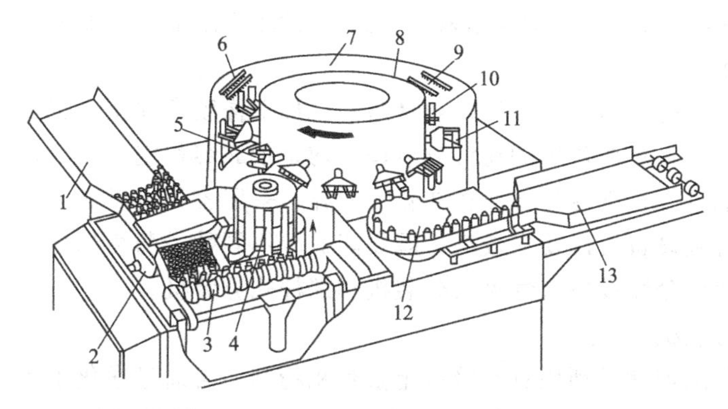

图 3-67　YQC8000/10-C 型超声波洗瓶机

1—进瓶盘；2—超声波换能器；3—送瓶螺杆；4—提升轮；5—瓶子翻转工位；6，7，9—喷水工位；8，10，11—喷气工位；12—转瓶拨盘；13—出瓶盘及滑道

工作时，西林瓶先浸没在超声波水池内，经过超声波处理，然后被直立地送入多槽式轨道内，经过翻瓶机构将瓶子翻转，瓶口向下倒插在冲瓶器的喷嘴上。由于瓶子是间歇的在冲瓶隧道内向前运动，其间经过多道（8 道）冲洗，再由冲瓶器将瓶子转到堆瓶台上。

2. 西林瓶烘干灭菌设备

洗净的西林瓶烘干灭菌设备一般采用隧道式灭菌烘箱和柜式烘箱（如对开门烘箱）。对开门烘箱一般应用于小量粉针剂生产玻璃瓶灭菌干燥，也可用于铝盖或胶塞的灭菌干燥。其基本结构主要由不锈钢板制成的保温箱体、电加热丝、隔板、风机、可调挡风板等组成。箱体前后开门，并有测温点、进风口和指示灯等。

对开门烘箱通常有通用型和自净高效型两种。通用型灭菌烘箱一般用于常规干燥灭菌，送风方式分侧送侧回和底送中回两种。自净高效型有平流循环风式（侧送侧回）和垂直层流风式（中送侧回）。烘箱工作原理见图 3-68。

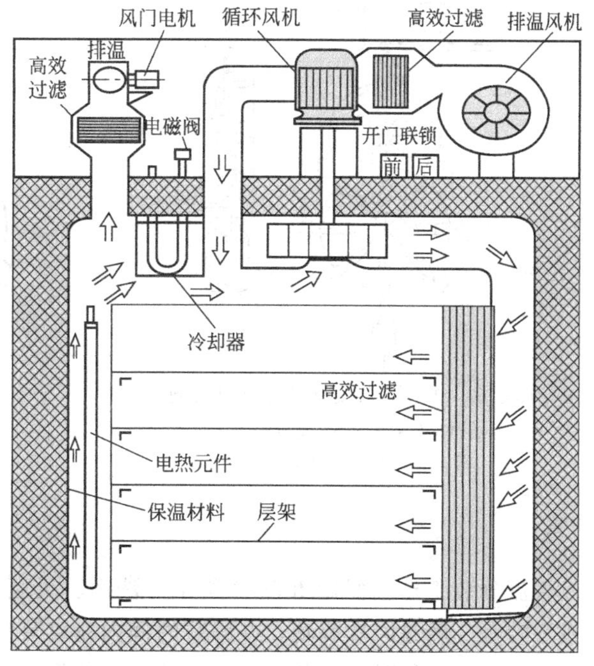

图 3-68　对开门洁净烘箱工作原理

自净高效型平流循环风式烘箱，在离心风机的作用下，将热空气经一侧高温高效过滤器送入箱内，经另一侧返回。烘箱经 20～30min 自循环后

洁净度可达到 A 级。该机主要用于西林瓶和 50～100mL 输液瓶的灭菌，也可作其他灭菌使用。自净高效型垂直层流风式烘箱，将热空气从顶部高温高效过滤器送入箱内，经底部从两侧返回。该机主要用于原料和桶装器具的干燥。

工作时，洗净的西林瓶排列在不锈钢方盘中，再将有孔的方盘从后门依次推入烘箱托架上，然后开启风机升温使箱内温度升至 180℃，保持 1.5h。灭菌干燥后停止加热，风机仍运转对西林瓶冷却，当箱内温度降至比室温高 15～20℃时，烘箱停止工作，打开洁净室一侧的前箱门，出瓶，转入分装工序。烘干操作结束后，要对设备彻底清洗，风机也要定期清洁。

3. 粉针分装设备

分装设备的功能是将药物定量灌入西林瓶内，加上橡胶塞并压上铝盖，是无菌分装粉针剂生产的最重要环节。目前常用的粉针分装设备均是依靠容积定量法分装。由于固体药物的密度、流动性、晶型等物理性状方面存在较大差异，采用容积定量法分装的误差也大于重量定量法，因此对分装设备设计要求较高，既要能适应不同种类药物的分装，又能分装不同剂量的药物。最常用的分装设备有气流式分装机和螺杆式分装机。

(1) 气流式分装机

气流分装机的原理就是利用真空吸取定量容积粉剂，再通过净化干燥压缩空气将粉剂吹入西林瓶中。AFG320A 型气流分装机是德国生产，目前中国引进最多的一种。该机由粉剂分装系统、盖胶塞机构、床身及主传动系统、玻璃瓶输送系统、拨瓶转盘机构、真空系统、压缩空气系统几部分组成。

粉剂气流分装系统工作原理如图 3-69 所示，搅拌斗内搅拌桨每吸粉一次旋转一转，其作用是将装粉筒落下的药粉保持疏松。分装盘后端面有与装粉孔数相同且和装粉孔相通的圆孔，靠分配盘与真空和压缩空气相连，实现分装头在间歇回转中的吸粉和卸粉。

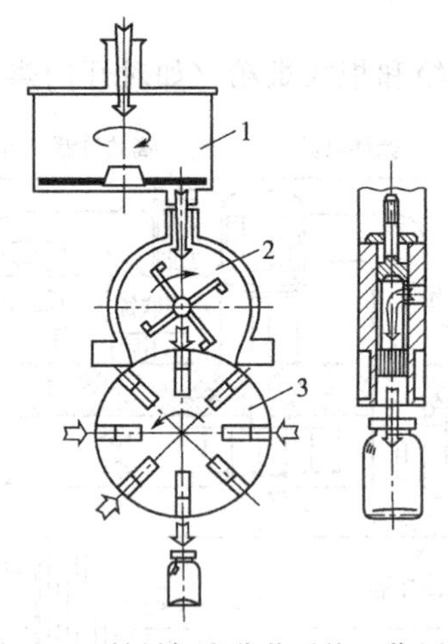

图 3-69　粉剂气流分装系统工作原理

1—装粉筒；2—搅粉斗；3—粉剂分装头

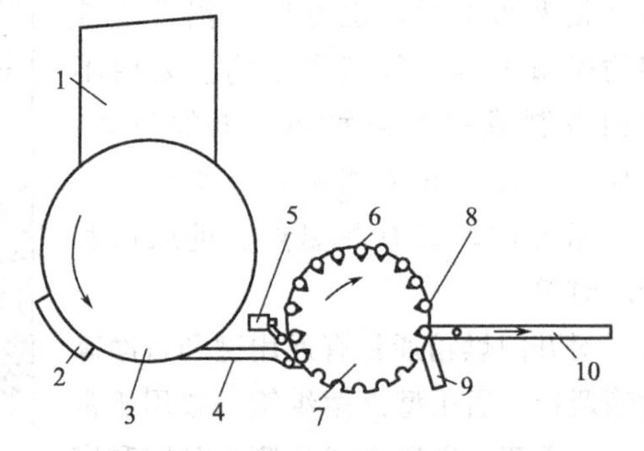

图 3-70　粉剂气流分装工作流程

1—储瓶盘；2—捡瓶斗；3—送瓶转盘；4—进瓶输送带；5—行程开关；6—装粉工位；7—拨瓶转盘；8—盖胶塞工位；9—落瓶轨道；10—出瓶输送带

气流分装工作流程如图 3-70 所示，洗净、灭菌后的西林瓶经送瓶转盘、传送带直立送至拨瓶转盘。转盘间歇旋转，在停顿时间内完成装粉和盖胶塞动作，最后再由转盘送至传送带出瓶。具体工作时，分装头与真空接通，装粉筒内药粉被吸入分装头定量分装孔中。定量分装头内设有粉剂吸附隔离塞阻挡，可使药粉被截留而吸入的空气逸出。当粉针分装头回转180°至装粉工位时，净化压缩空气通过吹粉阀门将定量分装头内的药粉吹入西林瓶中。装粉结束后，西林瓶随拨瓶转盘进入盖胶塞工位。经过处理后的胶塞在胶塞振荡器中理塞，通过分检被送入U形导轨内，再由吸嘴通过胶塞卡扣移到盖塞处，将胶塞塞入瓶口。

当缺瓶时，分装机自动停车，计量孔内药粉经废粉收集，回收使用。为了防止细小粉末阻塞吸附隔离塞而影响装量，在分装孔转至与装粉工位前相隔60°的位置时，用净化空气吹净吸附隔离塞。装粉剂量的调节是通过一个阿基米德螺旋槽来调节隔离塞顶部与分装盘圆柱面的距离（孔深）实现的。

根据药粉的不同特性，分装头可配备不同规格的粉剂吸附隔离塞。粉剂吸附隔离塞有活塞柱和吸粉柱两种形式。其头部滤粉部分可用烧结金属或细不锈钢纤维压制隔离刷，外罩不锈钢丝网，如图3-71所示。

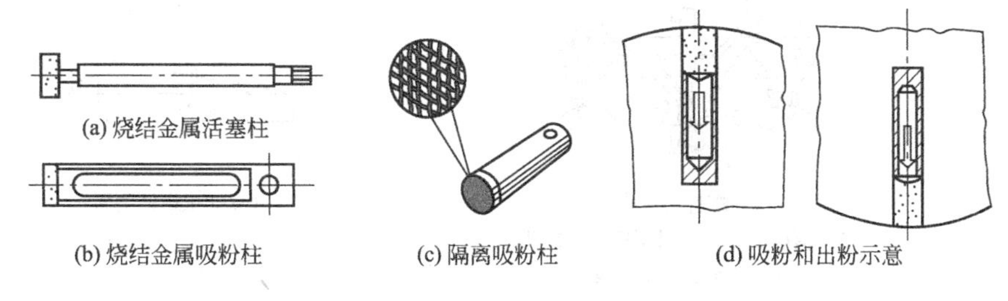

图3-71 粉剂吸附隔离塞

压缩空气需要预先进行净化和干燥，并经过除菌处理。空气通过机内过滤器后分成两路，分别通过压缩空气缓冲缸及气量控制阀门，一路用于卸粉，另一路用于清理卸粉后的隔离塞。

真空管由装粉盘清扫口接入缓冲瓶，再通过真空滤粉器接入真空泵，通过该泵附带的过滤器接至无菌室外排空。

气流分装机是一种较为先进的粉针分装设备，实现了机械半自动流水线生产，提高了生产能力和产品质量，减轻了工人劳动强度。其优点是装量误差小、速度快、性能稳定，可用于流动性较差的粉剂分装。

气流分装机生产中常见的问题如下。

① 装量差异。主要原因是真空度过小或过大；装粉筒内药粉过少；隔离塞堵塞或个别活塞位置不准确。

② 不能正常盖胶塞。如缺塞或弹塞。缺塞的主要原因是胶塞硅化不适或加塞位置不当。弹塞可能是胶塞硅化时硅油量过多或西林瓶温度过高而引起瓶内空气膨胀所致。

③ 缺灌。主要原因是分装头内粉剂吸附隔离塞堵塞。一旦发现，应及时清理或更换隔离塞。具体方法是拆卸分装头，更换轴承或密封圈，清洗灭菌后重新安装分装头。

④ 设备停车。主要原因是缺瓶、缺塞、防尘罩未关严等。

(2) 螺杆式分装机

螺杆分装机是利用螺杆的间歇旋转将药物定量地填充到西林瓶中。螺杆分装机由带搅拌的粉箱、螺杆计量分装头、胶塞振动饲料器、输塞轨道、真空吸塞与盖塞机构、玻璃瓶输送装置、拨瓶盘及其传动系统、控制系统和故障自动停车装置等组成。螺杆分装机分为单头螺杆和多头螺杆两种。

螺杆分装头与装量调节装置是螺杆分装机的关键部件，如图 3-72 所示，粉剂置于粉斗中，在粉斗下部有落粉头，其内部有单向间歇旋转的计量螺杆，螺杆具有矩形截面、经精密加工，每个螺距具有相同的容积，剂量螺杆与导料管壁间有均匀及适量的间隙（约 0.2mm）。为使粉剂加料均匀，料斗内还有一搅拌桨，连续反向旋转以疏松药粉。

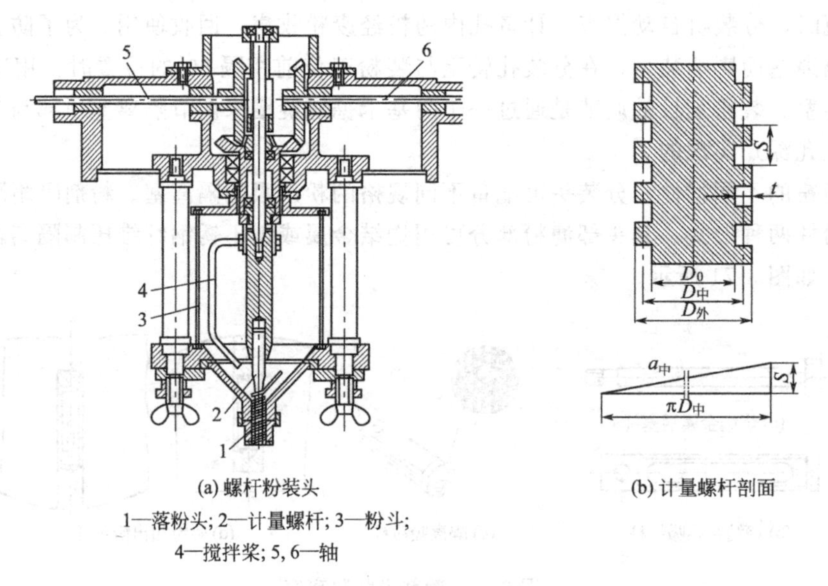

(a) 螺杆粉装头
1—落粉头；2—计量螺杆；3—粉斗；
4—搅拌桨；5，6—轴

(b) 计量螺杆剖面

图 3-72　螺杆分装头

工作时，计量螺杆转动，落粉头内的药粉则被沿轴移送到送药嘴处，落入位于下方的西林瓶中。西林瓶装粉完成后，胶塞经振荡饲料器，由轨道滑出，被机械夹住塞入瓶口。

动力由主动链轮输入，分两路来传动搅拌桨及定量螺杆。一路使搅拌桨做逆时针连续旋转；另一路是由主动链轮通过从动链轮带动装置调节系统进行螺杆转数的调节。分装量的大小可通过调节螺钉改变偏心轮上的偏心距来达到。具体调节方法为：拧紧调节螺母（右旋螺纹）时，使偏心距变大，落粉量增加；反之，松懈调节螺母，偏心距变小，落粉量减少。当装量变化较大时，则需更换不同螺距和根径尺寸的螺杆才能满足要求。精确地调整螺杆的转角就能获得药粉的准确计量，其容积计量精度可达±2%。

此外，在生产过程中螺杆高速旋转，每天需要拆下清洗灭菌，很难保证每次位置都装得绝对精确，一旦螺杆与导料管壁相摩擦，会产生金属屑污染药粉。为此，机器设有自动保护装置，当螺杆与导料管壁发生碰撞时，电源随即自动切断，机器停止运转。

螺杆分装机具有结构简单、装量调整方便且调节范围大、便于维修及使用中不会产生漏粉、喷粉等优点，适用于流动性较好的药粉，对于松散、黏性、颗粒不均匀的药粉分装较为困难。

螺杆分装机在生产中常见问题如下：

① 装量差异。主要原因是螺杆位置过高，致使装药停止时仍有一部分药粉进入瓶内，装量偏大；螺杆位置过低，造成落粉时散开而进不到瓶内，装量偏小；单向离合器失灵，使螺杆反转或刹车后仍向前转动一定角度。

② 不能正常盖胶塞。主要原因是胶塞硅化时硅油过多；胶塞振荡器振动弹簧不平衡；机械手位置存在偏差。

③ 分装头内出现油污污染药粉。主要原因是螺杆套筒（或支撑座内）轴承封闭不严，

造成润滑油脱落。

④ 经常停车，指示灯报警。主要原因是药粉湿度过大或粉斗绝缘体受潮，有金属屑嵌入导电，可用万用表检查确定；控制器本身故障，可将接粉斗的一根电线拔下，观察指示灯是否继续报警。

4. 轧盖设备

轧盖机负责用铝盖对装完粉剂、盖好胶塞的玻璃瓶进行再密封。根据铝盖收边成型的形式，轧盖机可分为卡口式和滚压式。卡口式是利用分瓣的卡口模具将铝盖收口包封在瓶口上。滚压式成型是利用旋转的滚刀通过横向进给将铝盖滚压在瓶口上。轧盖机一般由料斗、铝盖输送轨道、轧盖装置、玻璃瓶输送装置、传动系统、电气控制等系统组成。

(1) 铝盖输送装置

铝盖输送轨道一般由两侧板和盖板、底板构成，上端与料斗铝盖出口相接，下端为挂盖机构，在轧盖机上有垂直放置和倾斜放两种。铝盖在轨道中的方向总是铝盖对着瓶子的行进方向。挂盖机构设置在轨道的下部，活动的两侧板通过弹簧夹持和定位铝盖，并使铝盖倾斜一个合适的角度。如图 3-73 所示，工作时瓶子经过挂盖机构下方时正好将铝盖挂在瓶口上，再经过压板将铝盖压正。

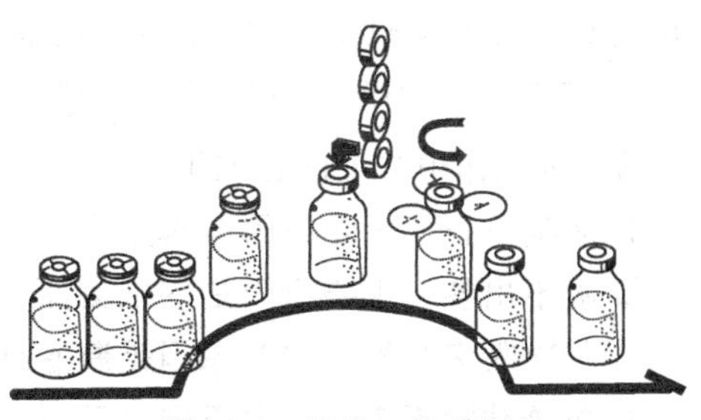

图 3-73　挂盖、轧盖原理

(2) 轧盖装置

轧盖装置是轧盖机的核心部分，作用是铝盖扣在瓶子上后，将铝盖紧密牢固地包封在瓶口上。轧盖装置按工作部件可分为单刀式和多头式。国内最常用的是单刀式轧盖机。

① 单刀式轧盖机。单刀式轧盖机由进瓶转盘、进瓶星轮、轧盖头、轧盖刀、定位器、铝盖供料振荡器等组成。工作时，盖好胶塞的西林瓶由进瓶转盘送入轨道，经过铝盘轨道时铝盖供料振荡器将铝盖放置于瓶口上，由星轮将瓶子送入轧盖头工位，底座将瓶子顶起，轧盖刀压紧铝盖下边缘，轧盖头带动瓶子高速旋转，将铝盖下缘轧紧于瓶颈上。

② 多头式轧盖机。多头式轧盖机的工作原理与单刀式相似，只是轧盖头由一个增加为多个，同时机器由间歇运动变为连续运动。优点是速度快，产量高，有些进口设备安装有电脑控制系统，机器能按照程序自行进行操作，一般不需工人看管，可大大节省劳动力。缺点是设备对瓶子的各种尺寸规格要求严格。

5. 贴签设备

西林瓶专用贴签设备采用双轨道进瓶，可按需要在瓶口封蜡或不封蜡。贴签机（湿胶式）主要由压瓶转盘、压瓶轨道、拨盘、上胶盘、签槽、吸签手、贴签轨道等组成。另外，还有真空泵、热吹风和封蜡等辅助设施。

贴签原理与注射剂包装盒上贴签相似，均采用真空吸签方式，贴签工序结构如图 3-74 所示。

将检验合格的西林瓶产品贮放于压瓶转盘上，经排列整齐后推向螺旋导轨，瓶口向下浸入熔融蜡槽中封蜡（也可由另一轨道不封蜡），封蜡后的瓶子经另一个螺旋导轨使瓶口向上推送至贴签部位。瓶签由吸签手用真空方式从签槽内吸出，并送到吸签轮处，此时吸签手真空关闭，而吸签轮的真空打开，瓶签被反向吸在吸签轮上六个真空吸孔处，并随之运转，其工作过程如图 3-75 所示。胶水轮依靠海绵的作用将胶水涂在瓶签的反面，胶水量可由胶水刮片调节。为了使瓶签快速干燥，贴签处还安装有一支小型电热吹风机，保证瓶签快速干燥且牢固。

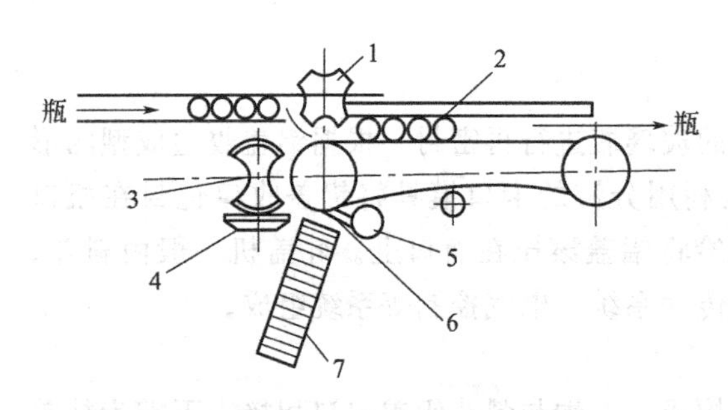

图 3-74　贴签工序结构

1—拨盘；2—海绵压紧块；3—海绵轮；4—胶水轮；5—吸签手；6—六等分吸签轮；7—标签槽

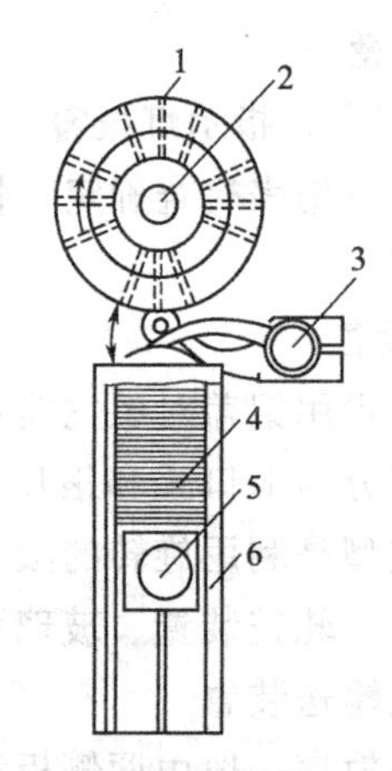

图 3-75　西林瓶上胶贴签工作过程

1—吸签轮；2—真空气位；3—吸签手；4—标签纸；5—推签滑轮；6—标签槽

贴签机工作中常见问题如下。

① 瓶签不正。主要原因是真空度不够，瓶塞槽与吸签手相对位置不平行。

② 吸不出签。主要原因是签纸太厚，或真空度不够。

③ 每次吸多张签。主要原因是瓶签纸太薄，或真空度太大。

④ 瓶签粘贴不牢。主要原因是胶黏度不够，应重新调整，或瓶签纸张为横丝纹，应改为横切横印。

⑤ 胶水满布瓶身。主要原因是胶水轮位置不当，应该前移，使胶水位置不至于满布瓶签，而应留一段空白。

6. 装盒机

粉针剂装盒一般由 5 个西林瓶装成一个单位包装，也称 5 瓶装纸盒机。

装盒机由自动送盒、进盒、开盖、进瓶、落瓶、装盒、推盒等动作组成。工作时，按程序要求先打开纸盒的进盒开关，使堆放在一起的纸盒按每 10 个一推进入传送带。传送带末端有送瓶机构，每 5 瓶一排间歇进行。堆放纸盒的最下边一个盒子被传送带上的挡板拉着向前运动，压瓶冲头提起，先将西林瓶压入袋盒位置，再由压瓶冲头压入盒子格档中，压瓶冲头再提起，进行下一装盒周期。

装盒机生产中常见问题有因纸盒机械强度不够或纸盒格档没有整齐排列，使西林瓶不能准确装入盒内或装入格档中。为此，要改善纸盒的机械强度，剔除格档不整齐的纸盒。另外，注意气压大小合适，可保证各程序同步协调。

三、无菌冻干粉针剂的生产工艺技术

无菌冻干粉针剂在医药上广泛使用，凡是在常温下不稳定的药物，如干扰素、白介素、生物疫苗等药品以及一些医用酶制剂和血浆等生物制剂，均需制成冻干制剂才能推向市场。

无菌冷冻干燥是将含有大量水分的物料（溶液或浑浊液）先降温，冻结至冰点以下的固体，然后在低温低压条件下使冰冻状态物料中的冰晶直接升华成水蒸气除去，物料呈多孔疏松状态，干燥后体积不变。

无菌冻干粉针剂生产工序包括原辅料称量、配制、过滤除菌处理，包装容器（西林瓶、胶塞和铝盖）的清洗与干燥灭菌处理，分装，加半塞，冷冻干燥，压全塞，轧盖，质检、贴签包装等，其生产工艺流程如图 3-76 所示。其中分装和加半塞在一台机器内完成，冻干产品易吸潮，冷冻干燥和压全塞在冷冻干燥设备内完成。

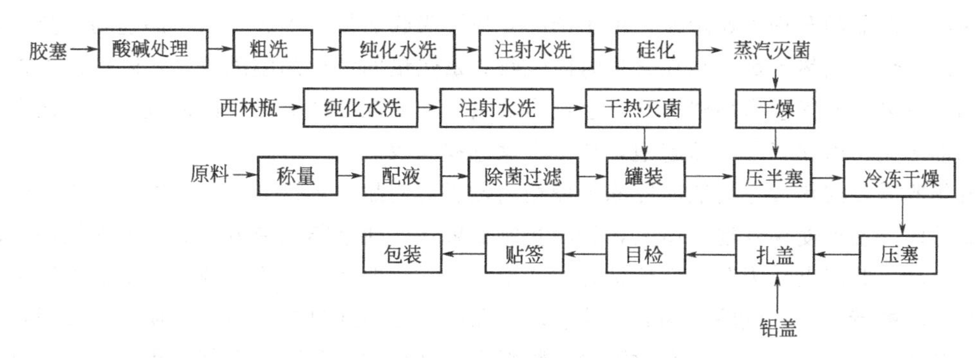

图 3-76　无菌冻干粉针生产工艺流程

1. 原辅料配液及过滤除菌

无菌原辅料准备和配液操作同输液剂。按照不同品种药物的配制工艺要求，用注射用水在标定体积的配料罐中进行料液配制。配制好的料液，经不同孔径微孔滤膜过滤除菌后进入冻干灌装间。

2. 包装容器处理

西林瓶及胶塞的清洗、灭菌干燥工艺同无菌分装粉针剂生产。西林瓶经过超声洗瓶机和隧道烘箱灭菌后送入冻干灌装间，而胶塞用胶塞清洗机清洗、湿热灭菌和热风干燥后送入冻干灌装间。

3. 药液分装和冻干

进入冻干灌装间的西林瓶、胶塞和无菌药液，由半加塞液体灌封机进行药液定量灌装和加半塞。加半塞后的西林瓶按照规定摆放要求被装入不锈钢冻干盘中，放入真空冷冻干燥机内干燥。冻干结束后，在冻干箱内进行全压塞。

药液的冷冻干燥过程包括预冻、升华干燥和解析干燥三个阶段，如图 3-77 所示。

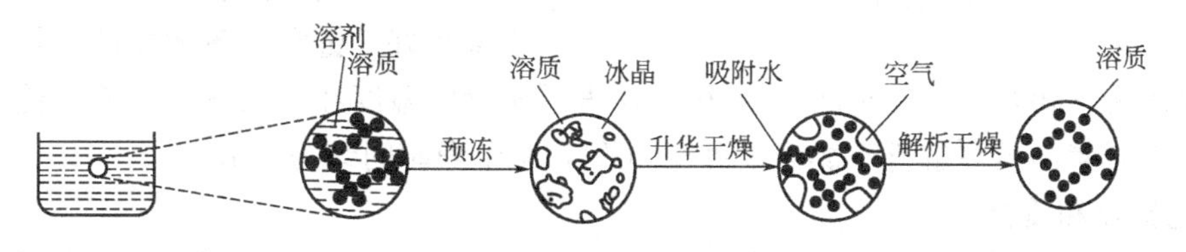

图 3-77　冷冻干燥过程示意

(1) 预冻

在冷冻干燥过程中，被干燥产品首先要预冻，然后在真空状态下进行升华，使水分直接由微小冰晶升华为水蒸气而得干燥。

预冻温度应低于产品共溶点 10～20℃，如果预冻温度不在共溶点以下，产品可能没有完全冻实，抽真空时有少量液体“沸腾”而使制品表面凹凸不平。但预冷温度太低，这不仅增加不必要的能量消耗，而且对于某些产品会降低冻干后的成活率。

预冻方法有速冻法和慢冻法两种。速冻法就是在产品进箱之前，先将冻干箱温度降到－45℃以下，再将制品装于箱内。由于是急速冷冻，形成的冰晶微细，冰晶中空隙较小，制品均匀细腻，具有较大的比表面积和多孔结构，产品疏松易溶。但升华过程速度较慢，对于酶类或活菌保存有利。慢冻法所得冰晶体较大，有利于提高冻干效率，但升华后空隙相对较大。

(2) 升华干燥阶段

在冻干产品的升华干燥阶段，由于产品升华要吸收热量，因此要对产品适当加热。如果不对产品加热或加热不足，则在升华时因吸收大量热量而使产品温度进一步降低。如果对产品的加热过多，升华速率固然提高，但过多的热量会使冻结产品本身的温度上升，甚至可能出现局部溶化，引起产品干缩起泡，整个干燥过程失败。

升华所需要的热量主要依靠冷冻干燥箱内隔板对制品的热传导。由于物料层导热能力有限，制品内外层温度梯度逐渐增大，为防止制品破坏，通常隔板温升应给予相应控制，使物料温度不高于共溶点。为获得性能良好的冻干产品，一般在产品冻干前，应根据冷冻干燥机性能和产品的特点，在试验的基础上绘制冻干曲线，然后通过控制系统，使冻干过程各阶段的温度符合预先设定的要求。在此阶段，物料表面结合的水分可被全部升华去除，占总水分的 90%以上。

(3) 解析干燥阶段

此阶段干燥目的是去除制品内以吸附形式结合的水分。为避免制品过热，不宜过分提高隔板温度。操作应该是：一方面适当提高温度，制品温度缓慢提高；另一方面继续降低干燥器内压力，确保吸附水分的排出。值得注意的是要避免产品过分干燥。

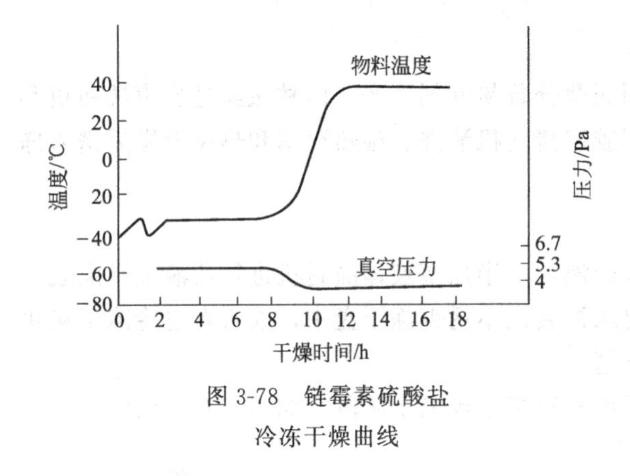

图 3-78 链霉素硫酸盐冷冻干燥曲线

图 3-78 为链霉素硫酸盐冷冻干燥曲线。由图可以看出，升华干燥在低于溶点的温度下进行，将水分从冻结的物料内升华，有 98%～99%的水分被除去。解析干燥在温度逐渐升高到或略高于室温下进行(此时药物水分含量很低，不再会融化)，此阶段可使药物水分低于 0.5%。干燥结束后，干燥箱内隔板下压，将半盖的胶塞全部盖好。链霉素硫酸盐的具体操作工艺为预冻温度为－40℃左右，时间约为 2h；升华干燥阶段温度在－35～－30℃，绝对压强为 4～7Pa。链霉素的最终解析干燥温度可至 40℃，总干燥时间约为 18h。

4. 轧铝盖和质检

冻干后的盘装西林瓶半成品，转到轧盖岗位轧铝盖。轧盖后的半成品经过灯检进行逐支检查，挑出装量少、有异物、轧盖不好、冻型不好等不合格品。最后对灯检合格后的半成品进行贴标和包装。

5. 无菌冻干粉针剂的特点

① 冻干粉针剂在低温、真空条件下制得，含水量为 1%～3%，在真空条件下或充氮后密封，避免药品氧化分解、变质，可长期保存。

② 产品质地疏松，加水迅速溶解并恢复药液原有的特性。

③ 制剂属于液体定量灌注，比粉体直接分装准确。

④ 药液配制和灌装均在无菌条件下进行，实行药液无菌过滤处理，有效去除细菌及杂物。

不足之处：溶剂不能随意选择，技术比较复杂；需使用特殊的真空冷冻干燥生产设备，生产成本较高，产量低。

四、无菌冻干粉针剂的生产设备

冻干粉针剂的主要生产设备有洗瓶机、隧道式层流灭菌干燥机、半加塞液体灌装机、真空冷冻干燥机、轧盖机以及配液系统、自动胶塞清洗机、贴签机等组成。

1. 半加塞液体灌装机

粉针剂药液灌封全过程包括理瓶、进瓶、灌装、落塞及加半塞。

灌装头是半加塞液体灌封机的关键部件。灌装头的定量方式有蠕动泵和柱塞泵两种，传统使用的柱塞式玻璃泵，虽然经济性好，但清洗及不溶性粒子的检测等方面均不如蠕动泵方便。近年兴起的蠕动泵在装量精度、装量调节、防滴漏、清洗和不溶性粒子的控制上有着独特的优势。

使用蠕动泵时，进液管需使用卫生级硅胶管。此外，蠕动泵结构应简单及可拆，易于清洗。蠕动泵机构工作时，确保不会产生不溶性微粒。

灌装药液不应溅落在瓶子外面，机构上应设有回吸结构，每个灌装动作结束后能使针头内的液体回吸返入针管，针头上不得有“挂液”现象出现。

半加塞液体灌封机的工作过程与输液剂灌装及西林瓶盖胶塞相似，在此不详述。

2. 真空冷冻干燥机

图 3-79 为真空冷冻干燥机示意图，由制冷系统、真空系统、加热系统和控制系统四个主要部分组成。

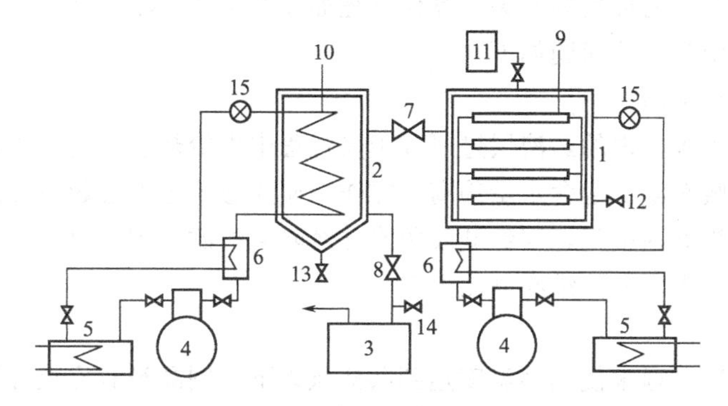

图 3-79　真空冷冻干燥机

1—冻干箱；2—冷凝器；3—真空泵；4—制冷压缩机；5—水冷凝器；6—热交换器；7—冻干箱冷凝器阀门；8—冷凝器真空阀门；9—板温度指示；10—冷凝温度指示；11—真空计；12—冻干箱放气阀门；13—冷凝器排液口；14—真空泵放气阀；15—膨胀阀

冻干箱内设有若干层隔板，隔板内置有冷冻管和加热管，分别用来对制品进行冷冻（−40℃左右）和加热（50℃）。冻干箱内可被抽成真空形成密闭容器。医用冷冻干燥器的冻干箱多为箱式，隔板间距为 80～120mm，隔板上安装支撑物料的托架，直接接触冷冻物料。生产用干燥器，其隔板面积大多为 1～20m^2，采用不锈钢材质。当采用辐射加热时，在干燥室内各块隔板中间安装辐射加热板，放置物料的托架不与加热板接触。

与冻干箱相连的冷凝器内装有螺旋状冷却盘管，其操作温度应低于冻干箱内制品的温度，最低可达−60℃。主要用于捕捉升华的水汽，并使之在盘管上冷凝，从而保证冻干过程的顺利完成。

制冷系统的作用是将冷凝器内的水蒸气冷凝及将冻干箱内的制品冷冻。制冻系统使用的高压制冷液体有节制的进入蒸发器，高压下的制冷液体在蒸发器内迅速膨胀，吸收环境热量，使干燥室内制品或冷凝器中水汽温度下降而凝固。制冷液体吸热后迅速蒸发成低压制冷剂，被冷冻机抽回后再经压缩成高压制冷液，重新进入制冷系统循环。

真空系统由机械泵和增压泵串联组成。先用机械泵将系统真空度达到1.3kPa以下，再用增压泵将真空度降至小于66.7Pa。冻干箱与冷凝器之间装有大口径真空蝶阀，冷凝器与增压泵之间装有小蝶阀及真空测头，便于对系统进行真空度测漏检查。

加热系统由油泵、油箱、电加热器等组成一个循环管路。油箱中的油经电阻丝加热后，由油泵输送到冻干箱隔板内的加热排管内，对制品进行加温，提供升华热。当要降低油温时，可开启冷却水管的电磁阀。

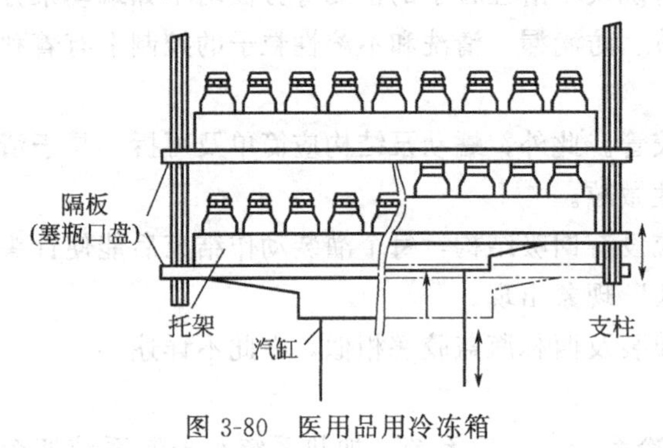

图 3-80　医用品用冷冻箱

工作时，首先将需要冻干的产品分装在合适的容器内，一般是玻璃模子瓶或西林瓶内，装量要均匀，蒸发表面尽量大而厚度尽量薄一些。橡皮塞在真空条件下虚盖在瓶口上。待干燥结束后，各隔板在真空状态下借助气缸升降，沿轴向上升使隔板上的瓶塞盖紧。同时，充入干燥无菌空气，当压力恢复到大气压后出瓶。整个干燥时间需要12～24h，与产品在每瓶装量，总装量，玻璃容器的形状、规格，产品的种类等有关。操作过程如图3-80所示。

冷冻干燥操作中常见的问题如下。

（1）制品含水量偏高

主要原因是装入容器内的药液层过厚或干燥过程中供给热量不足，干燥速度减慢；制品吸湿性强，出箱时吸潮等引起含水量偏高。操作中应注意装量不宜超过12mm。另外，冷冻干燥结束后送入干燥室内空气，应经硅胶脱水并经除菌过滤处理，且出箱时制品温度应略高于室温，以防止空气中水分凝结在制品上。

（2）喷瓶

主要原因是预冻过程未使制品温度达到共溶点以下，制品没有完全冻结；升华干燥时升温过快，造成制品局部温度高于共溶点。

（3）制品外形不饱满或萎缩成团块

主要原因是药液浓度过高，在冻干时开始形成的干燥层结构致密，使升华水汽穿过已干燥的外层阻力增大，造成水蒸气在干燥层下停滞时间过长，已干药物重新溶解，使制品体积收缩、外形不饱满。若药液浓度过低，干燥后制品疏松，吸湿性太强，由于表面积过大，干燥的制品缺乏一定机械强度，经外界振动而分散成粉末并黏附于瓶壁上，造成外观不美观。解决这类问题应考虑在配制过程中加入一些填充剂，以改善制品的外观。

第四章　其他药物制剂生产设备

第一节　软膏剂的生产技术和设备

一、软膏剂的生产工艺技术

1. 概述

软膏剂系指药物与适宜基质均匀混合制成具有适当稠度的外用制剂，容易涂布于皮肤、黏膜、创面，起到保护、润滑和局部治疗作用。多用于慢性皮肤病，禁用于急性损害部位。软膏剂中的某些药物经透皮吸收后，亦能用于全身治疗，如硝酸甘油软膏用于治疗心绞痛。除药物和基质外，软膏剂处方组成中还经常加入抗氧剂、防腐剂等以防止药物和基质变质，特别是含水、不饱和烃类、脂肪类基质时，加入这些稳定剂更为重要。

软膏剂按分散体系可分为溶液型、混悬型和乳剂型三类；根据基质的特性和用途可分为油膏、乳膏、凝胶、眼膏剂等。各种类型的软膏剂除所用基质不同外，生产方法也不尽相同。使用时，要根据皮肤的生理功能和治疗目的选用适合的软膏剂种类。

通常对软膏剂的质量要求如下。

① 供软膏剂用的固体药物，除在某一组分中溶解或共熔者外，应预先用适宜方法制成最细粉。

② 软膏剂应均匀、细腻，涂于皮肤上应无刺激性和粗糙感。此外，还应具有适当的黏稠性，易涂布于皮肤或黏膜。

③ 软膏剂应无酸败、异臭、变色、变硬、油水分离等变质现象。

④ 软膏剂所用的包装容器，不应与药物或基质发生理化反应。

⑤ 除另有规定外，应置遮光容器中密闭贮存。

大面积烧伤使用软膏剂时，应预先进行灭菌。眼膏剂的配制应在无菌条件下进行。

2. 软膏剂常用基质

基质是软膏剂形成和发挥药效的重要组成部分，它既是软膏剂的赋形剂，又是药物的载体。其性质和质量直接影响软膏剂的制备和药物的释放与吸收。

目前常用的基质主要有油脂性基质、乳剂型基质及亲水或水溶性基质。基质要根据医疗要求及皮肤患处的病理生理情况进行选用。一般情况下，根据气温高低，可添加适量石蜡或液状石蜡调整基质的软硬度。某些基质中可加入乳化剂制成乳剂型软膏，使药物易被皮肤吸收，并易洗除。

(1) 油脂性基质

油脂性基质包括动植物油脂、类脂及烃类等，其特点是润滑、无刺激性，并能封闭皮肤表面，减少水分蒸发，促进皮肤的水合作用。对皮肤的保护及软化作用较其他基质强，且不易滋生细菌。适用于表皮增厚、角化、皲裂等慢性皮损和某些感染性皮肤病的早期。但由于其油腻性及疏水性强，不宜用于急性炎性渗出较多的创面。主要用于遇水不稳定的药物制备软膏，一般不单独使用。

此类基质常将凡士林与羊毛脂配合使用。凡士林油滑性强，但不吸水；而羊毛脂吸水性较强，渗透性也较好，但过于黏稠，难于涂搽。两者配合使用可取长补短。为了防止久贮后氧化酸败变质，可在100℃下干热灭菌或添加抗氧剂。其他油脂性基质有石蜡、液体石蜡、硅油、蜂蜡、硬脂酸等。

(2) 乳剂型基质

乳剂型基质是将固体的油相加热熔化后与水相混合，在乳化剂的作用下乳化，最后在室温下成为半固体基质。常用的油相有：硬脂酸、石蜡、蜂蜡、高级醇等固体，有时为调节稠度加入液体石蜡、凡士林或植物油等；水相为药物水溶液或水。这种基质由于存在表面活性剂作用，对油和水有一定的亲和力，可与创面渗出物或分泌物混合；对皮肤的正常功能影响小，并且可促使药物与皮肤接触。通常乳剂型基质适用于亚急性、慢性、无渗出液的皮肤损伤和皮肤瘙痒症，忌用于糜烂、溃疡、水疱及脓疱症。而对于四环素、金霉素等遇水不稳定的药物不宜用乳剂型基质制备软膏。

(3) 水溶性基质

水溶性基质是由天然或合成的水溶性高分子物质组成的，溶解后形成凝胶。这类基质能吸收组织渗出液，释药较快，无刺激性，可用于湿润、糜烂创面。但润滑作用较差，易失水干涸，故常加保湿剂与防腐剂，以防止蒸发与霉变。常用的水溶性基质有纤维素衍生物（如羧甲基纤维素钠)、卡波普尔及聚乙二醇等。

3. 软膏剂的制备工艺

软膏剂的生产工艺可由基质预处理、配料、灌注和包装四部分组成。其中油膏的生产工艺见图4-1，乳膏的生产工艺见图4-2。

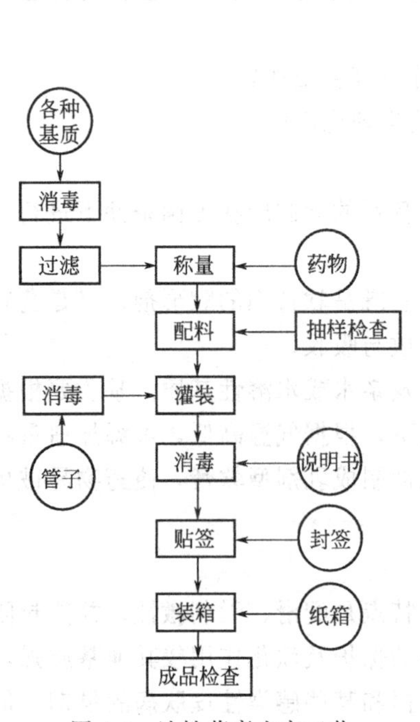

图4-1 油性药膏生产工艺

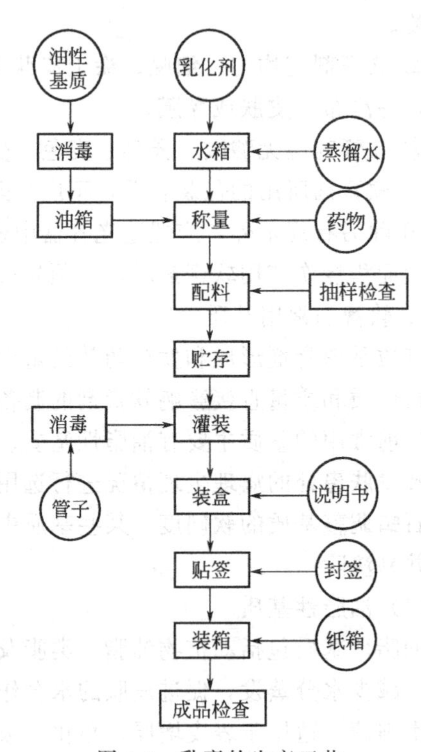

图4-2 乳膏的生产工艺

(1) 基质预处理

通常软膏剂中的基质需要经过净化和灭菌处理。如果油脂性基质的质地纯净，可以直接使用。若混有异物或大量生产时，就必须加热过滤后再用。一般在容器中加热至150℃保持1h，灭菌并除去水分。过滤采用趁热压滤过120目铜丝或通过数层细布抽滤。使用蒸汽夹层锅加热时，需用耐高压夹层锅。

对于乳剂药膏而言，在配料前需要先配制油相和水相。油相配制是将油或脂肪混合物的组分放入带搅拌的反应罐中进行熔融混合，加热至80℃左右，通过200目筛过滤。水相配制是将水相组分溶解于蒸馏水中，加热至80℃，同样经过筛子过滤。其配料的工艺流程见图4-3。

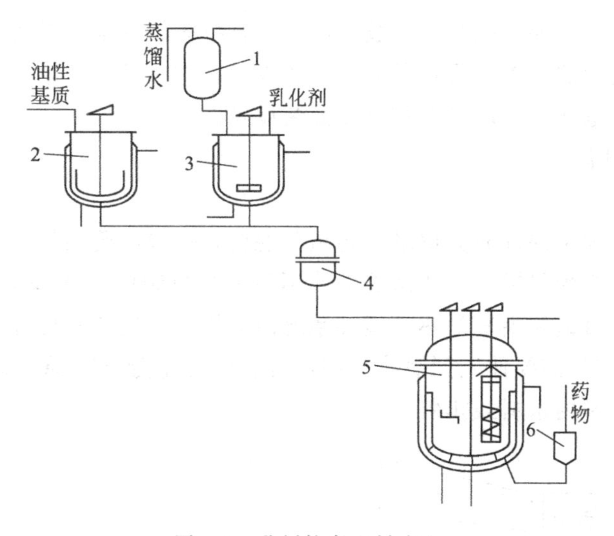

图4-3 乳剂软膏配料流程

1—高位水槽；2—油相罐；3—水相罐；4—过滤器；5—真空均质制膏机；6—加料器

(2) 软膏剂制备（配料）

软膏的制备方法有研磨法、熔融法和乳化法。软膏剂的制备，按照形成的软膏类型，制备量及设备条件不同，采用的方法也不同。溶液型或混悬型软膏常采用研磨法或熔融法。乳剂型软膏常在形成乳剂型基质过程中或在形成乳剂型基质后加入药物，称为乳化法。在形成乳剂型基质后加入的药物常为不溶性的微细粉末，实际上也属混悬型软膏。

① 研合法（研磨法）。将药物细粉用少量基质研匀或用适宜液体研磨成细糊状，再添加其余基质研匀的制备方法。凡软膏剂中含有的基质比较软，在常温下基质为油脂性的半固体，可采用此法。该法简单易行，适用于小量制备，且药物不溶于基质的情况。操作通常用软膏刀（不锈钢或硬橡皮刀）在软膏板或玻璃板上研合（瓦刀和水泥），亦可用乳钵，大量生产上用电动研钵进行，但生产效率低。

② 熔合法（热熔法）。将基质先加热熔化，再将药物分次逐渐加入，同时不断搅拌，直至冷凝的制备方法。本法适用于软膏中含有不同熔点基质，在常温下不能均匀混合，或主药可溶于基质，或需用熔融基质提取药材有效成分的情况。常用三滚筒软膏机，使软膏受到滚辗与研磨后细腻均匀。大量制备时可使用电动搅拌机混合，并可通过齿轮泵循环数次混匀。熔合法与研合法常互相配合使用。

③ 乳化法。将处方中的油脂性和油溶性组分一起加热至80℃左右成油溶液（油相），另将水溶性组分溶于水后一起加热至80℃成水溶液（水相），使温度略高于油相温度，然后将

水相逐渐加入油相中，边加边搅至冷凝，最后加入水、油均不溶解的组分，搅匀即得。大量生产时由于油相温度不易控制均匀冷却，或两相混合时搅拌不匀而使形成的基质不够细腻，因此在温度降至30℃时再通过胶体磨或乳匀机等使其更加细腻均匀，也可使用旋转型热交换器的连续式乳膏机。

软膏剂的质量检查主要包括药物的含量，软膏剂的黏度和流变性、刺激性、稳定性等的检测以及软膏中药物释放、吸收的评定。根据需要及制剂的具体情况，皮肤局部用制剂的质量检查，除了采用药典规定检验项目外，还可采用一些其他方法。

二、软膏剂的生产设备

软膏剂的生产设备主要有配料锅、胶体磨、制膏机等软膏配制设备和软膏灌装设备两大类。其中胶体磨是乳化法配置软膏剂最为先进的设备，详见第三章第一节中的均化设备。本节重点介绍配料锅、输送泵、制膏机和软膏灌装设备。

1. 软膏剂配制设备

(1) 配料锅

在制备基质时，为了保证充分熔融和各组分混合，一般需要加热、保温和搅拌。完成这一配料工作的设备称为配料锅。锅体由玻璃或不锈钢材料制成，其基本结构见图4-4。配料锅采用蒸汽或热水通过锅体夹套加热，搅拌系统由电机、减速器和搅拌器构成。当配料锅用真空加/排料时，其接管需要伸入到锅体底部，可有效防止芳香族原料向空气中散发。也可采用泵自锅体底部向罐内送料或排料。

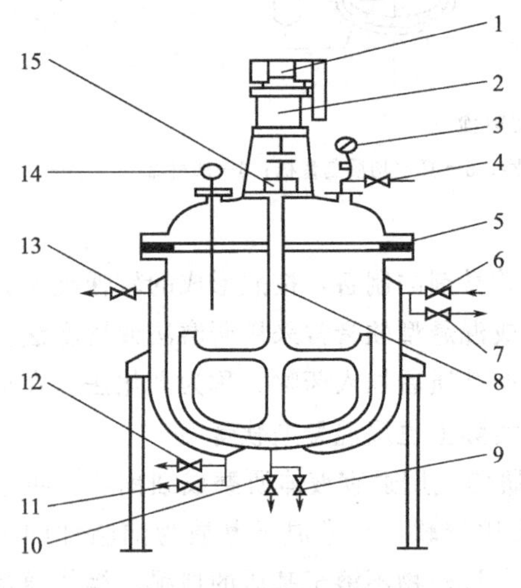

图4-4 配料锅结构

1—电机；2—减速器；3—真空表；4—真空阀；5—密封圈；6—蒸汽阀；7—排水阀；8—搅拌器；9—进泵阀；10—出料阀；11—排汽阀；12—进水阀；13—放气阀；14—温度计；15—机械密封

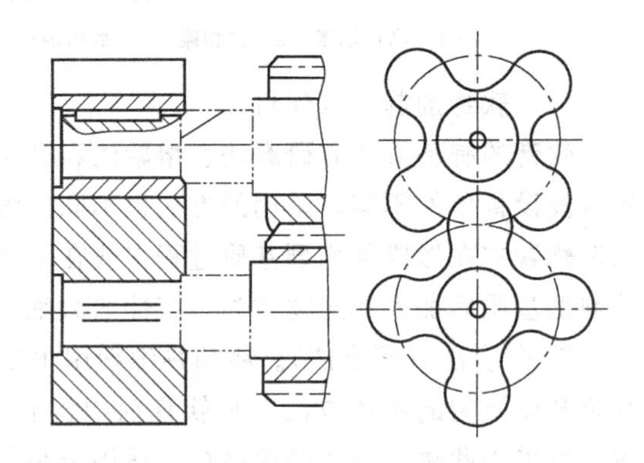

图4-5 胶体输送泵转子结构

由于膏剂黏度较大，配料锅与一般锅体相比，要求内壁较为光滑。锅体一般使用不锈钢材料或玻璃材料制成，搅拌桨选用框式，其形状要尽量接近内壁，使其间隙尽量小，必要时装有聚四氟乙烯刮板，以保证将内壁上黏附的物料刮干净。

(2) 输送泵

当药品搅拌质量要求较高时以及黏度大的基质或固体含量高的软膏，则需使用循环泵携带物料做锅外循环，帮助物料在锅内做上下翻动。

循环泵多为不锈钢齿轮泵和胶体输送泵。不同于一般齿轮泵，胶体输送泵的传动齿轮与泵叶转子分开，属于少齿转子泵，详见图 4-5。泵叶转子的齿形和传动齿轮制造质量要求很高，轴封采用机械密封，使用寿命长，功耗低。

(3) 制膏机

制膏机是配制软膏剂的关键设备。所有物料都在制膏机内搅拌均匀、加温和乳化。要求制膏机操作方便，搅拌器性能好，便于清洗。制膏机在锅内装有溶解器、刮板式搅拌器及胶体磨。当使用液压装置抬起锅盖时，各种装置也随之抬升离开锅体。锅体可以翻转，以利于出料和清洗。搅拌器偏置于锅体内，可使膏体做多方向流动。

图 4-6 是一种新型真空制膏机——真空均质制膏机。其机组设有三组搅拌，一是主搅拌(20r/min)，二是溶解搅拌 (1000r/min)，三是均质搅拌 (3000r/min)。主搅拌是刮板式搅拌器，装有可活动的聚四氟乙烯刮板，可避免软膏黏附于罐壁而过热、变色，同时影响传热。主搅拌速度较慢，既能混合软膏剂各种成分，又不影响乳化。溶解搅拌能快速将各种成分粉碎、搅混，有利于投料时固体粉末的溶解。均质搅拌高速转动，内带转子和定子起到胶体磨作用，在搅拌叶带动下，膏体在罐内上下翻动，把膏体中颗粒打得很细，搅拌得更均匀。制成的膏体细度在 2～5μm 之间，而老式简单制膏罐所制膏体细度只有 20～30μm。这种制膏机制备的膏体更为细腻，外观光泽度更亮。

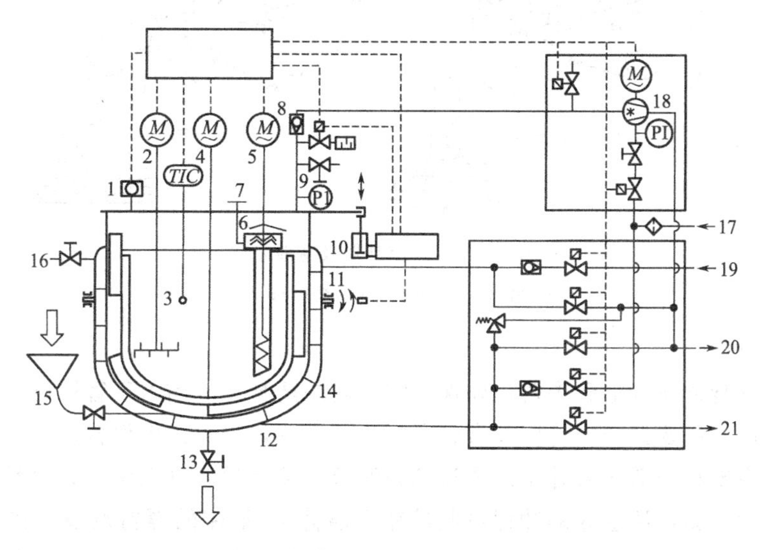

图 4-6　真空均质制膏机 (FRYMA 公司)

1—视镜；2—溶解器；3—温度计；4—搅拌器；5—均质器；6—液膜分配器；7—磨缝调节；8—止回阀；9—真空调节开关；10—液压升降；11—进汽出水口；12—进水排冷凝水口；13—出料；14—导流板；15—加料；16—排气；17—进水；18—真空泵；19—进汽；20—排水；21—排汽

真空均质制膏机有如下结构特点。

① 罐盖靠液压能自动升降，罐身能翻转 90℃，便于出料和清洗。

② 主搅拌转速能无级变速，在 5～20r/min 之间随工艺需要调节。

③ 整机附有真空抽气泵，膏体经真空脱气后，可消除膏体中细微气泡，香料更能渗透到膏体内部。

2. 软膏灌装设备

由于软膏被直接装入铝管内，药物将长时间与管内壁接触，所以铝管在灌装前需进行紫外灯无菌照射和酒精杀菌。处理后的铝管需及时灌装，不能久藏。

灌装工作不仅有药物灌装到软管及封包等工序，还包括软管装盒等包装过程。这里将主要介绍软管灌装设备。

软膏剂软管自动灌装机按其功能主要包括输管、灌装、光电对位装置、封口、出料等五部分。

(1) 输管机构

输管机构由进管盘及输管键两部分组成。空管由手工单向卧置堆入进管盘内，进管盘与水平面成一定倾斜角。空管输送道可根据空管长度调节其宽度。空管在输送道上靠重力自行向下滑动进入管座链，出口处有一个不高的插板，使空管不能自行越过。利用凸轮间歇抬起下端口，使最前一支空管越过插板，并受翻管板作用，管口朝下进入下方的管座中。凸轮的旋转周期和管座链的间歇移动周期一致，在管座链拖带管座移开的过程，进管盘下端口下落到插板以下，进管盘中的空管顺次前移一段距离。插板的作用：一是阻挡空管前移，二是利用翻管板使空管由水平翻转成竖直（见图 4-7）。管座链是一个特别制造的链传动装置，链轮通过槽轮传动做间歇运动。

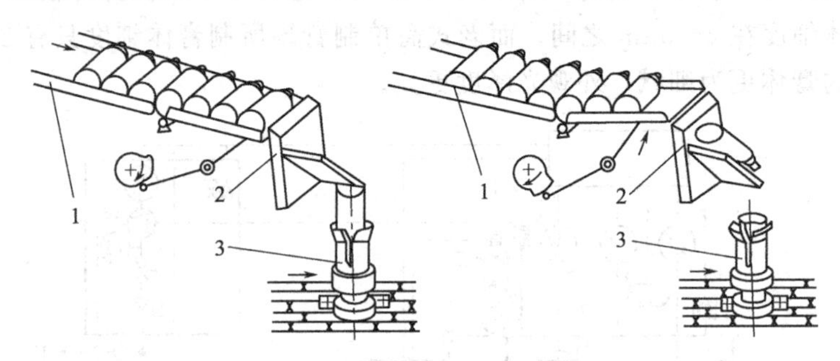

图 4-7 插板控制器及翻管示意

1—进管盘；2—插板（带翻管板）；3—管座

(2) 灌装机构

将配制好的膏体灌入空管中时，要保证空管内的药膏不能黏附于管尾口上，且每次灌装的剂量准确，同时还要保证当管座没有管子时停止灌注，避免污染设备。

灌装药物主要利用活塞泵计量。通过细微调节活塞行程，可以保证计量精度。图 4-8 为灌装活塞动作示意图，活塞 5 的冲程可通过冲程摇臂 12 下端的螺钉调节。在冲程摇臂做往复摆动时，控制旋转的泵阀间或与料斗接通，引导物料进入泵缸；间或与灌药喷嘴接通，将缸内的药物挤出喷嘴完成灌药动作。这种活塞泵还有回吸的功能，即活塞冲到前顶端，软管接受药物后尚未离开喷嘴时，活塞先轻微返回一小段，此时泵阀尚未转动，喷嘴管中的膏料即缩回一段距离，可防止嘴外的余料碰到软管封尾处的内壁，而影响封尾的质量。另外，在灌药喷嘴内还套装着一个吹风管，料膏平时从风管外的环隙中喷出。当灌装结束开始回吸时，泵阀上的转齿接通压缩空气管路，用以吹净喷嘴端部的膏料。当管座链拖动管座停在灌药喷嘴下方时，利用凸轮将管座抬起，令空管套入喷嘴。护板两侧嵌有用弹簧支撑的永久磁铁，利用磁铁吸住管座，可以保持管座升高动作的稳定。

为了保证无管灌药不动作，灌药时管座上软管上升碰到套在喷嘴释放环 7，推动其上升。通过杠杆作用，使顶杆 8 下压摆杆，将滚轮 9 压入滚轮轨 10，从而使冲程摇臂 12 受传

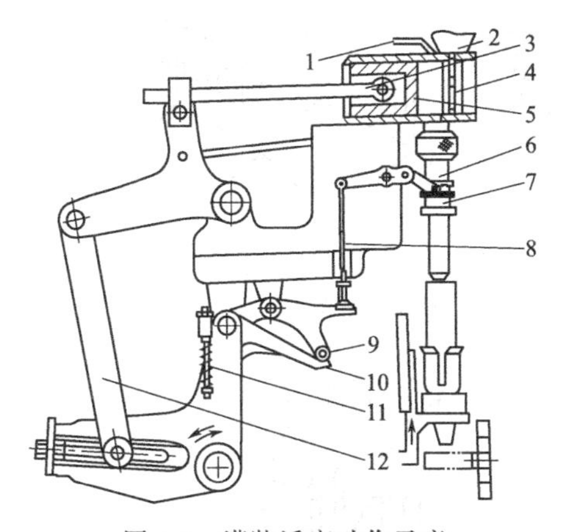

图 4-8　灌装活塞动作示意

1—压缩空气管；2—料斗；3—活塞杆；
4—回转泵阀；5—活塞；6—灌药喷嘴；
7—释放环；8—顶杆；9—滚轮；
10—滚轮轨；11—拉簧；12—冲程摇臂

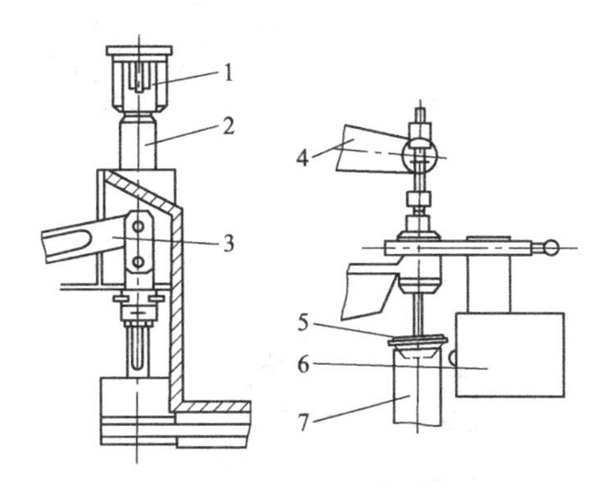

图 4-9　光电对位装置

1—托杯；2—提升套；3—提升杠杆；
4—摆杆；5—圆锥中心头；
6—反射式光电开关；7—软管

动凸轮带动，将活塞杆 3 推向右方，泵缸中膏料挤出。如果管座上没有空管，管座上升，没有软管来推动释放环时，拉簧 11 使滚轮抬起，不会压入滚轮轨，传动凸轮空转，冲程摇臂不动。这样既防止药物损失，又不会因无管灌注产生污染而被迫停车清理。

料斗置于活塞泵缸上方，其外壁可加装电热装置，当膏料黏度较大时，可适当加热，以保持必要的流动性。

(3) 光电对位机构

光电对位装置的作用是使软膏管在封尾前，管外壁的商标图案都排列成同一个方向。此装置由步进电机和光电管组成。步进电机又称脉冲电机，可以直接带动机械负载产生一定的转角。软管被送到光电对位工位时，对光凸轮使提升杆向上抬起，带动提升套抬起，使管座离开托杯，再由对光中心凸轮工作，在光电管架上的圆锥中心头压紧软管。此时，通过接近开关控制器，使步进电机由慢速转动变成快速转动，管和管座随着旋转。当反射式光电开关识别到管子上预先印好的色标条纹后，步进电机制动，转动停止，再由对光升降凸轮作用，提升套随之下降，管座落到原来的托杯中，完成对位工作。光电开关离开色标条纹后，步进电机又开始慢速转动，等待下一个循环。装置见图 4-9。

软管上的色标要求与软管的底色反差要大。在步进电机座上还装有一个行程开关，起到过载保护作用。当提升套卡住时，软管链轴仍转动，这样产生一个扭力，推动法兰脱开摆动杠杆，碰到行程开关触头，切断电源，迫使设备停转。

(4) 封口机构

灌装机上的封口机构被装在一个专门的封口机架上，共有六对封口钳，软管轧尾过程如图 4-10 所示。管座链按照一定方位将放置的软管管尾先送至第一对平口钳处，完成管尾压平。按照管座链的间歇运行周期，每只软管再依次通过第一次折叠钳折边，第二次折叠钳折边，第三次平口钳压平、折边，最后轧花钳折边轧花。轧尾宽度可调。

折叠钳如图 4-11 所示，前折叠装置上的摆杆控制刀片合拢，刀片上的弹簧可调节夹紧力。要求在没有管子时，前刀片折叠面比后刀片低 0.1mm。后折叠装置由摆杆控制推杆上的尼龙滚柱折弯管子尾部。推杆上的弹簧可调节夹紧力。

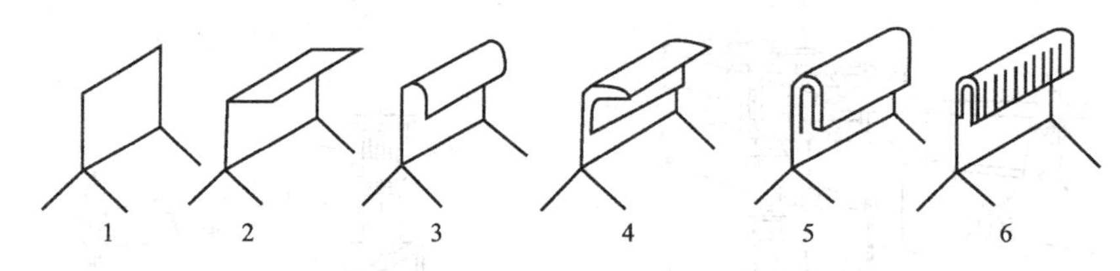

图 4-10　软管轧尾过程

1,3,5—平刀钳完成；2,4—折叠钳完成；6—轧花钳完成

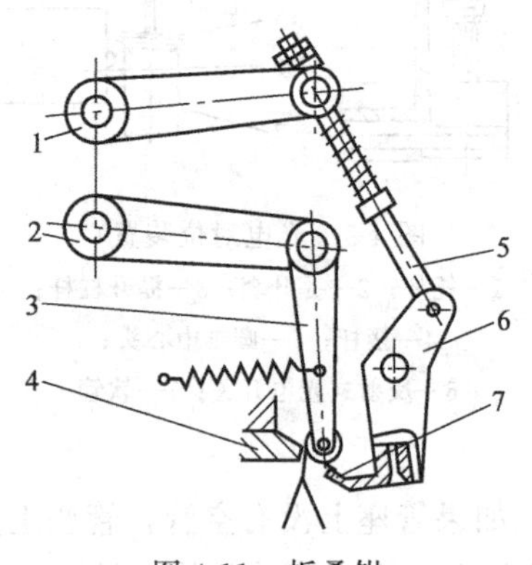

图 4-11　折叠钳

1,2—摆杆；3—推杆；4—后刀片；5—调节螺杆；6—前刀片挂脚；7—前刀片

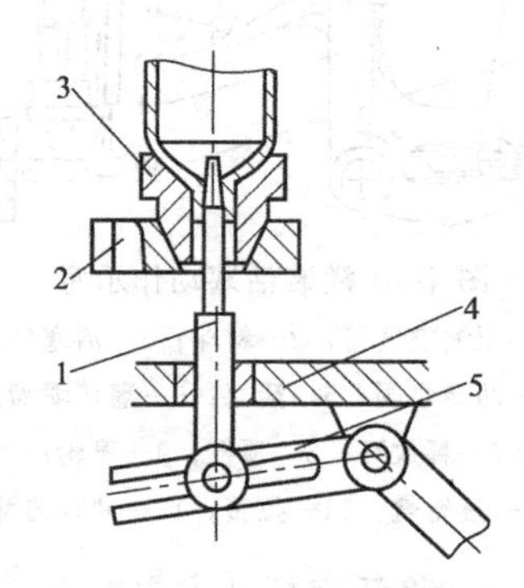

图 4-12　出料顶杠对位

1—出料顶杆；2—管座链节；3—管座；4—机架（滑槽）；5—凸轮摆杆

(5) 出料机构

封尾后的软管随管座链停于出料工位时，主轴上的出料凸轮带动出料顶杆上抬，从管座的中心孔将软管顶出，使其滚翻到出料斜槽中，滑入输送带，送去外包装。顶杆的中心位置应与管座中心对正，保证顶出动作顺利进行，如图 4-12 所示。

(6) 软膏剂的装盒设备

软膏灌注封口后，首先装入小盒，有时同时装入说明书；然后一定数量小盒再装入中盒，中盒上印有厂名、商标、图案等，中盒封盖贴上封签；最后，一定数量的中盒装进大纸箱，在大纸箱外印上产品名称、批号、生产厂家的名称等。软膏小盒包装机一般有两条输送带，一条纸盒输送带，另一条软膏管输送带，通过推进器将管送入盒中。

PM-120A 自动软管装盒机是目前工业生产中常用的一种装盒设备，可以与自动灌装机组成自动包装线。该机结合国外先进技术，运行稳定，生产速度快，加长的自动送盒平台延长了上盒间隔时间。该机配有缺盒报警功能，无盒或开盒不畅，设备自动停机，可实现无管不吸盒。可单独提供动力，也可由灌装机输出动力。

第二节　栓剂生产工艺技术及设备

一、栓剂的生产工艺技术

1. 概述

栓剂指药物与适宜基质制成、具有一定形状的供腔道内给药的固体制剂。栓剂在常温下为固体，塞入腔道后，在体温下能迅速软化熔融或溶解于分泌液，逐渐释放药物而产生局部或全身作用。

根据栓剂的给药途径不同可以分为直肠用、阴道用、尿道用栓剂等，如肛门栓、阴道栓、尿道栓、牙用栓等，其中最常用的是肛门栓和阴道栓。为适应机体的应用部位，栓剂的性状和重量各不相同，一般均有明确规定。

根据栓类的制备工艺与释药特点，又可分为双层栓剂，中空栓剂，控、缓释栓剂等。

栓剂的优点：

① 药物不受或少受胃肠道 pH 值或酶的破坏；

② 避免药物对胃黏膜的刺激性；

③ 中下直肠静脉吸收可避免肝脏首过作用；

④ 适用于不能或不愿口服给药的患者；

⑤ 可在腔道起润滑、抗菌、杀虫、收敛、止痛、止痒等局部作用；

⑥ 适宜于不宜口服的药物。

2. 栓剂的基质

栓剂常用基质分为油脂性基质和水溶性基质。

(1) 油脂性基质

油脂性基质常用的有可可豆脂、半合成或全合成脂肪酸甘油酯。

可可豆脂为白色或淡黄色、脆性蜡状固体，是梧桐科植物可可树种仁中得到的一种固体脂肪，主要含硬脂酸、棕榈酸、油酸、亚油酸和月桂酸的甘油酯，其中可可碱含量可高达 2%。

常用的脂肪酸甘油酯有半合成椰油酯、半合成山苍油酯、半合成棕榈油酯。全合成脂肪酸甘油酯有硬脂酸丙二醇酯等。此类基质化学性质稳定，成型性能良好，具有保湿性和适宜的熔点，不易酸败，为目前较理想的一类油脂性栓剂基质。

(2) 水溶性基质

水溶性基质主要有甘油明胶、聚乙二醇、聚氧乙烯 (4) 单硬脂酸酯类、泊洛沙姆 (Poloxamer 188) 等。

甘油明胶系用明胶、甘油和水按一定比例加热融合、蒸去大部分水分制成，具有弹性，不易折断，在体温时不熔融，但可缓缓溶于分泌液中，因此具有缓慢释放药物等特点。本品常作阴道栓的基质，但不适用于有配伍禁忌的药物，如鞣酸等。

聚乙二醇多作难溶药物的载体，体温下不熔化，能缓缓溶于直肠体液中，但对直肠黏膜有刺激作用，加入 20%以上的水可避免刺激性。

聚氧乙烯 (40) 单硬脂酸酯类是聚乙二醇的单硬脂酸酯和二硬脂酸酯的混合物，并含有游离乙二醇，呈白色或微黄色，为无臭或稍有脂肪臭味的蜡状固体。泊洛沙姆系一种表面活性剂，易溶于水，随聚合度增大，物态从液体、半固体至蜡状固体，可用作栓剂基质。

在栓剂制备过程中，除主药和基质外，也往往根据需要，添加附加剂如表面活性剂、抗氧剂、防腐剂、硬化剂、着色剂、增稠剂及吸收促进剂等。

3. 栓剂的质量要求及评价

栓剂的外观应光滑、无裂缝、不起霜或变色。从纵切面观察应是混合均匀的。栓剂中有效成分的含量，每个均应符合标示量。《中华人民共和国药典》规定了栓剂的质量评价包括：熔点范围测定，融变时限和重量差异检查以及药物溶出度与吸收试验，以保证产品的质量。其中重量差异要求，取样的 10 粒栓剂，每粒的重量与平均粒重相比较，超出重量差异限度的药粒不得多于 1 粒，并不得超出限度的一倍。平均装量与装量差异限度见表 4-1。

表 4-1 栓剂的平均装量与装量差异限度

平均装量/g	装量差异/%
≤1.0	±10
1.0～3.0	±7.5

4. 栓剂的制备工艺

栓剂的制备方法主要有冷压法、热熔法及搓捏法，可以根据所用基质性质的不同而加以选择。如采用脂肪性基质，可使用上述任何一种制法。最常用的制备方法是热熔法。

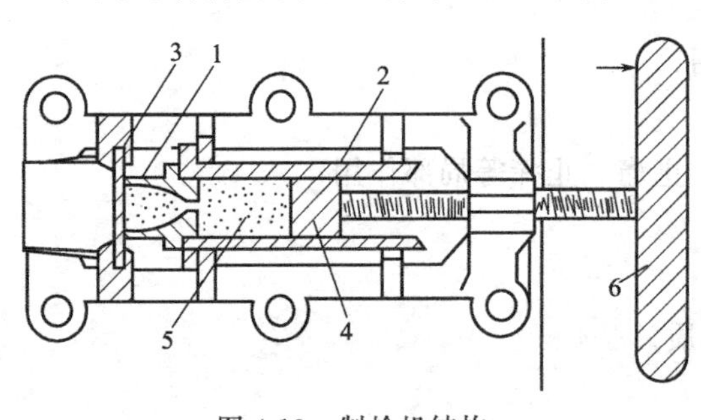

图 4-13 制栓机结构

1—模型；2—圆筒；3—平板；4—旋塞；5—药物与基质的混合物；6—旋轮

(1) 搓捏法

此法适用于脂肪性基质栓剂，小量临时制备。其优点是在制备栓剂时，不需要加热熔化，药物均匀分散在基质中，不需要特殊的器械。在任何情况下均能制备。缺点是所得制品的外形不一致、不美观。

(2) 冷压法

又称挤压法，如图 4-13 所示，将药物与基质粉末置于冷却的容器内，然后装入制栓机的模具内，通过模型挤压成一定形状。此法适合于所含主药对热不稳定或栓剂中含有较多成分不溶于基质的情况。与热熔法相比，采用本法可以避免不溶性成分在制备过程中的沉降。但该法需要特殊的制备机械，得到的栓剂形状有限；且操作缓慢，在冷压过程中容易搅进空气，空气既能影响栓剂的重量差异，又对基质和有效成分起氧化作用，不利于工业大生产。

(3) 热熔法

此法应用最广泛，适用于脂肪性基质和水溶性基质的栓剂的制备。热熔法制备栓剂的工艺流程详见图 4-14。

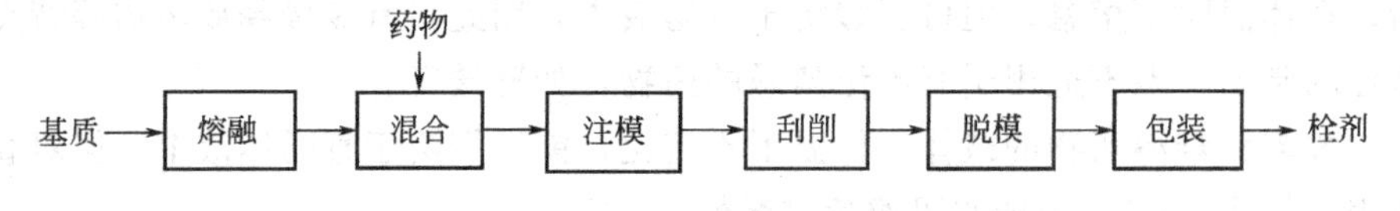

图 4-14 小剂量热熔法制备栓剂的工艺流程框图

小剂量热熔法制备栓剂的具体步骤如下。

① 清洗、干燥栓模，于模型内部涂少许润滑剂，倒置。栓剂模孔使用润滑剂的目的是为了便于冷凝后取出栓剂。油脂性基质栓剂常用的润滑剂是肥皂、甘油各 1 份与 90%乙醇 5 份制成的醇溶液。水溶性或亲水性基质的栓剂常用油性润滑剂有液状石蜡、植物油等。

② 将基质粉碎用水浴或蒸汽浴加热熔化（勿使温度过高）。

③ 按药物性质以不同方法加入药物，混合均匀。

④ 倾入栓模内至稍溢出模口，放冷，待完全凝固后，用刀切去溢出部分，开启模型，将栓剂推出即可。如果栓剂上有多余的润滑剂可以用滤纸吸去。

栓剂模具如图 4-15 所示，肛门栓模具除卧式外还有立式的用于生产，即由圆孔板和底板组成，表面镀铬或镍，以避免金属直接与药物接触发生作用。

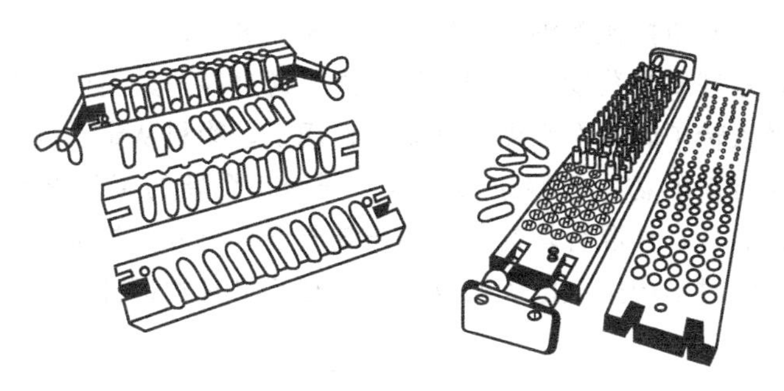

图 4-15　肛门栓模具

目前，大量生产栓剂主要采用热熔法，操作由自动模制机器完成。在操作过程中，需注意以下几点：

① 主药与基质的比例。主药剂量大小必须适合栓剂的大小或重量。通常情况下栓剂的容量是固定的，但它会因基质或药物的密度不同而容纳不同的重量。加入药物会占有一定体积，特别是不溶于基质的药物。在栓剂生产中，为了保证投料计算准确，引入置换价的概念。一般以可可豆脂为标准，药物的重量与同体积基质重量的比值称为该药物对基质的置换价。

② 基质的熔融。称取均匀的基质放置于装有恒温搅拌器的熔融桶中，在循环热水组成的加热格栅上加热（注意防止局部过热），一般熔融的基质达 50℃。

③ 主药成分的处理。大多数不溶性的主药成分必须采用适宜的机械将其微粉化，使其具有一定的细度。具有晶型的主药，首先要确定其结晶类型，了解其对直肠的耐受性及药理活性。为保证基质和主要成分的稳定，主要成分必须是无水的或含水量很低。

④ 熔融基质与主药成分的混合。基质熔融前先需分割成小块，其与主成分的混合可采用“等量递增法”进行。不耐热或易挥发的成分注模前与熔融基质混合。除了混合物本身具有某种色泽外，应用肉眼检查其色泽是否均匀，最后抽样检查后进行注模铸造。

⑤ 注模。在栓剂生产中，一般根据设计和制造工艺流程来控制栓剂团块注模铸造的温度。当熔融团块呈奶油状或接近固化时应注模。根据处方的组成确定注模的速度，当处方中有粉末药物时，应避免沉降。如有挥发性成分应防止挥发，浸膏剂应防止凝结。当栓剂冷却固化后，由机械将栓模上口多余部分削平，要恰当地掌握切削速度，过快则使栓剂出现空洞而致重量不足，过慢会造成拖尾并出现撕裂。

⑥ 脱模。栓剂的脱模可以根据模型的类型以纵向或横向进行，也有纵横混合进行。主要是为了保证栓体完整美观。在工业大生产中，多采用自动制栓机，可直接将栓剂熔铸在已预制的吸塑包装中，并直接进行封口工艺。

⑦ 包装。栓剂的包装形式很多，通常是内外两层包装。原则上是要求每个栓剂都要包裹，不外露，栓剂之间有间隔，不接触，目的是防止在运输和贮存过程中因撞击而破碎，或因受热而黏着、熔化造成变形等。

目前常用塑料壳包装，由大生产用栓剂包装机将栓剂密封在玻璃纸或塑料泡眼中。

二、栓剂的生产设备

制备栓剂最常用的方法是热熔法，其整个制备过程都可用机器来完成。填充、排出、清洁模具等操作亦为自动化。

1. 配料设备

工业生产中最常用栓剂的配料设备为 STZ-I 型高效均质机。它是栓剂灌装前的主要混合设备。主要用于药物与基质按比例混合，搅拌、均质、乳化，是配料罐的替代产品。

该设备工作原理是基质与药物在夹层保温罐内，通过高速旋转的特殊装置，将药物与基质从容器底部连续吸入转子区，在强烈的剪切力作用下，物料从定子孔中抛出，落在容器表面改变方向落下，同时新的物料被吸进转子区，开始一个新的工作循环。该种设备结构简单，适用于不同物料混合，且混合均匀。药物与基质混合充分，栓剂成型后不分层，有利于提高生物利用度。灌注时不产生气泡和药物分离，与药物接触部件全部是不锈钢材质，符合GMP标准。

2. 灌封设备

(1) 自动旋转式制栓机

图4-16为自动旋转式制栓机的示意图。该机的生产能力可达到3500～6000粒/h。操作时栓剂软材加入加料斗，斗中保持恒温并持续搅拌，模具的润滑通过涂刷或喷雾来完成，灌注的软材应满盈。软材凝固后，削去多余部分，注入与刮削装置均由电热装置控制温度。冷却系统可以按照栓剂软材的不同来调节，一般通过调节冷却转台的转速来调节。当凝固的栓剂转至抛出位置时，栓模即打开，栓剂即被一个钢制推杆推出，模具又闭合，而转移至喷雾装置处进行润湿，再开始新的周期。温度和生产速度可以按获得最适宜连续自动化的生产要求来调整。

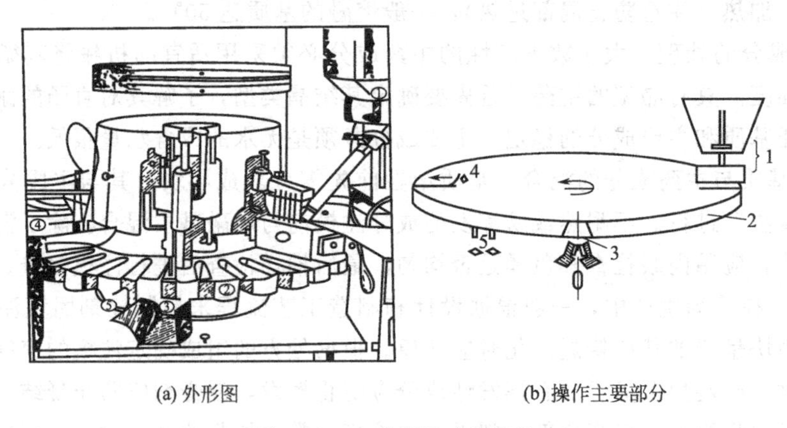

(a) 外形图　　(b) 操作主要部分

图4-16　自动旋转式制栓机

(2) 半自动栓剂灌封机组

BZS-I型半自动栓剂灌封机组是较新研制开发的机电一体化用于栓剂生产的新型设备，可自动完成灌注、低温定型、封口整型和单板剪断等进程。

操作时，将已配制好的药液灌入贮液桶内，贮液桶设有搅拌装置和恒温系统及液面观察装置。药液经由蠕动泵打入计量泵内，然后通过6个灌注嘴同时进行灌注，并且自动进入低温定型部分，完成液固态转化，最后进行封口、整型及剪断成型。

该机组采用特殊计量结构，灌注精度高，计量准确，不滴药，耐磨损，可用于灌注难度大的中药制剂和明胶基质。由于采用可编程控制器（PLC）控制，自动化程度高，能用于不同容量、各种形状的栓剂生产。该机还配有蠕动机泵连续循环系统，保证停机时药液不凝固；采用加热封口和整型技术，栓剂表面光滑、平整。同时该机还具有打批号功能。

(3) ZS-U型全自动栓剂灌封机组

该机组是吸收国外先进技术，结合国内栓剂生产实际而研制开发的新产品，机电气一体化属国内领先地位，可适应于各种基质、各种黏度及各种形状的化学药品和植物药品的栓剂生产。

操作时，成卷的塑料片材料经栓剂制壳机正压吹塑成型，自动进入灌注工序。已搅拌均匀的药液通过高精度计量泵自动灌注空壳后，被剪成多条等长的片段，经过若干时间的低温定型，实现液-固态转化，变成固态栓粒。通过整型、封口、打批号和剪切工序，制成成品栓剂。

该型机组的特点为：采用插入式灌注，位置准确，不滴药、不挂壁，计量精度高；适应性广，可灌注难度较大的明胶基质和中药制品；采用 PLC 可编程控制和工业级人机界面操作，自动化程度高、调节方便、温度控制精度高、动作可靠、运行平稳；注液桶容量大，设有恒温、搅拌和液面自动控制装置；装药液位置低，减轻工人劳动强度，设有循环供液和管路保温装置，保证停机时，药液不凝固；占地面积小，便于操作。

第三节　膜剂生产工艺技术及设备

一、膜剂的生产工艺技术

1. 概述

膜剂系指药物与适宜的成膜材料经加工制成的膜状制剂。膜剂可经口服、口含、舌下、眼结膜囊、口腔、阴道、体内植入、皮肤和黏膜创伤、烧伤或炎症表面覆盖等途径给药。

膜剂的形状、大小和厚度等视用药部位的特点和含药量而定。通常膜剂的厚度为 0.1～0.2mm，不超过 1mm，有透明和不透明两种。

膜剂是近年来国内外研究和应用进展很快的一种剂型，很受临床欢迎，可用于口腔科、眼科、耳鼻喉科、创伤、烧伤、皮肤科及妇科等。一些膜剂尤其是鼻腔、皮肤用药膜亦可使药物在全身发挥作用，加之膜剂本身体积小、重量轻，随身携带极为方便，故在临床应用上有取代部分片剂、软膏剂和栓剂的趋势。

但由于膜剂不适于剂量较大的药物，故在品种上受到很大限制。

(1) 膜剂分类

膜剂根据结构类型可分为单层膜、多层膜和夹心膜三类。其中单层膜是指药物直接分散在成膜材料中所形成的膜剂，临床应用较多，通常厚度不超过 1mm，膜的面积可根据药量来调整，一般用于口服的膜剂为 $1cm^2$ 以下。多层膜又称复合膜，为复方膜剂，由多层药膜叠合而成，可解决药物配伍禁忌问题，另外也可制备成缓释和控释膜剂。夹心膜属于一种新型制剂，即在两层不溶性的高分子膜中间，夹着含有药物的药膜，以零级速度释放药物。这种膜剂实际属于控释膜剂。

(2) 成膜材料

膜剂中膜是药物的载体，因此作为成膜材料对膜剂的成型和膜剂的质量有很大的影响。常用的成膜材料为天然或合成的高分子化合物。

天然的高分子材料有明胶、虫胶、阿拉伯胶、淀粉、糊精、琼脂、海藻酸、纤维素等。多数可降解或溶解，但成膜、脱膜性能较差，故常与其他成膜材料合用。

合成的高分子材料有聚乙烯醇类化合物、丙烯酸共聚物、纤维素衍生物类、硅橡胶、聚乳酸等。此类成膜材料成膜性能优良，成膜后的抗拉强度和柔韧性均较好。实验证明，成膜性及膜的抗拉强度、柔韧性、水溶性和吸水性等方面，以聚乙烯醇为最好。水不溶性的乙烯-醋酸乙烯共聚物则常用于制备复合膜的外用控释膜。

(3) 其他辅料

膜剂除主药和成膜材料外，还含有增塑剂、着色剂、表面活性剂、脱膜剂等辅助材料。

2. 膜剂的生产工艺

(1) 膜剂的制备方法

膜剂制备方法主要有匀浆制膜法、热塑制膜法和复合制膜法等。

① 匀浆制膜法。匀浆制膜法常用于以聚乙烯醇为载体的膜剂。其工作过程为：将成膜材料溶解于水，过滤，加入主药，充分搅拌溶解。不溶于水的主药可以预先制成微晶或粉碎成细粉，用搅拌或研磨等方法均匀分散于浆液中，脱去气泡。少量制备时可倾于平板玻璃上涂成宽厚一致的涂层，大量制备时采用涂膜机涂膜。烘干后根据主药含量计算单剂量膜的面积，剪切成单剂量的小格。匀浆制膜法的工艺流程见图 4-17。

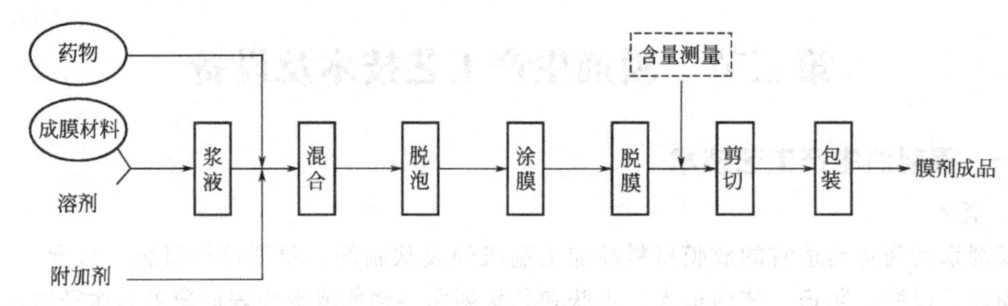

图 4-17　匀浆制膜法生产工艺流程

膜剂的干燥温度不宜过高，以免起泡，开始干燥的温度应在溶剂的沸点以下，而且应由低到高，以免引起药浆外干内湿的现象。另外药膜也不能过于干燥，以防剥离困难。常用的脱膜剂有液体石蜡、滑石粉等，可在涂膜前将液体石蜡均匀涂抹在玻璃板上，或撒上少许滑石粉，再用清洁的纱布除去，然后再涂上药浆。

② 热塑制膜法。热塑制膜法是将药物细粉和成膜颗粒材料混合，用橡皮滚筒混炼，热压成膜，随即冷却，脱膜即得。或将热熔的成膜材料如聚乳酸、聚乙醇酸等，在热熔状态下加入药物细粉，使其溶解或均匀混合，在冷却过程中成膜。本法的特点是可以不用或少用溶剂，机械生产效率高。

③ 复合制膜法。以不溶性的热塑性成膜材料（如乙烯-醋酸乙烯共聚物）为外膜，分别制成具有凹穴的底外膜带和上外膜带，另用水溶性的成膜材料（如海藻酸钠）以匀浆制膜法制成含药的内膜带，剪切后置于底外膜带的凹穴中。也可用易挥发性溶剂制成含药匀浆，以间隙定量注入方式注入到底外膜带的凹穴中。经吹风干燥后，盖上上外膜带热封即可。此法一般用机械设备制作，可用来制备缓控释膜剂。

(2) 膜剂的质量评价

膜剂的外观应完整光洁，厚度一致，色泽均匀，无明显气泡。多剂量的膜剂，分格压痕应均匀清晰，并能按压痕撕开。膜剂的质量评价包括质量差异、药物含量、溶出或释放度等。根据药典规定，质量差异检测时，在取样的 20 片膜片中，每片质量与平均质量比较，超出质量差异限度的膜片不得多于 2 片，并不得有 1 片超出限度的 1 倍。如表 4-2 所列。

表 4-2　膜剂的质量差异限度

平均质量	质量差异限度
≤0.02g	±15%
0.02～0.2g	±10%
＞0.2g	±7.5%

二、膜剂的生产设备

1. 涂膜机

最常用的膜剂生产设备是涂膜机，其基本结构如图 4-18 所示。工作时将已配好的含药成膜材料浆液置于涂膜机的料斗中，通过可以调节流量的流液嘴，将膜液以一定的宽度和恒定的流量涂布在预先抹有液体石蜡或聚山梨酯 80（脱膜剂）的不锈钢循环带上，获得宽度和厚度一定的涂层。经热风（80～100℃）干燥成药膜带。然后将药膜从传送带剥落，外面用聚乙烯膜或涂塑纸、涂塑铝箔、金属箔等包装材料烫封，按剂量热压或冷压划痕成单剂量的分格，再进行外包装即得。

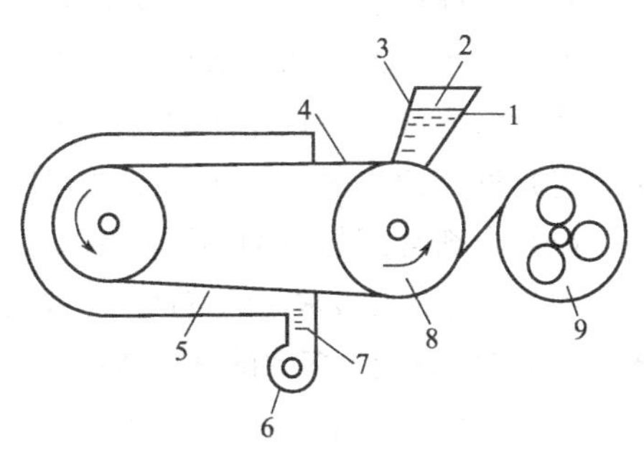

图 4-18　流延机涂膜

1—流液嘴；2—含药成膜材料浆液；3—控制板；4—不锈钢循环带；5—干燥箱；6—鼓风机；7—电热丝；8—主动机；9—卷膜盘

使用涂膜机制膜时，应注意料斗的保温和搅拌，使匀浆温度一致，从而避免不溶性的药粉在匀浆中沉降。在脱膜、内包装、划痕过程中，由于药膜带的拉伸，会造成剂量的差异，可考虑采用拉伸比较小的纸带为载体，例如在羧甲基纤维素铵等可溶性滤纸上涂膜。

2. 药膜涂膜干燥机

药膜涂膜干燥机由主箱体、副箱体、蠕动泵、平板刮刀、主辊筒、副辊筒、传送带、加热电板、吸风机和收卷机构组成，具体见图 4-19。工作时，药物浆液由蠕动泵加在传送带上，传送带在电机的带动下，环绕主箱体运转，平板刮刀将传送带上的药液刮成薄膜，加热电板空气加热，而吸风机将主箱体内的空气抽出，使空气在主箱体内流动，将药液中的溶剂挥去，干燥成型，收卷机构收集成型的药膜。该设备可连续操作，适于工业生产。

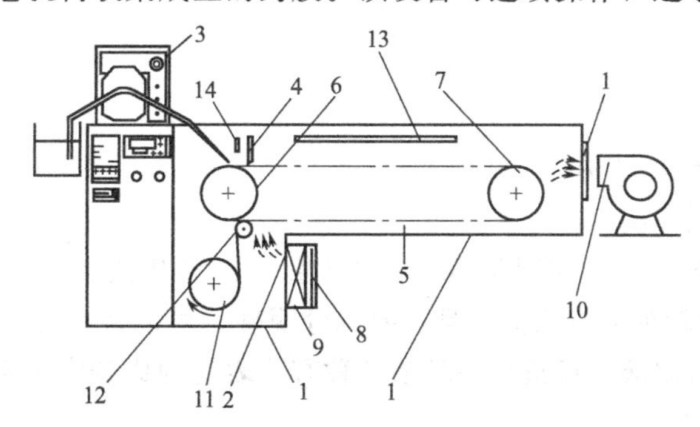

图 4-19　药膜涂膜干燥机

1—主箱体；2—副箱体；3—蠕动泵；4—平板刮刀；5—传送带；6—主辊筒；7—副辊筒；8—加热电板；9—过滤网；10—吸风机；11—收卷辊筒；12—过渡辊筒；13—紫外灭菌灯；14—超声波探头

第四节　合剂生产工艺与设备

一、合剂的生产工艺技术

1. 概述

合剂是将原料药用水或其他溶剂采用适宜的方法提取，经浓缩制成内服的液体剂型，单剂量灌装又称为口服液。合剂由中药汤剂发展而来。其特点是保留了原药材中的多种有效成分，吸收快、显效迅速，便于携带、保存和服用，可大批量生产。由于其中加入了矫味剂、防腐剂，口感好、质量稳定。成品经灭菌处理和密封包装，质量可靠。

我国合剂产品发展十分迅速，除了滋补保健类口服液（如人参蜂王浆、太太口服液等）外，临床上用于治疗的口服液种类也大量涌现（如双黄连口服液、银杏叶口服液等）。合剂绝大多数为溶液型，近年来也出现了口服脂质体、口服乳剂等一些新剂型。已经在临床上使用的有月见草油口服液、鸦胆子油口服液等。

（1）合剂常用的溶剂和附加剂

水是制备合剂最常用的溶剂，本身无药理作用。水能与甘油、丙二醇、乙醇等以任意比例混溶。水还能溶解绝大多数的有机药物、无机盐。制备口服液用水一般为蒸馏水或去离子水。

由于水中可溶解一定量的氧气，可使易氧化的药物变质。水中还容易滋生细菌，使得某些蛋白质或碳水化合物类药物被分解。因此，合剂必须采取适宜的防腐措施，如添加苯甲酸、苯甲酸钠、苯扎溴铵、山梨醇等防腐剂。

为了改善口感和外观，减轻患者尤其是婴儿、儿童服用时的痛苦，通常向合剂中添加矫味剂、着色剂等附加剂。常用的矫味剂有甜味剂、芳香剂、糖浆等。当合剂中蔗糖含量超过45%时，又称糖浆剂。常用的着色剂有天然色素和合成色素，如胭脂虫红、胡萝卜素、松叶兰等。

合剂是将药物溶解在一定量溶剂中形成均匀的透明液体。在溶解过程，有些药物即时达到了饱和浓度，也满足不了治疗所需要的药物浓度时，必须设法增加其溶解度。如鱼腥草素、大黄素等在水中的溶解度远低于治疗作用所需浓度。为了增加药物的溶解度，通常采取如下方法：

① 制成可溶盐；

② 加入增溶剂；

③ 加入助溶剂；

④ 应用混合溶剂；

⑤ 改变药物部分化学结构。

（2）口服液的质量控制

国家药典对口服液的质量控制包括：主药含量、细菌检查、装量差异、澄明度及药液pH等。单味药或药味较少的口服液，且主要成分明确，可以将主要成分作为质量控制的指标；而对于药味多的口服液，可选择一种或几种有代表性的成分作为质检指标。

2. 合剂的生产工艺

合剂的制备工艺较汤剂复杂，过程包括原辅料的准备、配液、分装、灭菌、包装等工序。口服液生产工艺流程见图4-20。

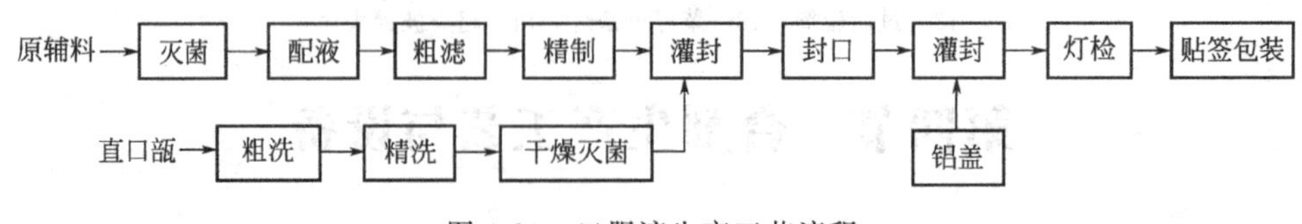

图4-20　口服液生产工艺流程

（1）原辅料的准备

合剂的主药准备包括主药成分的提取、净化和浓缩。具体详见第六章中药制剂。中药成分一般采用煎煮法提取，由于一次投料量大，故煎煮时间每次1～2h，煎煮2～3次，过滤，合并滤液备用。如原料中含有挥发性成分，可先采用蒸馏法收集挥发性成分，剩余的药渣再与其他药材一起煎煮。此外，根据药物成分的特性，也可利用乙醇等作溶剂，采用渗滤法、热回流等方法提取。

由于提取液中常含有大量的多糖、蛋白质、鞣制、果胶等高分子物质，这些成分在药液长期贮存过程因“陈化”析出而影响口服液的澄明度。一般采用水提醇沉的方法进行净化处理。近年来也有人尝试使用明胶或壳聚糖作为絮凝剂进行絮凝沉淀，之后滤过进行净化处理。其处理工艺为将1%明胶液和1%丹宁液在搅拌的条件下加入到中药浓缩液中，在8～12℃下反应12h，滤过即得。而壳聚糖的作用温度一般在40～50℃。此外，用酶作澄清剂也能取得较好的效果。絮凝剂的用量一般由具体试验确定。

净化后药液需要适当浓缩，一般以每日口服用量30～60mL为宜。经过醇沉净化处理的药液，应先回收乙醇后再浓缩。

(2) 配液

主要是根据处方在药液中添加适宜的附加剂，并混合均匀。根据国家药典规定，若以蔗糖为附加剂，除有规定外，其含蔗糖量不得高于20%。

(3) 包装容器及其清洗

合剂的包装容器有直口瓶、塑料瓶和螺口瓶等，又分成大容量和单剂量二类。其外形如图4-21所示。

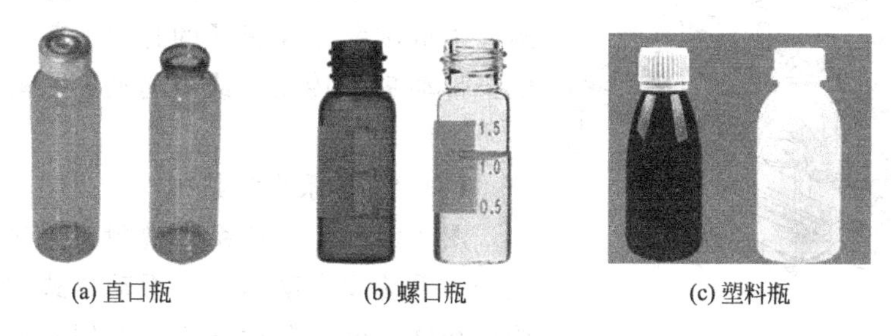

(a) 直口瓶　(b) 螺口瓶　(c) 塑料瓶

图4-21 口服液常用包装容器

直口瓶外形美观，市场占有率最高。但直口瓶的撕拉铝盖的拉舌容易在撕拉过程中断裂，给服用造成麻烦。应外，因包装材料不一致，易出现封盖不严的情况，从而影响药液的保质期。

螺口瓶是在直口瓶基础上发展出来的一种很有前景的改进包装容器。它克服了直口瓶封盖不严的缺点，而且结构上取消了撕拉带这种封口形式，且可制成防盗盖形式。但由于制造相对复杂，生产成本较高，现在药厂实际采用的并不是很多。

塑料瓶容量相对较大，是伴随意大利塑料瓶灌装生产线的引进而采用的一种包装形式。该联动线入口处以塑料薄片为初始材料，通过将两片分别加热成型，并将两片热压在一起制成塑料瓶，然后自动灌装、热封封口、切割得成品。塑料瓶包装成本相对较低，灌装前还可省去包装容器的灭菌处理。但成品不宜灭菌，对生产环境和包装材料的清洁度要求较高。

为了防止合剂被微生物污染而导致药液腐败变质，除确保药液无菌之外，还应对包装容器进行清洗、灭菌处理。同装大输液的玻璃瓶处理一样，在灌装前需对直口瓶和螺口瓶的内外壁进行刷洗，之后再进行自来水和蒸馏水清洗。每次清洗后必须去除残水。容器瓶洗净后，必须经过灭菌干燥后才能用于灌装。

（4）分装、灭菌

配好的药液可按照注射剂制备工艺要求经过粗滤、精制后，分装于无菌的洁净干燥容器中，密封或熔封，最后进行灭菌。而对于大容量包装的合剂一般在无菌条件下操作，灌装后不经灭菌，直接供用。

灌装前除了检查药液的主药含量、色泽、澄明度等指标外，还要对灌装设备、针头、管道等用蒸馏水清洗干净和煮沸灭菌。配制好的药液一般应在当班灌封，如有特殊情况，可适当延长待灌时间，但不能超过 48h。对于需要灭菌的产品，从灌封至灭菌的时间应控制在 12h 之内。灭菌后需经过真空检漏，真空度应达到规定要求。

合剂的灭菌多采用热压灭菌法、煮沸灭菌法或流动蒸汽灭菌法。

二、合剂的生产设备

合剂包装容器的清洗设备有毛刷式洗瓶机、喷淋式洗瓶机和超声洗瓶机，灭菌干燥设备有蒸汽灭菌柜、隧道式灭菌干燥机和远红外灭菌烘箱，具体详见第三章中注射剂包装容器的相对清洗设备。本节重点介绍合剂的灌封设备和灌装生产线。

1. 口服液灌封机

口服液灌封机是用于易拉盖口服液玻璃瓶自动定量灌装和封口的设备，主要包括松瓶、灌装、送盖、封口、传动等几个部分。灌装的主要部件包括泵和药量调节机构。送盖是由电磁振动台、滑道实现瓶盖的翻盖、选盖，完成瓶盖的自动供给。封口由机械手完成瓶子的封口。整个机器可由一台电机带动集中传动，或由送瓶、灌药、压盖几台电机协调传动。

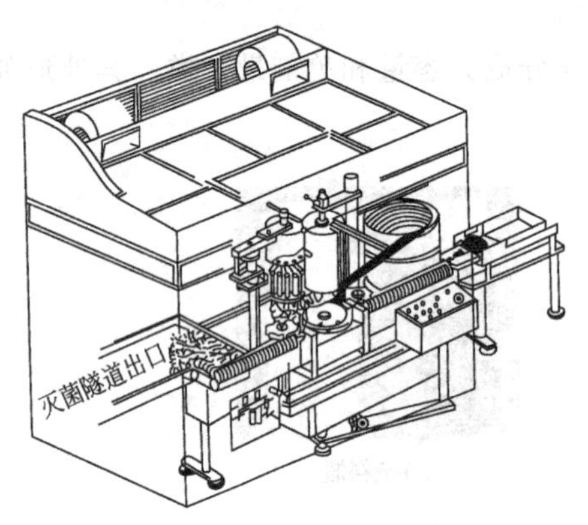

图 4-22　YGE 系列灌封机外观

（1）YGE 系列灌封机

图 4-22 为 YGE 系列灌封机外观，该机操作方式分为手动和自动两种。手动方式主要用于设备的调试和试运行，自动方式主要用于机组联线的自动生产。灌装机在开机前应将包装瓶和瓶盖进行人工目测检查。此外还应检查机器润滑情况，从而保证机器运转灵活。手动几个循环后，调整药量调节部件，以确保灌装的精确度。

在联动线中，为使灌封机与洗瓶机、干燥灭菌设备的运转速度匹配，灌缝机器的运转速度为无级调速。在生产中，操作人员要随时观察设备的运行状况，处理下盖不畅、走瓶不顺或碎瓶等一些异常情况，并抽检轧盖质量。如果发现异常情况，如出现机械故障，可以启动安装在机架尾部或设备进口处操作台上的紧急制动开关，进行停机检查、调整。

（2）YD-160/180 型口服液多功能灌封机

YD-160/180 型口服液多功能灌封机适用于口服液制剂生产中的计量灌装和轧盖。灌装部分为八头连续跟踪式结构，具有生产效率高、占地面积小、计量精确、无滴漏、轧口牢固、操作简便、清洗灭菌方便、变频无级调速等优点。该机符合 GMP 要求，生产能力为 100～180 瓶/min，灌量范围 5～15mL，是目前国内产能最高的液体灌装轧盖设备。

（3）GCB4D（GBC8D）型四泵（八泵）直线式灌装机

如图 4-23 所示，该机适用于制药、食品、化工等行业用 30～1000mL 各类材质的圆瓶、异型瓶等的灌装。工作程序包括输瓶、挡瓶、计量灌装和输瓶。灌装前，需要将灌装的料液置于贮药斗内，通过计量泵到达喷头。与此同时，贮瓶盘内的药瓶经过整理后通过输送轨道被输送到挡瓶机构处，完成药液的灌装，再由输送轨道送回贮瓶盘。

该机灌装形式为四泵（八泵）直线式，结构紧凑，生产效率高，产能达到 1800～4800 瓶/h（GCB8D 型 3000～9000 瓶/h），装量30～1000mL。采用拨轮定位挡瓶或电磁阀挡瓶机构，动作灵活，无玻璃瓶撞击现象。采用计量泵消泡式压力灌装，喷嘴行程可调节，可有效防止灌装时泡沫产生。计量无级调节，从 30mL 至 1000mL，计量误差≤±0.5%。灌液喷嘴设有防滴漏装置，灌装速度可调节，且配有光电自控系统，堆瓶、缺瓶能自动停止，保持全线动作协调。

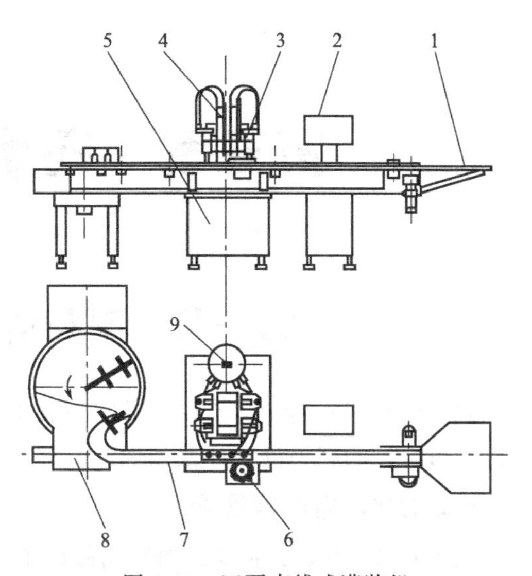

图 4-23　四泵直线式灌装机

1—贮瓶盘；2—控制盘；3—计量泵；4—喷嘴；5—底座；6—挡瓶机；7—输瓶轨道；8—理瓶盘；9—贮药桶

2. YZ25/500 液体灌装自动生产线

它是一条集洗瓶、灌装、上盖、贴签于一体的液体灌装自动生产线，可以自动完成洗瓶、灌装、旋盖（或压防盗盖）、贴签、印批号等一系列操作。生产线见图 4-24。该机可完成容量 30～1000mL、瓶身直径 30～80mm 的液体灌装，生产能力 20～80 瓶/min，由瓶形、液体性质和装量决定。生产线外形尺寸为：长 12000mm，宽 2020mm，高 1800mm。

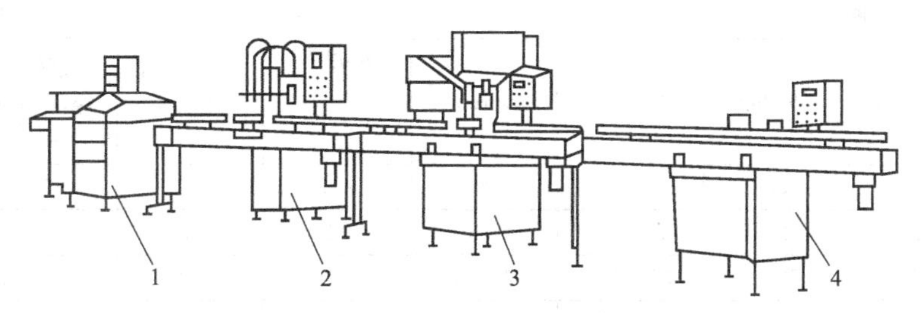

图 4-24　YZ25/500 液体灌装自动生产线

1—洗瓶机；2—四泵直线式灌装机；3—旋盖机；4—贴标机

第五章　药物制剂车间设计

第一节　制药洁净车间的技术要求

制药洁净车间的设计不仅要遵守一般化工车间设计的常用设计规范和规定，而且要遵守洁净厂房设计的有关设计规范和规定。

一、GMP 与洁净等级

我国 GMP 对制药企业洁净车间做出了明确的规定，将对环境中尘埃粒子和微生物数量进行控制的房间或区域定义为洁净车间或洁净区。2010 年修订版 GMP 将空气洁净等级分为 A、B、C、D 四个级别，见表 5-1。GMP 附录还对药品生产各个环节的洁净级别要求作了明确规定。如无特殊要求口服固体制剂主要工序一般在 D 级区域内完成。注射剂生产工艺的卫生标准要求相对较复杂，具体见表 5-2 和 5-3。此外，GMP 还对空气净化系统等设施也附有详细的规定。这些规定是药物制剂车间设计的主要依据。

表 5-1　洁净室（区）空气洁净度级别表

洁净度级别	悬浮粒子最大允许数/m³				微生物最大允许数			
	静态		动态		浮游菌 cfu/m³	沉降菌 (ϕ90mm) cfu/4h	表面微生物	
	≥0.5μm	≥5.0μm	≥0.5μm	≥5μm			接触菌 (ϕ55mm) cfu/碟	5 指手套 cfu/手套
A 级	3520	20	3520	20	<1	<1	<1	<1
B 级	3520	29	352000	2900	10	5	5	5
C 级	352000	2900	3520000	29000	100	50	25	—
D 级	3520000	29000	不做规定	不做规定	200	100	50	—

表 5-2　最终灭菌注射剂生产操作对洁净等级的要求

洁净度	最终灭菌注射剂生产操作
C 级下的局部 A 级	高污染风险的产品灌装
C 级	产品灌装(或灌封)；高污染风险产品的配制和过滤；滴眼剂，眼膏剂，软膏剂，乳剂和混悬剂的配制、灌装(或灌封)；直接接触药品的包装材料和器具最终清洗后处理
D 级	轧盖；灌装前物料的准备；产品配制和过滤(指浓配和密闭系统的稀配)；直接接触药品的包装材料和器具最终清洗

表 5-3　非最终灭菌注射剂的生产操作对洁净等级的要求

洁净度	非最终灭菌产品生产操作
B 级下的局部 A 级	产品灌装(或灌封)、分装、压塞、轧盖；灌装前无法除菌过滤的药液或产品的配制；冻干过程中产品处于未完全密闭状态下的转运；直接接触药品的包装材料、容器具灭菌后的装配，存放以及处于未完全密闭状态下的转运；无菌原料药的粉碎、过筛、混合、分装

续表

洁净度	非最终灭菌产品生产操作
B级	冻干过程中产品处于完全密闭容器内的转运； 直接接触药品的包装材料、器具灭菌后处于完全密闭容器内的转运
C级	灌装前可除菌过滤的药液或产品的配制；产品的过滤
D级	直接接触药品的包装材料和器具最终清洗、装配或包装、灭菌

二、制剂车间布置要求

1. 分区设置

我国GMP将药厂制剂厂房分为生产区、仓储区、质量控制区和辅助区。生产区包括生产用原辅暂存区、称量室、包装区、中间控制区（中间产品检验室）。仓储区包括原辅料、内外包材、中间品、待验品、成品等仓库（区）。质量控制区除包括各种实验室、仪器室外，还包含实验动物房。辅助区包括更衣、存衣、洗衣、盥洗、休息、维修间等。

制剂厂房按其功能性还可分为洁净生产区、洁净辅助区和洁净动力区三个部分。洁净生产区内布置各级别洁净室，是洁净厂房的核心部分。洁净辅助区包括人净、物净和生活用房以及管道技术夹层。其中人净有盥洗室、更换衣鞋间及风淋室；物净有净化和物料储存间以及可能的物料通道；生活用房有餐室、休息室、饮水室、杂物和雨具存放以及洁净厕所等。洁净动力区包括净化空调机房、纯水站、气体净化站、变电站和真空泵房等。

2. 尽量减少洁净区的建筑面积

有洁净等级要求的车间，不仅投资较大，而且水、电、汽等经常性费用也较高。一般情况下，厂房的洁净等级越高，投资、能耗和成本就越大。因此，在满足工艺要求的前提下，应尽量减少洁净厂房的建筑面积。例如，可布置在一般生产区（无洁净等级要求）进行的操作不要布置在洁净区内进行，可布置在低等级洁净区内进行的操作，不要布置到高等级洁净区内进行，以最大限度地减少洁净厂房尤其是高等级洁净厂房的建筑面积。但有时为了减少制剂车间洁净等级的复杂度，也会将一些在洁净等级较低环境下的操作提高到较高的洁净等级环境中。而在有洁净等级要求的车间内，要尽量减少洁净区面积，控制层高，以降低投资和能耗。但是洁净区内也应设置足够的与生产车间洁净度级别相适应的卫生通道和生活设施，并设置一定的安全出入口。此外，要有足够的中间贮存和中转面积。

特别要强调的是，建筑上应充分考虑回风口、回风道的位置与面积。在洁净辅助区中应考虑管井和吊顶空间，以利管路安排和整洁。

3. 合理布置不同洁净等级要求的房间

我国GMP（2010版）明确规定，洁净区与非洁净区之间及不同级别的洁净区之间，要保持不低于10Pa的压差。必要时，相同洁净等级的不同功能区域（操作间）之间应保持适当的压差梯度。因此，在布置不同洁净等级要求房间时要注意以下原则。

① 在洁净室平面布置时，洁净等级要求相同的房间应尽可能集中布置在一起，以利于通风和空调的布置。

② 应尽量减少洁净车间的人员和物料出入口，以利于全车间洁净度的控制。

③ 在洁净室平面布置时，应使人流方向由低洁净度洁净室向高洁净度洁净室，将高级别洁净室布置在人流最少处。洁净室设计时还要考虑当工艺改变时房间隔墙有变更的余地。

④ 在有窗的制剂车间设计时，一般应将洁净等级要求较高的房间在内侧或中心部位。

若窗户的密闭性较差，且将无菌洁净室布置在外侧时，应设置密闭式的外走廊，作为缓冲区。

⑤ 原辅料、半成品和成品以及包装材料有明确的存放区域，待检品、合格和不合格品应有足够区域存放并严格分开，存放区与生产区的距离要尽量缩短，以减少中途污染。

⑥ 应有无菌服装的洗涤、干燥室，并符合相应得空气洁净度要求。

⑦ 进入洁净室（区）的人员和物料应有各自的净化用室和设施，其设置要求应与洁净室（区）的洁净等级相适应。生产过程中产生的废弃物出口不应与物料进口合用一个气闸室或传递窗，而应单独设置专用传递措施。

⑧ 洁净动力区是洁净厂房的重要组成部分之一，该区的各种用房一般布置在洁净生产区的一侧或四周，建筑设计应为管线布置创造有利条件。

一般集中式净化空调的机房面积较大，与洁净生产区面积之比可高达（1∶2）～（1∶1）之间，净高不得低于5m。

纯水站的位置除便利酸碱的运输外，还应考虑防止水处理对新风口附近空气的污染。易燃易爆气体供应站需要符合防火、防爆的规定，不得影响洁净厂房其他部分的安全。

空压站、真空洗尘泵的位置应有利于限制噪声和振动的影响。

洁净动力区的所有站房均应设有互不干扰的人员出入口和室内外管线与电缆进出口。

三、人员与物料净化通道及洁净辅助用室

1. 人员净化通道

（1）门厅与换鞋处

门厅是人员进入车间的第一场所。为了最大限度地控制人员将外界尘粒带入车间，在门厅设立换鞋区，换鞋后进入更衣室。对于人数较少的车间，工人脱去外出鞋，上平台，穿车间供应的拖鞋，然后将外出鞋存入鞋柜。当车间人数较多时，可在换鞋区套上鞋套，跨过换鞋平台进入存外衣室，将外衣、鞋连鞋套一起存入更衣箱内，换上车间供应得清洁鞋。

（2）外衣存放室

主要存放工人的外衣及生活用品，如手提包等。工人在此更换上白大衣，对于进入洁净区的工人还需要再更换洁净工作服。外衣存放室的衣柜数量按车间定员数，每人一个。较理想的更衣柜为单层，上部放包、中部挂衣服、下部存鞋。挂衣处可分左右二格，将外出服与工作服分开挂存，以减少污染。

（3）厕所与淋浴室

在制剂厂房中，厕所与淋浴室的设置一直存在争论。从生活方便方面，它们不可或缺。但这两个场所又可能成为洁净车间的污染源。另外，淋浴室的高湿度可能会影响洁净区的湿度控制。

国外部分设计实例为人员进入C万级，甚至A级洁净区并不经过淋浴室。淋浴室一般设置在洁净区外。而生产制度上严格规定，进入洁净区的人员需按特定程序穿戴较严密的无菌衣帽、口罩及鞋罩，尤其严格规定戴手套的程序。

厕所集中设置在洁净区更衣室之外，以避免污染和臭味。

2. 人员净化程序

人身净化程序目前推荐一次更衣程序。人员进入洁净区的人净程序：凡是进入洁净区的人员（包括操作工人、检修人员和质检人员）均需经过换鞋、更换洁净服、并戴帽后进入。

卫生通道的洁净度由外到内逐步提高，故要求越往内送风量越大，造成正压，防止污染空气倒流带入尘粒及细菌。

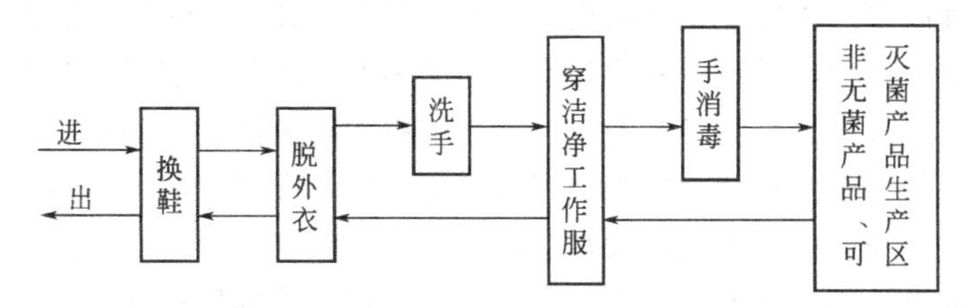

图 5-1　进出非无菌产品、可灭菌产品洁净生产区时的人员净化程序

图 5-1 为进出非无菌产品、可灭菌产品洁净生产区的人员净化程序。图 5-2 为进出非最终灭菌产品洁净生产区的人员净化程序。

总之，人员通道不论何种方式，其进入洁净区的入口位置尽量靠近洁净中心。

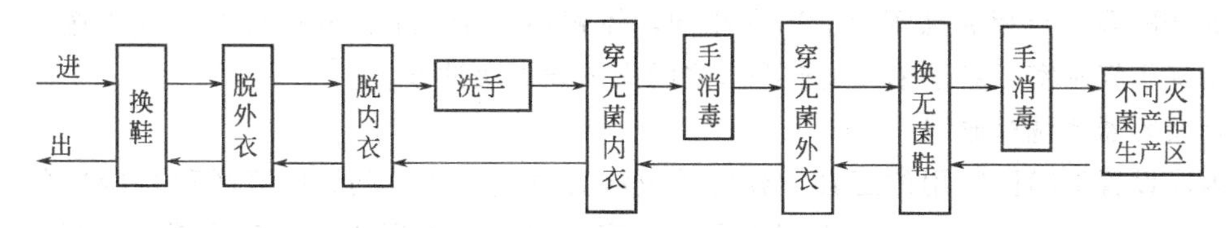

图 5-2　进出不可灭菌产品洁净生产区的人员净化程序

3. 物料净化程序

各种物料在送入洁净区前必须经过净化处理，有的物料只需一次净化，有的需二次净化。一次净化不需要室内环境的净化，可设于非洁净区内。二次净化要求室内也具备一定的洁净度，可设于洁净区内或与洁净区相邻。物料路线与人员路线应尽可能分开，如果物料与人员只能在同一处进入洁净厂房，也必须分门而入。

进出控制区或洁净区的物料（包括原辅料、包装材料、容器和工具等）均应按图 5-3 所示程序进行净化。

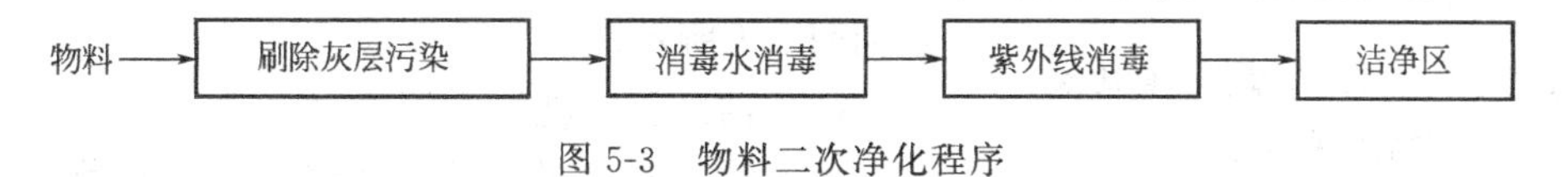

图 5-3　物料二次净化程序

为防止原辅料及容器的外包装材料可能产生污染，故在进入车间的物料入口处，均安排一个清扫外包装的场所，即除外包装室。其目的和人流路线中的换鞋、更衣相同。原辅料和包装材料的外包装清洁室，应设在一般生产区。凡是进入洁净区的物料、容器及工具，均需在缓冲间内进行擦拭消毒处理，再由缓冲间或传递窗内用紫外灯照射杀菌后送入。

多层厂房的货梯不能设置在洁净区内，只能设在一般区或控制区内。若设在洁净区内，则需在电梯出入口处增加一缓冲间，该室应对控制区保持负压状态。进入货梯的物料容器均应先进行清洁。

洁净室之间物料或物品长时间连续传送时主要依靠传送带实现。由传送带造成的污染或交叉污染，主要来自传送带自身的“沾尘带菌”和带动空气造成的空气污染。2010 版 GMP 规定除传送带本身能连续灭菌（如隧道式灭菌设备）外，传送带不得在 A/B 级洁净区与低级别洁净区之间穿越。传送向 B 级（一般是生产无菌药品）洁净室的物料传输，只能用分段传送带传送。

4. 洁净生产辅助用室

洁净辅助区包括人净、物净通道，工具、容器具及洁净用具的清洗和存放间，洁净服的清洗、消毒和整理间等。人净通道中除换鞋、更衣间外，还有风淋室和缓冲间；物净通道中有缓冲间和气闸室。其中风淋室是利用喷嘴吹出的高速气流使衣服抖动起来，从而将衣服表面沾的尘粒吹掉，一般设置在洁净室的入口处。如在大输液灌装车间的入口处。气闸室也设置在洁净室入口，是一个具有两个或多个门的密闭空间，在同一时间只能打开一扇门，以防止污染的空气流入洁净室。气闸室内没有送风和洁净等级要求，因此气闸室只能起到一个缓冲作用。在目前的设计中，风淋室和气闸室已经逐渐被缓冲间所替代。

(1) 传递窗和缓冲室

传递窗主要用于洁净等级不同的洁净区之间、非洁净区域洁净区之间的小物品传递，以减少洁净室的开门次数。传递窗两侧门不能被同时打开。传送至无菌洁净室的传递窗易设置净化措施或其防污染设施。

缓冲室的洁净等级与相邻高等级洁净室相同，体积不小于 $6m^3$。其内设有空气输送设备，缓冲作用优于气闸室。对于单向流洁净室之间无须设置缓冲室。

(2) 工具及容器清洗存放室

洁净区内应设置洁净区专用的工具、容器具及洁具清洗和存放间。D级区和C级区的清洗室和存放室可设置在本区内，两室相邻，中间一般设置双门灭菌柜相通，以减少洁净区内人员的走动和货物的搬运；A/B级区内只设置存放室，使用的洁具、容器具清洗可在C级区清洗室内进行，经灭菌消毒后再送入A/B级区。洁具的清洗存放间主要用于清洗和存放洁净区内清洗、消毒工具和设备，如拖把、洁净车等，并肩负清洁用消毒液的配制。设置要求同工（容器）具清洗存放间。

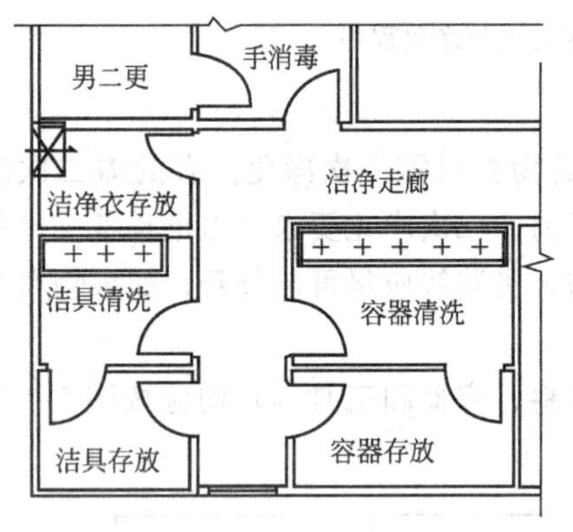

图 5-4　工具、容器、洁具清洗存放室布置示意

洁净区内工具、容器、洁具清洗存放室的布置示意如图 5-4 所示。

(3) 洁净服的洗涤和消毒室

由于洁净室中的灰尘5%来源于建筑物，15%来源于通风换气，而80%来源于人本身。为了减少人为因素带入灰尘，对工作服的要求也特别慎重。无菌洁净服应采用无纤维脱落的尼龙制品或绸织品。国外药厂不同洁净度区域的服装颜色也不一样，以利于管理。

洁净服的洗涤、整理应在D级以上区域内完成。也就是说，对于口服固体制剂生产用洁净服的清洗间和整衣间可设D区内；对于注射剂生产C级环境用的洁净服一般在本区内完成清洗、整衣和消毒，而A/B级用无菌工作服的清洗间可设在C级中，但消毒和整理应在A/B级环境中进行。

四、自动控制室和火警值班室

洁净厂房的自动控制室的位置应靠近控制设备、车间或者有关站房等。自动控制室内主要布置落地式控制盘。单一落地式控制盘的宽度为1.1m左右，厚度为0.99m左右，高度为2.1m左右。按盘前操作距离2m，盘后维修距离1m考虑，单一落地式控制盘所需控制室的平面进深尺寸不宜小于4m，宽度视盘的数量而定，高度不低于3.5m。房间应保持洁净。

火警值班室是在接受报警发出信号后对外联络，对内操作灭火系统（消防系统、事故照明及控制风、水、电等系统的切断与启动）场所，应有单独的出入口，厂方规模不大时，可与值班室合并。

第二节　口服固体制剂车间设计

一、口服固体制剂车间 GMP 设计原则及相关技术要求

口服固体制剂车间 GMP 设计原则及技术要求中，工艺设计起到核心作用，直接关系到药品生产企业的 GMP 验证和认证。因此，在紧扣 GMP 规范进行合理布置的同时，应遵循以下设计原则和技术要求。

1. 口服固体制剂车间设计基本原则

① 固体制剂车间设计的依据是 GMP 及其附录、《洁净厂房设计规范》（GB 50073—2001）和国家关于建筑、消防、环保、能源等方面的规范设计。

② 车间在厂区中布置应合理，应使车间人流、物流出入口尽量与厂区人流、物流道路相吻合，交通运输方便。由于固体制剂发尘量较大、其总图位置应不影响洁净级别较高的生产车间如大输液车间等。

③ 车间平面布置在满足工艺生产、GMP 规范、安全、防火等方面的有关标准和规范的前提下，尽可能做到人、物流分开，工艺路线通顺、物流路线短捷、不返流。

④ 若无特殊要求，生产类别为丙类，耐火等级二级。洁净度 D 级、温度 18～26℃、相对湿度 45%～65%。设备布置便于操作，辅助区布置适宜。空压站、除尘间、空调系统、配电等公用辅助设施，均应布置在一般生产区。

⑤ 粉碎机、旋振筛、整粒机、压片机、混合制粒机需设置除尘装置。热风循环烘箱、高效包衣机的配液需排热排湿。各工具清洗间墙壁、地面、吊顶要求防霉且耐清洗。

2. 口服固体制剂车间的一般设计要点

（1）人员和物料入口

应该分别设置操作人员入口和物料入口通道。原辅料和直接接触药品的内包装材料，如果有可靠的包装相互间不会产生污染，原则上可以使用一个入口。而生产过程产生的废弃内包材，应设置专门的出入口，以免污染原辅料和内包材。进入洁净区的物料和运出洁净区的成品的出入口应分开设置。

（2）洁净室走廊设置

在洁净区内设计走廊时，应保证此通道直接到达每一个生产岗位。不能将其他操作间或存放间作为物料或操作人员进入本职岗位的通道。同时由于固体制剂生产的特殊性及工艺配方和设备的不断改进，应适当加宽洁净走廊，使其不仅作为人员和物料的通道，还是更换设备的通道。

洁净区房间各功能间设立过程中，人员流动的走向和物料流动的走向不得相互交叉。洁净区走廊分别图上明显标志和说明人员和物料的走向。

（3）备料室的设置

综合固体制剂车间原辅料的处理量大，应设置备料室，并布置在仓库附近，便于实现定

额定量、加工和称量的集中管理。仓库布置了备料中心，原辅料在此备料，直接供车间使用。车间内不必再考虑备料工序，可减少生产中的交叉污染。

（4）中间站的设置

洁净区内应设置与生产规模相适应的原辅料、半成品存放区，如颗粒中转站、胶囊间和素片中转站，以利于减少人为差错，防止混药。中间站有分散式和集中式两种。如图 5-8 所示，分散式的优点是各个独立的中间站临近操作室，二者联系方便，不易引起混药。如果没有特殊要求，可由隔墙开门相通，转送物料时可避免对洁净走廊的污染。缺点是不便管理。如图 5-15 所示，集中式是整个生产过程中只设一个中间站，专人负责，划区管理，负责对各工序半成品入站、验收、移交，并按品种、规格、批号加以区别存放，标志明显。该种中间站的优势是便于管理，能有效防止混药和交叉污染。缺点是对管理者要求较高。

（5）捕尘、除尘布置

固体制剂车间的显著特点是产尘工序多，发尘量大的粉碎、过筛、制粒、干燥、整粒、总混、压片、充填等岗位，需要设置必要的捕尘、除尘装置，如图 5-5 所示。产尘室内同时设置回风及排风，排风系统均与相应的送风系统连锁，即排风系统只有在送风系统运行后才能开启，避免不正确的操作，以保证洁净区相对室外正压。工序产尘时关闭回风，不产尘时关闭排风。为了防止粉尘污染其他车间，在产尘车间设置前室，前室相对公共走廊为负压，前室相对产尘操作间为正压，以防止粉尘外溢污染临近操作间或公用走廊。如图 5-6 所示，压片间及硬胶囊填充间与其前室保持 5Pa 的相对压差。

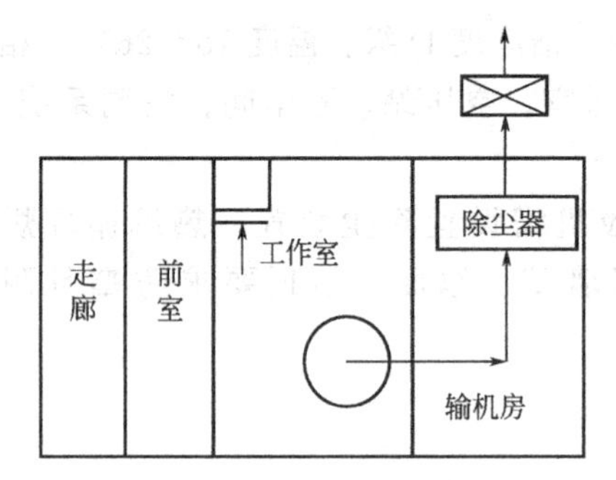

图 5-5　捕尘、除尘装置

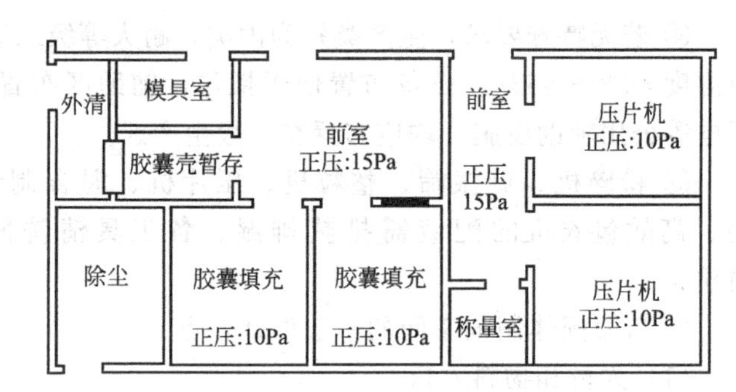

图 5-6　压片及硬胶囊填充间与前室的压差

（6）固体制剂车间排热、排湿及臭味的处理

配浆、容器具清洗等散热、散湿量大的岗位，除设计排湿装置外，也可设置前室，避免由于散湿和散热量大而影响相邻洁净室的操作和环境空调参数。

如干燥工序产湿、产热较大，如果将烘房排气先排至操作室内再排至室外，则会影响工作室的温湿度。将烘房室排风系统与烘箱排气系统相连，并设置三通管道阀门，阀门的开关与烘箱的排湿连锁，即排湿阀开时，排风口关。此时烘房的湿热排风不会影响烘房室的温度和气流组织。

铝塑包装机工作时产生 PVC 焦臭味，故应设置排风。排风口应位于铝塑包装热合位置的上方。

（7）安全门的设置

设置参观走廊和洁净走廊时要考虑相应的安全门，它是制药工业洁净厂房所必须设置的，其功能是出现突然情况时迅速安全疏散人员，因此开启安全门必须迅速简捷。一般安全出入口不少于两个，并向疏散方向单向开启。

(8) 生产流程以及 GMP 的要求

口服固体生产除了生产流程的功能间，即粉碎间、过筛间、混合间、制粒间、干燥间、整理间、总混间、压片间（胶囊填充）、包衣间、铝塑包装间及外包装间外，还应设置下面的辅助功能间：容器清洗间、容器存放间、模具存放间、清洁工具间、洁净服清洗间、洁净服存放间、物品中间站、人员一更、二更间、洗手间、出产品缓冲间等公用间。

洁净区内清洗用水根据被洗物品是否直接接触药物而定。不接触者可使用饮用水清洗，接触者还要依据生产工艺要求使用纯水或注射水清洗。但不论是否接触药物，凡是进入无菌区的工具、容器等均需要灭菌。

二、片剂生产车间工艺设计

片剂的主要生产工序包括粉碎、配料、造粒、干燥、整粒与总混、压片、包衣、分装、包装和入库等，其生产工艺流程及对环境的洁净等级要求如图 5-7 所示，从粉碎工艺过程开始到内包装结束，整个过程均在 D 级环境下完成。

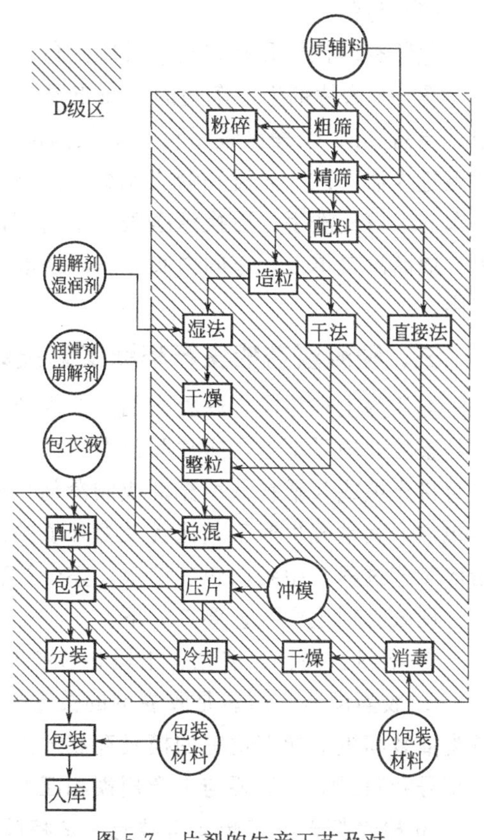

图 5-7 片剂的生产工艺及对环境洁净等级要求

片剂生产设计工艺要点如下。

(1) 原辅料预处理

物料粉碎、过筛岗位应有与其生产能力相适应的面积，选择的粉碎机和振动筛等设备要有吸尘装置，含尘空气经过滤处理后排放。

(2) 称配

称量岗位面积相对较大，要考虑原辅料称量和称量后暂存的空间要求。固体物料粉尘量大，必须考虑排尘和捕尘。配料岗位通常与称量不分开，将物料按处方称量后进行混合，装入洁净的容器内留待下一道工序使用。

(3) 造粒和干燥

干法造粒设备直接将配好的物料压制成颗粒，不需要制浆和干燥过程。湿法制粒是最常用的制粒方式，根据物料性质而采用不同的工艺。如摇摆颗粒机＋干燥箱方式，湿法制粒机＋沸腾床干燥方式，或采用一步制粒机直接造粒。湿法制粒都配有制浆室，注意排湿、排热。使用一步制粒机时，注意房屋吊顶至少在 4m 以上。通常湿颗粒干燥至含水率为 5%左右即可。干燥过程中可用水分快速分析仪测定颗粒含的水率，以判断干燥程度。

(4) 整粒和总混

整粒通常使用摇摆式颗粒机完成，不必单独设计房间，可直接在制粒干燥室内加设整粒设备，注意设有除尘装置。总混是指在干燥后的颗粒中加入干颗粒重量 0.5%～1%的硬质酸镁或其他润滑剂、崩解剂等混合均匀。混合岗位又称批混岗位，一般单设房间，根据混合量的大小选择混合设备的型号，确定房间的高度。目前固体制剂混合多采用三维运动混合机或自提升料斗混合机。固体制剂每混合一次为一个批号。

（5）压片

压片是片剂的关键岗位，压片间设有排尘装置，并通常设有前室。规模大的压片岗位设有模具间，小规模设有模具柜。大规模的片剂生产厂家可选用高速压片机，以减少岗位面积。压片机应有吸尘装置，采用密闭加料装置。在生产中，应先进行试压调试，直到片面光洁，片重、硬度合格，崩解时限满足要求，即可开动机器大批量生产。

（6）包衣

包衣是糖衣或薄膜衣片的重要岗位，如果包糖衣应设有熬制糖浆岗位，如果使用水性薄膜衣可直接配制。但使用有机薄膜衣时必须注意防爆设计。包衣间宜设前室，操作间与室外保持相对负压，设有除尘装置。包衣机的辅机布置在包衣室的辅机间内，辅机间在非洁净区内开门。包衣结束后应将包衣片置于晾片间进行冷却。

（7）包装

包装有内包装和外包装。其中内包装在洁净车间内完成，而外包装在一般车间内完成。

图 5-8 为片剂生产车间的平面布置，其中转站为分散设置。该车间的结构形式为单层框架，层高 5m。洁净区设吊顶，吊顶高度为 2.7m。车间内操作人员和物料通过各自的专用通道进入洁净区，人流和物流无交叉。整个车间主要出入口有三个。人员由门厅经更衣间进入车间，再经洗手、更换洁净服、手消毒进入洁净生产区。原辅料经过脱外包装由传递窗送入。成品出口单设。车间内布置有湿法混合制粒、烘箱干燥、压片、高效包衣及铝塑内包等工序。

三、硬胶囊剂的生产车间工艺设计

与片剂生产相同，硬胶囊剂一般生产流程也包括粉碎、配料、造粒、干燥、整粒。不同的是整粒处理后不进行压片和包衣，而是直接进行硬胶囊充填。对于流动性较好的药粉也可以直接充填或与辅料（填充剂或润滑剂）混合均匀后进行充填。目前有些胶囊也可以进行肠溶包衣。其常规生产工艺流程及对环境的洁净等级要求如图 5-9 所示，与片剂生产相同，从粉碎工艺过程开始到内包装结束，整个过程均在 D 级环境下完成。

硬胶囊剂生产工艺要点如下。

① 配料、混合、造粒、干燥和整粒同片剂的生产。

② 胶囊灌装。灌装是胶囊剂的关键生产岗位，灌装间通常设有前室，并设有排尘装置。胶囊灌装间也应配有适宜的模具存放地点。胶囊灌装机应有吸尘装置，采用密闭加料装置。其型号和数量的选择要与生产规模相匹配。

③ 检囊打光。打光又叫抛光，是将胶囊壳外黏附的药粉清除干净。过去用丝光毛巾蘸少许液体石蜡由人工进行表面擦拭完成，现在由机器完成。检囊是指剔除破损的不合格品。

图 5-10 是硬胶囊生产车间的平面工艺布置图。该车间的层高 5m。洁净区设吊顶，吊顶高度为 2.7m，一步制粒间局部抬高至 3.5m。车间内操作人员、物料通道和出入口设置与片剂车间基本相同。

四、软胶囊的生产车间工艺设计

软胶囊剂是指以明胶、甘油为主要囊材，将油性液体或悬浊液药物定量地用连续压丸机压制成不同形状的软胶囊，或用滴丸机滴制而成。软胶囊剂的主要生产工序包括配料与溶

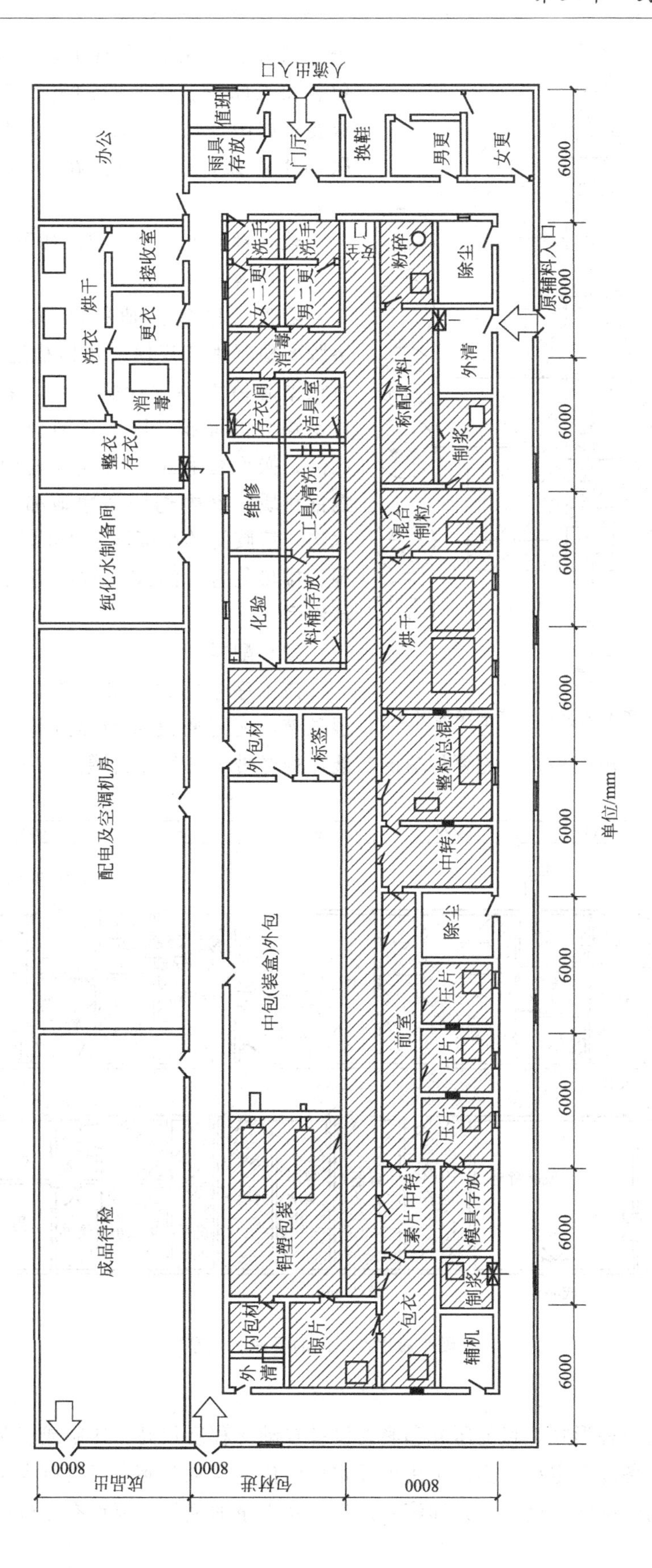

图 5-8 片剂生产车间的平面布置

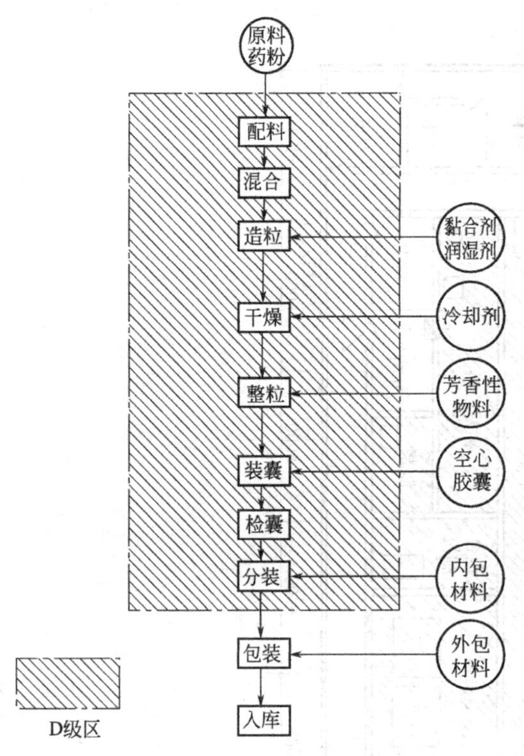

图 5-9　硬胶囊的生产工艺及对环境洁净等级要求

胶、制丸、洗丸、低温干燥、检囊、分装、包装和入库等。软胶囊的生产工艺和洁净等级要求如图 5-11 所示。软胶囊生产通常采用联动生产线，主要操作在 D 级洁净等级中完成。

软胶囊剂生产工艺要点如下。

(1) 溶胶

溶胶工序包括辅料准备、称量、溶胶，溶胶要根据生产规模选用体积适宜的溶胶罐，再根据罐体大小设计操作台，溶胶间也要设计足够大的面积。因溶胶岗位必须设在洁净区内，操作台和工艺管线等辅助设施要用不锈钢材质，室内选用洁净地漏，不宜设置排水沟。溶胶间的高度至少 4m 以上，并设有排湿、排热装置。溶胶岗位附近宜设有工器具清洗间。

(2) 配料

该工序包括称量和配制，如果配制的是混悬液，还需要设置粉碎过筛间。配料罐的型号和数量要与生产规模相符，需要加热的药液可选择带夹套的配料罐。

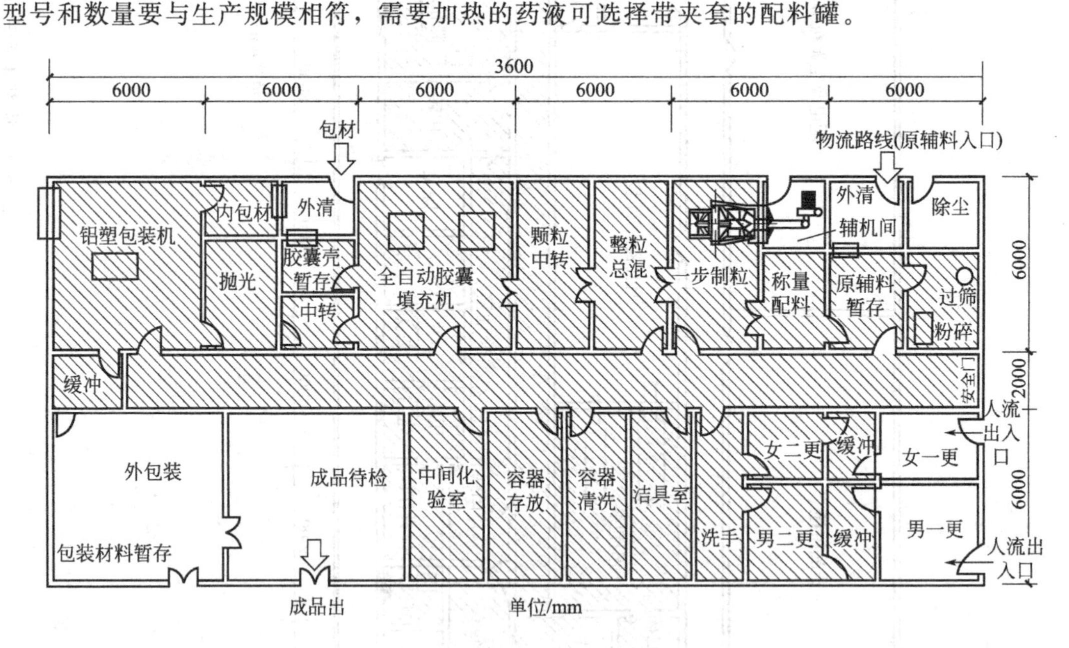

图 5-10　硬胶囊生产车间的平面工艺布置

(3) 制丸

有压丸和滴丸两种形式。目前压丸和滴丸设备自动化程度很高，压制或滴制完成后可直接进入联动转笼设备冷却定型，因此不用单设定型岗位。压丸和滴丸间要有大量的送风和回风，并控制相应的温度和湿度。压丸和滴丸设备使用大量的模具，要设有相应的模具间。

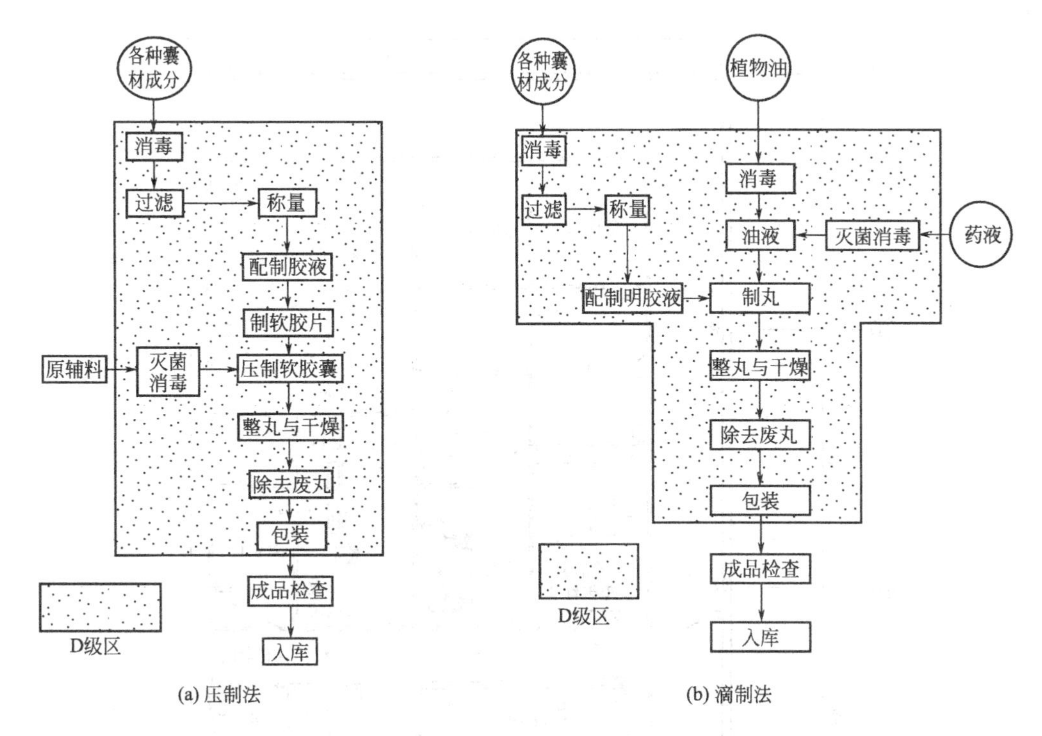

(a) 压制法　　(b) 滴制法

图 5-11 软胶囊的生产工艺及对环境洁净等级要求

(4) 洗丸

洗丸岗位为甲类防爆，最常用的洗涤剂为乙醇。目前使用的洗丸设备多为超声软胶囊清洗机，产能应与生产线相匹配。洗丸岗位设晾丸间，以挥发胶囊表面黏附的少量乙醇后再进入干燥程序。

(5) 低温干燥

软胶囊干燥主要依靠空气对流在常温下干燥，有专用干燥机。干燥间面积不必过大，需设计排湿、通风。

(6) 选丸

软胶囊车间设有选丸打光岗位，由选丸机和打光机完成。

(7) 内包装

软胶囊的内包装可采用铝塑、瓶装等生产线，注意房间的排异味和低湿度。

图 5-12 是软胶囊生产车间的平面工艺布置图。软胶囊生产车间内操作人员、物料通道和出入口设置与片剂车间基本相同。

五、丸剂的生产车间工艺设计

根据制法和所用辅料不同丸剂一般可分为蜜丸、水蜜丸、水丸等剂型，其生产工艺有许多相似之处。下面以蜜丸剂为例，简要介绍其生产和车间设计。

蜜丸是指以蜂蜜为黏合剂与药物细粉或浸膏制成的丸剂。每丸重量大于等于 0.5g 的称大蜜丸，小于 0.5g 的称小蜜丸。蜜丸剂的主要生产工艺包括炼蜜、药粉混合、合坨、制丸、内包装、封蜡和包装等，其生产工艺流程及对环境洁净等级要求如图 5-13 所示，其中药粉混合、合坨、制丸、内包装和封蜡工序在 D 级洁净等级环境中完成。

蜜丸剂生产工艺要点如下。

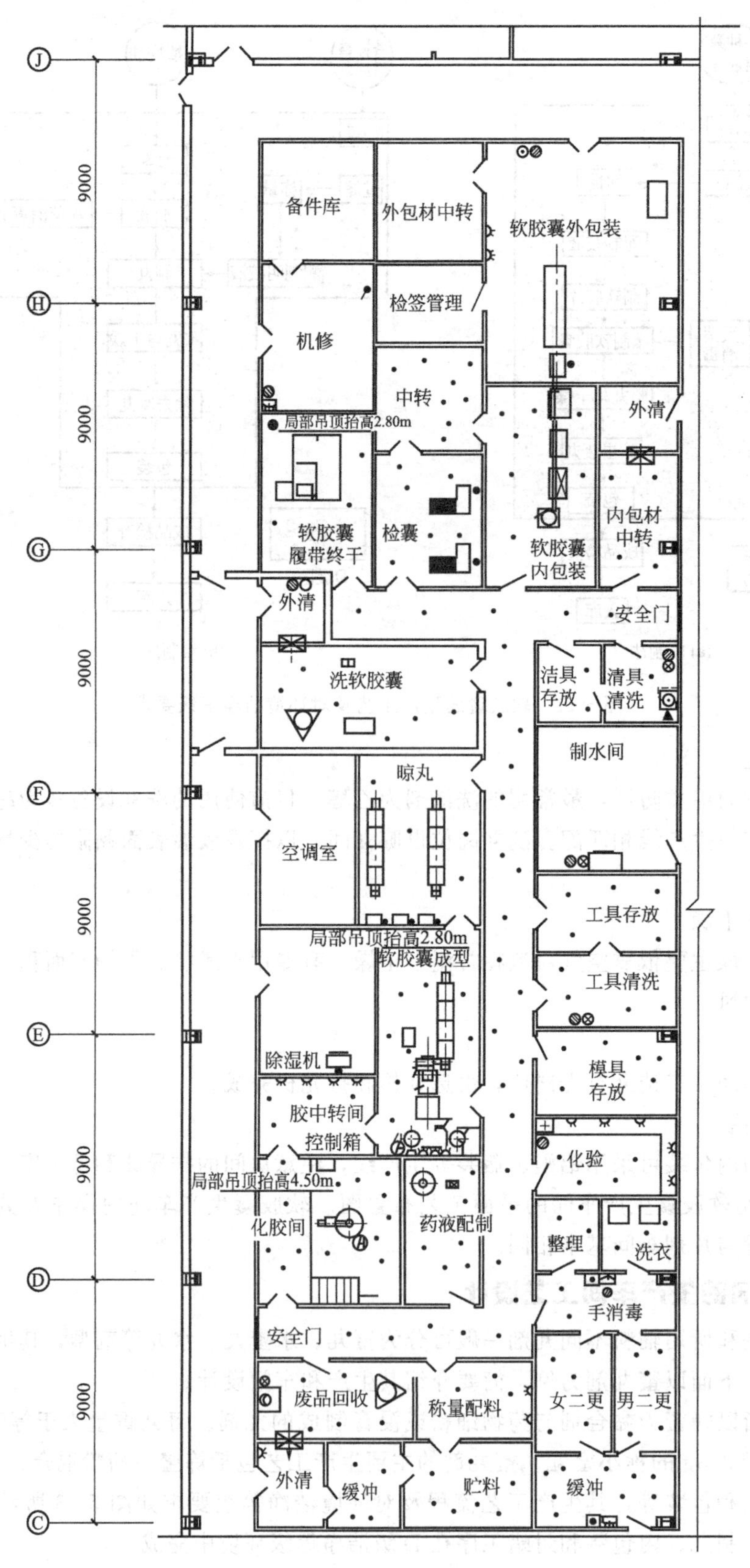

图 5-12 软胶囊生产车间的平面工艺布置图

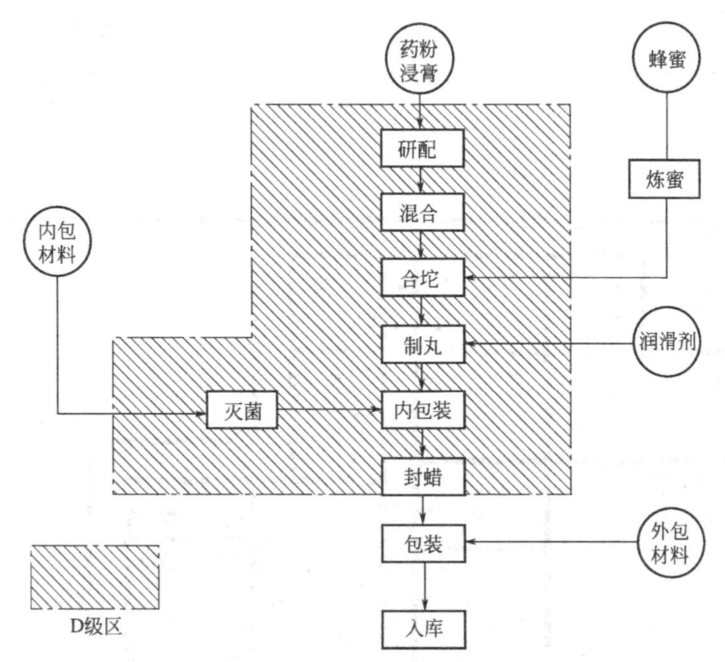

图 5-13　蜜丸剂的生产工艺流程及对环境洁净等级要求

(1) 研配

是指对粗、细、贵药粉的兑研与混合。研配间可以位于前处理间，也可以设在制剂车间内。如果设于洁净区内，注意设置排风、捕尘装置。

(2) 炼蜜

将等体积的 60～70℃热水加入到蜂蜜中，搅拌溶解后静置 24h，用 100 目筛过滤，取滤液进行炼制。炼蜜宜采用密封设备，常用的设备为刮板炼蜜罐，根据合坨岗位用蜜量选择设备的型号。炼蜜一般设置在一般生产车间。

(3) 合坨

合坨是指向混合好的药粉或浸膏中加入炼好的蜂蜜，并在一定的温度下合成坨。合坨机常为不锈钢材质，要求容易洗刷，不能有死角。

(4) 制丸

制丸一般由自动制丸机完成。制好的湿丸经粗选机选出合格品去晾干，再经选丸剂筛选，合格品去包装工序包装。因制丸过程会产生热量和灰尘，所以制丸间需要设有捕尘、除热装置。

(5) 内包装

小蜜丸通常使用铝塑或塑料瓶包装线进行包装。大蜜丸一般先用无菌包装柜包上一层蜡纸后，再置入蜡壳内、封蜡。蜡封间需要设置排异味和排热设施。

蜜丸生产车间可以与其他制剂布置在同一车间，生产规模大的蜜丸车间也可单独设置，图 5-14 为大蜜丸剂和小蜜丸剂在同一生产车间的平面布置图。蜜丸剂生产车间内操作人员、物料通道和出入口设置与片剂车间基本相同。

六、固体制剂的综合生产车间设计

国内市场上常见的固体制剂主要是片剂、胶囊剂、颗粒剂等。而片剂、胶囊剂、颗粒剂等剂型的生产工艺有很多共同之处，且洁净度级别要求一致。为了提高设备利用率，减少洁净区面积，国内制药企业经常把这三种剂型的药物生产放在同一制剂车间进行生产。

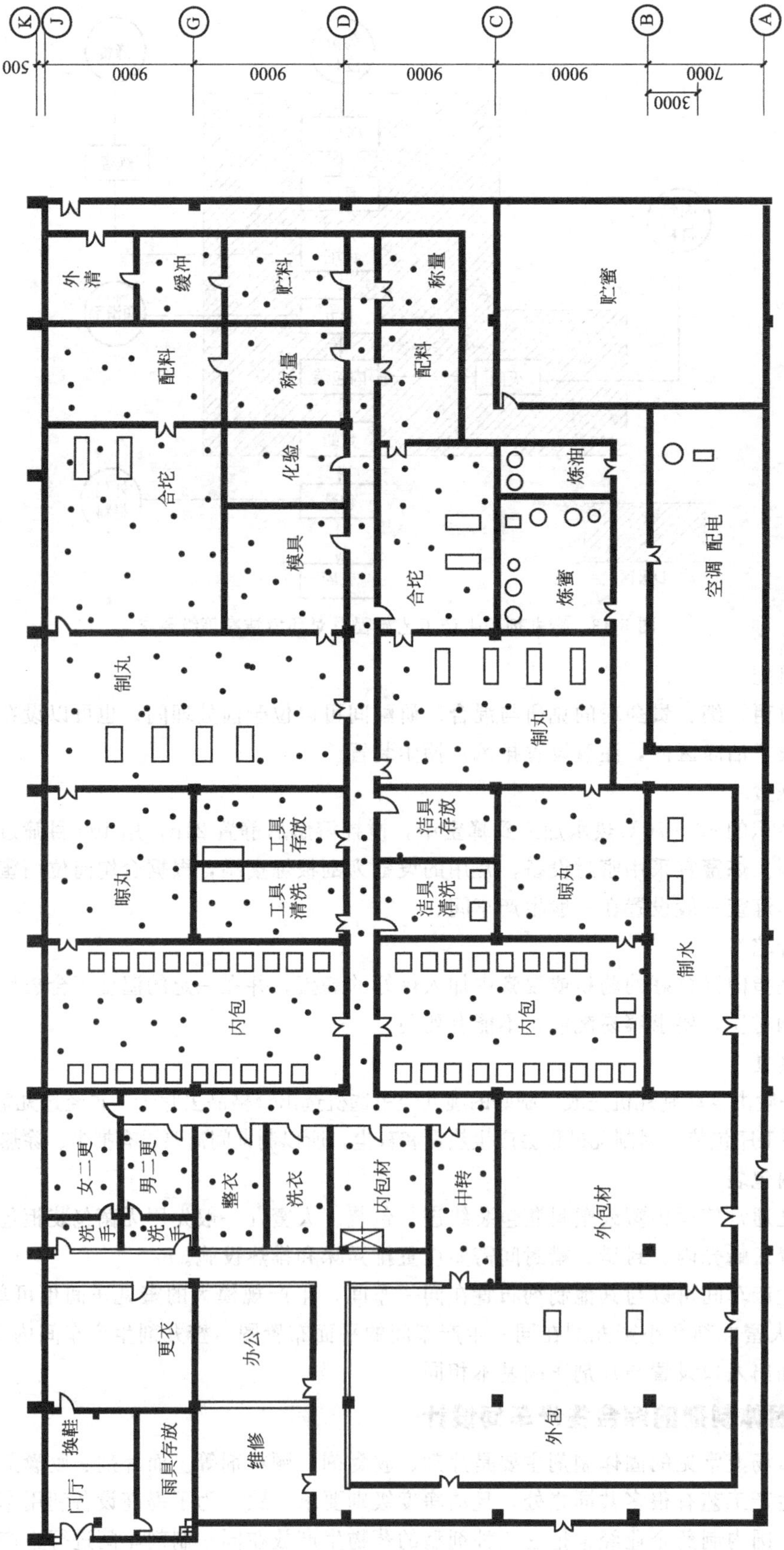

图 5-14 蜜丸剂生产车间的平面布置图

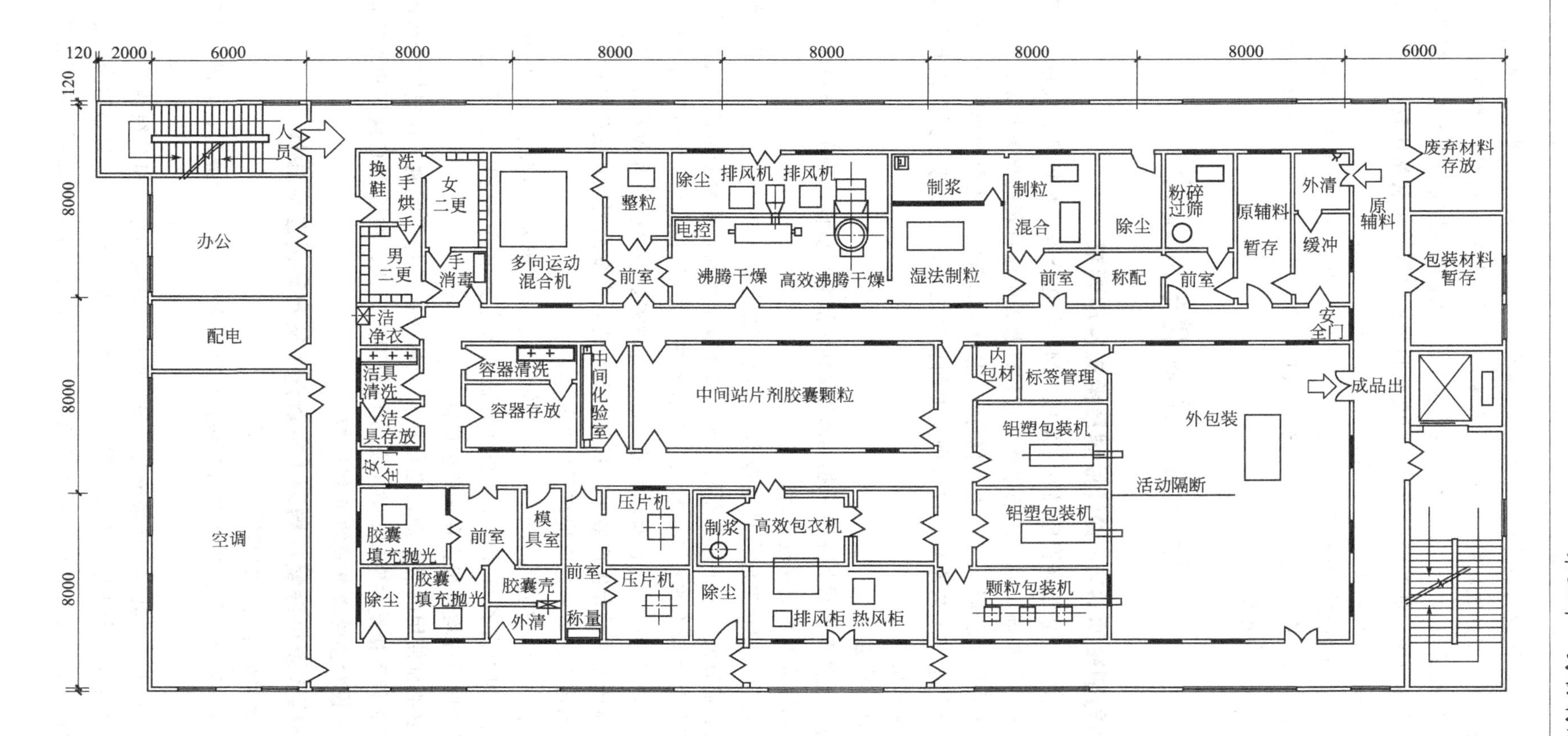

图 5-15　固体制剂综合车间布置平面图

要在同一洁净区内布置片剂、胶囊剂、颗粒剂三条生产线，其平面布置时应尽可能按生产工段分块布置。如分成制粒工段（混合制粒、干燥、整粒、总混），胶囊工段（胶囊填充、抛光选囊），压片工段（压片、包衣）及内包工段。洁净区内需设置与生产规模相适应的原辅料、半成品存放区，如颗粒中转站、胶囊间和素片间等。中转站比较适合集中设置，这样可使物料传输距离最短，工艺布局更简洁、不迂回和往返。

图 5-15 所设计的实例中就采用了集中式中间站，制剂车间可同时实现片剂、胶囊剂和颗粒剂三种剂型的生产，人流入口与物流出入口完全分开，整个制剂车间采用同一套空气净化系统，一套人流净化措施。

第三节　注射剂车间设计

一、注射剂车间 GMP 设计原则及相关技术要求

根据国家食品药品监督管理局发布新版 GMP 实施公告，水针剂、大输液、冻干粉针等注射剂均属于无菌制剂，无菌制剂生产全过程以及无菌原料药的灭菌和无菌生产过程必须符合《药品生产质量管理规范（2010 年修订）》附录 1 的规定。注射剂车间设计过程中，除按照注射剂产品的生产工艺流程完成各种功能间设计之外，还要考虑到人流和物流的方向流畅，避免交叉污染。

基本设计要求如下。

① 注射剂生产车间设计主要依据 GMP 及其《洁净厂房设计规范》和国家关于建筑、消防、环保、能源等方面的规范进行。

② 车间在厂区中布置应合理地考虑，人流、物流出入口尽量与厂区人流、物流道路相吻合，交通运输方便。由于针剂车间要求的洁净级别较高，要充分考虑环境对车间影响。

③ 常见的注射剂有水针剂、输液、粉针和冻干粉针等剂型，每种剂型又根据使用的包装材料的不同，其生产工艺也有较大差别。设计时需要根据生产和投资规模合理选用生产工艺设备，提高产品质量和生产效率。目前注射剂的生产多采用联动线生产设备，一方面降低了生产过程的污染，另一方面提高了生产效率。

④ 不同注射剂工艺过程对车间的洁净等级要求区别较大，详见表 5-2 和表 5-3。

⑤ 制剂车间中设备布置应便于操作，辅助区布置适宜。空压站、除尘间、空调系统、配电等公用辅助设施均应布置在一般生产区。

⑥ A、B 级别使用的消毒剂，必须在 C 级洁净区条件下配制，通过同等级的过滤措施后，在 A 级条件下接受并密闭，在有效期内使用。因此，在设立 C 级区里设置消毒液配制间，B 级区里设置接受消毒液的 A 级区域。

二、最终灭菌小容量注射剂（水针剂）生产车间工艺设计

1. 最终灭菌小容量注射剂的生产过程

最终灭菌小容量注射剂的生产过程包括原辅料准备、配制、灌封、灭菌、质检、包装等工序。

按照 GMP 规范，其生产环境分为一般生产区、D 级洁净区和 C 级洁净区。一般生产区包括安瓿外清处理、半成品的灭菌检漏、异物检查、印字包装等。D 级洁净区主要完成安瓿清洗，药物称配、过滤、质检、安瓿的洗烘等。其中灭菌干燥多采用开门式热压灭菌柜，进

口设在D级以上的环境中，出口设在C级区域内A级。C级主要包括药液的精制和灌封。灌装机具有自带局部层流装置，灌封实际是在C级下的A级洁净区中完成。如无特殊要求，车间温度通常为18～26℃、相对湿度45％～65％。洁净等级较高的区域相对于洁净等级低的区域要保持有5～10Pa的正压差。各工序需要安装紫外线灯。

按工艺设备不同，最终灭菌小容量注射剂又可分为单机生产工艺和联动机组生产工艺，其流程及对环境区域划分见图5-16。对比水针剂的两种生产工艺可发现，采用联动机组生产可明显减小洁净区建筑面积，制剂生产车间布置也更为简单、便捷。

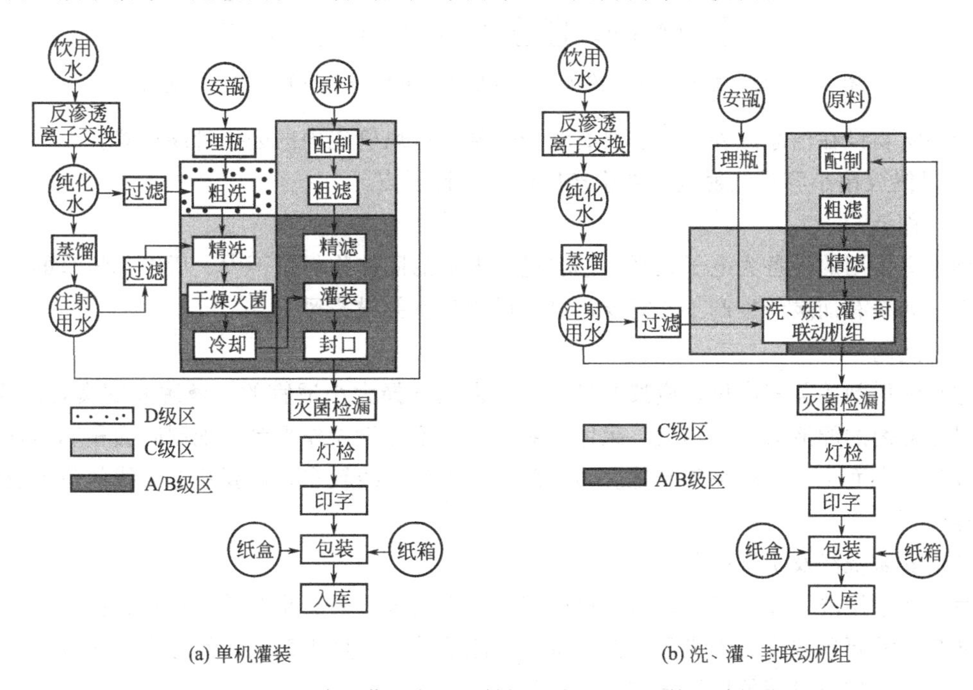

图5-16　最终灭菌小容量注射剂工艺流程及环境区域划分

2. 最终灭菌小容量注射剂生产车间设计的一般性技术要点

(1) 人流、物流和生产区布置

最终灭菌小容量注射剂的车间设计要贯彻人流、物流分开原则。不同洁净等级区域需要相应级别的更衣净化措施，人员在进入时要更衣。

物流路线尽量短捷、顺畅。一条物流路线为原辅料，经过脱外包、风淋、外表清洁消毒外清处理后，由缓冲室或传递窗进入洁净区进行浓配、洗配；另一条为安瓿瓶，安瓿瓶经过外清处理后，进入清洗、烘干灭菌。两条线汇集于灌封工序。灌封后的安瓿再经过灭菌检漏、灯检，最后进行印字包装。图5-17为最终灭菌小容量注射剂联动机组生产时的人流、物流路线示意图。生产区中各洁净等级房间布置应相对集中，洁净等级高的区域尽可能包裹于洁净等级低的区域中间。洁净级别不同的房间相互联系时，需设置缓冲间或传递窗。

(2) 生产辅助间设置

厂房内应设置与生产规模相适应的原辅料、半成品、成品存放区域，且尽可能靠近与其联系的生产区域，减小运输过程中的混杂与污染。存放区域内应安排待检区、合格品区和不合格品区；贮料称量室、质检室、工具清洗存放间、清洁工具洗涤存放间、洁净工作服洗涤干燥室等，均要围绕工艺生产来布置，要有利于生产管理。空调间、泵房、配电室、办公

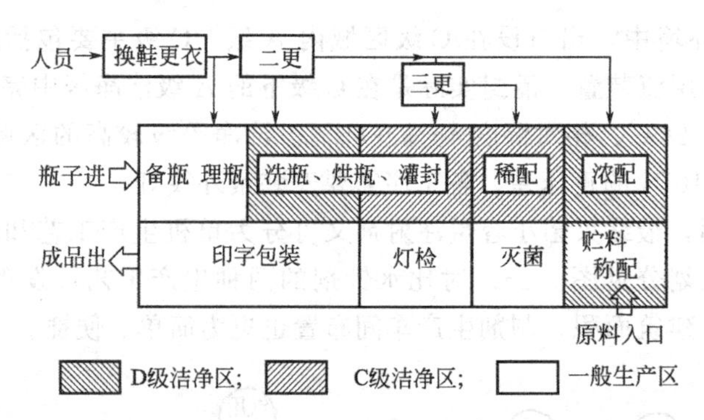

图 5-17 联动机组生产最终灭菌小容量注射剂生产车间的人流、物流路线

室、控制室要设在洁净区外，并且要有利于包括空调风管在内的公用管线布置。

3. 最终灭菌小容量注射剂主要生产岗位的设计要点

(1) 称量

称量室使用的设备为电子天平。小容量注射剂的固体物料量不大，所以称量室的面积相对不大。如果有加炭的生产工艺需要，需单设称量室并设排风。

(2) 配制

它是注射剂的关键岗位，应按产量和生产班次选择大小适宜的配液罐和配套辅助设备。小容量注射剂的配液量一般不大，罐体相对较小，不必设操作平台。配制间面积和吊顶高度根据设备大小而定，一般高于其他房间。配制间工艺管线较多，需要注意管线的位置及阀门高度等。

(3) 安瓿洗涤及干燥灭菌

目前多采用洗、灌、封联动机组进行安瓿洗涤灭菌。只有小产量、高附加值的产品使用单机灌装，需要单选安瓿洗涤和灭菌设备。安瓿清洗、干燥灭菌的房间通常面积较大，注意排热、排湿，隧道烘箱的取风量较大，注意送风设计。

(4) 灌封

可灭菌小容量注射剂常采用火焰融封。注意所用的气体车间设计。还要防止爆炸，惰性气体保护要充分。灌装机的产能必须与配制罐体积匹配，每批药品要在 4h 内灌装完成后去灭菌。

(5) 灭菌

灭菌设备前后要留有充足的空间，以方便灭菌小车的推拉；注意灭菌柜要与批生产量匹配。

(6) 灯检

可用自动灯检机和人工灯检，应设有不合格品存放区。

(7) 印字包装

最好选用不干胶贴标机进行贴签，印字使用的油墨需要注意消防安全，并注意操作间应设有局部排风排异味。

图 5-18 是最终灭菌注射剂联动机组生产工艺的车间布置图，采用浓配＋稀配的配料方式。在实际生产中，为了满足越来越苛刻的 GMP 认证要求，防止注射剂灌封设备的自带层流无法满足环境要求，常常将注射剂的灌封岗位设置在 A/B 级洁净环境中。整个制剂生产车间就存在 A/B、C 和 D 三个洁净等级区域，如图 5-19 所示。

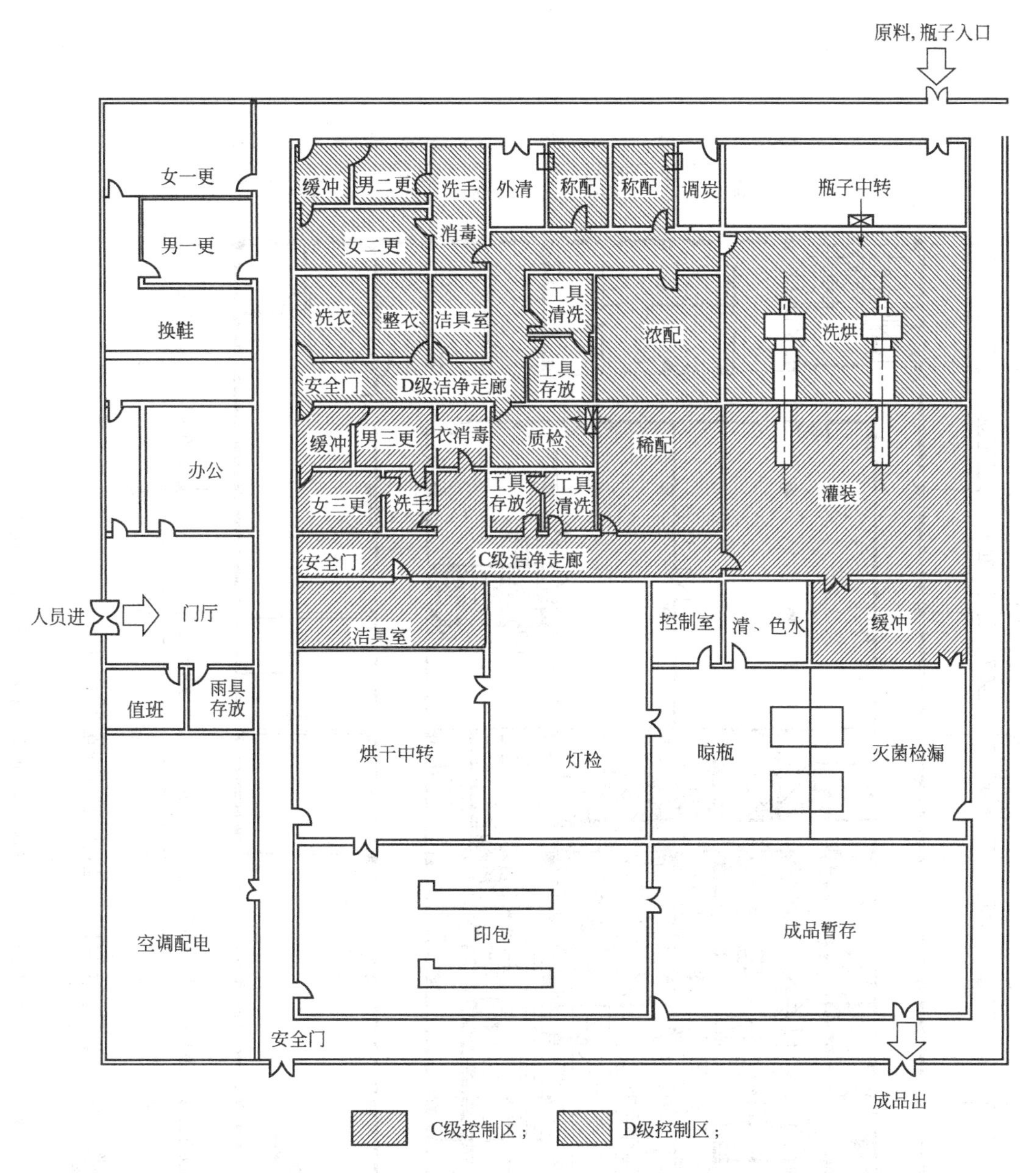

图 5-18 最终灭菌小容量注射剂联动机组生产车间工艺平面布置 1

三、输液剂生产车间工艺设计

1. 大输液剂生产工艺流程及区域划分

输液剂系指通过静脉或胃肠道外其他途径滴注入体内的大型注射液。用量在 50mL 以上至数千毫升，故称大输液。输液容器有玻璃瓶、复合膜（非 PVC 共挤膜）软袋、聚乙烯塑料瓶三种。其生产工艺也因包装容器的不同产生一定差别。目前我国输液剂生产工艺正向复合膜装方向发展，但由于生产技术及部分药液本身性质等原因，玻璃瓶装输液仍为市场的主流。

无论何种包装容器，其生产过程一般包括原辅料的准备、浓配、稀配；玻璃瓶处理（瓶外洗、粗洗、精洗等）；膜的清洗；胶塞的清洗干燥；灌装、灭菌、灯检、包装等工序。

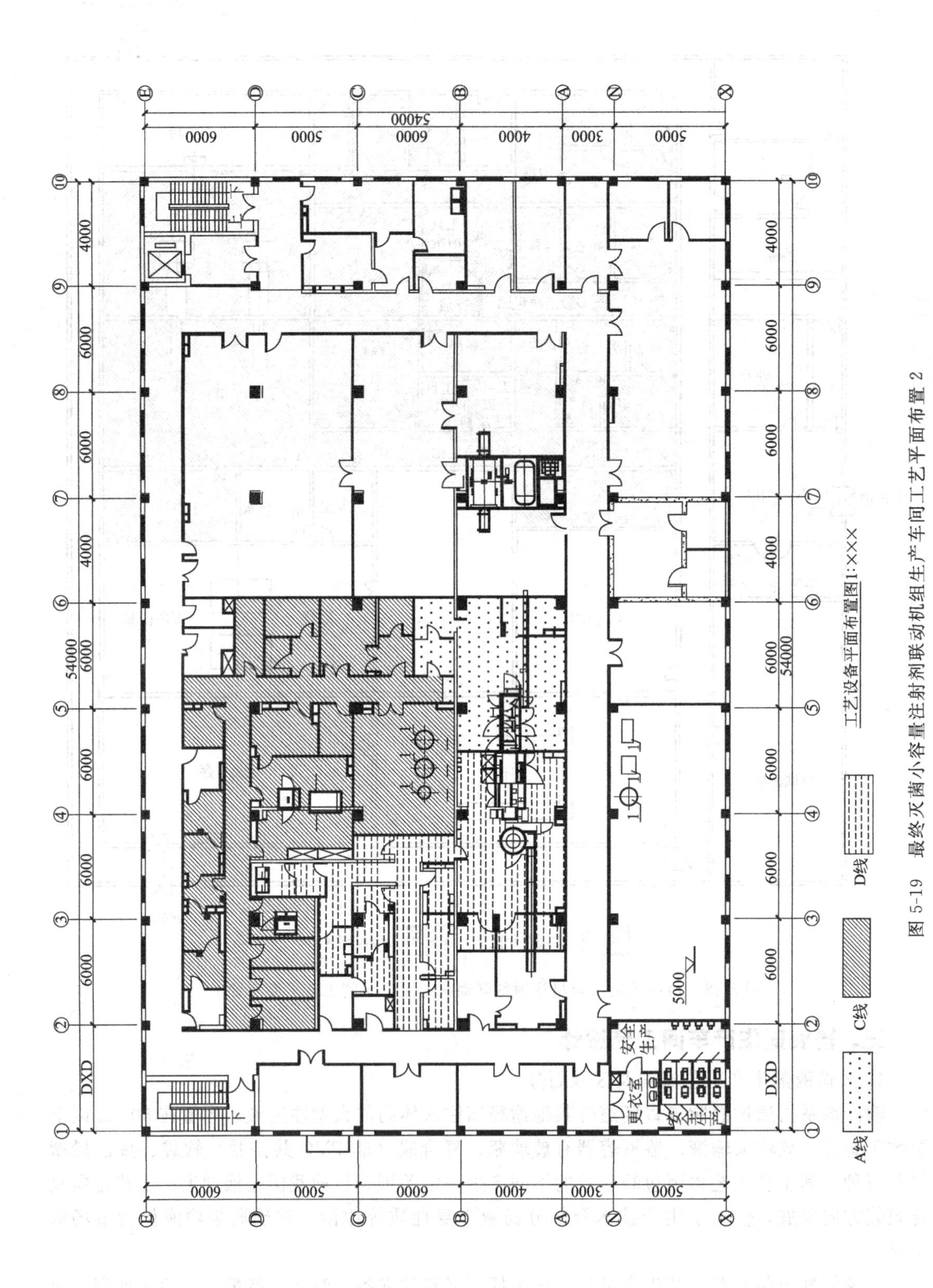

图 5-19　最终灭菌小容量注射剂联动机组生产车间工艺平面布置 2

大输液生产车间结构相对复杂，生产设备多，体积大，其生产环境分为一般生产区、D级洁净区、C级洁净区和B级洁净区。由于药品装量大，染菌机会多，生产的曝露环境必须在A级下完成。大输液一般生产区包括玻璃瓶外洗、灌封后灭菌、灯检、包装等；D级洁净区包括原辅料的瓶粗洗、轧盖等。配液、膜和塞的清洗灭菌干燥是在C级环境下进行，并在密闭条件下，传送到灌装区。而灌装、加膜、加塞都是B级环境下的A级中进行。

复合膜软袋由于采用无菌材料直接压制获得，一般不用洗涤工序，由自带A级层流的生产线在C级环境下热合成袋后直接灌装。

如无特殊要求，车间温度通常为18～26℃、相对湿度45%～65%。洁净等级较高的区域相对于洁净等级低的区域要保持有5～10Pa的正压差。各工序需要安装紫外线灯。

两种包装的输液生产工艺流程及对环境区域划分分别见图5-20。

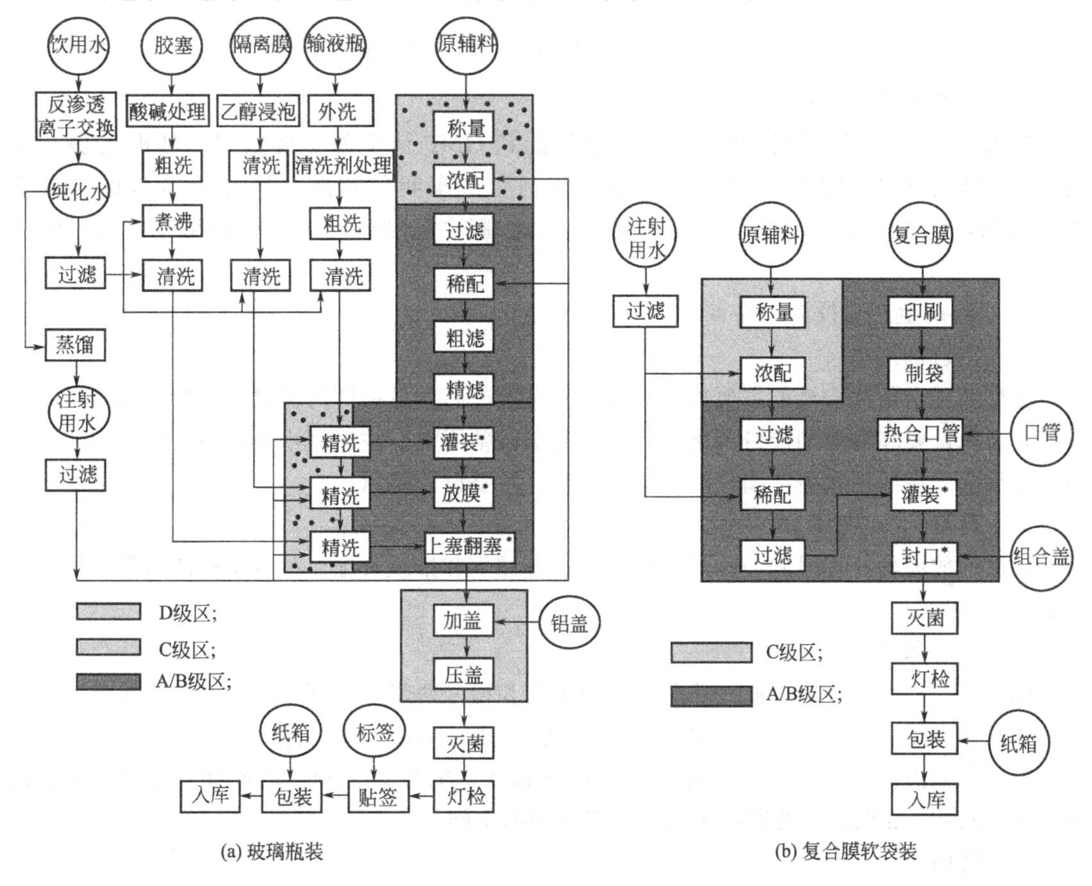

图5-20　大输液剂生产工艺流程及环境区域划分

2. 输液剂生产车间设计的一般性技术要点

(1) 人流、物流和生产区布置

输液剂的车间设计同样要贯彻人流、物流分开原则，要尽量避免人流、物流的交叉。人员经过不同的更衣室进入一般生产车区、D级、C级和A/B级洁净区。进出车间的物流有包装材料（包括玻璃瓶、隔离膜、胶塞及铝盖）进入路线，原辅料进入路线，外包材进入路线及成品出车间。

车间布置时，生产相联系的功能区要相互靠近，以达到物流顺畅、药液输送管线短捷。如物料流向，原辅料称量→浓配→稀配→灌装工序应尽可能靠近。图5-21为输液剂人流、物流路线。

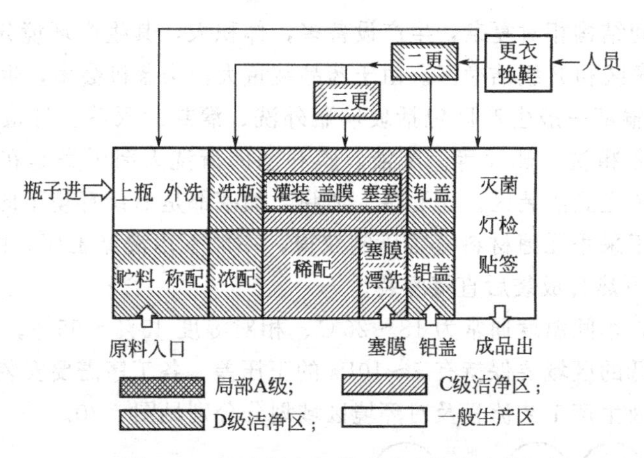

图 5-21 输液剂车间的人流、物流路线

(2) 生产辅助房设置

辅助生产用房是大输液车间生产质量保证和 GMP 认证的重要内容，辅助用房布置是否合理关系到车间设计的成败。一般输液剂生产车间的辅助用房包括 D 级区工具清洗存放间，C 级区工具清洗存放间、化验室、洗瓶水配制间、不合格产品存放区、洁具室等。

3. 输液剂生产岗位设计要点

(1) 注射剂用水

注射剂用水是大输液的主要成分，水的质量是产品质量保证的关键。蒸馏水机是其关键设备，产水量要和输液剂产量匹配，并考虑清洗设备用水。注射用水系统还要考虑用纯蒸汽消毒或灭菌。注射用水生产岗位温度高且潮湿，需要设计排风。

(2) 称量

输液剂的原辅料称量间与称炭间分开，并有捕尘和排风设施。称量室的洁净等级与浓配一致。

(3) 配制和过滤

输液剂配制量大，为了配制均匀，分为浓配和稀配两步。浓配后的药液经除炭过滤器过滤后送至稀配罐，再经 0.45μm 和 0.200μm 微孔滤膜过滤送至灌装。

配制是输液剂生产的关键工序，房间面积较大，需要设吊顶。浓配间高度在 3.5m 以上，稀配间在 4m 以上，要留有配液罐检修拆卸的空间。

(4) 洗瓶

因玻璃瓶重量大、体积大，所以脱外包、暂存间及粗洗间要靠近。输液瓶的清洗一般选用联动设备。粗洗设备设在 D 级洁净区内，精洗设备设在 C 级洁净区内。由于箱式洗瓶机集粗洗和精洗于一体，而且设备密闭，使用时可跨区设置。根据工艺要求，洗瓶设备接自来水、纯化水和注射水。洗瓶间要考虑防腐和通风。

(5) 塑料容器制备

对于塑料瓶装大输液，需要专设制瓶和吹洗房间。用注塑机制瓶成型后用压缩空气吹洗。复合膜软袋不需要清洗，制袋与灌装通常为一体设备。制瓶、制袋间需要考虑通风排出异味。

(6) 胶塞处理

目前设计的注射剂全部采用丁基橡胶塞，处理一般用注射水漂洗、硅化，最后湿热灭菌。以前设计中使用天然胶塞，必须使用隔离膜，增加了洗膜和加膜工序。

(7) 灌装

灌装是大输液生产的关键岗位，设备选择以先进、可靠为原则，生产能力要与稀配罐匹配，配制的药品要在4h内完成灌装。使用丁基橡胶塞可省去加膜和翻塞工序。

(8) 灭菌

大输液常使用双扉式灭菌柜，灭菌设备前后要留有充足的空间，以方便灭菌小车的推拉；注意灭菌柜要与批生产量匹配。

(9) 灯检

大输液要有足够面积的灯检区，合格品与不合格品要分区存放。

大输液车间平面布局相对复杂，包装形式不同，其生产车间布局相差较大，图5-22、图5-23是玻璃瓶装大输液生产车间工艺平面图。在实际生产中，为了满足GMP（2010版）认证要求，常常将注射剂的配液和包装容器的清洗设于C级洁净区内，灌注、盖膜和塞塞设在A级区内，如图5-23所示。图5-24是复合膜软袋装大输液生产车间工艺平面图。

四、无菌分装粉针剂车间设计

1. 无菌分装粉针剂生产工艺流程及区域划分

无菌分装粉针剂由于药物特性不能采用过滤除菌或成品灭菌的工艺生产，而必须在无菌环境中按照无菌工艺要求，将符合注射用要求的无菌药物粉末，在无菌环境下直接分装于经灭菌的洁净小瓶中密封而成。从生产工艺和控制要点上来讲，属非最终灭菌的无菌制剂产品。

无菌冻干粉针剂通常用西林瓶灌装，胶塞为丁基橡胶塞。其生产工序包括原辅料的擦拭消毒，西林瓶的粗洗、精洗、灭菌干燥，胶塞处理及灭菌，铝盖洗涤及灭菌，分装，轧盖，灯检，包装等步骤。根据GMP要求，其生产区可分为一般生产区、D级和B级洁净区。西林瓶从清洗到灭菌是从D级进入环境下进入清洗设备，由B级环境下的A级环境下出来。分装、加塞是在B级下的A级环境中进行。胶塞的清洗、灭菌干燥是在D级环境下进行，并在密闭条件下，传送到填充区。轧盖一般是在D级环境下进行。图5-25是无菌分装粉针剂的生产工艺流程及对环境区域划分。各工序需要安装紫外线灯。

2. 无菌分装粉针剂生产车间设计的一般性技术要点

无菌分装粉针剂在生产中，无菌操作必须与非无菌操作严格分开，凡是进入无菌操作区的物料及器具必须经过灭菌、消毒处理。人员必须遵守无菌作业的标准操作规程。同时，无菌分装的注射剂吸湿性强，在生产中应特别注意无菌分装室的相对湿度、胶塞和西林瓶的水分、工具的干燥和成品包装的严密性。

(1) 人流、物流和生产区布置

无菌分装粉针剂的车间设计同样要贯彻人流、物流分开原则，按照工艺流向及生产工序相关性，有机地将不同洁净等级要求的功能区布置在一起，使物料流程短捷、顺畅。粉针剂车间的物流包括包装材料（包括西林瓶、胶塞及铝盖）进入路线，原辅料进入路线，外包材进入路线及成品出车间。要尽量避免人流、物流的交叉。人员经过不同的更衣室进入一般生产车区、D级和C级洁净区。进入粉针剂车间的人流、物流路线见图5-26。

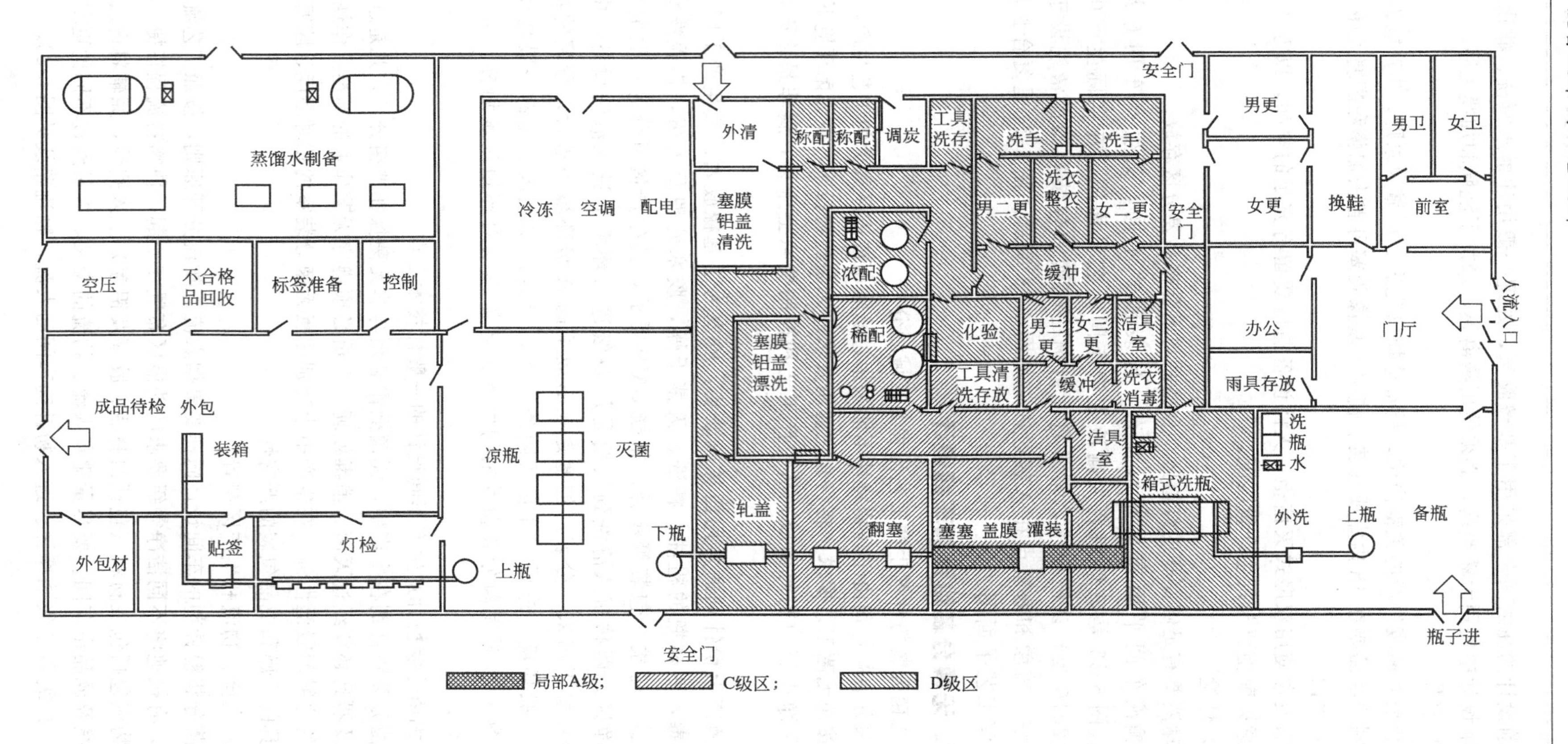

图 5-22　玻璃瓶装大输液生产车间工艺平面布置图 1

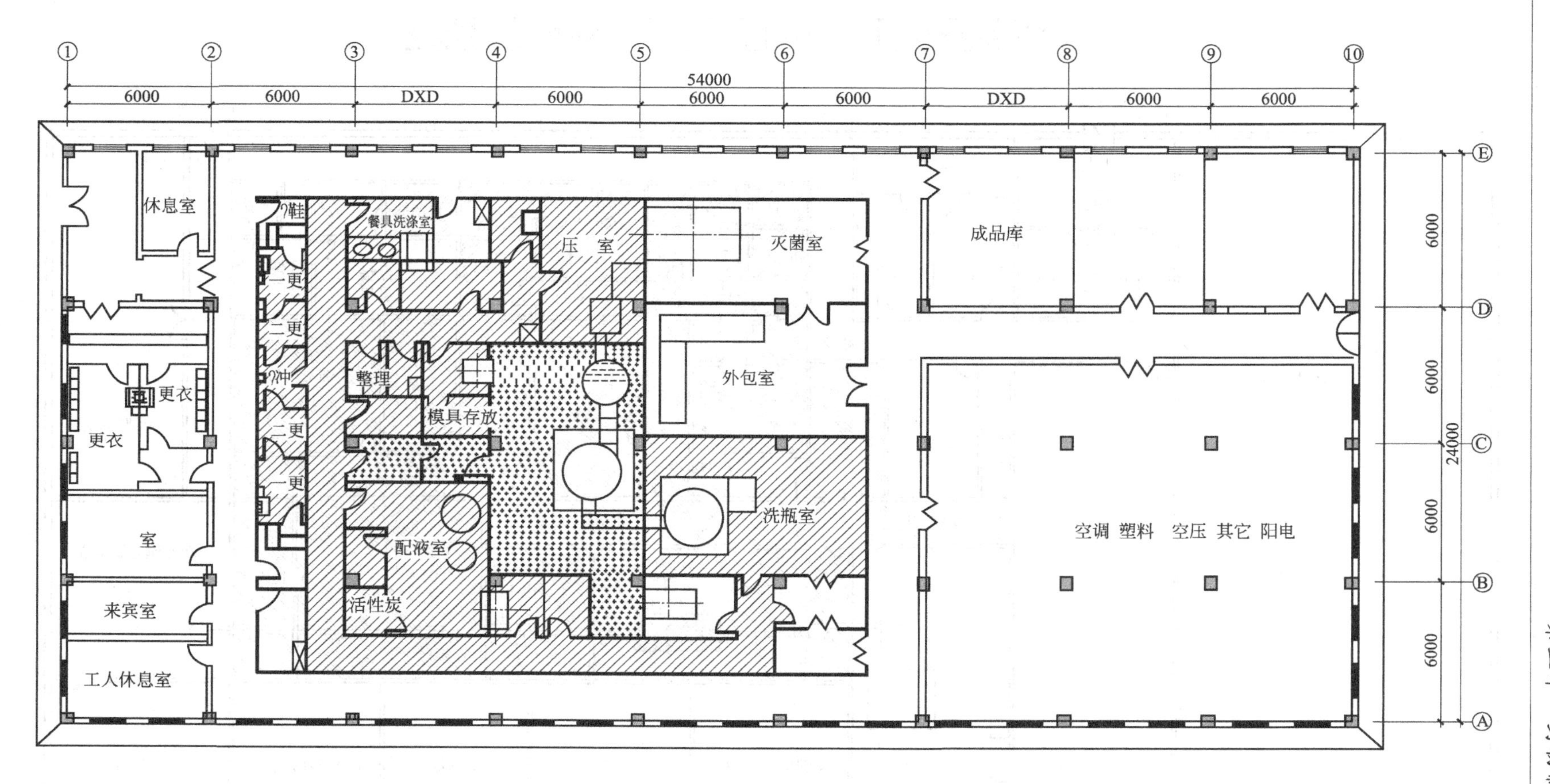

图 5-23 玻璃瓶装大输液生产车间工艺平面布置图 2

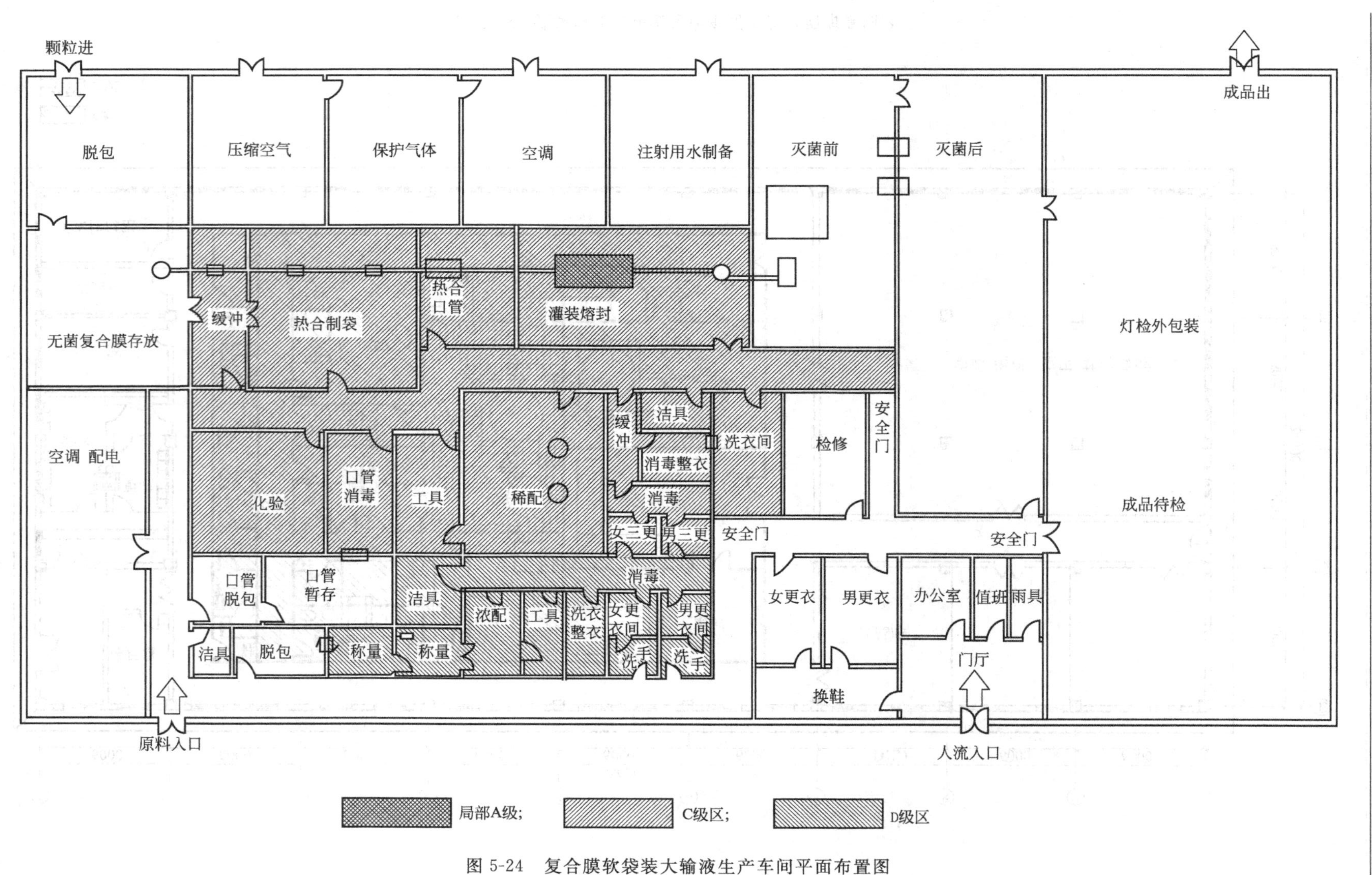

图 5-24 复合膜软袋装大输液生产车间平面布置图

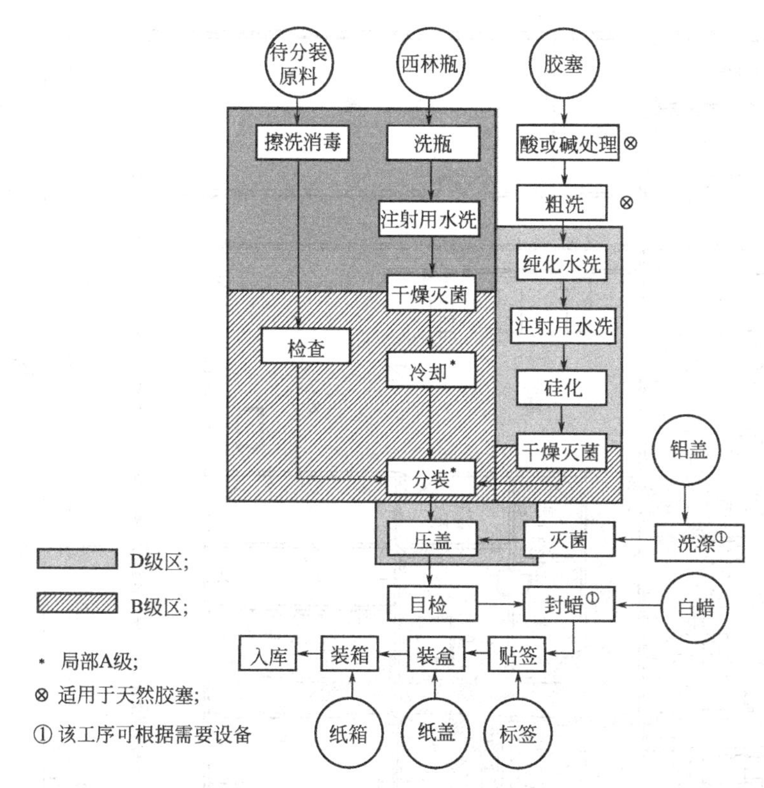

图 5-25　无菌分装粉针剂的生产工艺流程及对环境区域划分

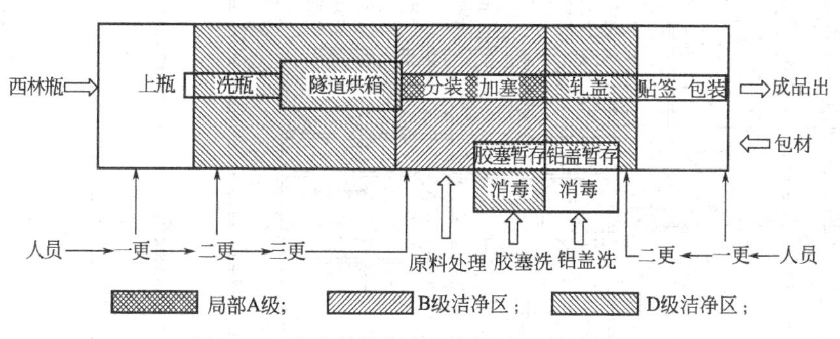

图 5-26　进出粉针剂车间的人流、物流路线

(2) 洁净等级不同的区域之间的压差设计

洁净等级不同的区域之间要保持有 5～10Pa 的正压差。无菌作业区的气压高于其他区域，应尽量把无菌作业区布置在车间的中心区域。在洁净区内的每个房间内均安装测压装置。如果是生产青霉素或其他高致敏性药品，分装室应保持相对负压。

图 5-27 是一无菌分装粉针剂的生产车间工艺平面图，该工艺选用粉针剂生产联动线，其西林瓶干燥灭菌采用远红外隧道烘箱，胶塞净化采用洗涤与灭菌为一体的设备。

五、无菌冻干粉针剂车间设计

无菌冻干粉针剂由于不能采用灌装后灭菌，所以必须在无菌环境中按无菌操作工艺要求进行生产，即首先将药物制成无菌水溶液，然后在无菌环境下经灌装、冷冻干燥、密封等工序制得粉针剂。从生产工艺和控制要点来讲，冻干粉针剂属于非最终灭菌的无菌制剂产品。

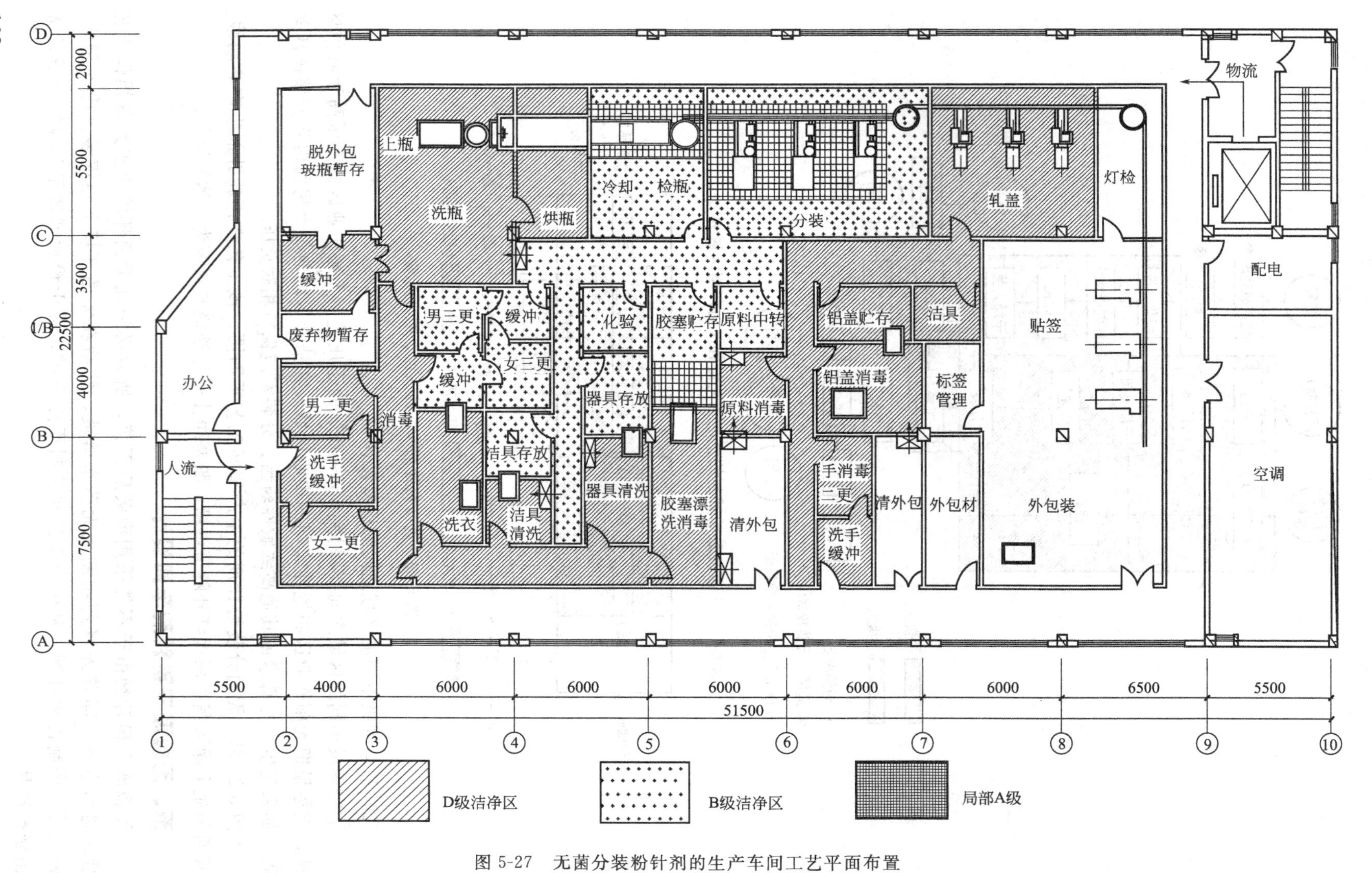

图 5-27 无菌分装粉针剂的生产车间工艺平面布置

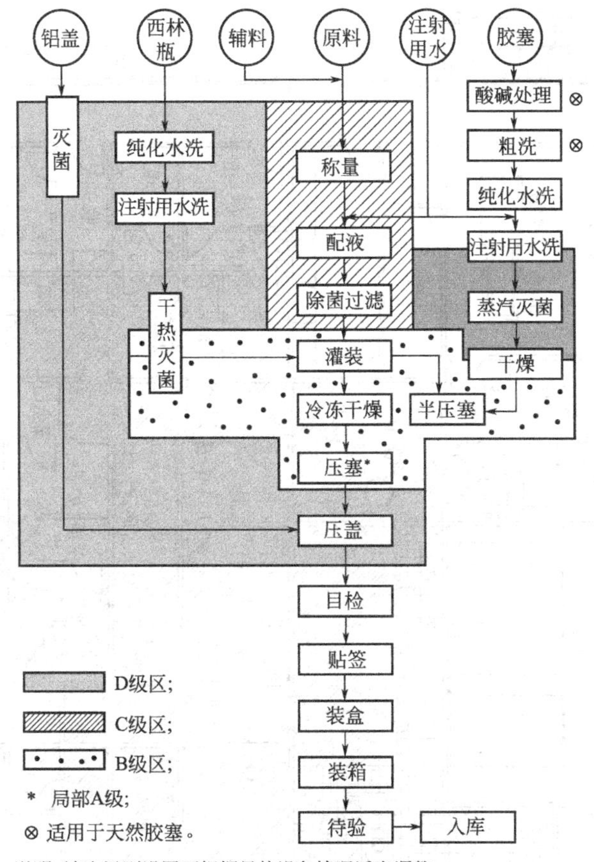

图 5-28　冻干粉针剂的工艺流程及环境区域划分

1. 无菌冻干粉针剂生产工艺流程及区域划分

无菌冻干粉针剂的生产工序包括：药物配制和除菌过滤，洗瓶及干燥灭菌，胶塞处理及灭菌，铝盖洗涤及灭菌，分装加半塞、冻干，轧盖，包装等。在生产过程中的无菌过滤、灌装、冻干、压塞操作必须在无菌条件下完成。根据 GMP 要求，其生产区可分为一般生产区、D 级、C 级和 B 级洁净区。西林瓶从清洗到灭菌是从 D 级环境下进入清洗设备，由 B 级环境下的 A 级中出来。药液的称量、除菌过滤在 C 级环境下完成，而分装、加塞和冻干是在 B 级下的 A 级环境中进行。胶塞的清洗、灭菌干燥可以在 D 级环境下进行，并在密闭条件下，传送到灌装区。轧盖一般是在 D 级环境下进行。图 5-28 是冻干粉针剂的工艺流程及环境区域划分。各工序需要安装紫外线灯。

2. 无菌冻干粉针剂生产岗位设计要点

(1) 洗瓶

无菌冻干粉针剂用西林瓶灌装，一般采用超声洗瓶机清洗，隧道灭菌烘箱进行灭菌干燥。洗瓶灭菌间注意排热、排湿。

(2) 胶塞处理

西林瓶的胶塞为丁基橡胶塞，用胶塞清洗机进行清洗、硅化和灭菌。

(3) 称量

无菌冻干粉针剂的称量设在非无菌洁净区内，注意设置捕尘和排风设施。

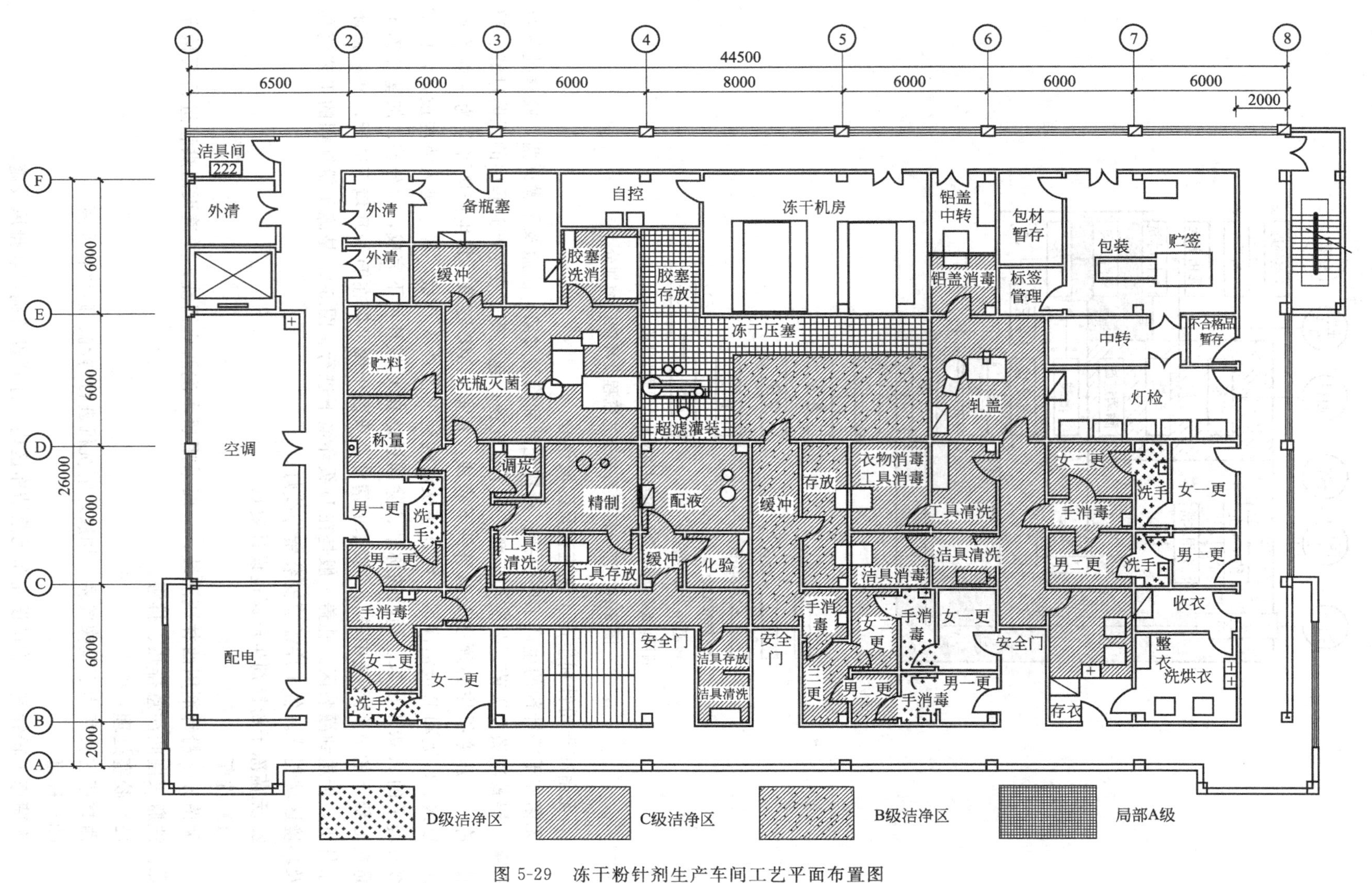

图 5-29　冻干粉针剂生产车间工艺平面布置图

(4) 配液

配液罐大小要与生产能力匹配。由于冻干粉针通常为高附加值产品，生产并不大，所以罐体体积相对不大，房间可不采用高吊顶形式，但需要满足罐体高度及操作要求。

(5) 过滤除菌

无菌冻干粉针剂在灌装前必须经0.22μm微孔滤膜进行除菌过滤。过滤设备可设在配制间内，但滤后的接收装置必须设在无菌洁净区内。也可单独设置，或在灌装间内接收。

(6) 灌装

无菌冻干粉针的灌装岗位设在B级洁净区内，药液曝露区的洁净等级为A级，包括灌装机和冻干前室区域。冻干粉针灌装设备可实现灌装加半塞，在冻干过程完成后压全塞。由于灌装间洁净等级较高，设计时要全面考虑。

(7) 冻干

冻干是无菌冻干粉针剂生产的关键岗位，冻干时间根据生产工艺确定，通常为24～72h。根据每批冻干产品生产量和冻干时间计算所需冻干机的台套数。冻干机必须设有在线清洗（CIP）和在线灭菌（SIP）系统，否则无法保证质量要求。

(8) 轧盖

需选用生产能力与分装设备相匹配的压盖机。

(9) 目检

与无菌分装粉针剂一样，采用人工目检方式进行外观检查。

总之，无菌冻干粉针剂生产车间设计时，应将无菌作业区域、非无菌作业区严格分开，同时要求进入无菌作业区的物料及容器要经过严格的灭菌消毒处理，进入无菌区作业的人员必须遵循无菌作业操作标准。

需要指出的是，接触A级区域的人员必须穿戴无菌工作服，无菌工作服洗涤灭菌后必须在A级层流保护下整理。洁具工具间，容器具清洗间宜设在无菌作业区外。洗涤后的容器具应经过消毒或灭菌处理后方能进入无菌作业区。若有活菌培养，如生物疫苗制品的冻干车间，则要求将洁净区严格分成活菌区和死菌区，并控制活菌区的空气排放及带活菌的污水处理。

图5-29是冻干粉针剂的生产车间工艺平面图，制水间位于一层。在设计中，为了减小制剂车间洁净等级的复杂程度，将包装容器的清洗、消毒及扎轧铝盖均安排在C级环境下操作。

图5-30为生物疫苗制品的冻干车间平面布置图。根据洁净级别和工作区是否有活菌，车间内设置了三套空调系统。D级净化空调系统主要服务于二更间、培养基的灭菌以及无菌衣物的洗涤，系统回风，与活菌区保持5～10Pa的正压差。C级净化空调系统主要服务于活菌区的接种、菌种培养、菌丝体收集、高压灭菌、瓶塞洗涤灭菌、工具清洗存放、三更、缓冲间的空气净化。该区域保持相对负压，空气全新风运行，排风系统的空气需经高效过滤器过滤，以防止活菌外溢。B净化空调系统主要服务于净瓶塞的存放、配液、灌装加半塞、冻干、化验。该区域为无菌区，系统回风。

除空调系统外，该车间在建筑密闭性、纯化水和注射水的管道布置、污物排放等方面也有防止交叉污染的措施。

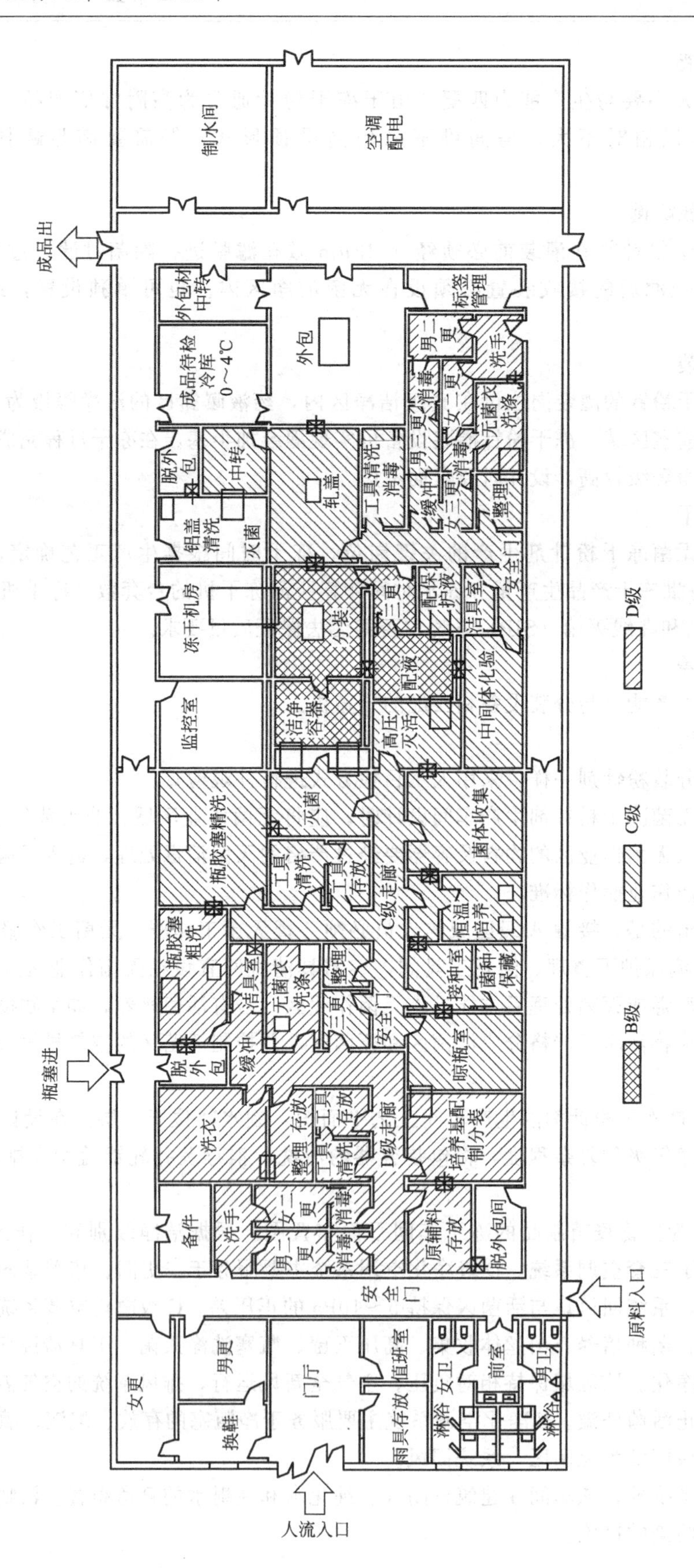

图 5-30　生物疫苗制品冻干车间工艺平面布置图

第四节　合剂车间设计

合剂是指通常将药材用水或其他溶剂经过适宜方法提取、纯化、浓缩制成的内服液体制剂，单剂量灌装的合剂又称口服液。包括糖浆剂、酒剂、合剂、煎膏剂、汤剂及用西药做成的各种口服液等。根据口服液生产工艺的不同，可分为灭菌合剂和不可灭菌合剂，生产过程如果使用乙醇溶剂，应注意防爆。

一、口服液生产工艺流程及区域划分

口服液生产工艺通常包括原辅料称量、配制、灌封、灭菌、质检、包装等工序。按照GMP规范，其生产环境分为一般生产区和D级洁净区。其中原辅料称量、药液配制、过滤，内包材的灭菌冷却、灌装加塞设在D级区域，而加塞之后的灯检、贴签、装盒、装箱等工序设立在一般生产区。口服液的生产流程及对环境区域划分见图5-31。

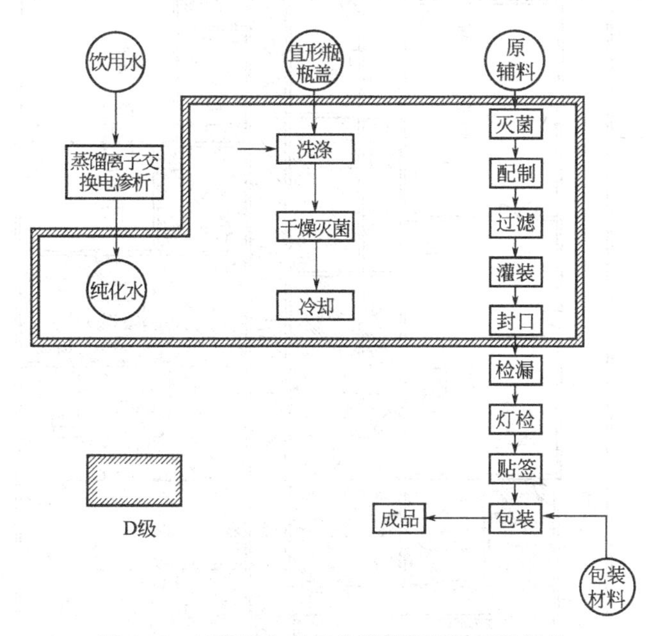

图5-31　口服液生产工艺流程及环境区域划分

二、口服液生产车间设计

1. 口服液生产岗位设计要点

(1) 称量和配料

合剂的原料多为流浸膏，称量配料间面积较大，电子秤量程宜大小齐全。

(2) 配制

合剂的配制间要设计合适的面积和高度，根据批产量选择大小匹配的配料罐。如果使用大容积配料罐要设计操作平台。

(3) 过滤

过滤应根据工艺要求选用相适宜的滤材和过滤方法，药液泵和过滤器流量要匹配，药液泵和过滤器需设在配料罐附近。

(4) 洗瓶、干燥

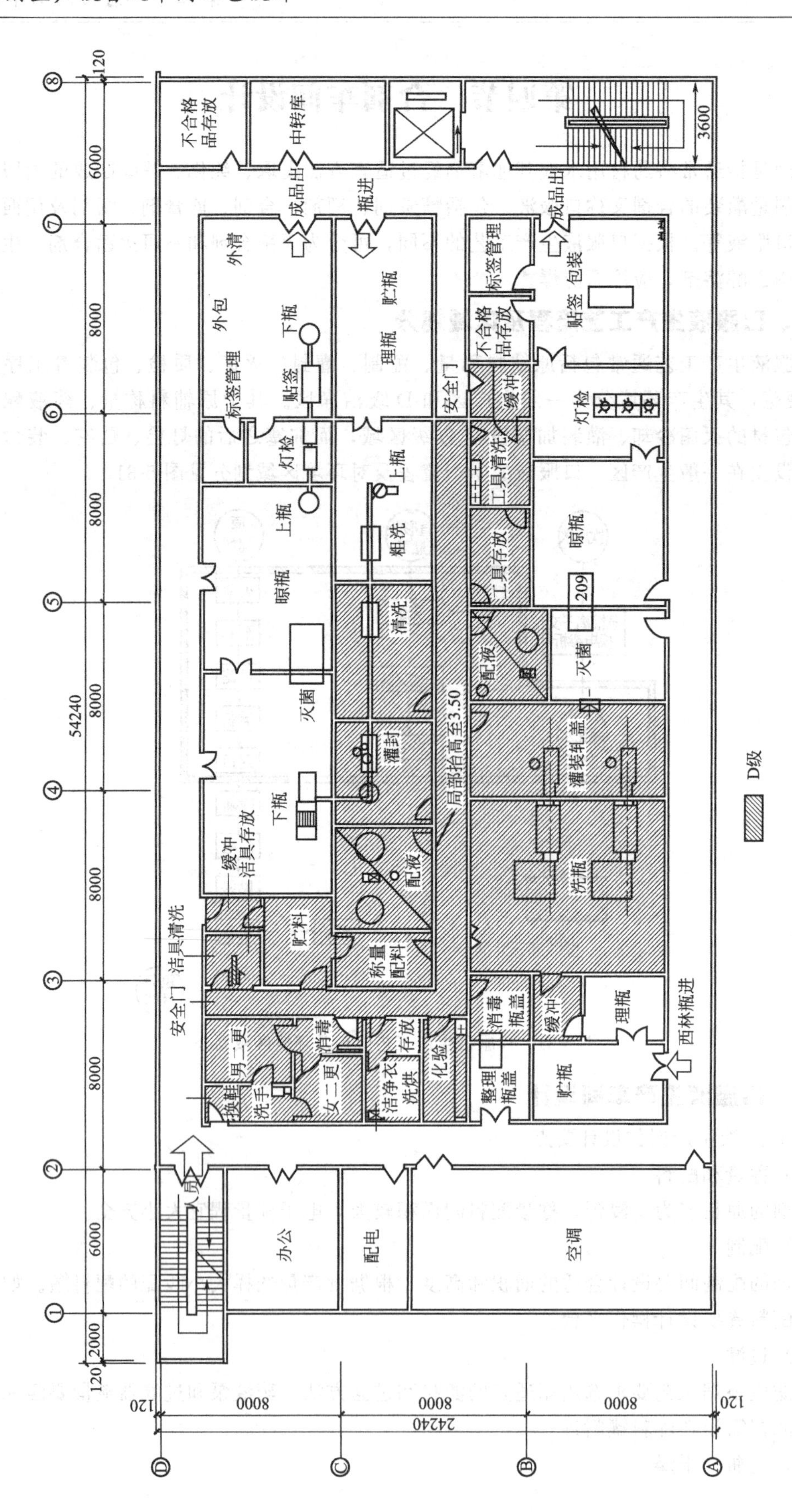

图 5-32　口服液、糖浆剂的生产车间平面布置图

根据合剂的包装形式选择适宜的洗瓶和干燥设备。口服液通常采用洗、灌、封联动生产线。大容积的合剂，如酒剂、糖浆剂等通常用异型瓶包装线。洗瓶干燥间要设有排湿、排热装置。

（5）灭菌

合剂常使用双扉式灭菌柜，灭菌设备前后要留有充足的空间，以方便灭菌小车的推拉；注意灭菌柜要与批生产量匹配。灭菌间要注意排湿、通风。

（6）灯检

灯检室需为暗室，不可设窗。灯检后设置不合格品存放区。

（7）包装

包装间面积宜稍大，如果产量高的合剂可选用贴签、包装联动线。包装能力应与灌装机一致。如果多条包装线同时生产，必须设计隔断，防止混淆。

2. 口服液生产车间设计

口服液车间设计参照水针剂的生产，贯彻人流、物流分开原则，要尽量避免人流、物流的交叉。口服液生产车间除了按工艺流程布置其生产的主功能间外，还要设立辅助功能间。包括：容器清洗间存放间、模具存放间、清洁工具间、洁净服清洗存放间；原辅料进口、原辅料暂存间、内包材进口、内包材暂存间、物料中间站、废弃物出口；人员一更间，人员二更间、更衣洗手间等公用间。图 5-32 是口服液、糖浆剂的生产车间平面布置图。

第六章 中药制剂生产设备及车间设计

据2013年国家统计局数据显示：2012年我国中药产业规模已达5156亿元，占医药产业规模的31.24%。2013年前三季度我国中药材饮片出口额为8.47亿美元，同比增长44.16%；植物提取物出口总额10.45亿美元，同比增加22.29%；中成药出口额为1.95亿美元，同比下降1.93%，是中药进出口贸易中唯一出口额同比有所下降的大类商品；中药产业已成为我国快速增长的产业之一，拥有巨大的发展潜力。

目前，我国已有注册的中成药4000余种，近20年来，国家相继批准了1000多种各类中药新药。其中大部分是以传统中药汤剂学为基础，又吸收了当代的化学、生物学等现代科学，采用了现代分离、分析技术，结合中医药理论发展起来的，中成药已经从传统的丸散膏丹剂型，扩大到片剂、针剂、胶囊剂、气雾剂、滴丸剂等40多种剂型。

中药工业生产过程可以分为中药材的炮制、中间制品（浸膏）与中药制剂三个部分。中药制剂的生产已从过去的药房调剂发展到大规模工业化批量生产，现代制剂生产过程中存在大量工程学问题需要解决，这些问题的解决关系到制剂生产的正常进行、产品的稳定性与疗效等。本章将重点介绍中药材炮制及中间制品提取过程中所涉及的工程设备。

第一节 中药材的炮制工艺及设备

由于中药材大都是生药，多附有泥土和其他异物，或有异味，或有毒性，或潮湿不易于保存等，在使用或制备各种剂型之前，应根据医疗、配方、制剂的不同要求，并结合药材的自身特点，进行必要的加工处理，称为炮制，也称炮炙、修事、修治等，其中炮炙也专指用火加工处理药材的方法。经过一定的炮制处理，可以达到使药材纯净，保证药材质量和剂量准确；消除或降低药物的毒副作用，保证用药安全；增强药物疗效，提高临床效果；改变和缓和药性以适应不同病情的需要；引药入经，便于定向用药；矫味矫臭以利服用等目的。药材炮制生产工艺流程如图6-1所示。中药材在炮制操作前，通常需要进行净制、软化、切段、干燥等处理。

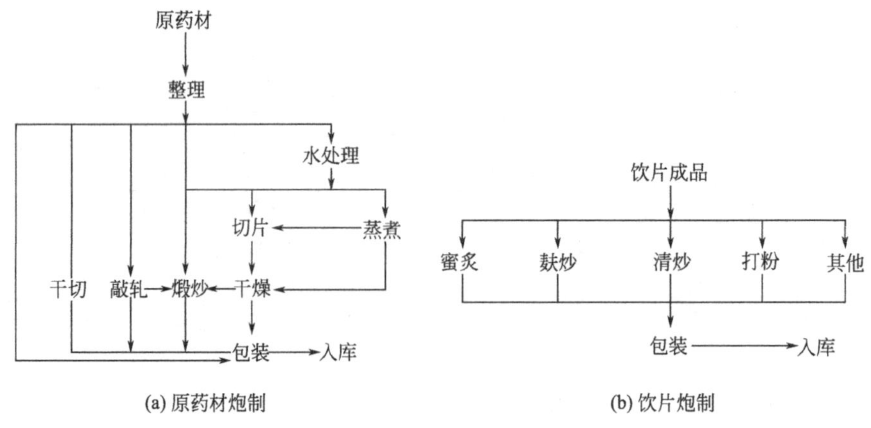

图6-1 药材炮制生产工艺流程

一、中药材的净制工艺和设备

1. 药材净制工艺

药材包括植物药、动物药和矿物药三大类。其中植物药和动物药为生物的全体或部分器官、或分泌物、或加工品，通常掺杂各种杂质，包括杂草、泥沙、粪便、皮壳等；而矿物药为天然矿石或加工品或动物的化石，常夹有异石、泥沙等。

药材净制主要是将原药材进行去杂、分选、净洗等处理，以除去药材中的泥沙、杂质、残留的非药用部位、变质品等，并分离不同的药用部位，以符合用药要求。净制后中药材称为“净药材”。

（1）分离不同药用部位

某些中药材由于入药部位的不同，其功效也各异，药用前应将不同的药用部位分开，作为两种或两种以上的不同药物来使用，以免互相影响疗效，主要涉及以下几个方面。

① 根与茎或果实与茎的分离。如植物麻黄地上部分茎和地下部分的根都能入药，但两者作用不同。麻黄（茎）能升血压，具发汗作用；麻黄根能降血压，具止汗作用。所以麻黄地上部分和根应分别入药。

② 果皮与种子的分离。如芸香料植物花椒果实的果皮（花椒）味辛性温，能温中散寒；而种子（椒目）味苦性寒，能利水、定痰喘。两药性味功效相去较远，故需分离开来。

③ 心与肉的分离。如莲子心（胚芽）能清心热，莲子肉（胚乳）能补脾涩精，故需分别入药。

同一药物的不同药用部位的分离操作一般在产地采收、加工过程中进行。

（2）去除非药用部分

中药材在采收过程中，往往残留有非药用部分，为保证药材质量，符合药用净度标准，某些药材的栓皮、外壳、绒毛、钩刺、芦头，或动物的头、足、翅等必须除去。

（3）清除杂质

采收的原药材中常夹杂一些泥土、砂石、木屑、枯枝、腐叶、杂草、皮壳、霉败品、干瘪品等杂质。在用药前均需去除，以保证药物在切制前达到一定的净度。根据杂质与药物之间体积大小、相对密度差异或附着方式的不同，可以采用以下方法。

① 挑选。用手工或机械的方式除去药材中所含的杂质及霉变品，以使药物达到净洁或便于进一步加工处理。如乳香、没药、五灵脂等常含有木屑、砂石等杂质，紫苏、淡竹叶、金银花等常夹有枯枝、残碎叶片及灰屑等，均需除去。在实际操作中往往配筛、颠簸等，在挑选去杂的同时，还进行大小分类，以使药物净洁和便于进一步加工处理。

② 筛选。筛选是根据药材和杂质的体积大小不同，选用不同规格的筛或箩，以筛除药材中的砂石、杂质或将大小不等的药材过筛分开，如药材在炮制中的麦麸、河沙等辅料的筛除。筛选时，少量加工可使用不同规格的竹筛、铁丝筛、铜筛、蓖筛、麻筛、马尾筛、绢筛等进行手工操作，大量加工时多用振动筛或振荡式筛药机进行筛选。

③ 风选、磁选。风选是利用药材和杂质的轻重不同，借风力将药物与杂质分开。一般可用簸箕或风车通过扬簸或扇风，使杂质和药物分离。磁选主要是利用高强磁性材料自动除去药材中的铁性物质（包括含铁质砂石）。

④ 水选。水选是将药物用水洗或漂除去杂质的常用方法。有些药物常附着泥沙，用筛选或风选不易除去，如菟丝子、蝉蜕、瓦楞子等，需用清水洗涤。有些药物表面附有盐分，如海藻、昆布等，需不断换水漂洗，才能去净盐分。酸枣仁等亦可用果仁与核壳的相对密度

不同，用浸漂法除去核壳。

实际操作过程中，分离不同药用部位、去除非药用部位、清除杂质等多同时进行，并按不同药用部位和大小进行分类。

2. 药材净制设备

大量药材加工使用的振动或振荡式筛药机详见第二章第一节中的粉碎和筛分设备，本节重点介绍风选机和洗药机。

图 6-2　FX 型风选机

(1) 风选机

风选机的工作模式有除轻法和除重法两种，除轻法是用较小的风速除去药材中的毛发、棉纱、药屑等非药用杂质和药用杂质；除重法是用较大的风速除去药材中的石块、泥沙等非药用杂质。

如图 6-2 所示为 FX 型风选机，主要由结构架、风扇叶轮、分级室、电气控制箱，电磁调速电机等组成，风选时可根据物料不同调整风速。该风选机根据砂石和中药物料的密度及悬浮速度的不同，利用具有一定运动特性的倾斜面，通过风力而使物料进行分离。当物料由进料斗流到斜料口时，便受到倾斜气流的作用，使密度较大的砂石经自动分级后沉到流料口的后段斜面上，密度较小的物料颗粒则处于前段斜面上，密度更轻的草、叶等物料则浮到前方，从而实现中药材与砂石、草、叶等分离的目的。

变频式风选机可以实现自动上料、连续作业、变频无级调风。变频式风选机有立式和卧式两种，如图 6-3、图 6-4 所示。

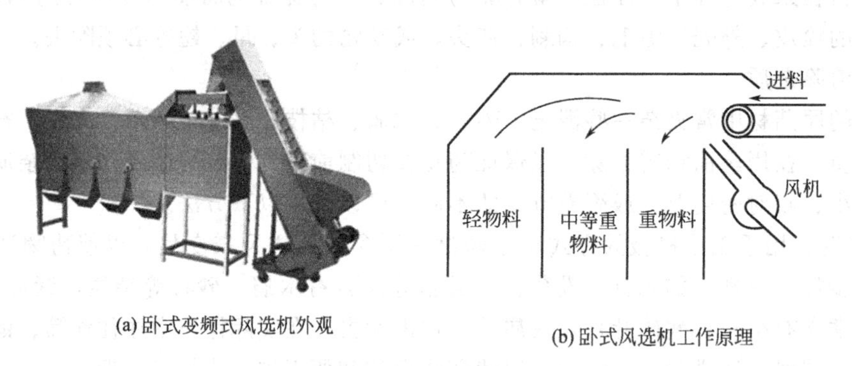

(a) 卧式变频式风选机外观

(b) 卧式风选机工作原理

图 6-3　卧式变频式风选机

(2) 洗药机

如图 6-5 所示，滚筒式洗药机由滚筒 1、冲洗管 2 和 3、水泵 6、水箱 8 和电动传送装置等构成。将待洗药物从滚筒口送入，启动电机，打开放水阀门，水从冲洗管喷入滚筒，滚筒转动时，药材随滚筒转动而翻动，被冲洗管喷出的水冲洗，冲洗水再经水泵打起做第二次冲洗。洗净后，打开滚筒尾部放出药物。由于滚筒中有挡板，洗涤药材时，滚筒做顺时针转动，待药材洗毕，使滚筒做逆时针转动，药材即可从出口排出。

该类洗药机的特点是：运动平衡，噪声及振动很小；应用水泵反复冲洗可节约用水。该类洗药机对根茎类、皮类、果实类、贝壳类、矿物类、藤木类、蔬菜类等表面泥沙杂质有比较理想的清洗效果。

(a) 立式变频式风选机外观

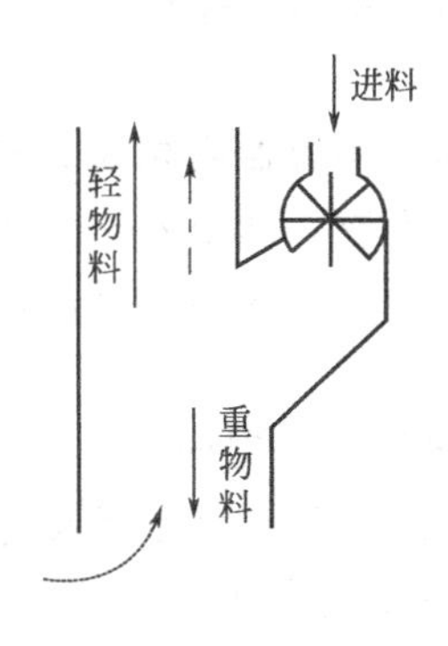

(b) 立式风选机工作原理

图 6-4　立式变频式风选机

(a) 滚筒式洗药机外观

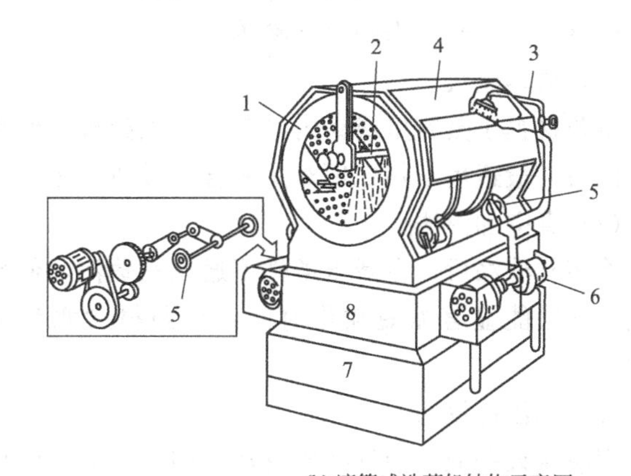

(b) 滚筒式洗药机结构示意图

1—滚筒；2—冲洗管；3—二次冲洗管；4—防护罩；5—导轮；6—水泵；7—水泥水槽；8—水箱

图 6-5　滚筒式洗药机

二、中药材软化工艺和设备

1. 中药材软化工艺

中药材切制前，对干燥的原药材，均应进行适当水处理，使其质地软化，以利于切制。药材软化是切制的关键，软化的好坏直接关系到饮片的质量。中药材软化的方法有：淋润法、洗润法、泡润法、浸润法、热蒸汽软化、真空加温软化法、减压冷浸软化法。在药材软化过程中，应坚持“少泡多润”“泡透水尽”的原则。

(1) 淋润法

将成捆的药材，用水自上而下喷淋（一般 2～3 次）后，经堆润或微润后，使水分渗入药材组织内部，至内外温度一致时进行切制。此法适用于软化气味芳香、质地疏松的草类、叶类、果皮类等组织；疏松、吸水性较好、有效成分易流失的药材，如茵陈、陈皮、枇杷叶、佩兰、薄荷等。

(2) 洗润法

将药材快速用水洗净后，稍摊晾至外皮微干并呈潮软状态时即可切片。此法多用于质地松软、吸水性较强及有效成分易溶于水的药材，如五加皮、防风、南沙参、冬瓜皮、桑白皮等。可采用滚筒洗药机进行操作。

(3) 浸润法

将药材置于水池等容器内稍浸、洗净捞出堆润或堆润至6～7成透后，摊晾至微干时，再堆润并覆盖苫布等物，润至内外湿度一致时，即可进行切片。适用于组织结构疏松、皮层较薄、糖分高、水分易渗入的药材，如桔梗、知母、当归、川芎、泽泻、丹皮等。

(4) 泡润法

将药材用清水泡浸一定时间，使水渗入药材组织内至全部润透或浸泡5～7成透时，取出“晾干”，再行堆润使水分渐入内部，至内外湿度一致时进行切片。此法一般适用于个体粗大、质地坚硬且有效成分难溶或不溶于水的根类或藤木类等药材，如鸡血藤、苏木等。

(5) 吸湿回润法

将药材置于潮湿地面的席子上，使其吸潮变软再行切片。本法一般用于含油脂、糖分较多的药材，如牛膝、当归、玄参等。

(6) 热蒸汽法

将药材置于蒸笼里或锅内经蒸汽蒸煮处理，使水分较快地渗透到组织内部，达到软化目的。此法一般适用于热处理对其所含有效成分影响不大的药材，如甘草、三棱等。

(7) 真空加温法

将药材洗涤后，在减压条件下通入热蒸汽，使药材在真空条件下吸收热蒸汽，加速药材软化。此法能显著缩短软化时间，且药材含水量低，便于干燥，适用于遇热成分稳定的药材。

(8) 减压冷浸法

用减压设备通过抽气减压将药材间隙中的气体抽出，借负压的作用将水迅速吸入，使水分进入药材组织之中，加速药材的软化。此法是在常温下用水软化药材，能缩短浸润时间，减少有效成分的流失和药材的霉变。

(9) 加压冷浸法

把净药材和水装入耐压容器内，用加压机将水压入药材组织中以加速药材的软化。

2. 中药材软化设备

(1) 真空加温润药机

如图6-6所示，真空加温润药机由真空泵、保温真空筒及冷水管、暖气管等部分组成。润药机的真空筒一般有3～4支，每支可容150～200kg药材，安装为“品”或“田”字形，筒内可通热蒸汽和水。

操作时，将经洗药机洗净的药材，投入真空筒内，待水沥干后，密封上下两端筒盖，打开真空泵，使筒内处于真空，4～5min后，开始通入蒸汽，此时筒内真空度逐渐下降，温度上升到规定值（可自行调节）后真空泵自动关闭，保温15～20min，关闭蒸汽完成润药，然后由输送带将药材运至切药机上切片。

真空加温润药机与洗药机、切药机配套，可以高效地完成洗药、蒸药和切片工作，整个流程一般只需40min。

(2) 真空气相置换式润药机

如图6-7所示，真空气相置换式润药机包括真空机箱、机门机构、真空系统、密封装置、蒸汽管路和电气控制装置，蒸汽管路上连接有蒸汽阀、减压阀和压力表。操作时，将药

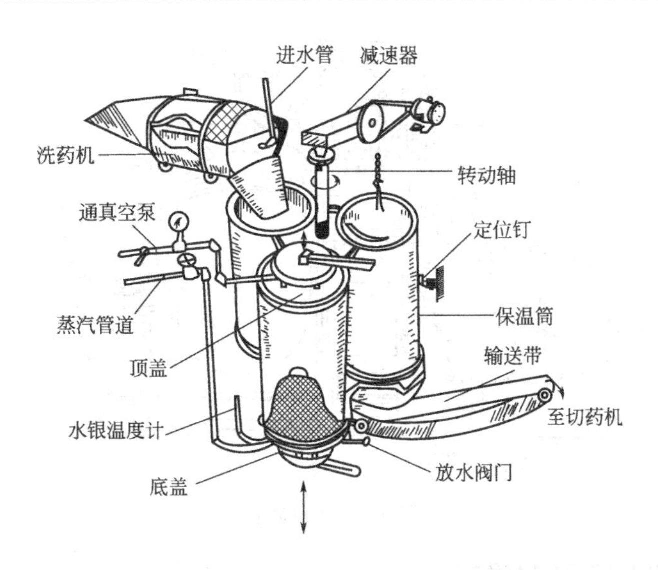

图 6-6 真空加温润药机

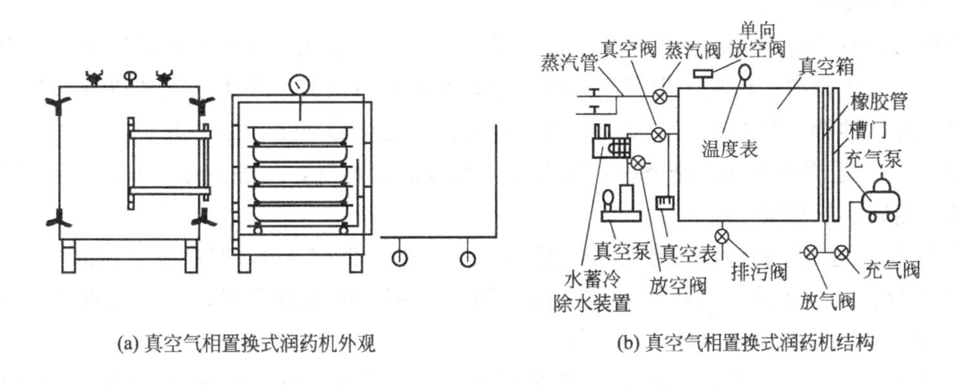

(a) 真空气相置换式润药机外观　　(b) 真空气相置换式润药机结构

图 6-7 真空气相置换式润药机

材置于高度密封的真空箱体内，使药材内部的微孔产生真空，然后通入低压蒸汽，利用负压和蒸汽的强穿透性，使水蒸气充满药材内部的微孔，完成汽-气置换过程，从而实现药材的软化。

本装置根据蒸汽具有极强穿透性的特点，为处于高真空下的药材营造蒸汽氛围，通过控制真空度、浸润时间，使药材在低含水量条件下，快速、均匀软化，降低药材在浸润过程中有效成分的损失。一般药材的软化时间为 30min，最长一般不会超过 90min。

(3) 冷浸罐

如图 6-8 所示的冷浸装置由真空泵、耐压罐体、支架、进水管、加压/减压装置等部件组成，该装置既可减压浸润药材，也可加压或常压浸润药材。罐体两端均可装药和出药，药材装入后，罐体可密封。如需减压浸润，可利用真空泵抽出罐内空气及药材组织中的空气，使之接近真空，维持原真空度不变，将水注入罐内至浸没药材，再迅速恢复常压，使水迅速进入药材组织内部，达到与传统浸润方法相似的吃水量，将药材润至可切。如需加压浸润，药材装罐后，密封灌口，先加水然后再加压，并使罐内压力保持一定时间，然后恢复常压，润透药材。罐体可在动力部件的传动下上下翻动，以加快浸润速度，使药材浸润均匀。药材浸润后，水由罐端出口放出，药材经晾晒后，即可切片。

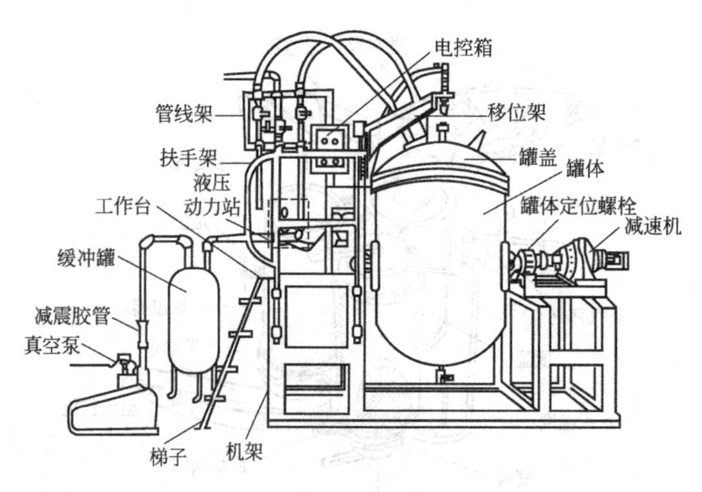

图 6-8　冷浸装置

三、中药材切制工艺和设备

1. 中药材切制工艺

药材切制是将经净选加工或软化处理后的药材，按要求用手工或机器切制成一定规格的饮片，使之便于调剂、炮炙、干燥和贮藏。中药材切制方法分为手工切制和机械切制。

根据药物的特点和炮制对片型的要求，饮片的形态大致可分为以下几种。

① 薄片：适用于质地紧密坚实、切薄片不易破碎的药材，一般片厚 1～2mm，多横切，如白芍、当归、三棱等。

② 厚片：适用于粉性和质地疏松的药物，一般片厚 2～4mm，如茯苓、泽泻、山药等。

③ 直片：也称顺片，适用于形体肥大、组织致密、色泽鲜艳者，一般要求片厚为 2～4mm，如大黄、白术、何首乌、防己等。

④ 斜片：适用于长条形且纤维性强的药物，为突出其组织特征和便于切制，常切成斜片，一般要求片厚为 2～4mm，如桂枝、桑枝、甘草、黄芪等。

⑤ 丝片：适用于叶类、皮类和较薄果皮类药物，多切成狭窄的丝条。皮类一般要求切成宽 2～3mm 的细丝，如黄柏、厚朴、合欢皮、陈皮等；叶类和较薄果皮类药物一般要求切成宽 5～10mm 的宽丝，如荷叶、枇杷叶、冬瓜皮等。

⑥ 块：煎熬时易糊化的药材需切成大小不等的块状（8～12mm^3），以利于煎熬，如阿胶丁、茯苓丁等。

⑦ 段：也称节，含黏质较重的药物，不易成片，可切成段；全草类药物为了煎熬方便，通常都切为长短适度的段。段的长度为 10～15mm，如薄荷、荆芥、益母草、白茅根、藿香等。

2. 中药材切制设备

(1) 直线往复式切药机

如图 6-9 所示为直线往复式切药机，可用于根、茎、叶、草、皮、藤等类药材的切制加工，可切制 0.7～20mm 范围内多角形颗粒饮片和 0.7～60mm 范围内片、段、条等。

操作：待切药材置于传送带上，传送带和压辊将药材按设定的距离做步进移动，切刀做上、下运动，药材通过刀床送出时，被切成各种长度和形状。切段长度可通过设定传送带的给进速度来调节。

(a) 直线往复式切药机外观

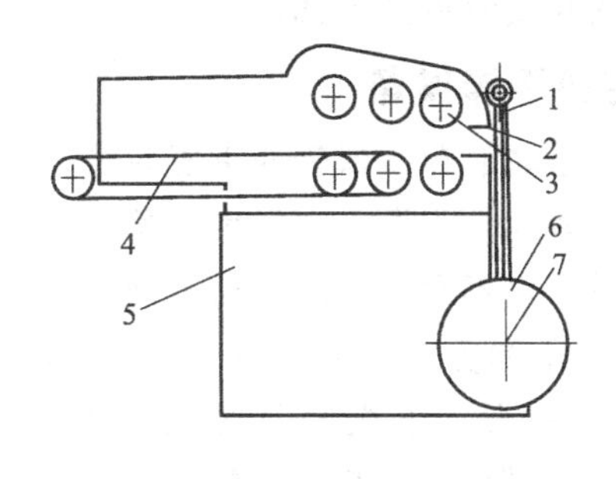

(b) 直线往复式切药机结构

1—刀片；2—刀床；3—压辊；4—传送带；
5—变速箱；6—皮带轮；7—曲轴

图 6-9　直线往复式切药机

(2) 旋转式切片机

如图 6-10 所示的旋转式切片机由电机、装药盒、固定器、输送带、旋转刀床、调节器等部分组成，可切制根茎、果实、种子等块状、颗粒状、团块和球形药材。旋转式切片机操作时，先将药材装入固定器中，铺平，压紧，以保证推进速度一致，均匀切片。

操作：旋转式切药机的刀具安装在旋转刀床上，挤压式输送链将物料送至刀门，与旋转刀盘成垂直角度，在刀盘旋转的同时将输送的物料切成片状。饮片的厚度可通过调节器控制。

(a) ZQ 120-2型旋转式切药机外观

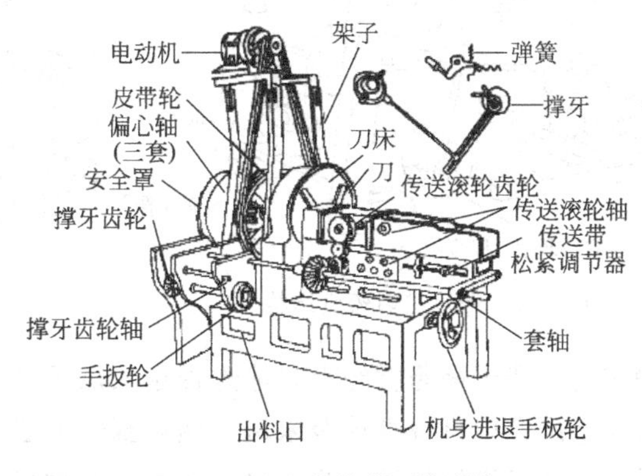

(b) 旋转式切药机结构

图 6-10　旋转式切药机

(3) 剁刀式切药机

剁刀式切药机由电机、台面、输送带、切药刀等部件构成，其结构如图 6-11 所示。剁刀式切药机适合切制长条形的根、根茎及全草类药材，但不适宜切制球形、团块形药材。

操作：将药材堆放在机器台面上，启动机器，药材经输送带进入刀床，刀片在机械偏心机构作用下做上下往复运动，将药材切片，片的厚薄由偏心调节装置进行调节。

剁刀式切药机可将药材切成片、段、节、丝等形状。剁刀式切药机常与振荡筛配合使用，使切制后的饮片及时得到筛选。

四、中药材的干燥设备

中药材的干燥是其贮存、保管的重要环节，直接影响中药材的质量。药物经水洗、切片等程序后，含水量较高，为微生物的生长繁殖提供了良好条件，且增加了药材的韧性，不利于保证药材的质量，也不利于后续的粉碎操作，需经过干燥。

中药材的传统干燥方法包括阴干、晒干和热风烘干，但药材干燥周期长，生产效率低，有效成分的损失大，干燥制品的品质不高，在某种程度上已经不能完全满足现代中药生产的需要。在保证中药材有效成分基本不损失的前提下，人们对干燥制品的品质提升、能耗、操作可靠性及环境影响都提出了更高的要求，新的干燥技术和设备不断用于中药制品的干燥，如远红外干燥、微波干燥、真空冷冻干燥、喷雾干燥、热泵干燥等。

1. 翻板式干燥机

翻板式干燥机是一种批量、连续式生产的干燥设备，主要用于片状、段条状、颗粒状药材的干燥。它由上料输送带、翻板烘干室、热风鼓风装置、排潮气口等部分组成，烘干室内有多层由链轮和链板组成的输送带，如图 6-12 所示。

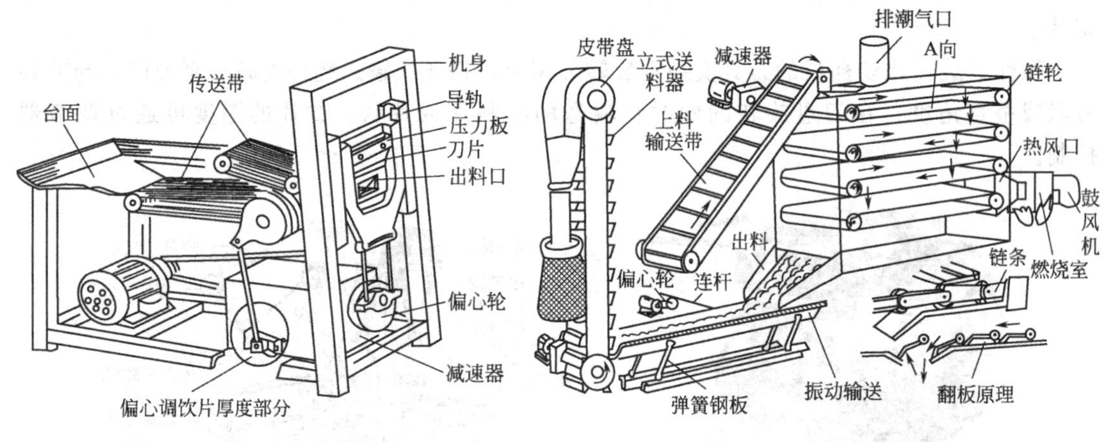

图 6-11　剁刀式切药机结构

图 6-12　翻板式干燥机

操作时，待干燥药材经上料输送带送入烘干室内，并均匀平铺于链板上，由传动装置拖动药材在干燥室内自首端传至末端，然后翻于下层，实现物料的自动翻动。空气经蒸汽或电加热后，由鼓风机经热风口吹入烘干室内，在物料间穿流而过使药材均匀受热，潮湿空气由排潮气口通过引风装置排出室外，从而达到干燥除湿的目的。烘干的药材沿出料口经振动输送带送入立式送料机，输入到出料漏斗，收集起来。

翻板式干燥机的箱体长度由标准段组合而成，常制成多层式，常见的有二室三层、二室五层，长度 6～40m，有效宽度 0.6～3.0m。

翻板式干燥机可以实现物料的自动翻动，物料干燥均匀，系统可连续操作，干燥温度可调，适用的范围较广，但效率不高。

2. 带式干燥机

带式干燥机由加料器、传输网带、分风器、换热器、循环风机、排湿风机和调节阀等组成，如图 6-13 所示。

(a) 带式干燥机外观

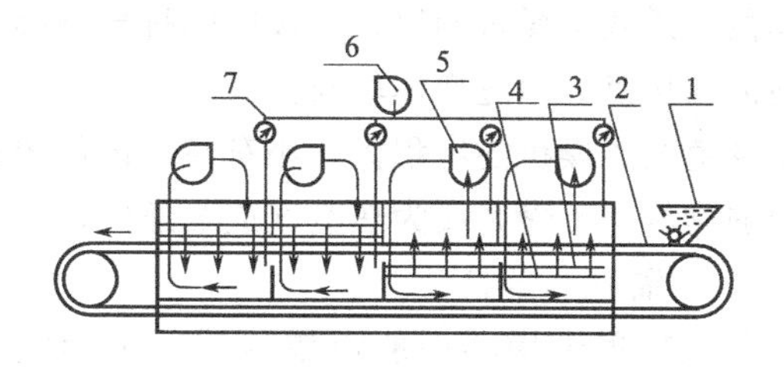

(b) 带式干燥机结构

1—加料器；2—输送带；3—分风器；4—换热器；
5—循环风机；6—排湿风机；7—调节阀

图 6-13　带式干燥机

操作时，待干药材由加料器均匀地铺在网带上，网带一般采用 12～60 目不锈钢丝网，由传动装置拖动在干燥机内移动。干燥机由若干单元组成，每一单元热风独立循环，部分废气由专门排湿风机排出，每一单元的废气排放量由调节阀控制。在上循环单元，空气由侧面风道进入单元下部，气流由下而上经换热器预热后穿过物料层，完成与网带上物料的传质和传热过程。下循环单元中，空气经由循环风机后进入单元上部，气流由上而下经加热器预热后穿过物料层。

带式干燥机传输带的运行速度及热源温度，可根据药材的质地、药性、所含成分性质及含水量进行自由调节。上下循环单元根据用户需要灵活配备，单元数量亦可根据需要选取。相对其他干燥设备，带式干燥机具有干燥速度快、蒸发强度高、烘干效率高等优点，适用于透气性较好的片状、条段状、颗粒状中药饮片的干燥。

3. 隧道式干燥机

隧道式干燥机，也称洞道式干燥机，由隧道体、风机、加热装置、料车、料盘和输料装置等组成，如图 6-14 所示。狭长的隧道体内敷设铁轨，一系列的小车载着盛于浅盘中或悬挂在架上的湿物料通过隧道，在隧道中与热空气接触而被干燥。小车可以连续地或间歇地进出隧道。空气和物料之间的对流方式可以是并流也可以是逆流。隧道中也可采用中间加热或排气操作。

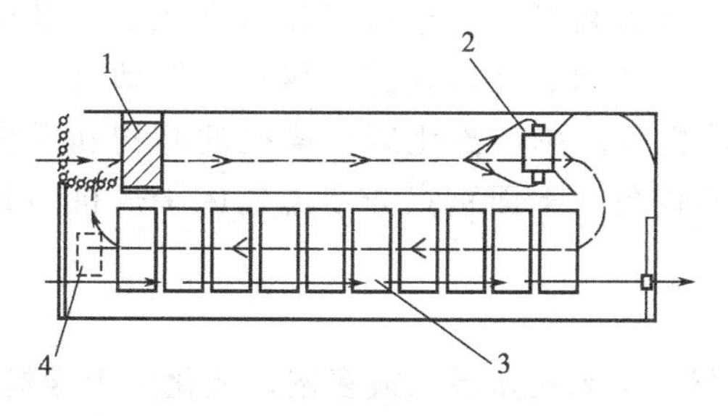

图 6-14　隧道式干燥机

1—加热器；2—鼓风机；3—装料车；4—排气口

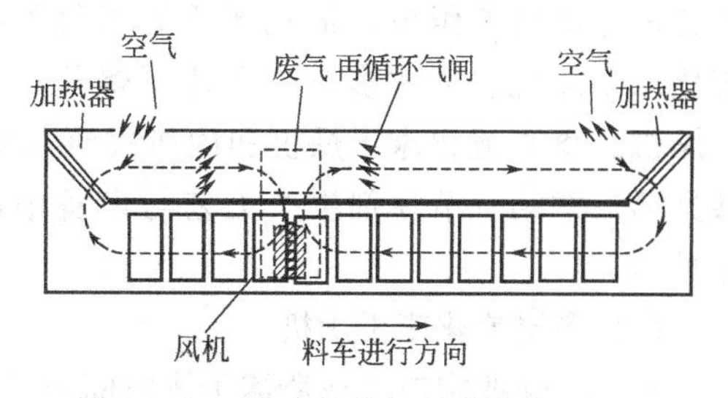

图 6-15　两段中间排气型隧道式干燥机

图 6-15 为两段中间排气型隧道式干燥机，该机型由并流和逆流两段组成，又称混合式。湿物料入隧道先与温度高而湿度低的热风作顺流接触，可得到较高的烘干速率；随着料车前移，热风温度逐渐下降、湿度增加，然后物料与隧道另一端进入的热风作逆流接触，使烘干后的产品能达较低的水分。两段中间排气型隧道干燥机两段的废气均由中间排出，亦可进行部分废气再循环。

与单段隧道式干燥机相比，两段中间排气型隧道干燥机烘干时间短、产品质量好，兼有顺流、逆流的优点，但隧道体较长。

由于隧道式干燥机的容积大，小车在器内停留时间长，因此适用于处理量大、干燥时间长、易碎的物料。干燥介质为热空气或烟道气，气速一般应大于3m/s。

4. 远红外辐射干燥器

远红外线辐射干燥器一般由辐射器、干燥室、传输带、温度控制器等部分组成，如图6-16所示。热量由远红外线辐射器以辐射能的形式发射至被干燥物料的表面，被其吸收并转变为热能，加热被干燥物料，使其中水分汽化并由排气口排出，从而达到干燥的目的。

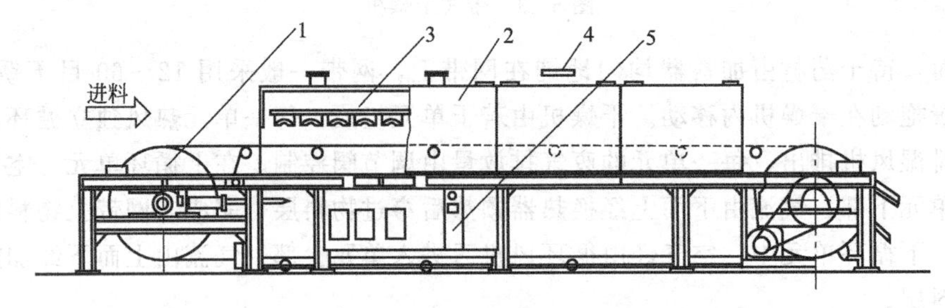

图6-16 远红外辐射干燥器

1—输送带；2—干燥室；3—辐射器；4—排气口；5—控制器

远红外辐射干燥器的核心部件是辐射能发生器，有电热式和非电热式辐射器两种。电热式辐射器的远红外射线波长可通过调整电压来控制，使之适合被干燥物料的吸收波长，以提高传热速率；调节输送带的移动速度可控制物料在干燥室内的停留时间。

子、仁、果、米类药材均可采用此方法进行干燥。

远红外辐射干燥器的特点是干燥时间短，生产能力大，能连续操作，设备紧凑，干燥产品质量均匀，产品不受污染，但电热式远红外干燥器的电耗较高。

5. 流化床干燥机

流化床干燥机又称沸腾床干燥机，一般由流化室、进料器、分布板、加热器、风机和旋风分离器等组成。流化床干燥机种类很多，大致可分为：单层流化床干燥机、多层流化床干燥机、卧式多室流化床干燥机、喷动床干燥机、旋转快速干燥机、振动流化床干燥机、离心流化床干燥机和内热式流化床干燥机等。单层流化床干燥机的结构和操作参见第二章第一节片剂生产工艺与设备中的干燥设备。下面重点介绍流化床干燥机的其他类型。

(1) 多层流化床干燥机

对于干燥要求较高或所需干燥时间较长的药材，可采用多层（或多室）流化床干燥机。物料由上部加入，由第一层经溢流管流到第二层，依次类推，最后由设置在最下层的出料口排出。热气体由干燥机的底部送入，依次通过每一层分布板，最后由顶部排出。物料与热气流逆流接触，每层物料间相互混合，但层与层间不发生混合。

多层流化床干燥机中物料与热空气经多次接触，尾气湿度大，温度低，因而热效率较高；但设备结构复杂，流体阻力较大，需要高压风机。另外，对于多层流化床干燥机，需要解决好物料由上层定量转入下一层的问题，以及防止热气流沿溢流管流动而发生的短路问题。

图 6-17 为卧式多室流化床干燥机，其主体为长方体，一般在器内用垂直挡板分隔成 4～8 室。挡板下端与多孔板之间留有几十毫米的间隙（一般为床层中静止物料层高度的 1/4～1/2），使物料能逐室通过，最后越过堰板而卸出。热空气分别通过各室，各室的温度、湿度和流量均可调节，同时可设置搅拌器使物料分散，最后一室可通入冷空气冷却干燥产品，以便于贮存。这种形式的干燥机与多层流化床干燥机相比，操作稳定可靠，流体阻力较小，但热效率较低，耗气量大。

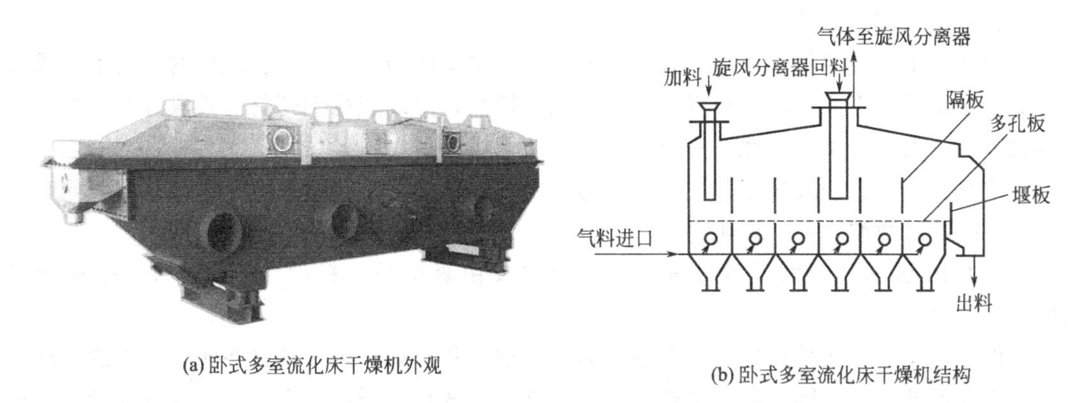

(a) 卧式多室流化床干燥机外观　　(b) 卧式多室流化床干燥机结构

图 6-17　卧式多室流化床干燥机

（2）振动流化床干燥机

振动流化床干燥机是一种改进型流化床，是在流化床上加机械振动促进物料流化的一种干燥装置，如图 6-18 所示。床层可以垂直振动，也可与床层轴线成一定角度振动。

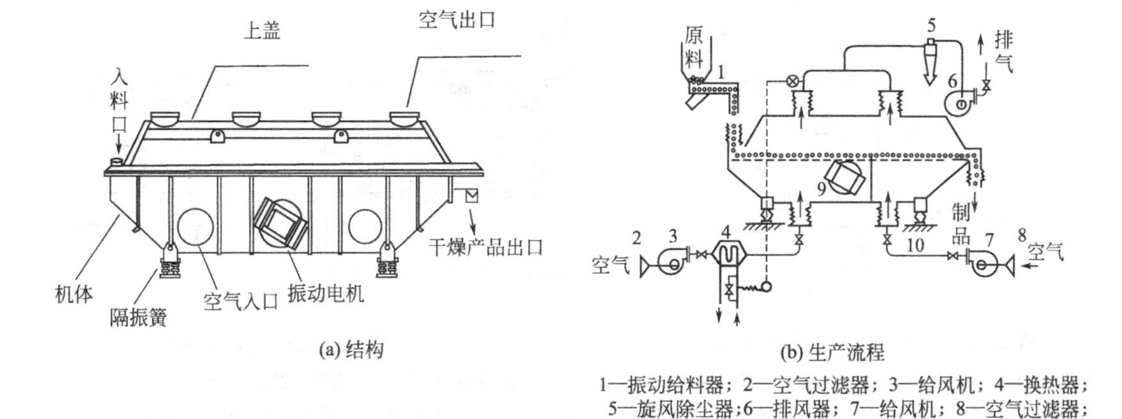

(a) 结构　　(b) 生产流程

1—振动给料器；2—空气过滤器；3—给风机；4—换热器；5—旋风除尘器；6—排风器；7—给风机；8—空气过滤器；9—振动电机；10—隔震弹簧

图 6-18　振动流化床干燥机

振动式流化床干燥机的振幅和振动频率可控，因而可以实现对颗粒在床层中停留时间的控制。相对于普通流化床，振动式流化床的机械振动可以促进颗粒流化，从而降低热空气用量，降低对颗粒的磨损，减少颗粒夹带量。对于水分含量大、易团聚或黏结的颗粒，振动式流化床有助于颗粒的分散。

总之，流化床干燥机具有较高的传热效率，物料在干燥机中停留时间可控，产品含水率低。对于大颗粒药材的干燥，可以通过调节风量来调整流态化。此外，干燥机的结构简单，造价低，活动部件少，操作维修方便，适用于处理粒径为 30μm～6mm 的粉粒状物料。

6. 微波真空干燥机

微波真空干燥设备是微波技术与真空技术相结合的一种新型、高效干燥设备。不同于热量由外向内传递的外部加热方式，微波加热是一个内外同时进行的过程，微波同时作用于物料内部和外部的极性介质分子，同时加热整个物料。因为物料表面易散热，因此物料内部温度一般高于外部温度，温度梯度方向和水分梯度的方向相同，传热和传质方向一致，内部水分迅速汽化，形成内部压力梯度，促使水分快速向物料表面扩散，因而微波干燥具有加热速度快、物料受热均匀等特点。

微波真空干燥技术将微波加热技术与真空干燥技术相结合，可以在较低的温度下完成对药材的快速干燥，因而能较好地保持物料的原有特性，可以减少中药材有效成分在干燥过程中的损失，特别适合于热敏性、高附加值药材的干燥。

微波真空干燥机按其操作方式可以分为间歇式和连续式。

（1）间歇式微波真空干燥机

如图 6-19 所示，间歇式微波真空干燥机主要由真空泵、料盘、转动部件、磁控管等构成。

操作时，将待干燥药材置于料盘中，启动真空泵和转动系统，料盘在转动部件的带动下在干燥室内不断转动，因而药材受热均匀。间歇式微波真空干燥机适用于小批量粉状、颗粒状、片状、条段状药材的干燥，也适用于小批量中药浸膏、胶囊剂、片剂和丸剂的干燥。

（2）连续式微波真空干燥机

连续式微波真空干燥机主要由进料系统、输送系统、微波系统、真空干燥室、出料系统和真空系统等构成，如图 6-20 所示。

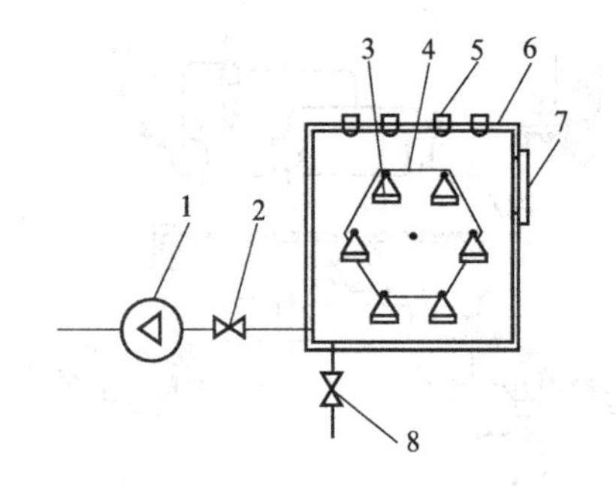

图 6-19 间歇式微波真空干燥机

1—真空泵；2—电磁阀；3—料盘；4—转动部件；5—磁控管；6—箱体；7—料门；8—放气/排污阀

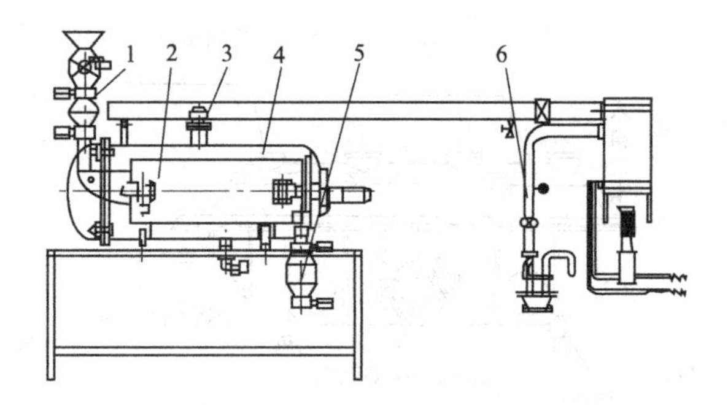

图 6-20 连续式微波真空干燥机

1—进料系统；2—输送系统；3—微波系统；4—真空干燥室；5—出料系统；6—真空系统

操作时，首先关闭进出料挡板阀，打开真空蝶阀，同时启动真空泵，使真空干燥室内产生一定的真空度，通过真空截止阀维持干燥室内的真空度。待干燥物料连续不断地进入进料斗中，通过进料系统进入微波真空干燥室，顺序启动各微波源，微波转化为热能，将物料中的湿分转变为蒸汽，并经真空泵抽出。系统采用滚筒刮板螺旋输送物料，使物料在微波真空干燥室内缓慢轴向移动，并上下做径向转动，以便物料均匀受热。干燥结束后，通过出料系统输出物料。

采用微波干燥的药材，由于干燥过程从药材内部进行，水分加热汽化形成一定的压力，可迅速冲破细胞，导致细胞膜破裂，因此，可缩短药材后续提取时间，提高有效成分的浸出率和浸膏收率。

微波真空干燥机具有干燥速度快，干燥时间短，干燥温度低，物料受热均匀，干燥效率高，干燥温度、输送速度及加料量可调，操作方便等优点。同时微波可杀灭微生物和霉菌，具有消毒作用，使药材达到卫生标准，并能防止药材在贮藏过程中发生霉变和虫蛀。但物料进出口处的微波泄漏会对人体造成伤害，设备价格偏高。

由于微波加热干燥有着显著的优越性和良好的经济效益，近年来微波干燥技术在制药行业的应用不断扩大，同时对微波技术与常规干燥技术的融合研究也在不断深入。除微波真空干燥机外，研究人员还开发了微波带式干燥机、微波喷雾干燥机、微波冷冻干燥机等。

五、中药材炮制工艺和设备

1. 中药材炮制工艺

中药材的炮制是传统中药材加工不可缺少的环节，常见的炮制方法有炒、炙、煅、煨、烫、蒸、煮、焯等。

(1) 炒制

炒制是直接在锅内加热药材，并不断翻动，炒至一定程度取出。炒是常用的一种炮制法，又分清炒和加辅料炒两类。

根据炒的程度不同，清炒又分为炒黄、炒焦和炒炭。如将药材置于锅内，以微火短时间加热翻动，炒至表面微黄，称炒黄，如炒黄连、炒麦芽等。炒黄是使药材膨胀，易于煎出有效成分，能矫臭，能破坏含苷类药材中的酶，有利于药材的保存。将药材置于锅内以较强的火力加热，炒至外面焦黄或焦褐，内部淡黄并有焦香气味，称炒焦，如焦神曲、焦山楂等。将药材置于锅中以武火加热，炒至表面焦黑，部分炭化，内部焦黄，但仍保留有药材固有气味，称炒炭，如侧柏炭、茜草炭等。

根据所加辅料不同，辅料炒分为麸炒、土炒、米炒等。利用麦麸加热时发生的烟以熏黄药材的方法称为麸炒，如麸炒白术、麸炒僵蚕、麸炒枳壳等。用灶心土与药材同炒，使药材成焦黄色或土黄色的方法称为土炒，如土炒山药、土炒白术等。将药材与大米同炒，借助热力与米的烟气将药材熏黄的方法称为米炒，如米炒斑蝥、米炒党参等。

(2) 炙制

炙制是将净选或切制后的药物与液体辅料共同加热，使辅料渗入药材内的炮制方法。根据所加辅料不同，分为酒炙、醋炙、盐炙、姜炙、蜜炙和油炙等。炙法均用液体辅料，盐、生姜等需制成盐水和姜汁方可应用。

(3) 煅

煅是指将药材用猛火直接或间接煅烧，使药材松脆、性能改变、有效成分易于煎出，药材易于加工粉碎。煅可分为明煅、暗煅两类。将药材直接置火上或容器内煅烧而不密闭加热者，称为明煅。此法多用于矿物药或动物甲壳类药，如煅牡蛎、煅石膏等。将药材置于密闭容器内加热煅烧者，称为暗煅或焖煅，本法适用于质地疏松、炒炭易灰化及某些中成药在制备过程需要综合制炭的药物，如血余炭、棕榈等。

(4) 煨

中药材煨法是指将药材用湿面或湿纸包裹，置于加热的滑石粉中，或将药材直接置于加热的麦麸或滑石粉中，或用吸油纸均匀地隔层分放，进行加热处理，以除去部分油脂或挥发性成分的炮制方法。

将面粉加水和成团块，包裹药材，放锅内以热沙土烫煨或直接放入炭火中，煨至面黄黑为度，除皮备用，称为面粉裹煨法。用粗草纸将药物包裹三层以上，放入水中湿透，置锅内热沙中或炭火中煨至焦黄为度，剥去纸备用，称为纸煨法。将麸皮炒热，加入大小一致净药材，用文火炒至深黄色，取出筛去麸皮备用，称为麦麸煨法。将药物直接埋于无焰之灰火中，使药物受热而发泡或近裂，质地松脆，称为直接煨法。

(5) 炮（烫）制

将药材用武火急炒，或同沙子、蛤粉、滑石粉、蒲黄粉一起拌炒的方法称为烫。烫用武火，炒用文火。烫制通常有炮、沙烫、蛤粉烫等。

炮是指药材用武火急炒，迅速取出，使表面焦黑爆裂，内部成分未散失。沙烫是指选取颗粒均匀洁净的粗沙，置锅内加热至100℃以上，放入药材埋起，稍后，进行翻炒，至药材表面鼓起或酥脆为度，拣出药材或入醋中淬过，晾凉即可，如穿山甲片、刺猬皮、马钱子、狗脊、鸡内金等。蛤粉烫的操作方法同沙烫，但蛤粉传热较沙慢，烫药不易焦。动物胶类常用蛤粉烫，使内外受热均匀，质坚韧转为松脆，如阿胶、鹿胶等。

此外，还有用滑石粉炒烫、蒲黄烫炒者，其烫制方法同上。

(6) 蒸、煮

将药材置于蒸罐或笼中隔水加热的方法，能改变药性，增强疗效，便于加工切片，利于保存。不加辅料者，称为清蒸；加辅料者，称为辅料蒸。加热的时间，视炮制的目的而定。如需改变药物性味功效，宜久蒸或反复蒸晒，如蒸制熟地、何首乌等；为使药材软化，以便于切制，以变软透心为度，如蒸茯苓、厚朴等；为便于干燥或杀死虫卵，以利于保存者，加热蒸至“园气”，即可取出晒干，如蒸银杏、女贞子、桑螵蛸。

煮是将药材置于水或药液中加热的方法，以消除药物的毒性、刺激性或副作用，如醋煮芫花、酒煮黄芩等。

(7) 其他制法

有些药物的炮制，并不单纯运用以上各种操作方法，有一些特殊品种，还需结合一些特殊方法进行炮制，如发酵、发芽、制霜、染衣、制曲等。

发酵：将药物加水加温，在一定温湿度条件下，使其发酵生上菌丝。如六神曲、半夏曲做成小块后，用草或麻袋盖紧，待其发酵生上菌丝后取出晒干。

发芽：将大夏、黑大豆等具有发芽能力的种子药材，用水浸湿润，在一定温度下使其发芽，增加药物的健脾和胃、助消化解表邪的作用，如谷芽、麦芽、大豆卷等。

制霜：将含油脂的药物去壳研碎，用数层草纸纱布包裹，压榨去其油脂，反复数次至无油为度，所得粉末称“霜”。制霜的目的可减低毒性，缓和药性，如巴豆霜、千金子霜、蒌仁霜、苏子霜等。

染衣：药物的外表，拌上另一种药粉，以加强主药的作用，如朱砂拌茯苓、茯神、朱砂拌灯芯、青黛拌灯芯，称朱茯苓、朱茯神、朱灯芯、黛灯芯。

制曲：按曲方配全药材，分别或混合加工研成粉末，用面粉调糊作黏合剂，做成方形小块，再通过发酵法，以制成曲，如六神曲、采芸曲、范志曲、半夏曲等。

2. 中药材的炮制设备

中药炮制设备主要包括炒药机、蒸煮罐（锅）及各种煅药设备。

(1) 炒药机

机器炒药常用平锅式炒药机和滚筒式炒药机。滚筒式炒药机有多种类型，但结构和原理基本相同，常见的滚筒式炒药机是利用机器旋转翻动药物，使药物能被均匀炒制。

平锅式炒药机主要由平底炒锅、加热装置、活动炒药桨及电机和吸风罩组成，如图6-21

图 6-21　平锅式炒药机

所示。操作时，先启动机器进行预热，然后将待炒药材从炒药锅上方投入，炒药桨连续翻动药材使药材受热均匀。当药材炒至规定程度时，打开出口，药材在搅拌器作用下自动出锅。

平锅式炒药机的炒药温度可根据不同的药材及不同的炮制方法进行调节。平锅式炒药机应用范围广泛，但以炒黄、炒焦、各种液体辅料炒制及烫制药材最为常用。

滚筒式炒药机由炒药滚筒、动力系统及热源等部件组成，有的还附有加料装置和出料装置，如图 6-22 所示。操作时，将药材通过上料口加入，盖上筒盖板，加热后，开动滚筒，借动力装置滚筒做顺时针转动，使筒壁均匀受热。当药材炒到规定程度时，打开盖板，按动反转按钮，使滚筒反向旋转，使药材由出料口倾出。

(a) 滚筒式炒药机外形

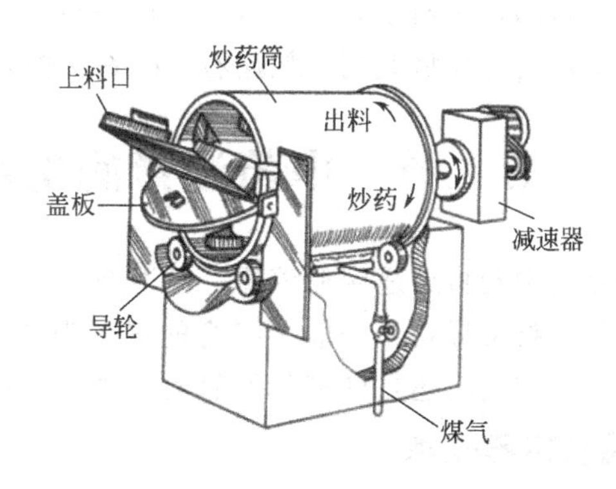

(b) 滚筒式炒药机结构

图 6-22　滚筒式炒药机

新型滚筒式炒药机安装有变速电机，可根据需要控制炒药速度以适用不同药物的炒制，同时配有防烟吸罩，改善工作环境。

滚筒式炒药机可用于各种不同规格和性质的中药材炒制加工，如清炒、砂炒、炭炒、醋炙、蜜炙等，以炒炭、炒焦、麸炒、土炒及烫制各种药材最为常用。

图 6-23　可倾式蒸煮锅

(2) 蒸罐

目前工业化生产蒸制设备一般使用蒸罐。蒸罐由罐体、上药滑车、药盘、蒸汽管、放气阀等部件组成。蒸罐安装在底座上，罐上装有可开启、密闭的门。操作时，将净制后的药材或用辅料浸润过的药材装入药盘，将药盘分层放在上药滑车上，再把药车推到蒸罐内密封，控制蒸制压力和时间，即可对药材进行蒸制。

(3) 蒸煮锅

图 6-23 为可倾式蒸煮锅，其主要由支架、锅体和动力传送部分构成。蒸药时，将净制后的药材加入锅内，开启蒸汽阀让蒸汽直接从底部中心气管输入锅内进行蒸制，蒸制结束后，停止蒸汽通入，待药材凉透出罐。煮药时，锅内放水，开启蒸汽阀，由底部中心气管输入蒸汽进行煮制。

图 6-24 DYH 型高温电热煅药机

(4) 煅药设备

平炉式煅药炉由炉体、煅药池、炉盖及鼓风机等部分组成。煅药池由耐火砖砌成，炉盖是为保温而用，不需保温时可以取下。操作时，先将药材砸成小块倒入煅药池内，均匀铺平，装量占药池容量的 2/3，然后点燃炉火，使药池内的药物均匀受热，至药材枯松为度。

平炉煅药炉加热的温度，可人为控制。在煅制时如需保温可在煅药池上盖上保温盖，也可开启鼓风机加大火力提高温度。平炉煅药炉主要用于煅明矾及硼砂。

如图 6-24 所示，DYH 型高温电热煅药机由煅药池、电加热元件、控制机构等组成。操作时，药材放入煅药池，启动电源，通过发热电阻使锅体升温，达到高温煅药的目的，煅药结束后，可控制锅盖自动打开，卸药。DYH 型高温电热煅药机主要用于矿石类和贝类药材煅制，如赭石、磁石、钟乳石、牡蛎、珍珠母等。

第二节 中药浸膏的生产技术和设备

中药浸膏是指中药材经适度粉碎后，经溶剂浸取、澄清、过滤、浓缩后得到的不同程度含水或不含水的药材浸提物。一般干浸膏的得率为被浸煮药材的 10%～15%。浸膏本身就是一种中药剂型，它同时还是许多其他剂型的中间原料，如片剂、胶囊剂等。

一、中药材粉碎技术

粉碎是中药制剂的基础。对药材进行粉碎，可以提高药材的比表面积，增加难溶药物的溶出率，促进药材中有效成分的浸出或溶出，提高药物的生物利用度，便于调剂和使用。因此，在中药制剂生产过程中，通常会对原料进行一定程度的粉碎。

适宜的粉碎方法是保证制剂质量的前提之一，粉碎时应根据处方所含药物的性质和使用要求，采用不同的粉碎方法。通常的粉碎机械在粉碎过程中同时进行筛分，筛分是将粉体分成不同粒径范围的过程。

(1) 单独粉碎

单独粉碎是将一味药单独进行粉碎，俗称“单研”。氧化性药物或还原性药物必须单独粉碎，以免引起爆炸，如火硝、硫黄、雄黄等；贵重细料药物如冰片、麝香等，刺激性药物如蟾酥等，含毒性成分的药物如马钱子、雄黄等，也应单独粉碎。某些粗料药物，如乳香、没药等，因含有大量树脂，在湿热季节难以粉碎，常在冬春季单独粉碎。

(2) 混合粉碎

混合粉碎又称共研法，是将处方中全部或部分药料混合后再进行粉碎。混合粉碎可以避免一些黏性药料或热塑性药料在单独粉碎时的黏壁或粉粒间的聚集现象，将粉碎与混合操作同时进行，从而提高生产效率。中药制剂的粉碎大多采用混合粉碎。处方中药物性质及硬度相似的药料可以混合粉碎，但某些特殊药物，采用混合粉碎时需要进行特殊处理。

串料：对于处方中含黏液质、糖分较多的黏性药物，如熟地、桂圆肉、黄精等，粉碎时，将处方中其他药料先混合粉碎成粗粉，再陆续掺入黏性药料进行粗粉，然后在 60℃以下充分干燥后再进行粉碎。

串油：对于处方中含油性较大的油性药料，如核桃仁、黑芝麻等，先将处方中非油性药料混合粉碎成细粉，再将油性药物研成糊状，然后分次掺入非油性药粉，或将粉碎成细粉的非油性药料直接掺入未研磨的油性药料中，吸收油性药料中的油质，再粉碎。

蒸罐：对于处方中的一些新鲜动物药，如乌鸡、鹿肉等，及需要蒸制的植物药，如地黄、何首乌等，须先将药料加入黄酒及其他药汁等液体辅料蒸煮，再与其他药物混合、干燥后，再进行粉碎。

(3) 干法粉碎

干法粉碎也称常规粉碎，是先将药料经适当干燥处理后再进行粉碎。除特殊中药外，一般中药材均采用干法粉碎。药料在粉碎前应根据药料的软硬度、油润性、粉性或黏度等的不同，分别采用单独粉碎、混合粉碎或对药料进行特殊处理后再进行粉碎。

(4) 湿法粉碎

湿法粉碎是指在药料中加入适量的水或其他液体一起研磨粉碎，以免药料粉碎研磨时黏结器具或再次聚结成块。通常选用的液体是以药料遇湿不膨胀，两者不发生反应，不妨碍药效为原则。水飞法和加液研磨法都属于湿法粉碎。

① 水飞法：将非水溶性药料先打成碎块，再加适量水进行粉碎研磨，直至药料被研细。很多矿物、贝壳类药料可用水飞法制得极细粉，如朱砂、炉甘石、珍珠、滑石粉等。但水溶性的矿物药如硼砂、芒硝等则不能采用水飞法。

② 加液研磨法：将药料先放入研钵中，加入少量液体后进行研磨，直至药料被研细为止，研磨樟脑、冰片、薄荷脑等常加入少量乙醇；研磨麝香时，则加入极少量水。

(5) 低温粉碎

低温时物料的韧性和延伸率降低而脆性增加，利用物料低温脆性，使物料在低温条件下进行粉碎的方法称为低温粉碎。

低温粉碎适合于粉碎软化点和熔点低及具有热可塑性、在常温下粉碎比较困难的药料，如树脂、树胶、干浸膏等，以及含水、含油少但富含糖分，具一定黏性的药料，如党参、山楂等。采用低温粉碎不仅可以获得比普通粉碎方式更细的粉末，还可以保留药材中的挥发性成分。

低温粉碎主要有以下四种常用方法：

① 物料先行冷却或在低温条件下，采用高速撞击式粉碎机粉碎；

② 粉碎机壳内通入低温冷却水，在循环冷却的条件下进行粉碎；

③ 待粉碎的物料与干冰或液氮混合后进行粉碎；

④ 组合应用上述冷却法进行粉碎。

药料的品种很多，性质各异，采用单一作用力的粉碎机没有很好的适应性。因此，生产上使用的粉碎设备的作用力往往是几种作用力的联合，在选用粉碎设备时，应结合药料的性质、粉碎度的要求以及粉碎机的主作用力来进行选择。

常用的粉碎设备主要有以撞击作用力为主的锤击式粉碎机，以研磨作用为主的球磨机、振动磨、气流磨等。各种粉碎设备详见第二章第一节的粉碎设备。

二、中药提取技术及设备

中药提取也称为浸出或浸提或固液萃取，是利用适当的溶剂和方法提取中药材中活性组分的操作。常用的提取溶剂包括水、乙醇、乙醚、丙酮、氯仿等，常用的辅助提取溶剂包括酸、碱、表面活性剂、酶等。

中药提取是中药制剂生产过程中的重要单元操作。传统的中药提取方法主要包括水蒸气蒸馏法和溶剂提取法，如煎煮、浸渍、渗漉、回流提取等。随着科技的进步，新的提取技术和方法不断得以推广和应用，如超临界流体萃取、超声提取、微波萃取和酶法提取等。

中药材中所含成分十分复杂，不仅含有效成分和辅助成分，也含有无效成分甚至有毒成分。在中药提取过程中，应根据临床用药需求、药材特性、拟制备的剂型等因素综合考虑，选用合理的提取方法，尽可能地将有效成分及辅助成分提取出来，而使无效成分尽量少地混入浸提物中，以保证用药安全有效。

本节将简单介绍中药制剂生产过程中常用的提取方法和设备。

（一）提取技术

1. 溶剂提取法

（1）煎煮法

煎煮法是以水作为浸出溶剂的提取方法，是最早使用也是最常用的一种中药浸提方法。由于浸出溶媒通常用水，故也称为“水煮法”或“水提法”。

操作过程为：取适当切碎或粉碎的药材，置适宜煎煮器中，加水浸没药材，浸泡适宜时间后加热至沸，保持微沸浸出一定时间，分离煎出液，药渣依法煎 2～3 次，合并各次煎出液，离心分离或沉降滤过后，滤液浓缩至规定浓度。

煎煮法适用于有效成分能溶于水，且对湿、热均稳定的药材。煎煮法操作简单，能提取出大部分有效成分。但煎出液的成分比较复杂，除水溶性成分外，部分脂溶性成分也会被浸出，不利于精制，且煎出液易霉败变质；一些热敏性成分在煎煮过程中易被破坏，一些挥发性成分易挥发散失；另外，含淀粉、黏液质、糖等成分较多的药材，加水煎煮后，其浸出液比较黏稠，过滤较为困难，宜采用其他方法进行提取。

（2）浸渍法

浸渍法是用一定量的溶剂在常温或低温下浸泡药材，使药材中的有效成分溶解至溶剂中，从而得到一定药料浓度的浸出液。浸渍法的操作温度较低，适宜于热敏性药料的浸出。

浸渍法按提取温度不同可分为常温浸渍法和温浸法。常温浸渍法也称为冷浸渍法，传统上多用于药酒和酊剂的提取，浸出液的澄明度具有持久的稳定性。温浸法是指在沸点下的加热浸渍法，是一种简便的强化提取方法，一般利用夹套或蛇管进行加热，应用广泛。

操作时：取适当粉碎的药料置于浸渍容器中，加入适量溶剂，加盖密封，搅拌或振摇，浸渍规定时间（几日或几十日不等）使有效成分浸出，浸渍结束后取上清液，滤过得滤液，药渣经压榨机压出药渣内的残留液，合并滤液和压榨液，静置，滤过，得浸渍产品。为充分浸出药材中的有效成分，减少因药渣吸液所引起的成分损失，可采用多次浸渍。

浸渍法适宜于浸取黏性的、无组织结构的、新鲜及易膨胀的药材，尤其适用于有效成分遇热易挥发或易破坏的药材，但操作时间长，溶剂用量较大，浸出效率低，不适用于贵重药材和有效成分含量低的药材浸提。

（3）渗漉法

渗漉法是指将适度粉碎的药材置于渗漉器中，由上部连续加入溶剂，溶剂渗过药材层后从底部流出渗漉液而提取有效成分的一种方法。

渗漉操作是一个动态提取过程。操作时，溶剂与药材接触，药材中的有效成分溶解到溶剂中，溶剂中有效成分浓度不断增大，溶剂在重力作用下向下流动，从而形成较大的浓度差，使扩散能够自然进行。

渗漉法具有较高的浸出效率，适用于贵重药材、高浓度浸出制剂的制备，亦可用于药材中含量较低的有效成分的充分提取。但渗漉法对药材的粒度及工艺要求较高，操作不当会影响渗漉的正常进行。对于非组织药材（如松香、乳香等），因遇溶剂易软化成团，堵塞孔隙从而使溶剂无法均匀通过药材，因而不易采用渗漉法。

(4) 回流法

回流提取是以乙醇等易挥发有机溶剂作为提取溶剂，提取中药材中的有效成分，并将浸出液加热蒸馏，使其中挥发性溶剂馏出后又被冷凝流回提取器中浸提药材，如此反复，直至完成提取的工艺。

回流提取过程，因为溶剂循环使用，因而溶剂消耗量较渗漉法低，浸提较完全，但由于回流提取需连续加热，浸出液受热时间较长，故不适用于热敏性成分的浸出。

2. 水蒸气蒸馏法

水蒸气蒸馏法是将药材的粗粉或碎片浸泡润湿后，直接加热蒸馏或通入水蒸气蒸馏，也可在多功能中药提取罐中对药材边煎煮边蒸馏，使药材中的挥发性成分随水蒸气而馏出，冷凝分层后，收集挥发产品。水蒸气蒸馏法适用于浸提和分离具有挥发性、能随水蒸气蒸馏而不被破坏、在水中稳定且难溶或不溶于水的活性成分，如挥发油的提取等。

3. 新型提取技术

(1) 超临界流体萃取法

超临界流体萃取（Supercritical Fluid Extraction，SFE）技术是20世纪70年代末发展起来的一种新型萃取分离技术。超临界流体是指其操作压力和操作温度均高于其临界点的一类流体，其密度接近液体，而其扩散系数和黏度接近于气体，因而其萃取能力与液体相当，而其传质特性与气体相当。超临界流体萃取技术是利用超临界流体作为溶剂对液体或固体中的目标组分进行萃取和分离的新技术。

可作为超临界流体的气体很多，如二氧化碳、一氧化二氮、乙烯、氮气、三氟甲烷、六氟化硫等。但二氧化碳因具有临界压力低（7.374MPa）、临界温度接近室温（31.05℃）、化学惰性、无毒、不污染环境、价廉易得等特点，成为超临界流体技术中最常用的萃取剂。

与传统的分离方法相比，超临界流体萃取具有许多独特的优点：

① 操作方便可调。通过调节超临界流体的温度和压力可以控制流体密度进而改善超临界流体的萃取能力。

② 溶剂回收简单方便。通过等温减压或等压升温，可以实现提取物与溶剂的分离，而且无溶剂残留。

③ 适合于提取热敏性组分。采用蒸馏方法分离含热敏性组分的原料，易引起热敏性组分的分解，甚至发生聚合、结焦，虽然真空蒸馏可以降低蒸馏温度，但通常温度也在100～105℃，因而对于分离高沸点热敏性物质仍然受到限制。而超临界流体萃取可在稍高于其临界温度下操作，如超临界CO_2萃取在稍高于31℃条件下即可进行。因此，对于高附加值中药有效成分的提取和分离具有十分重要的意义。

④ 节省热能。超临界萃取过程没有相变，不消耗相变热。而通常的液-液萃取或液-固萃取，溶质与溶剂的分离往往采用蒸馏或蒸发的方法，要消耗大量的热能。

SFE是一项新型萃取分离技术，随着基础和应用研究的进一步深入和国产化装备的建设，SFE技术将会越来越广泛地应用于中药有效成分的提取分离，促进制剂技术的进一步发展。

(2) 微波萃取技术

微波萃取技术是将微波技术与传统的溶剂萃取技术相结合的一种提取方法，是食品和中药有效成分提取领域的一项新技术。

微波萃取原理为高频电磁波穿透萃取介质，到达被萃取物料的内部，迅速转化为热能使细胞内部温度快速上升，当细胞内部压力超过细胞壁的承受能力时，细胞破裂，胞内有效成分被浸出并溶解于萃取介质中，再经过进一步的分离，便可获得萃取物。同时，微波所产生的电磁场，加速被萃取组分向萃取溶剂界面的扩散，缩短了被萃取组分的分子由物料内部扩散到萃取溶剂界面的时间，从而使萃取速率提高数倍，同时还降低了萃取温度，能最大限度保证萃取物的品质。

传统萃取过程中，能量首先无规则地传递给萃取剂，再由萃取剂扩散进基体物质，然后从基体中溶解或夹带出多种成分，因此萃取的选择件较差。而微波萃取能对体系中的不同组分进行选择性加热，因而能直接从基体中分离出目标组分。与传统溶剂萃取相比，微波萃取具有萃取时间短、溶剂用量少、提取率高、所得产品品质好、节能、污染小等特点，特别适合于提取热敏性组分或从天然物质中提取有效成分。

(3) 超声强化提取技术

超声强化提取技术是利用超声波的空化效应，破坏植物药材细胞，使溶剂易于渗入细胞内部，同时超声波的强烈振动向被浸提药材和溶剂传递巨大能量，使之产生高速运动，强化胞内物质的释放、扩散和溶解，从而加速有效成分的溶出，提高对中药有效成分的提取效率。

与常规提取方法相比，超声提取具有提取时间短、效率高、无需加热等优点，适用于热敏性成分的提取，可用于各种溶剂提取的强化。

(4) 酶法提取技术

酶法提取是根据植物细胞壁的构成，利用酶反应高度专一性的特点，选择相应的酶，将细胞壁的组成成分纤维素、半纤维素和果胶质等水解或降解，破坏细胞壁结构，使细胞内的成分溶解、混悬或胶溶于溶剂中，从而达到提取目的。许多天然植物中含有蛋白质，采用煎煮法时蛋白质遇热凝固，影响有效成分的煎出，加入蛋白酶可以将天然植物中的蛋白质分解析出，从而可提高蛋白类成分的提取率。

酶法提取技术可以提高有效成分的提取率，缩短提取时间，改善有效组分的分布，提高产品的药用价值。如对于香菇多糖的提取，与传统热水浸提法相比，采用复合酶解技术结合热水浸提法，提取时间缩短了一半，提取率提高 2 倍左右。同时，酶法提取条件温和，能保持天然产物的构象，有利于保持有效成分的生物活性。

(二) 中药材提取设备

1. 煎药浓缩机

煎药浓缩机具有提取和浓缩两个功能，它由组合式浓缩锅改造而成，适用于医院制剂室生产。如图 6-25 所示，煎药浓缩机由夹层锅、列管加热器、冷凝器、水力喷射真空泵和离心泵等构成，在列管加热器和锅体的连接管装有蝶阀。

煎药浓缩机的操作方法如下。

① 提取时，先关闭蝶阀，将药材装入夹层锅内，用泵将水抽入列管加热器预热后送入夹层锅，同时打开锅的蒸汽夹层阀通蒸汽加热，将浸出液泵入列管加热器循环煮沸后，立即泵回锅内。此时列管加热器停止加热，用夹层蒸汽加热维持沸腾。提取结束后，将浸出液泵

出，经过滤器过滤后至收集器中，药渣经出渣门排出。

② 浓缩时，打开蝶阀，开启水力喷射真空泵抽真空，将锅内浸出液在列管加热器中蒸发成流浸膏，然后列管换热器停止加热，关闭蝶阀，将流浸膏放入锅内，用夹层蒸汽继续加热成浸膏。

煎药浓缩机在锅上部有投料口，下部设计成斜下锥并有出渣门，出渣、清洗方便，符合GMP要求。该机具有提取时升温快，浓缩时消泡性好，操作时间短，设备利用率高，占地面积小，投资少等优点。

2. 渗漉设备

(1) 渗漉器

如图6-26所示，渗漉器一般为圆筒形设备，也有圆锥形，上部有加料口，下部有出渣口，其底部有筛板、筛网或滤布等以支持药粉。大型渗漉器有夹层，可通过蒸汽加热或冷冻盐水冷却，以达到浸出所需温度，可进行常压、加压及强制循环渗漉操作。在渗漉器下部加振荡器或渗漉器侧面加超声发生装置，可以强化渗漉的传质过程，提高渗漉速度。

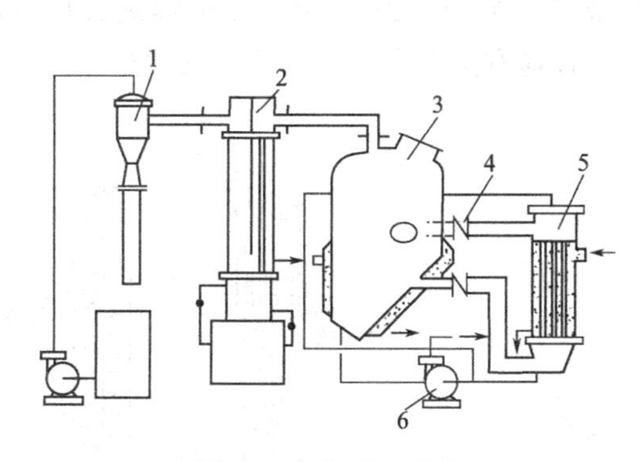

图6-25　煎药浓缩机

1—水力喷射真空泵；2—冷凝器；3—夹层锅；4—蝶阀；5—列管加热器；6—离心泵

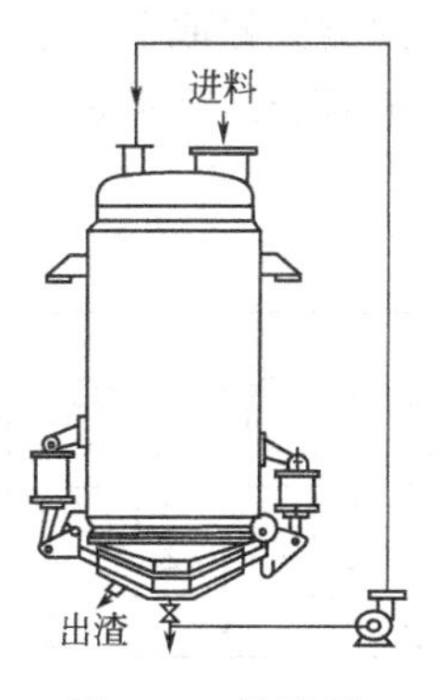

图6-26　渗漉器

渗漉操作过程如下：

① 润湿。将药材粗粉置于有盖容器内，加入药材量60%～70%的浸出溶剂，均匀润湿后密闭，放置一定时间，使药材充分膨胀后备用。

② 装料。将膨胀药粉分次装入渗漉器。装料完毕，用滤纸或纱布将上面覆盖，并加重物压固以防药粉浮起。

③ 排气。打开渗漉器浸出液出口活塞，然后从上部缓缓加入溶剂以排除容器内空气，待溶剂自出口流出时关闭活塞，继续加溶剂至高出药粉约数厘米，加盖。

④ 浸渍。一般浸渍24～48h，使溶剂充分渗透扩散。

⑤ 渗漉。缓缓打开渗漉器底部出液阀，控制渗漉液流出速度为1～3mL/min或3～5mL/min（按1kg药材计）。渗漉过程中需不断补充溶剂，以使药材中有效成分充分浸出。当溶剂消耗量达到规定值（一般为药材粗粉质量的4～8倍）时，停止补充溶剂，待渗漉液全部流出，渗漉操作完成。

(2) 多级逆流渗漉器

多级逆流渗漉器一般由5～10个渗漉罐、加热器、溶剂罐、贮液罐等组成，如图6-27所示。

操作过程：药材按顺序装入1～5号渗漉罐，用泵将新鲜溶剂从溶剂罐送入1号罐，1号罐渗漉液经加热器加热后流入2号罐，依次送到最后的5号罐。当1号罐内药材的有效成分全部渗漉后，用压缩空气将1号罐内液体全部压出，1号罐即可卸渣，装新料。此时，来自溶剂罐的新鲜溶剂装入2号罐，由5号罐出液至贮液罐中。待2号罐渗漉完毕，2号罐卸渣，装新料，由3号罐注入新溶剂，改由1号罐出渗漉液，依此类推。

在整个操作过程中，始终有一个渗漉罐进行卸料和加料，新鲜溶剂由渗漉最首端的渗漉罐加入，渗漉液由最新加入药材的渗漉罐流出，故多级逆流渗漉器可得到较浓的渗漉液，同时药材中有效成分浸出较完全。由于渗漉液浓度高，渗漉液量少，便于浓缩蒸发，生产成本较低，适用于大批量生产。

3. 连续提取器

连续提取器一般有浸渍式、喷淋渗漉式及混合式三种，其特点是加料、排渣、提取过程连续进行，适用于大批量生产，在工业上有着广泛的应用。

(1) U形螺旋式提取器

U形螺旋式提取器属于浸渍式连续逆流提取器。如图6-28所示，U形螺旋式提取器由进料管、出料管、水平管及螺旋输送器组成，各管均有蒸汽夹层，以通蒸汽加热。

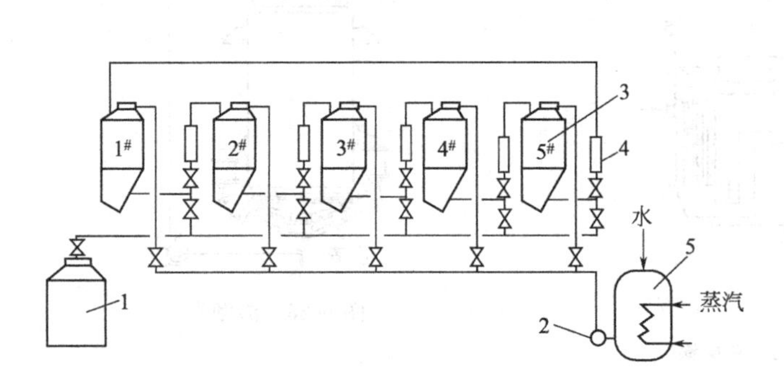

图6-27　多级逆流渗漉器

1—贮液罐；2—泵；3—渗漉罐；4—加热器；5—溶剂罐

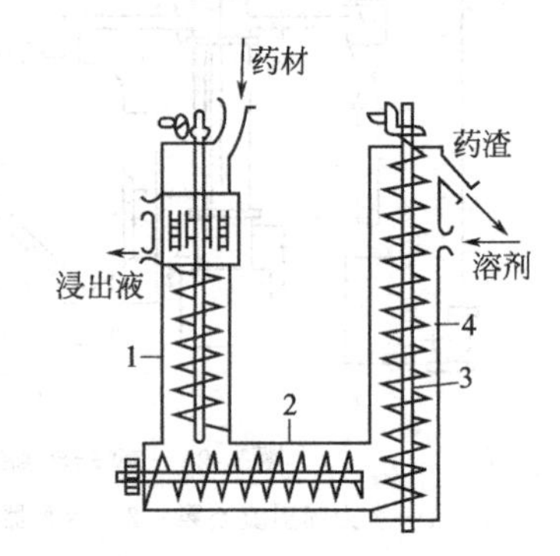

图6-28　U形螺旋式提取器

1—进料管；2—水平管；3—螺旋输送器；4—出料管

药材自加料斗送入进料管，再由螺旋输送器经水平管推向出料管，溶剂由相反方向逆流送入，将有效成分浸出，浸出液由出液口收集，药渣自动送出管外。

U形螺旋式提取器属于密闭系统，适用于采用挥发性有机溶剂进行提取的操作，加料卸料均为自动连续操作，劳动强度低，且浸出效率高。

(2) 平转式连续逆流提取器

平转式连续逆流提取器属于喷淋渗漉式提取装置，其结构如图6-29(a)所示，在旋转的圆环形容器内间隔有12～18个扇形料格，每个扇形料格为带孔的活底，借活底下方的滚轮支撑在轨道上。

其工作过程如图6-29(b)所示，药材在提取器上部加入料格，每格有喷淋管将溶剂喷淋到药材上进行提取，淋下的浸出液用泵送入前一格内，如此反复，最后收集的是浓度很高的浸出液。浸完药材的格子转到出渣处，格子下部的轨道断开，滚轮失去支撑，活底开启出渣。提取器转过一定角度后，滚轮随上坡轨上升，活底关闭，重新加料进行操作。

平转式连续逆流提取器可密闭操作，用于常温或加温渗漉、水提或醇提。设备对药材粒度无特殊要求，如药材过细应先润湿膨胀，以免影响溶剂对药材粉粒的穿透和造成出料困难，影响连续浸出效率。

平转式连续逆流提取器在我国浸出制剂及油脂工业已广泛应用。

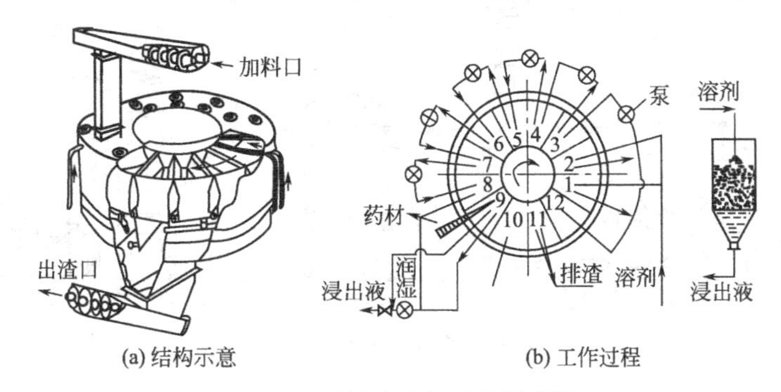

图 6-29　平转式连续逆流提取器

4. 多功能提取罐

多功能提取罐是在密闭的可循环系统内完成整个提取浓缩过程，目前在中药浸提生产中应用非常广泛。多功能提取罐适用于煎煮、渗漉、回流、温浸、循环浸渍、加压或减压浸出等工艺，因为用途广而被称为多功能提取罐。

多功能提取罐根据操作形式可分为静态和动态两种。静态多功能提取罐有正锥式、斜锥式和直筒式三种，前两种设有气缸驱动的提升装置，如图 6-30 所示，规格为 0.5～6m^3。小容积罐的下部采用正锥形，大容积罐的下部采用斜锥形以利出渣。直筒形提取罐的罐体比较高，一般在 2.5m 以上，容积为 0.5～2m^3，多用于渗漉罐组逆流提取、醇提和水提等。如图 6-31 所示，动态多功能提取罐基本结构和工作原理与静态多功能提取罐相似，但带有搅拌装置，可以降低物料周围溶质浓度，增加扩散推动力，提高浸出效果。

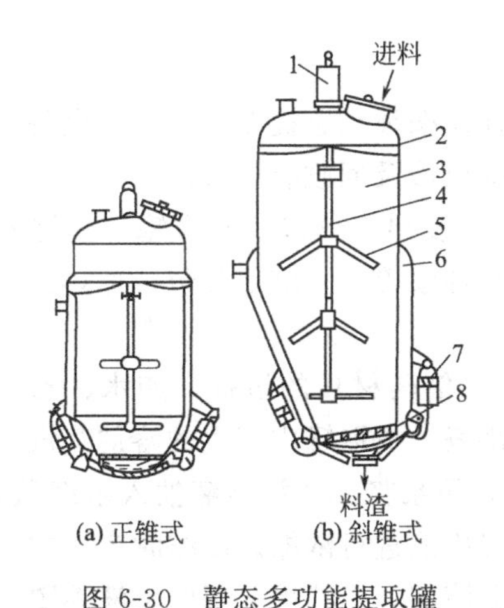

图 6-30　静态多功能提取罐

1—上气动装置；2—盖；3—罐体；4—上下移动轴；5—料叉；6—夹层；7—下气动装置；8—带滤板的活门

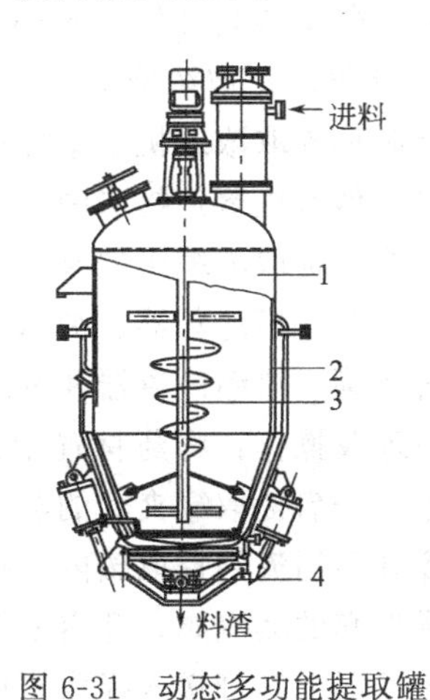

图 6-31　动态多功能提取罐

1—罐体；2—夹层；3—搅拌装置；4—出渣门

各类多功能提取罐主要由罐体、出渣门、加料门、提升气缸、夹层、出渣门气缸等组成，设备底部出渣门上设有不锈钢丝网，以使药渣与浸出液能够较好地分离。设备底部出渣门和上部投料门的启闭均采用气动装置自动启闭，操作方便。也可用手动控制器操纵各阀门，控制气缸动作。

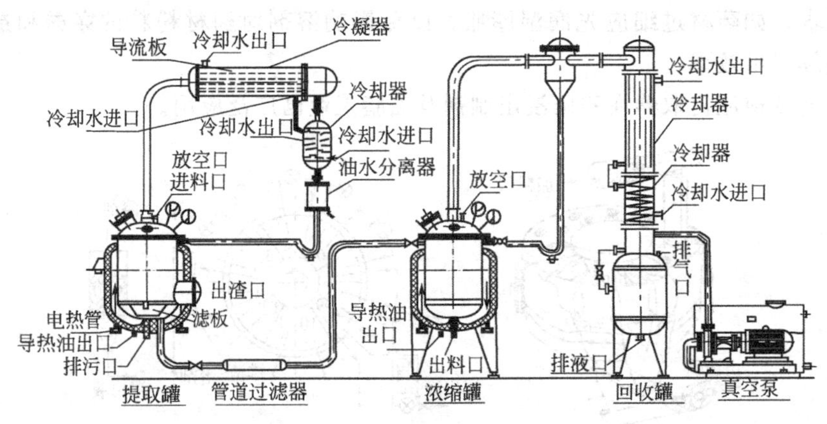

图 6-32　多功能提取浓缩流程

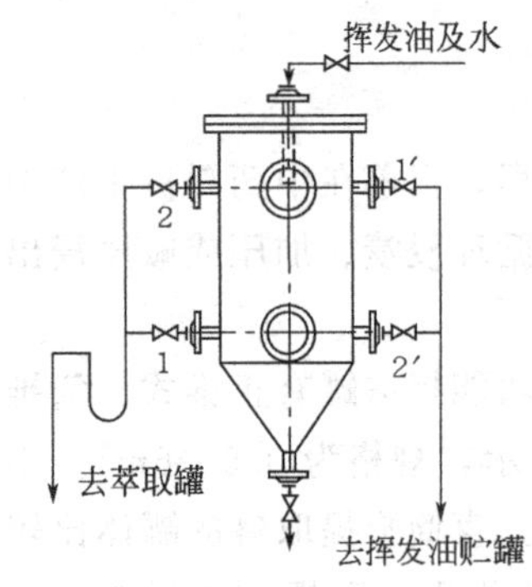

图 6-33　油水分离器

多功能提取罐的工作过程：药材经加料口进入罐内，浸出液从活底上的滤板过滤后排出，夹层可通入蒸汽加热，或通水冷却。排渣底盖，可用气动装置自动启闭。为防止药渣在提取罐内膨胀，因架桥难以排出，罐内装有料叉，可借助于气动装置自动提升排渣。

多功能提取罐的提取时间较短，一般只需要 30～40min，气压自动排渣，操作方便、安全，可广泛用于中药材的水提、醇提、提取挥发油、回收药渣中的溶剂等，但大部分多功能提取罐采用夹套式加热，因此传热速度较慢，加热时间较长。

多功能提取罐可以和浓缩罐、冷却器、冷凝器、溶剂回收罐、真空泵等组成多功能提取浓缩流程，实现提取、浓缩和溶剂回收的目的，如图 6-32 所示。其中油水分离器装置如图 6-33 所示。

5. 热回流循环提取浓缩机

热回流循环提取浓缩机是集提取、浓缩为一体的连续循环动态提取装置。该设备主要以水、乙醇或其他有机溶剂提取中药材有效成分、浓缩提取液及回收有机溶剂。

热回流循环提取浓缩机的基本结构如图 6-34 所示，浸出部分包括提取罐、消泡器、提取罐冷凝器、提取罐冷却器、油水分离器、过滤器、循环泵等；浓缩部分包括加热器、蒸发器、蒸发料液罐、浓缩冷凝器和浓缩冷却器等。

工作原理及操作：将药材置于提取罐内，加 5～10 倍药材量的溶剂，如水、乙醇、甲醇、丙酮等，开启提取罐夹套的蒸汽阀，加热溶液至沸腾，提取罐内产生的溶剂蒸汽经提取罐冷凝器冷凝后回流到提取罐内，提取 20～30min 后，用泵将 1/3 浸出液抽入浓缩蒸发器。关闭提取罐夹套的蒸汽阀，开启浓缩加热器蒸汽阀对浸出液进行浓缩。浓缩时产生的二次蒸汽，通过蒸发器上升管送入提取罐作为提取的热源和新溶剂，维持提取罐内溶液沸腾。这样形成的新溶剂回流提取，保持药材中的溶质浓度与溶剂中的溶质浓度具有高浓度梯度，更易浸出药材中的有效成分，直至有效成分完全溶出。此时，停止将提取液抽入浓缩器，浓缩的二次蒸汽经浓缩冷凝器冷凝后，送至浓缩冷却器，浓缩继续进行，直至浓缩成需要的相对密度的药膏，放出备用。提取罐内液体，可放入贮罐作下批提取溶剂，药渣从渣门排掉。若是有机溶剂提取，则先加适量的水，开启提取罐夹套蒸汽，回收溶剂后，再将渣排掉。

热回流循环提取浓缩机具有如下特点。

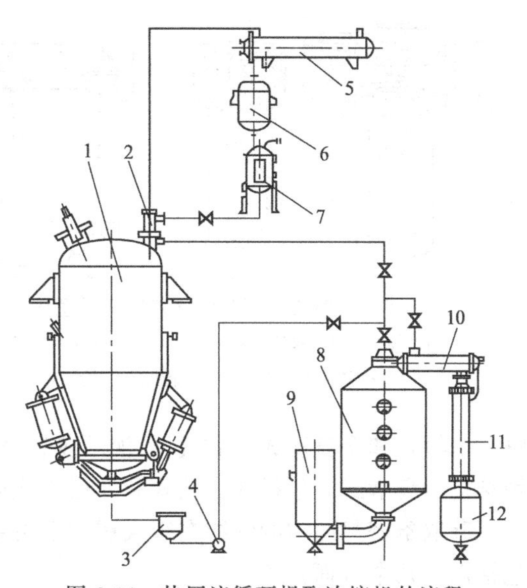

图 6-34　热回流循环提取浓缩机的流程
1—提取罐；2—消泡器；3—过滤器；4—泵；5—提取罐冷凝器；6—提取罐冷却器；7—油水分离器；8—浓缩蒸发器；9—浓缩加热器；10—浓缩冷凝器；11—浓缩冷却器；12—蒸发料液罐

① 收膏率比多功能提取罐高 10%～15%，有效成分含量高 1 倍以上。由于在提取过程中，热的溶剂连续加到药材表面，由上至下高速通过药材层，产生高浓度差，因而有效成分提取率高，浓缩是在一套密封设备中完成的，损失小，浸膏中有效成分含量高。

② 由于高速浸出，浸出时间短，浸出与浓缩同步进行，故只需 7～8h，设备利用率高。

③ 提取只加 1 次溶剂，在一套密封设备内循环使用，药渣中的溶剂基本上能得到回收，故溶剂用量比多功能提取罐少 30%以上，更适合于有机溶剂提取、提纯中药中有效成分。

④ 由于浓缩的二次蒸汽作提取的热源，抽入浓缩器的提取液与浓缩液的温度相同，可节约 50%以上的蒸汽，操作很简便。

⑤ 设备占地小，节约能源与溶剂，故投资少，成本低。

6. 超临界萃取装置

超临界萃取装置的基本构成主要包括四个部分：萃取釜、减压阀、分离器和加压泵（或压缩机），常规流程如图 6-35 所示。常规流程适用于萃取精油、油脂类物质且萃取后所得混合成分的产物无需分离，如啤酒花、姜油、天然香料等。但对于像内酯、黄酮、生物碱等化合物，由于具有一定的极性，在二氧化碳中的溶解度较低，超临界 CO_2 萃取效果并不好，通过添加极性不同的夹带剂，调节超临界 CO_2 的极性，可以提高被提取物质在超临界 CO_2 中的溶解度，从而提高萃取效果。含夹带剂的超临界 CO_2 萃取流程如图 6-36 所示。

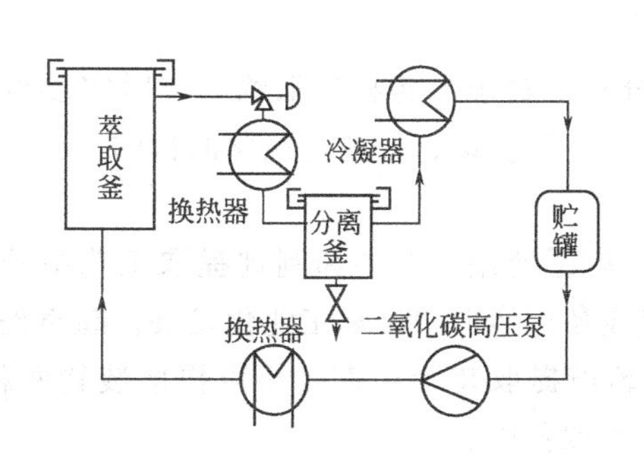

图 6-35　常规超临界 CO_2 萃取流程

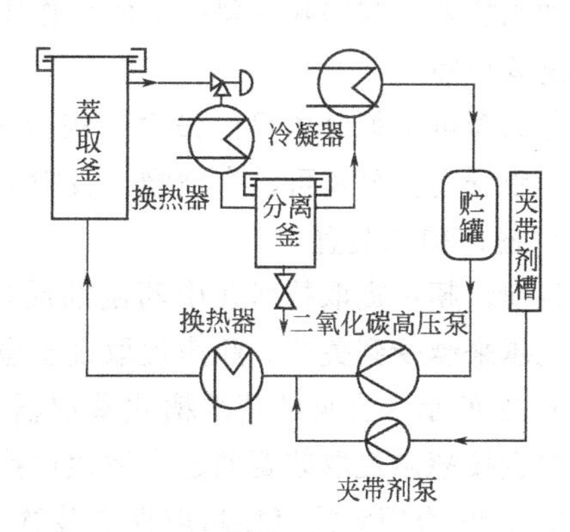

图 6-36　含夹带剂的超临界 CO_2 萃取流程

萃取釜是超临界萃取装置的关键设备。由于萃取操作是在高压下进行的，萃取釜为高压容器，因此对材料的选择、制造工艺、结构设计及密封性能等都有较高要求。工业化萃取釜的容积从 50L 到数立方米，压力范围为 10～100MPa。目前，国内已有企业可生产 2000L 的萃取釜，国内萃取釜的常见压力为 32MPa，较高可达 50MPa。

萃取釜结构的长径比是一个重要参数，对于固体物料，其长径比应在 1∶4～1∶5 之间；

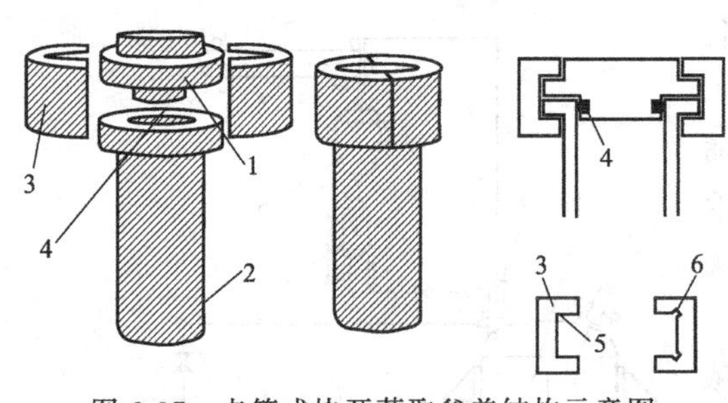

图 6-37　卡箍式快开萃取釜盖结构示意图

1—釜盖；2—釜体；3—卡箍；4—密封件；5—卡箍直角过渡；6—卡箍圆角过渡

对于液体物料，长径比应在 1∶10 左右。前者卸料为间歇式，后者可实现连续式萃取。中药材萃取多为固体饮片，需将物料先装入吊篮内，再置于萃取釜中。对于液体物料（如人参提取液脱出溶剂），釜内需增加不锈钢环形填料。

间歇式装卸料的萃取釜的釜盖一般采用快开盖结构。图 6-37 为卡箍式快开盖，根据启动方式又可分为手动式（主要靠手动螺栓固定）、半自动式（靠手柄移动丝杆驱动卡箍）和全自动式（靠气压/液压装置驱动卡箍沿导轨定向滑动）三种。快开盖的另一种结构为齿啮式，包括内齿啮式和外齿啮式两种。

萃取釜密封结构的性能在很大程度上决定了其连续运行能力。萃取釜快开装置的全密封包括以下几个方面：

① 萃取釜盖与萃取釜体之间的密封，其作用是保证萃取釜中 CO_2 的压力，密封问题等级最高；

② 萃取釜吊篮外壁与萃取釜之间的密封，是为了防止超临界流体不经萃取吊篮而直接由间隙短路流过；

③ 吊篮盖与吊篮内壁之间的密封，是防止物料粉尘随超临界流体一起泻出。工业化萃取釜多采用自紧式卡箍结构釜盖。

高压泵是超临界装置的“心脏”，它承担着超临界流体的升压和输送任务。目前国产三柱塞高压泵已能较好地满足超临界二氧化碳萃取工业化的要求。高压泵是整套装置中最容易出现故障的部位，主要原因是超临界流体易挥发、黏度低且具有极强的渗透能力，当高压泵的柱塞暴露于空气的瞬间，其表面的超临界流体迅速挥发而使柱塞杆变得干涩而失去润滑，从而加剧柱塞杆与密封填料间的磨损作用，出现密封性丧失、密封填料剥落、堵塞高压泵的单向阀等故障。

分离器可根据分离目的设置一级分离或多级分离。对于中药材提取物，有时需要设三级、四级分离。分离可结合精馏、吸附等多种工艺，达到提取、分离与纯化的目的。

7. 超声提取装置

目前，超声提取技术在中药制剂质量检测中已广泛使用，在中药制剂提取工艺中的应用，也越来越受到关注。超声提取设备也由实验室设备逐步向中试和工业化发展。超声提取如图 6-38 所示。常见的清洗槽式萃取器有非直接超声提取装置和直接超声提取装置两种，其中非直接超声提取装置的超声波通过换能器导入萃取器中。

图 6-39 为探头式直接超声提取装置，探头是一种变幅杆，具有放大振幅的作用，并能使能量集中，因而在探头端面能达到很高的声能密度，通常大于 $100W/cm^2$，根据需要可以做得更大。由于探头直接插入萃取液中，因此声能利用率高。

8. 微波萃取设备

微波萃取的基本工艺流程如图 6-40 所示。

一般来说，工业微波萃取设备必须具备以下几个条件。

① 微波功率足够大，且工作状态稳定，一般配备有温控附件。

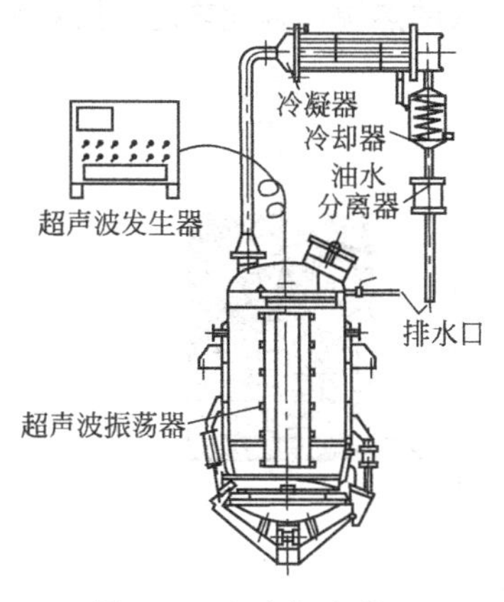

图 6-38　超声提取装置

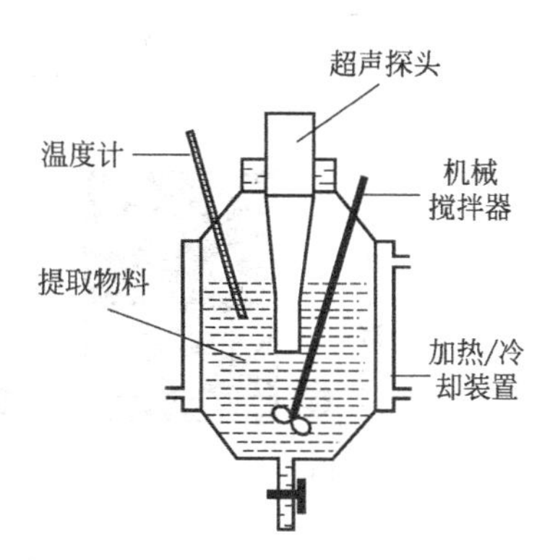

图 6-39　探头式直接超声提取装置

② 设备结构合理，便于拆卸和运输，能连续运行、操作简便。

③ 微波泄漏符合相关要求。

目前使用的微波萃取设备大体上可分为两类，一类是间歇操作的微波萃取罐；另一类是连续微波萃取罐。微波萃取罐的结构组成见图 6-41。

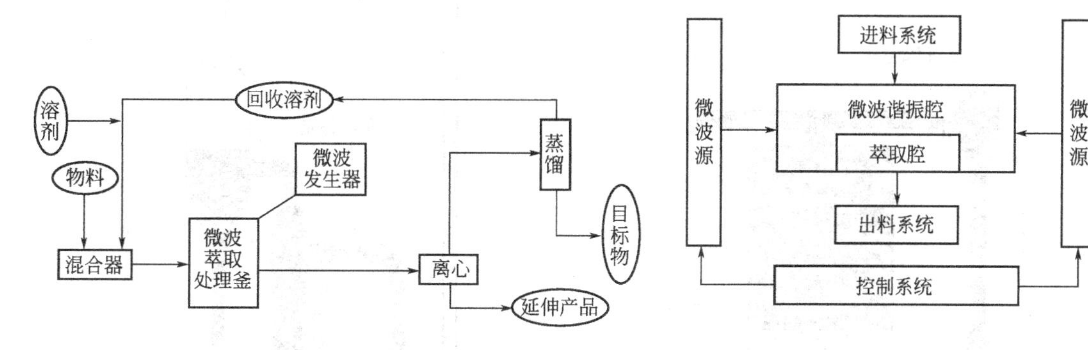

图 6-40　微波萃取的基本工艺流程

图 6-41　微波萃取的基本工艺流程

三、中药提取液浓缩设备

浓缩是中药制剂原料成型前处理的重要操作，尤其在浸出制剂的制备过程中应用更为广泛，如中药材或饮片经浸提与分离后，会得到大量的浸提液，常要通过浓缩过程，以方便结晶或制成浸膏，获得产品。

（一）蒸发浓缩原理及其分类

在制药工业生产中广泛采用的浓缩操作是蒸发操作。蒸发是将稀溶液加热到沸腾，使其中部分溶剂汽化并被除去，从而对溶液进行浓缩或回收溶剂的单元操作。在浓缩操作过程中，应根据生产成本、产品的物性和设备投资等因素，将蒸发操作与电渗析、离子交换、超滤等工艺配合使用，以达到浓缩过程经济合理的目的。

根据二次蒸汽的利用情况，蒸发浓缩可分成单效蒸发和多效蒸发。不利用二次蒸汽的操作称为单效蒸发，利用二次蒸汽的操作称为多效蒸发。多效蒸发如图 6-42 所示，第一效产生的二次蒸汽被用来加热另一个压力较低的蒸发过程，即二效蒸发；第二效蒸发产生的蒸汽再被利用作为三效蒸发的热源，依此类推。从第一效往后，各效蒸发压力和蒸发温度依次降低。一般情况下，生产规模不大时，宜采用单效蒸发；而生产规模较大时，则宜采用多效蒸发。多效蒸发中，由于各效蒸发产生的二次蒸汽被重复利用作为下一效的热源，因此热能利用效率较高。

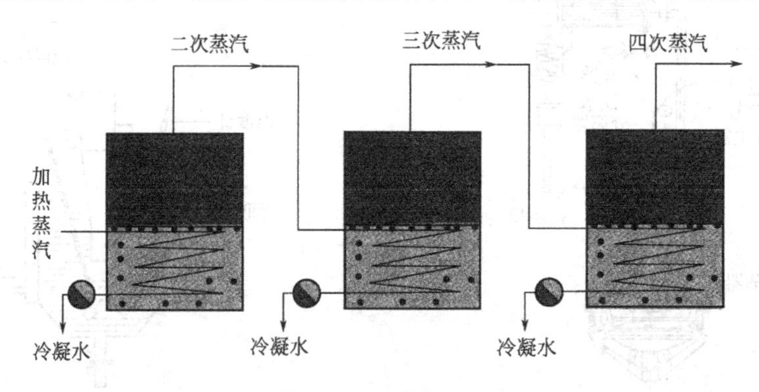

图 6-42　多效蒸发流程

在单效蒸发中，为了提高热能利用效率，可将二次蒸汽压缩提高压力和温度后再作为热源送回。这样只需要补充少量压缩功，便可持续利用二次蒸汽的大量潜热。根据压缩机的形式不同，这种蒸发又分为喷射蒸汽压缩（如图 6-43 所示）和机械蒸汽压缩（如图 6-44 所示）。前者使用蒸汽喷射泵，后者使用机械压缩机。

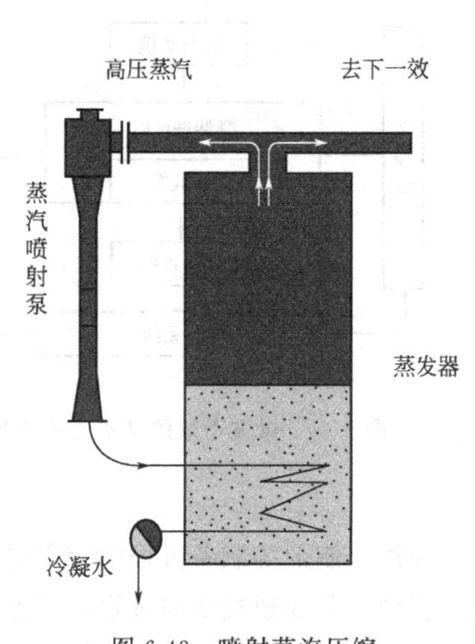

图 6-43　喷射蒸汽压缩

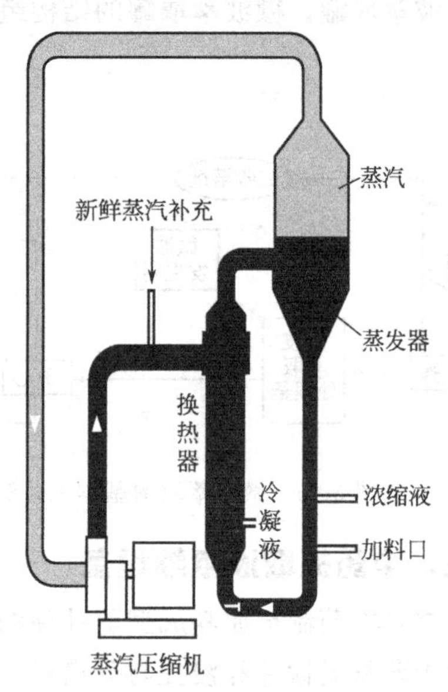

图 6-44　机械蒸汽压缩

根据操作压力，蒸发浓缩又可分为常压蒸发、加压蒸发和减压蒸发三种。常压蒸发若不利用二次蒸汽，可采用敞口设备，二次蒸发直接排入大气，所涉及的设备和操作最为简单。加压蒸发主要是为了提高二次蒸汽的温度，以便实现多效蒸发。此外，较高的蒸发温度也能降低溶液的黏度，改善传热效果。减压蒸发是在负压条件下进行的蒸发操作。由于负压下溶液的沸点较低，而且产生的二次蒸汽能被及时带走，相对操作效率较高。减压蒸发多用于热敏性物料的浓缩，在制药过程中应用最为广泛。

(二) 提取液浓缩设备

1. 循环型蒸发器

(1) 中央循环管式蒸发器

中央循环管式蒸发器属于自然循环型，又称标准式蒸发器，如图 6-45 所示，主要包括加热室、分离室及除膜器等结构。中央循环管式蒸发器的加热室与列管换热器的结构类似，在加热室内布置多根较细的加热管束，中间有一根直径较大的中央循环管。循环管的截面积为加热管束总截面积的 40%～100%。加热室的管束间通入加热蒸汽，将管束内溶液加热至沸腾汽化。由于中央循环管中溶液的单位体积换热面积较管束小得多，致使溶液的汽化程度相对较低，与管束中溶液形成一定密度差，导致管束内液体上升而中央循环管内液体下降的循环流动。分离室位于蒸发室的上方，在出口处设有除沫器。蒸发产生的二次蒸汽及夹带的雾沫、液滴在分离室得到初步分离，再经除沫器过滤后排出。

中央循环管式蒸发器中的液体循环速率与加热管长度有关。加热管长度越大，循环速率越大。通常加热管的管长为 1～2m，加热管的直径多为 25～75mm，长径比为 20～40。

中央循环管式蒸发器的结构简单、紧凑、制造较方便，操作可靠，但检修、清洗困难，适合于蒸发浓缩黏度不高、不易结晶结垢、腐蚀性小且密度随温度变化较大的溶液。

(2) 外加热式蒸发器

外加热式蒸发器的结构如图 6-46 所示，其最大的特点是加热室与蒸发室分开设置，不仅有利于设备的清洗和维护，而且降低了蒸发器的总体高度，避免了大量溶液同时长时间受热。

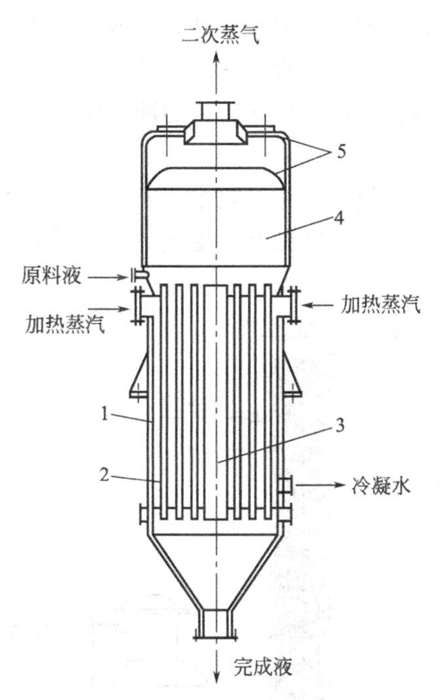

图 6-45　中央循环管式蒸发器

1—外壳；2—加热室；3—中央循环管；4—蒸发室；5—除沫器

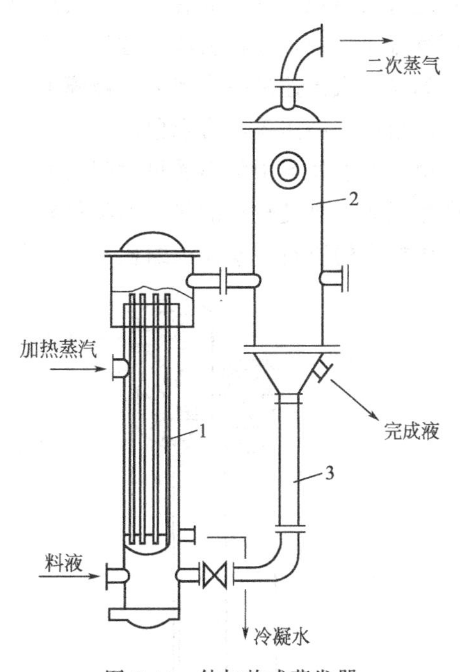

图 6-46　外加热式蒸发器

1—加热室；2—蒸发室；3—循环管

蒸发时，溶液在加热管内被管间的加热蒸汽加热至沸腾汽化，产生的二次蒸汽夹带部分溶液上升至蒸发室，在蒸发室内实现气液分离。二次蒸汽由蒸发室顶部经除沫器排出，溶液由蒸发室下部的循环管下降循环至加热室。

外加热式蒸发器的加热管较长，长径比为 50～100，且循环管不被加热，故溶液的循环速度可达 1.5m/s，既利于提高传热系数，也利于减轻结垢。外加热式蒸发器适用面较广，传热面积受限较小，但设备结构不紧凑，热损失较大。

2. 薄膜蒸发器

薄膜蒸发器的特点是溶液沿加热管壁呈膜状流动而进行蒸发，其优点是传热效率高，蒸发速度快，物料停留时间短，因此特别适合热敏性物料的蒸发。按照成膜原因及流动方向不同，可分为升膜蒸发器、降膜蒸发器、升降膜蒸发器、刮板刮膜蒸发器、离心式薄膜蒸发器。

(1) 升膜蒸发器

升膜蒸发器是指在蒸发器中形成的液膜与二次蒸汽气流方向相同，由下而上并流上升。升膜蒸发器的基本结构如图 6-47 所示，其加热管束可长达 3～10m，而加热管中液面仅为管高度的 1/4～1/5。

物料从加热器底部的进料管进入，在加热管内沸腾汽化，产生大量二次蒸汽，二次蒸汽沿加热管高速上升，一般速度可达 20～50m/s，从而产生向上的推力，拉动溶液沿壁面呈膜状高速上升，并迅速蒸发，在加热室上部，汽液混合物进入汽液分离器，浓缩液从分离器底部排出，二次蒸汽进入冷凝器。

升膜式蒸发器操作的关键是让液体物料在加热管壁形成连续不断的液膜。为了保证设备正常操作，应维持加热温度差，保持加热蒸汽压强的稳定性及设备内部的真空状态，以避免蒸发量太大出现干壁，或者料液无法成膜等不良现象。如加热温度过高，溶液蒸发激烈，二次蒸汽流速过快，会将料液以雾沫形式夹带离开，同时使加热管内壁形成的“液膜”迅速减薄。如果蒸汽流速进一步加大，液膜上升流量小于蒸发量，则加热管内的液膜将在局部出现过干、结疤、结焦等异常现象。

由于在蒸发器中物料受热时间很短，对热敏性物料的影响相对较小，升膜式蒸发器对于易产生泡沫、黏度较小的热敏性物料较为适用，但不适用于高黏度、受热后易结垢或浓缩时有晶体析出的物料。操作浓缩比一般控制在 5 以内。

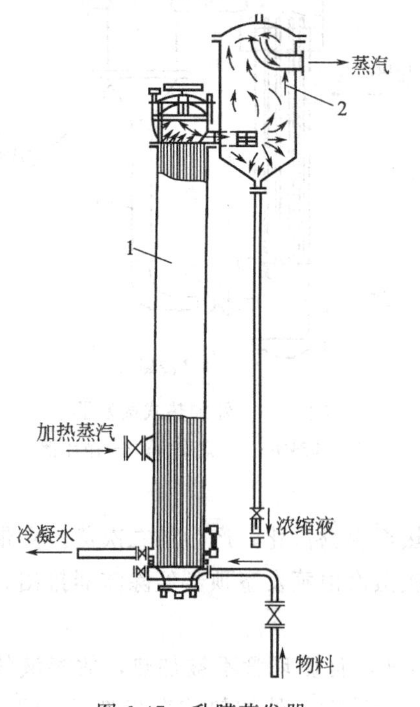

图 6-47 升膜蒸发器

1—加热室；2—汽液分离器

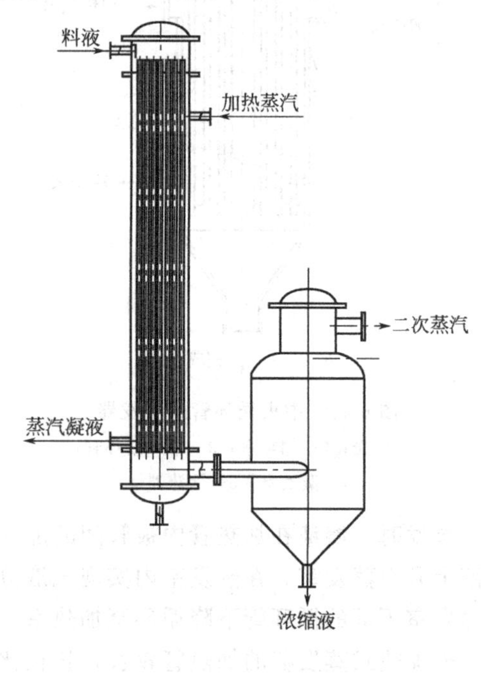

图 6-48 降膜蒸发器

（2）降膜蒸发器

降膜蒸发器的结构与升膜蒸发器类似，如图 6-48 所示，但降膜蒸发器上管板的上方装有液体分布器，以保证料液能均匀进入每根管并形成连续均匀液膜。

操作过程：料液由加热室顶部进入，经液体分布器分布后均匀进入每根加热管，并沿管壁呈膜状向下流动。在管内溶液被加热汽化，产生的二次蒸汽与液体一起由加热管下端引出，经气液分离器分离得到浓缩液。

降膜蒸发器成膜的关键在于液体的初始分布，它直接决定了加热管内部液膜厚度的均匀性。液膜厚度不均匀，是造成干壁的主要原因。为此，需要在加热管的顶部安装性能良好的液体分布器。常见的分布器结构见图 6-49。图 6-49(a）是螺旋形导流栓，可使液体产生旋流下降；图 6-49(b）是圆盘形导流栓，在每个加热管上端管口插入一根呈八字圆盘形倒流栓，栓盘的边与管壁形成一定均匀间距，可避免流下的液体向中央聚集；图 6-49(c）是齿形溢流口，在加热管的上方管口周边上切成锯齿形，液体通过齿缝沿着加热管内壁呈膜状下降；图 6-49(d）是旋液式分布器，液体以切线方向进入管内，产生强烈的旋流，在离心力的作用下均匀分布在接热管内壁上，形成液膜下降。

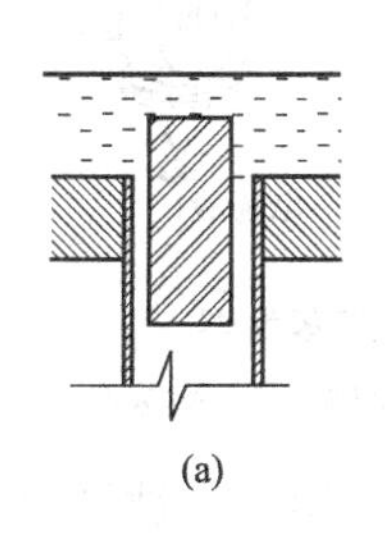
(a)
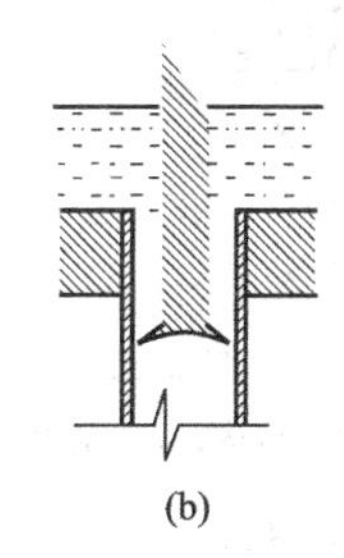
(b)
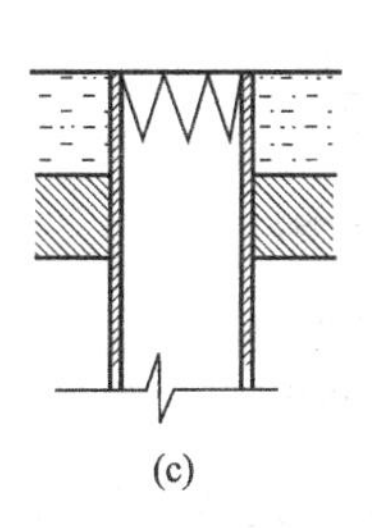
(c)
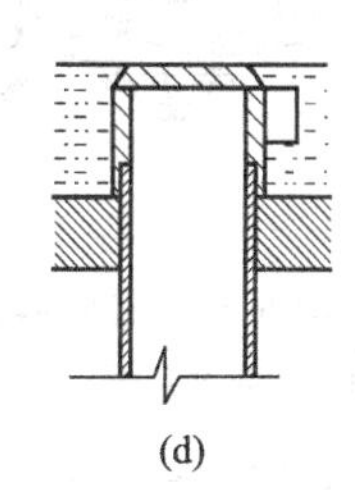
(d)

图 6-49　降膜蒸发器的液膜分布器

与升膜式蒸发器相比，降膜式蒸发器的液膜是在重力作用和料液分布器作用下形成的，成膜容易且均匀，不易结垢。在降膜式蒸发器的操作过程中，由于物料的停留时间一般为 5～10s，而传热系数很高，因此可广泛地用于热敏性物料的浓缩，也可以用于浓缩黏度较高的液体，但不适宜处理易结晶的溶液，或难以形成均匀液膜、传热系数不高的物料。

在蒸发器中，料液从上至下即可完成浓缩。若一次达不到浓缩指标，可用泵将料液循环进行蒸发。当传热温差不大时，汽化不是在加热管的内表面，而是在强烈扰动的膜表面进行的，因此不易结垢。

值得注意的是，降膜式蒸发器操作时加热蒸汽温度不能过高，流量不能太大，否则会使二次蒸汽产生过多，以至于液膜难以下降，形成液泛。

（3）升降膜式蒸发器

升膜与降膜蒸发器各有优缺点，而升降膜式蒸发器可以互补不足。升降膜式蒸发器是在一个加热器内安装两组加热管，一组作升膜式，另一组作降膜式，如图 6-50 所示。料液先进入升膜蒸发器加热管，沸腾蒸发后，汽液混合物上升至顶部，然后转入降膜蒸发器加热管，进行降膜蒸发，浓缩液从下部进入汽液分离器，分离后，二次蒸汽从分离器上部进入冷凝器，浓缩液从分离器下部出料。

在升降膜式蒸发器中，初始稀溶液进入升膜加热管，物料蒸发内阻较小，蒸发速度较快；料液经升膜蒸发后的汽液混合物，进入降膜蒸发，料液在重力作用下沿管壁均匀分布成膜，并加速料液的湍流和搅动，以进一步提高降膜蒸发的传热系数。同时将升膜与降膜两个浓缩过程进行串联，可以提高产品的浓缩比，减低设备高度。

(4) 刮板式薄膜蒸发器

刮板式薄膜蒸发器是利用高速旋转的刮板强制料液成膜，可在真空条件下进行蒸发的一种高效蒸发器。刮板式薄膜蒸发器由转动轴、物料分配盘、刮板、轴承、轴封、蒸发室和夹套加热室等部分构成，其结构如图 6-51 所示。刮板式薄膜蒸发器一般有立式、卧式两种。

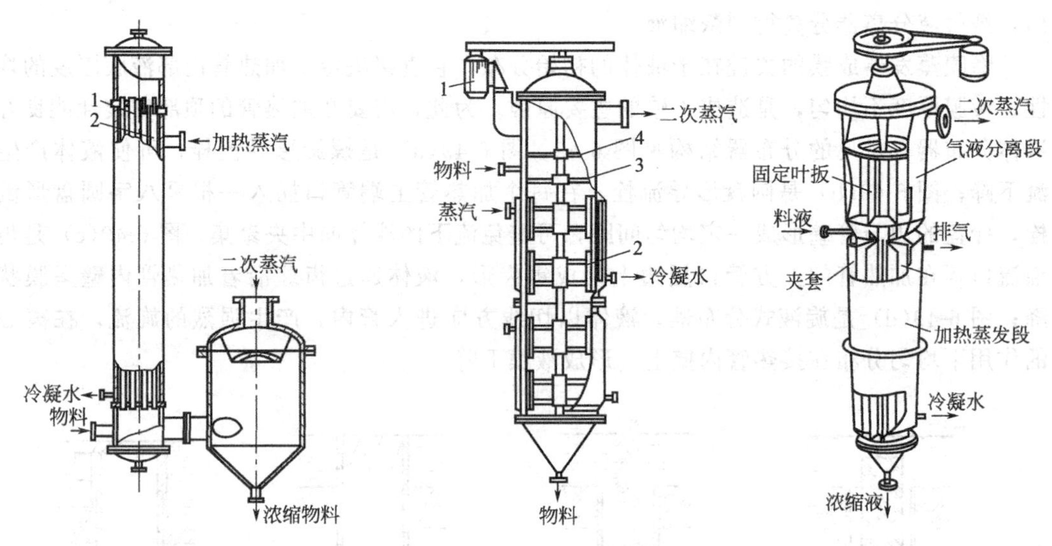

图 6-50　升降膜式蒸发器

1—升膜加热管；2—降膜加热管

图 6-51　刮板式薄膜蒸发器

1—马达；2—刮板；3—分配盘；4—除沫器

料液以稳定流量从进料管进入随转轴旋转的分配盘，在离心力的作用下，被抛向夹套加热室的内壁，料液受重力作用沿器壁向下流动，并被旋转的刮板刮成薄膜，薄膜在加热区受热而蒸发，同时受重力作用向下流动，并被另一块刮板翻动下推，液膜得到更新，这样液膜得到不断更新，料液得到浓缩，最后汇集于蒸发器底部，完成浓缩过程。浓缩过程所产生的二次蒸汽可与浓缩液并流进入汽液分离器，与液体分离排出，或以逆流形式向上到蒸发器顶部，经旋转的带孔叶板分离除去二次蒸汽所夹带的液沫，除沫后的二次蒸汽从蒸发器顶部排出。

通常刮板和蒸发器内壁的间隙要求在 0.5～1.0mm 之间，因此蒸发器圆筒的加工精度要求较高。

刮板薄膜蒸发器采用刮板成膜、翻膜，且不断搅动液膜，从而使加热表面和蒸发表面不断得到更新，故传热系数较高，蒸发强度大，液料在加热区停留时间很短，一般只有几秒至几十秒，因此适用于浓缩热敏性物料、高黏度物料、含有悬浮颗粒及易结晶的液料。

缺点是料液蒸发面积相对较小，生产能力受限；需要机械带动刮板，能耗较大；由于直接与物料接触，刮板上可能形成固体结块，需要及时进行清洗和维护。

(5) 离心式薄膜蒸发器

离心式薄膜蒸发器是利用旋转的离心盘所产生的离心力使液体成膜而蒸发的设备。如图 6-52所示，杯形的离心转鼓 13 的内部叠放着几组梯形离心碟，每组离心碟由两片锥形的、上下底都是空的碟片和套环组成，两碟片上底在弯角处紧贴密封，下底固定在套环的上端和中部，构成一个三角形的碟片间隙，起加热夹套的作用，加热蒸汽由套环的小孔从转鼓通入，冷凝水受离心力的作用，从小孔甩出流到转鼓底部。离心碟组相隔的空间是蒸发空间，上大下小，并能从套环的孔道垂直连通，作为液料的通道。各离心碟组套环叠合面用O形垫圈密封，上加压紧环将碟组压紧。压紧环上焊有挡板，与离心碟片构成环形液槽。

操作时，稀物料从进料管进入，由各个喷嘴分别向各碟片组下表面即下碟片的外表面喷出，均匀分布于碟片锥顶的表面，液体受离心力的作用向周边运动扩散形成液膜，液膜在碟片表面，即受热蒸发浓缩，浓缩液到碟片周边就沿套环的垂直通道上升到环形液槽，由吸料管抽到浓缩液贮罐。从碟片表面蒸发出的二次蒸汽通过碟片中部大孔上升，汇集进入冷凝器。加热蒸汽由旋转的空心轴通入，并由小通道进入碟片组间隙加热室，冷凝水受离心作用迅速离开冷凝表面，从小通道甩出落到转鼓的最低位置，从固定的中心管排出。

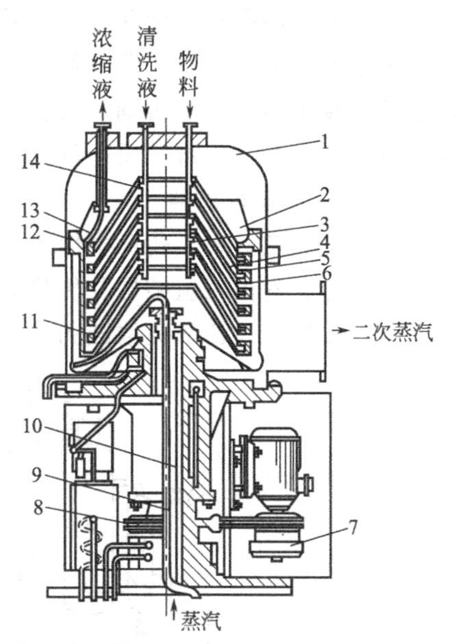

图6-52　离心式薄膜蒸发器结构

1—蒸发器外壳；2—浓缩液槽；3—物料喷嘴；4—上碟片；5—下碟片；6—蒸汽通道；7—液力联轴器；8—皮带轮；9—冷凝水排出管；10—蒸汽进口管；11—浓缩液通道；12—离心转鼓；13—浓缩液吸管；14—清洗喷嘴

在离心力场的作用下，该类具有很高传热系数，料液停留时间短，蒸发强度高，特别适用于热敏性物料和发泡性物料的蒸发，如抗生素发酵液、血液制品及蛋白水溶液等的蒸发。

3. 真空浓缩罐

对于以水为溶剂提取的药液，目前许多药厂使用真空浓缩罐进行浓缩。真空浓缩罐由浓缩罐、冷凝器、冷却器、汽液分离器和受液罐等组成。一般浓缩罐为夹套式结构，冷凝器为列管式结构，冷却器为盘管式结构，其结构和外观如图6-53所示。

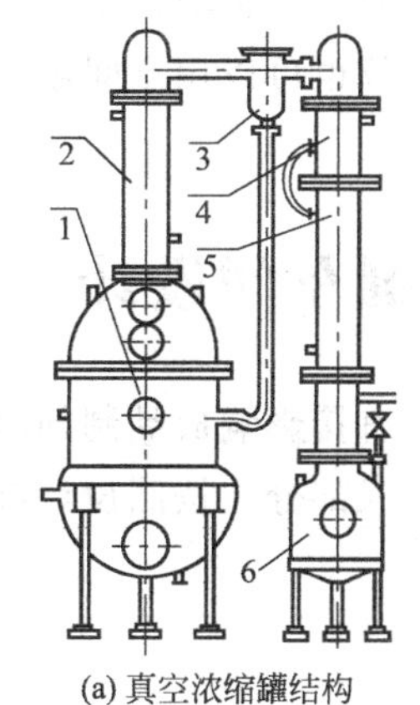

(a) 真空浓缩罐结构

1—浓缩罐；2—第一冷凝器；3—汽液分离器；4—第二次凝器；5—冷却器；6—受液罐

(b) 真空浓缩罐外观

图6-53　真空浓缩罐

使用时先将罐内各部分清洗干净，然后通入蒸汽进行罐内消毒；打开出料阀及放气阀，使空气逸出，然后关闭出料阀和放气阀阀门。开启抽气泵抽真空，真空度达到一定值时抽入药液，抽液完毕，通蒸汽加热。药液受热后产生二次蒸汽进入第一冷凝器，通过控制冷却水用量控制蒸汽冷凝液回流量，未冷凝二次蒸汽进入汽液分离器，其中夹带的液体回流到罐内，而蒸汽进入第二冷凝器继续冷凝，冷凝水经冷却器后进入受液罐收集。操作过程中，应注意真空度不能太高，否则药液会随二次蒸汽进入第二冷凝器而被带走，造成损失。浓缩完毕，先关闭抽气泵，再关闭蒸汽阀，打开放气阀，恢复常压后，打开出料阀放出浓缩液。

4. 多效蒸发浓缩器

为了提高热效率，药厂多使用多效蒸发浓缩器。图 6-54 为药厂中广泛使用的并流三效蒸发浓缩器。它由三组结构及传热面积完全相同的蒸发器构成，属于外加热式蒸发设备，可用于中药水提液及乙醇提取液的蒸发浓缩过程。

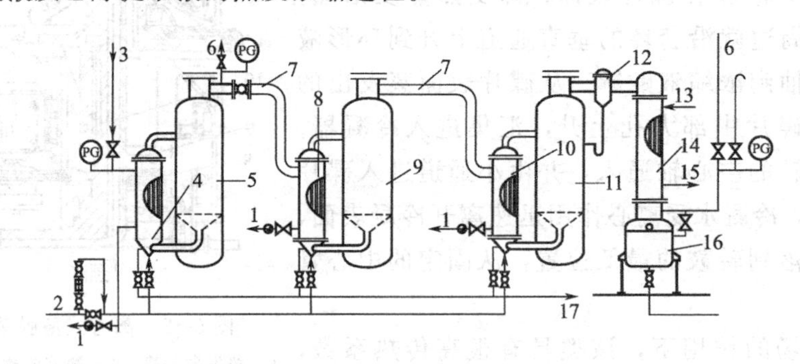

图 6-54　三效蒸发浓缩器的流程

1—冷凝水出口；2—原料液进口；3—借热蒸汽进口；4—一效加热室；5—二效加热室；6—抽真空；7—二效蒸汽；8—二效加热室；9—二效分离室；10—三效加热室；11—三效分离室；12—汽液分离器；13—冷却水进口；14—末效冷凝器；15—冷凝水出口；16—冷凝液接收槽；17—完成液出口

在实际操作中，第一效蒸发器采用水蒸气作为热源，将加热室内的溶液加热至沸腾，产生的二次蒸汽经第一效蒸发室分离后作为第二效加热室的热源，第二效产生的二次蒸汽作为三效的热源。三效产生的二次蒸汽直接引入冷凝器冷却后排出。与此同时，需要浓缩的料液首先进入第一效蒸发器，第一效的完成液作为第二效的原料液，第二效的完成液作为第三效的原料液，第三效的完成液作为产品直接采出。各效也可以用于间歇蒸发。该装置可获得相对密度大于 1.1 的浓缩液。

第三节　中药制剂车间设计

中药制剂是中成药生产过程中很重要的一环，直接影响成品制剂的产量和质量。中药制剂车间工艺设计是中药制剂生产工艺设计的重要组成部分，按照设计进行的基本程序，设计内容包括：

① 生产工艺流程设计；

② 物料衡算；

③ 能量衡算；

④ 设备设计与选型；

⑤ 设备平、立面布置设计；

⑥ 工艺管路平、立面布置设计；

⑦ 非工艺项目条件的提出；

⑧ 工艺部分设计概算；

⑨ 设计文件、设计说明书的编制等。

一、中药制剂生产工艺流程设计

1. 工艺流程设计的任务

工艺流程设计的任务主要是在初步设计中完成的，设计任务一般均有以下 5 项内容。

① 确定全流程的组成。全流程包括由原料制得产品和“三废”处理所需的单元反应和单元操作，以及它们之间的顺序和相互联系。流程的组成通过工艺流程图表示，其中单元反应和单元操作表示为设备类型、大小，顺序表示为设备毗邻关系和竖向位置，相互联系表示为物料流向。

② 确定载能介质的技术规格和流向。

③ 确定生产控制方法。流程设计要确定温度、压力、浓度、产量、流速、pH 值等检测点，显示器和仪表以及手动或自动控制方法。

④ 确定安全技术措施。根据生产的开车、停车、正常运转及检修中可能存在的安全问题，确定预防、制止事故的安全技术措施，如报警装置、防爆片、安全阀和事故贮槽等。

⑤ 编写工艺操作方法。根据工艺流程图编写生产操作说明书，阐述从原料到产品的每一个过程和步骤的具体操作方法。例如原料及中间体规格，加入量或加入速度，配比，工艺操作条件（如时间、温度、压力、浓度等），控制方法，过程现象，异常情况的处理，产物的产量、收率、转化率、质量规格等。

2. 工艺流程的选择

一般来说，中药制剂生产以药材或饮片作为原料，通过粉碎、筛分、提取、过滤、蒸发、浓缩、干燥等单元过程的组合，得到提取液、浸膏或药材粉末。后续工艺过程根据生产需要进行配备，如制取液体制剂，可配备配液、灌封等工艺过程；如制备固体药剂，则应再经过制粒、干燥等工序，然后按不同剂型配置成型工艺过程。

采用什么方法对药材进行前处理及提取精制，对所得制剂原料和成品的质量、规格影响很大。由于临床所用剂型不同，给药途径不同，就是同一味药料，提取同一种成分，也可能采用不同工艺路线和生产方法。例如，黄芩中的黄芩素提取，制备牛黄解毒片时是采用水煮、过滤，然后往滤液中加入饱和明矾水溶液，使之生成黄芩素铝螯合物沉淀，经干燥后入片剂使用。而制备银黄注射液或清开灵注射液的工艺，则采用水煮酸沉法，再经反复水溶醇沉、过滤、酸沉法精制，提得相当纯的黄芩素后，才能供配制注射剂使用。因为前者是片剂，供口服用药，而后者是注射剂，供肌内注射或静脉点滴，对黄芩素的状态和纯度要求不同，故在保证药品质量的前提下，从生产实际考虑，应采取不同提取精制方法。由此可见，生产工艺的选择，对工艺设计来说是一个很重要的问题。

由于产品生产的工艺路线和生产方法是否先进、合理，对产品的质量和成本起着决定性的作用，因此，在选择生产方法时，应进行广泛的调查研究，了解国内外生产现状及发展趋势，对各种生产工艺做全面的分析比较。

3. 生产工艺流程设计

确定了生产工艺路线之后，需要进行生产工艺流程图的设计，包括：物料由原料转变为产品的全部过程，原料及中间体的名称及流向，采用的化学反应及单元过程的名称等。

中药提取车间的流程框图由若干个单元过程所组成，各个方框之间由物流线相联系，前一方框的输出物流可能是最后一方框的输入物流。涉及工艺过程的一切物流，包括废水、废气、废料，都应在方框图上标明，不得遗漏。如图 6-55 所示的是三级逆流罐组提取工艺流程框图，图 6-56 为葛根粗粉提取总黄酮的工艺流程框图。

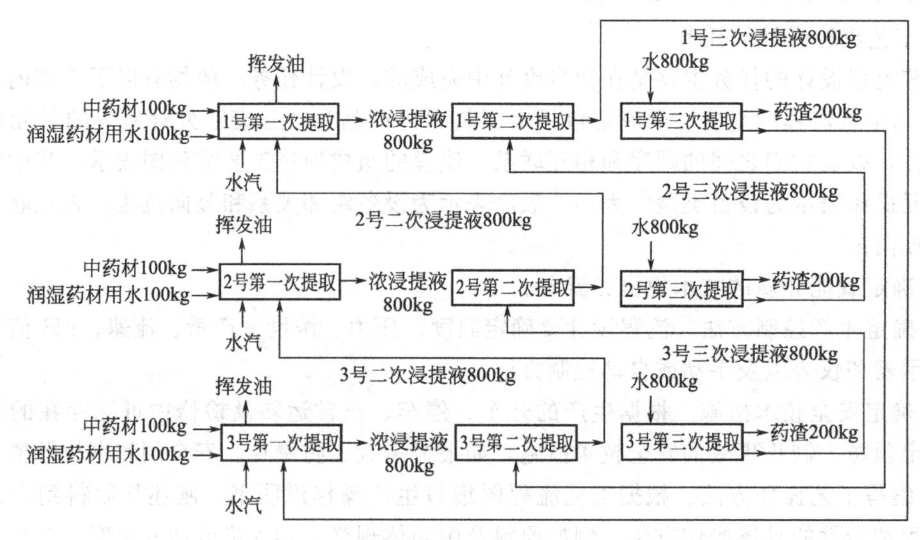

图 6-55　三级逆流罐组提取工艺流程框图

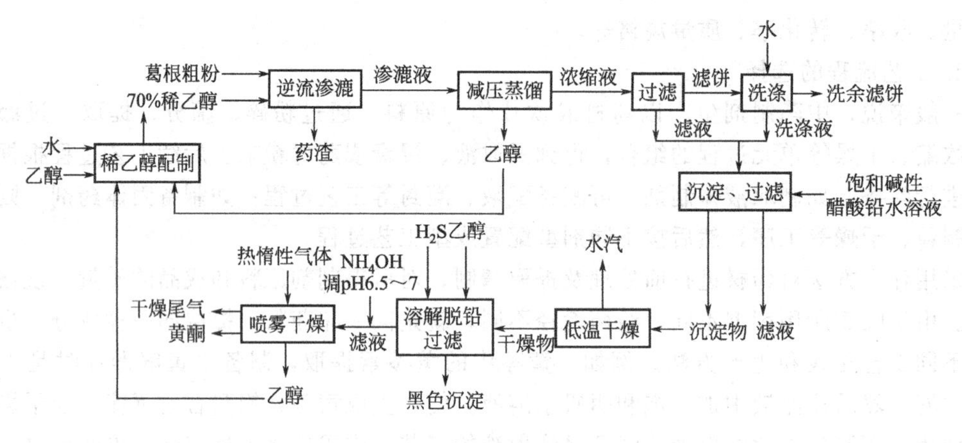

图 6-56　葛根粗粉提取总黄酮的工艺流程框图

4. 物料流程图

完成工艺流程图之后，随即开始物料衡算。将物料衡算的结果标注在流程框图中，使之成为物料流程图。物料流程图是初步设计的成果，编入初步设计说明书中。物料流程图包括框图和图例。每一个框标示过程名称、流程号及物料组成和数量。

5. 设备选型

确定各单元过程设备的选型，并通过工艺计算选定定型设备或标准系列设备的规格；也可通过工艺计算向机械设计师提出非定型设备的工艺设计参数。如，工艺过程中一台不同时期受不同正、负压力的贮罐，应确定贮罐的实际容积，选用合适的公称容积、公称直径与筒体高度，在工艺流程图中确定接管的数量、形式、位置，确定附件（如视孔、手孔、人孔、液位计等）的数量、形式、位置，确定容器的受压状态（正、负压，压力值等）以及贮罐的工作介质、温度及有关材料的防腐要求等。

6. 带控制点的工艺流程图

初步设计阶段和施工图阶段都要提供带控制点的工艺流程图。在初步设计阶段，带控制点的工艺流程图是在物料流程图的基础上，加上工艺设备设计和自控设计的结果，由工艺专业人员和自控专业人员合作进行绘制的，它是车间布置设计的依据。在车间布置完成之后，有时会发现原来带控制点的工艺流程图中，某些设备竖向关系不合理，这时还需对带控制点的工艺流程图进行局部修正。最后得到正式的带控制点的工艺流程图，作为设计的正式成果编入初步设计阶段的设计文件中。

图 6-57 为带控制点的中药水提取工艺流程。

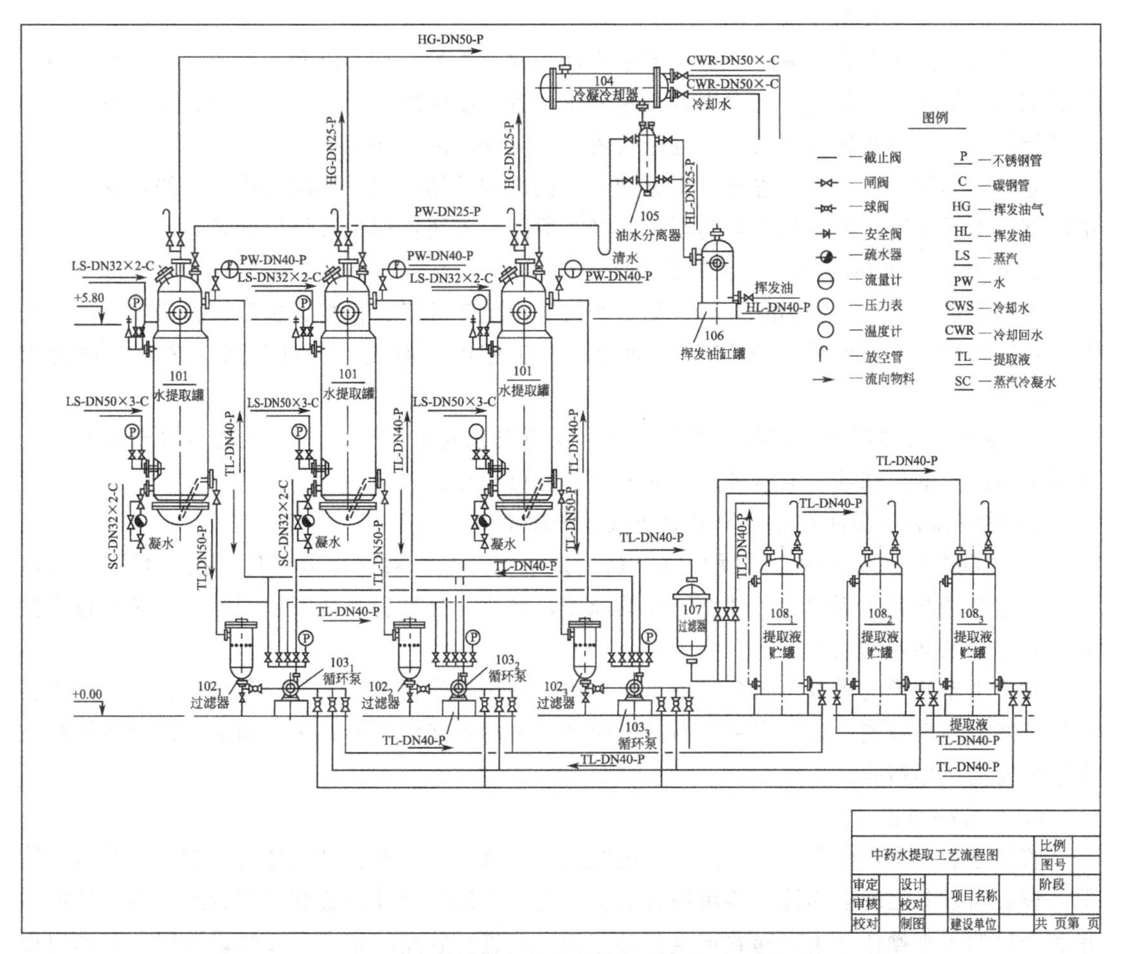

图 6-57　带控制点的中药水提取工艺流程图

二、中药制剂车间布置

1. 中药制剂车间布置要求

厂房车间布置设计的目的是对厂房的配置、各等级洁净区域的划分和设备的排列作出合理的安排。车间布置对整个生产及管理都有很大影响，不合理的布置会给设备安装与检修带来不便，造成人流、物流的紊乱，增加物料的输送成本，增加建筑和安装费用。

(1) 满足生产工艺要求

中药制剂车间内部的设备布置应尽可能按照工艺流程顺序进行。要做到上下左右相连接，保证工艺流程在水平方向和垂直方向的连续性。设备间的管线及物料输送距离应尽可能短，避免产生物料交叉往返现象。

在设计时，一般将计量设备布置于最高处；主要设备布置在中层；贮槽及重型设备布置在低处。在生产中相互有联系的设备应布置在一起，同一单元过程的各设备应相对集中，相同或相似设备布置时要考虑到相互调换使用的可能性和方便性，充分发挥设备的潜在能力。同时应按照GMP要求，各等级洁净区应相对集中，以保证“人物流分开”的要求。

(2) 满足设备安装、检修要求

在进行设备布置时，必须考虑到设备安装、检修和拆卸的可能性及其方法，留出设备搬运、检修、拆卸的空间和通道。

(3) 满足安全技术要求

对高温及产生有害气体的厂房，要适当加高建筑物的层高，以利于通风散热。设备布置时做到工人处于上风位置，高大设备避免靠窗位置，以免影响通风采光。对存在有毒气体逸出风险的设备，应布置在下风口，且应安置于相对隔离的小间内。

总之，车间设备布置应遵循以下原则：工艺流程顺畅原则、不同洁净度等级厂房各自集中原则、下风原则、集中整齐排列原则、经济原则、方便操作与维修原则等。

2. 中药制剂车间的基本设计要点

中药提取方法有水提和醇提等，其生产流程由生产准备、投料、提取、排渣、过滤、蒸发（蒸馏）、醇沉（水沉）、干燥和辅助等生产工序组合而成，其对车间工艺布置的要求如下。

① 各种药材的提取工艺有些相似之处，又有其独自的特点。车间工艺布置既要考虑到品种提取操作的便利性，又需考虑到提取工艺的可变性。

② 对醇提和溶媒回收等岗位采取防火、防爆措施。

③ 提取车间最后工序，其浸膏或干粉也是最终产品，对这部分厂房，按原料药成品厂房的洁净级别与其制剂的生产剂型同步的原则，对这部分厂房（精制、干燥、包装）也应按规范要求采取必要的洁净措施。

对中小型规模的提取车间多采用单层厂房，并用操作台满足工艺设备的位差。采用单层厂房可降低厂房投资，设备安装容易适应生产工艺的可变性，较易采取防火、防爆等措施及采取所需的洁净措施。

3. 管道的布置

管路是制药生产中必不可少的生产设施之一。水、气以及各种流体物料都要用管道来输送，设备与设备之间的连接也要用到管道。因此，正确的设计布置和安装管道，对工厂的基建和今后的正常操作、生产起着很重要的作用。在进行管路的布置和安装设计时，首先应保证安全、正常生产及便于操作、检修，其次应节约材料及降低投资并尽可能使管道排列得整齐、美观，以创造良好的生产环境。

4. 中药提取车间设计实例

图6-58为中药制剂生产工艺流程及环境区域划分。

图6-59、图6-60是年处理中药材500t的中药提取车间，占地面积为25.5m×42m=1071m^2，二层框架结构。一层层高为5.10m、二层层高为4.50m。二层布置中药材的前处理（洗药、切药、炒药、烘药等），中药材的投料，提取罐的操作等工段，中药材的提取工位设有TQ-3型提取罐4台，适合于多品种、小批量生产；一层布置中药提取液的浓缩、醇沉、酒精回收、干燥、包装等工段，其中浓缩分别采用三效浓缩器、酒精回收浓缩、球形真

空浓缩，干燥选用真空干燥器和中药喷雾干燥器。浓缩、酒精回收、醇沉等工序采用防爆墙进行防爆。整个中药提取车间物料走向先上后下，通顺流畅。

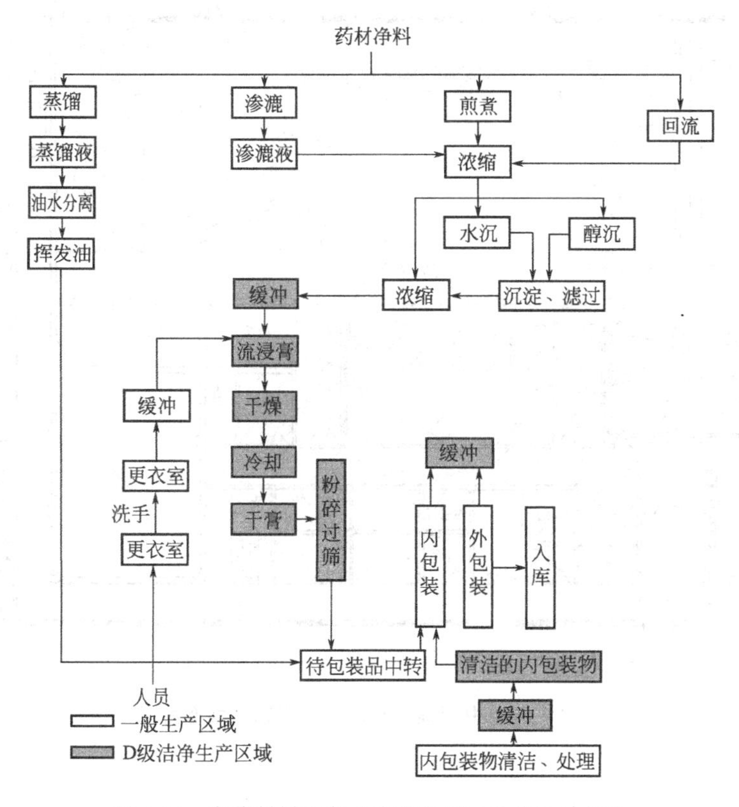

图 6-58 中药制剂生产工艺流程图及环境区域划分

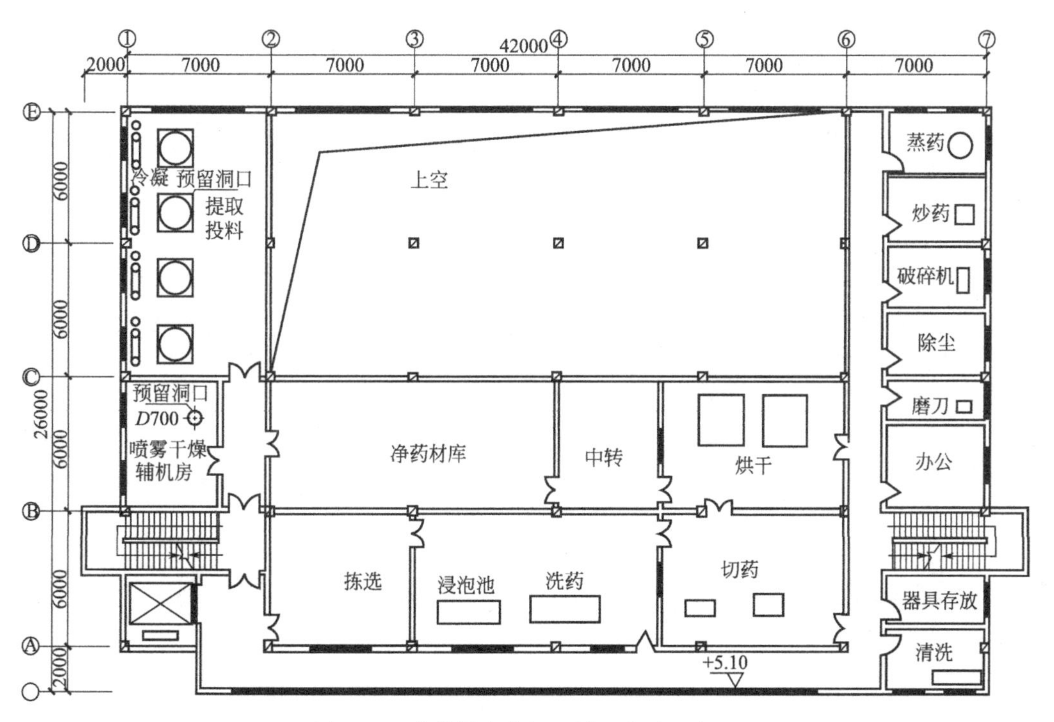

图 6-59 中药提取车间二层工艺平面布置

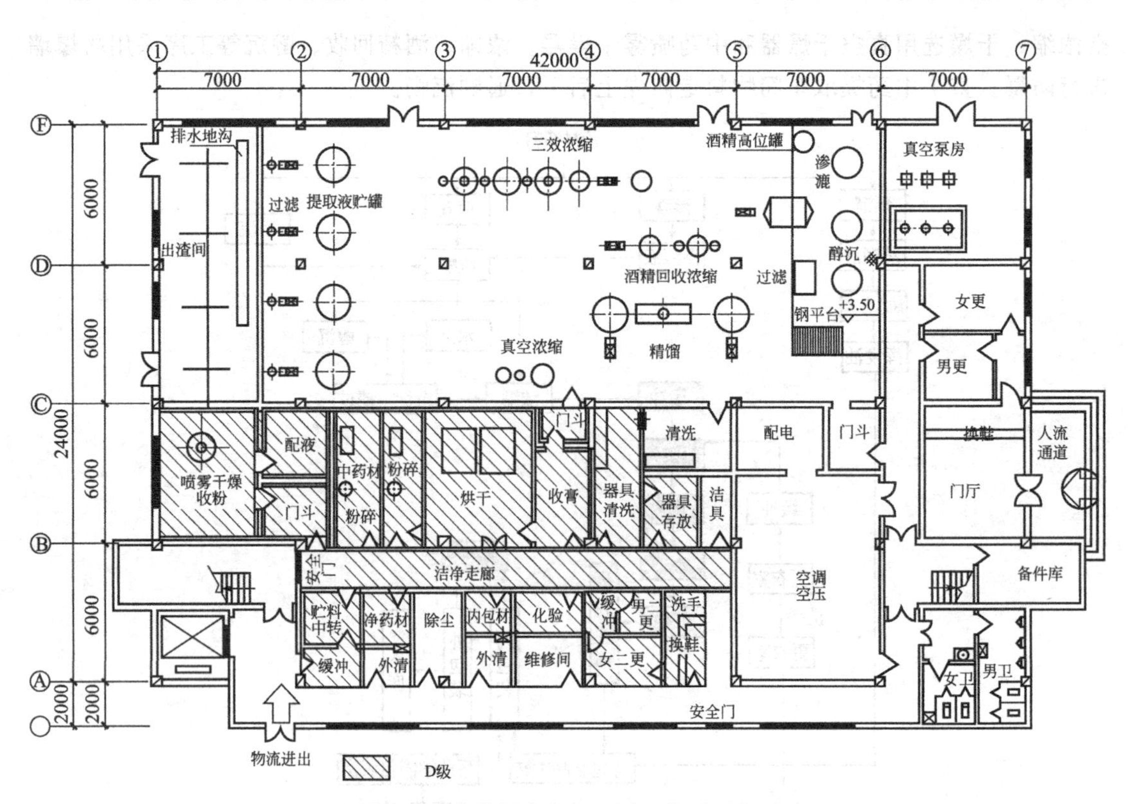

图 6-60　中药提取车间一层工艺平面布置

第七章　制药用水生产和制剂车间空气净化

第一节　制药用水生产

一、概述

制药用水通常指制药生产过程中用到的各种质量标准的水，包括饮用水、纯化水、注射用水。饮用水是纯化水的原料水，纯化水是制备注射用水的原料水。制药用水作为制药原料，直接影响药品的质量，其用途和水质标准见表7-1、表7-2。

表7-1　制药工艺用水用途和水质要求

水质类型	用途	水质要求
饮用水	1. 制备纯化水的水源 2. 药品包装材料、制药用具的粗洗用水 3. 中药材和中药饮片的清洗、浸润、提取等用水	国家《生活饮用水卫生标准》(GB 5749—2006)
纯化水	1. 非无菌制剂用设备、器具和包装材料的洗涤用水 2. 注射剂、无菌冲洗剂器具的粗洗用水 3. 非无菌原料药精制工艺用水 4. 口服、外用制剂的溶剂或稀释剂 5. 制备注射用水的水源	2010版《中华人民共和国药典》纯化水质量标准
注射用水	1. 无菌药品包装材料的精洗用水 2. 无菌原料药精制工艺用水 3. 直接接触无菌原料药的包装材料的最后洗涤用水 4. 无菌制剂的配料用水	2010版《中华人民共和国药典》注射用水质量标准

表7-2　《中华人民共和国药典》2010版关于纯化水和注射用水质量标准

检测项目	纯化水	注射用水
来源	饮用水经蒸馏法、离子交换法、反渗透法或其他适宜方法制得的制药用水，不含任何添加剂	纯化水经蒸馏方法制得的无热原制药用水
性状	无色的澄明液体；无臭，无味	无色的澄明液体；无臭，无味
酸碱度	加甲基红不显红；加溴麝香草酚蓝不显蓝	
pH		5.0～7.0
硝酸盐	≤0.06μg/mL	≤0.06μg/mL
亚硝酸盐	≤0.02μg/mL	≤0.02μg/mL
氨	≤0.3μg/mL	≤0.2μg/mL
电导率	符合规定，不同温度有不同规定值，如 <4.3μS/cm(20℃) <5.1μS/cm(25℃)	符合规定，不同温度有不同规定值，如 <1.1μS/cm(20℃) <1.3μS/cm(25℃) <2.5μS/cm(70℃) <2.9μS/cm(95℃)
总有机碳	≤0.5mg/L	≤0.5mg/L

续表

检目	纯化水	注射用水
易氧化物	稀硫酸+高锰酸钾滴定液煮沸 10min，红色不消失	—
不挥发物	≤0.01mg/mL	不得超过 0.01mg/mL
重金属	≤0.1μg/mL	≤0.1μg/mL
细菌内毒素	—	≤0.25EU/m
微生物限度	≤100CFU/mL	≤10CFU/100mL

纯化水是以饮用水为原水，采用离子交换法、反渗透法、蒸馏法或其他适合方法制得的水，不含有任何添加剂。一套完整的纯化水制备流程由五个部分组成：预处理、初级除盐、深度除盐、后处理及纯化水输送分配系统。

常用的纯化水制备工艺包括阴阳树脂单床加混床法（也称全离子法）、电渗析加阴阳树脂单床加混床法、二级反渗透法、一级反渗透加混床法、一级反渗透加电去离子（EDI）法、二级反渗透加 EDI 法等。

全离子交换流程：原水→预处理→阳离子交换→阴离子交换→混床→纯化水。常用于处理含盐量<500mg/L 的原水，但由于该法的运行成本较高且树脂再生产生酸碱污染，因此该处理工艺正在逐渐被淘汰。

电渗析-离子交换流程：原水→电渗析→阳离子交换→阴离子交换→混床→纯化水。常用于含盐量>500mg/L 的原水，增加电渗析，能去除 75%～85%的离子，可降低树脂再生频率，延长树脂制水周期，减少再生时酸、碱用量和排污量。

二级反渗透流程：原水→预处理→一级反渗透→二级反渗透→纯化水。该流程可消除树脂再生时带来的酸、碱污染，反渗透脱盐率高，具有除菌、去热原等作用，但其投资和运行费用较高。

反渗透-二级混床流程：原水→预处理→反渗透→一级混床→二级混床→纯化水。该流程以反渗透作为混床的前处理，相比于全离子交换流程，该流程的废酸碱排放量可减少90%，但混床再生需要贮备酸碱液，操作也很繁琐，同时为减轻混床再生时碱液用量，还需在混床前设置脱气塔，以脱去水中的 CO_2。

反渗透-电去离子流程：原水→预处理→反渗透→电去离子→纯化水。该流程是 20 世纪末新发展起来的一种制水工艺，该工艺不产生酸碱废液，可连续生产，出水水质稳定，其在市场中所占的份额正在逐渐扩大。

注射用水是以纯化水作为原水，采用重蒸馏法得到的制药用水。重蒸馏法制备注射用水是 2010 版《中华人民共和国药典》唯一认可的方法，而美国药典（USP 36—NF31）、欧洲药典（EP 8.0）、英国药典（BP 2013）、日本药典（JP 16）则允许采用反渗透方法制备注射用水，但对于微生物限度、TOC 和电导率等的在线监控有相应的要求，例如 USP36—NF31 要求必须对 TOC 和电导率进行在线监控，EP 8.0 和 BP 2013 要求对 TOC、电导率和微生物限度同时进行监控，JP 16 则要求增加 TOC 检测项目。

本节将重点介绍制药用水流程所涉及的常用设备，如离子交换设备、电渗析器、反渗透、电去离子设备、蒸馏水器等。

二、离子交换设备

1. 离子交换树脂的工作原理

离子交换是溶液同带有可交换阴离子或阳离子的不溶性固体物接触时，溶液中的阴离子或阳离子代替固体物中相反离子的过程。凡具有交换离子能力的物质，均称为离子交换剂，而有机合成的高分子离子交换剂又称为离子交换树脂。

离子交换树脂是一种具有疏松的网状结构的高分子化合物，一般为淡黄色至深褐色球状颗粒，直径为0.3～1.2mm。按树脂中交换基团性质的不同，离子交换树脂可分为阳离子交换树脂和阴离子交换树脂两类。

阳离子交换树脂大都含有磺酸基（$—SO_3H$）、羧基（—COOH）或苯酚基（$—C_6H_4OH$）等酸性基团，这些基团在水溶液中可电离出氢离子，能与溶液中的其他阳离子进行交换，从而使得氢离子进入溶液生成无机酸，同时将溶液中的阳离子交换到树脂上，其反应如下：

$$R—SO_3^- H^+ + \begin{matrix} Na^+ \\ K^+ \\ Ca^{2+} \\ Mg^{2+} \end{matrix} \left\} \left\{ \begin{matrix} SO_4^{2-} \\ Cl^- \\ NO_3^- \\ HCO_3^- \end{matrix} \right. \right. \longrightarrow R—SO_3^- \left\{ \begin{matrix} Na^+ \\ K^+ \\ Ca^{2+} \\ Mg^{2+} \end{matrix} \right. + H^+ \left\{ \begin{matrix} SO_4^{2-} \\ Cl^- \\ NO_3^- \\ HCO_3^- \end{matrix} \right.$$

阴离子交换树脂多含有季铵基[$—N(CH_3)_3OH$]、氨基（$—NH_2$）或亚氨基（—NH—）等碱性基团，这些基团在水中能生成OH^-，可与各种阴离子进行交换，结果OH^-进入溶液，与溶液中的H^+结合生成水，而溶液中的其他阴离子则被交换到树脂上，其反应如下：

$$R—N^+OH^- + H^+ \left\{ \begin{matrix} SO_4^{2-} \\ Cl^- \\ NO_3^- \\ HCO_3^- \\ HSiO_3^- \end{matrix} \right. \longrightarrow R—N^+ \left\{ \begin{matrix} SO_4^{2-} \\ Cl^- \\ NO_3^- \\ HCO_3^- \\ HSiO_3^- \end{matrix} \right. + H_2O$$

应用离子交换法制备纯水就是依靠阴、阳离子交换树脂中含有的阴、阳离子与原水中存在的各种阴、阳离子进行交换，从而达到纯化水的目的。

2. 离子交换柱

离子交换柱是离子交换设备的基本单元。当产水量小于$5m^3/h$时，常用有机玻璃制造，其高径比为5～10。当产水量较大时，材质多为钢衬胶或复合玻璃钢的有机玻璃，其高径比为2～5。树脂装填在内，称为树脂床层，床层高度占柱高的60%～70%。

离子交换柱的结构如图7-1所示，其中上排污口在工作期用以排气，再生和反洗时用以排污；下排污口在工作期用以通入压缩空气以使树脂松动或混合树脂，正洗时用以排污。上布水器在反洗时防止树脂溢出，保证布水均匀；下布水器在正常工作时，防止树脂漏出，保证布水均匀。

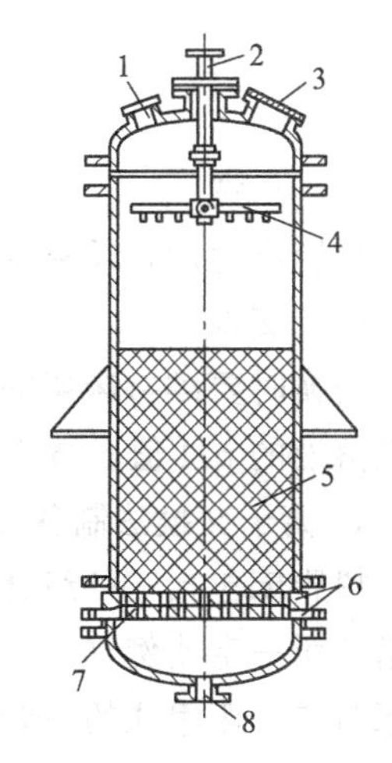

图7-1 离子交换柱结构示意图

1—视镜；2—进料口；3—手孔；4—液体分布器；5—树脂层；6—多孔板；7—尼龙布；8—出液口

3. 离子交换柱操作

离子交换树脂与溶液中其他阴阳离子的交换反应是一个可逆的过程，当树脂交换达到平衡时，就会失去交换能力，需要进行树脂的活化再生。离子交换柱的循环操作包括反洗、再生、正洗和交换四个步骤。

(1) 反洗

离子交换器在工作一段时间后，会在树脂上部拦截很多由原水带来的污物，反洗是将水从出水口输入，从上排污口流出，以除去树脂顶部拦截的污物及破碎的树脂颗粒，并重新调整床层以便液流分配得更均匀，从而保证再生效果。

(2) 再生

通常情况下，阳离子树脂用盐酸溶液再生，阴离子树脂用氢氧化钠溶液再生。再生剂的浓度一般控制在5%～10%范围内，最高不应超过30%，为防止再生过程中生成沉淀，阻塞床层，宜采用分步洗脱，再生剂的浓度宜先低后高，梯度洗脱。逆流再生时，再生液由出水口输入，上排污口流出。而对于混合床，因阴、阳离子树脂再生所用药品不同，需利用阴、阳离子交换树脂密度的差异使其在反洗过程中完全分层，然后将上层的阴离子树脂引入再生柱，两种树脂分别于两个容器中再生，再生后将阴离子树脂抽入混合柱内，柱内加水超过树脂面，通入压缩空气进行树脂混合。如果采用的是中部带有排液口的混合柱，可以直接在混合床内进行再生，再生过程见图7-2。反洗分层后，由上部输入碱液再生阴离子树脂，废液由中部排液口排出，再生完毕，进行阴离子树脂正洗；阳离子树脂再生时，酸液由底部输入，从中部排液口排出，再生完毕，进行阳离子树脂反洗；阴、阳离子树脂分别再生完毕，柱内加水，超过树脂面，通入压缩空气进行树脂混合。

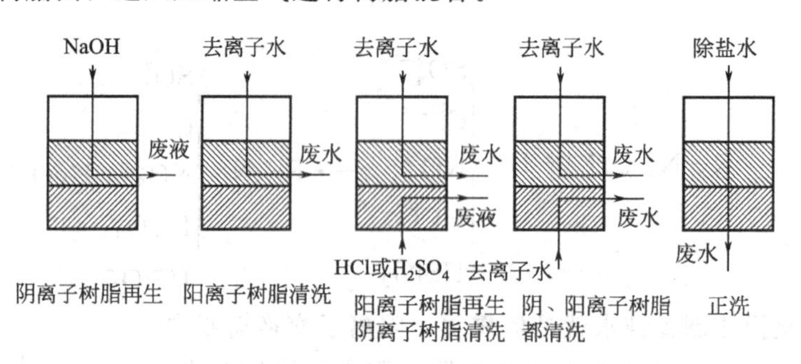

图7-2 混合床树脂的再生

(3) 正洗

树脂再生后，须将水从进水口输入床层，由下排污口流出，以除去过量的再生剂。

(4) 交换

交换时要维持床层的结构正常，避免出现沟流和空洞。影响离子交换效果的因素包括被交换溶液的pH值、被交换物质在溶液中的浓度、交换温度、被交换离子的选择性等。

4. 离子交换法制备纯水设备

树脂床包括三种组合方式：由阴离子树脂床和阳离子树脂床组成的复床；由阴、阳离子树脂按照一定比例（一般情况下，阴、阳离子树脂的混合比例为2∶1）混合装入的混合床；复床与混合床串联的联合床，如图7-3所示。医院和药厂多采用混合床系统或联合床系统，图7-4所示为离子交换法制备纯水设备的装置示意图。

原水先通过过滤器12，以除去水中的有机物、固体颗粒、细菌及其他杂质，根据水源情况选择不同的过滤滤芯，如丙纶线绕管、陶瓷砂芯、各种折叠式滤芯等，从过滤器出来的原水由阳离子交换柱1顶部进入柱体，与阳离子树脂粒子充分接触，让水中的阳离子与树脂上的氢离子进行交换，交换后进入除二氧化碳器2，以除去其中溶解的二氧化碳，然后进入阴离子交换柱 3 时，利用阴离子树脂去除水中的阴离子。原水在经过阳离子交换柱 1 和阴离子交换柱 3 后，得到初步净化后，再送入混合离子交换柱 4，由混合离子交换柱流出的水即可作为纯化水引出使用。

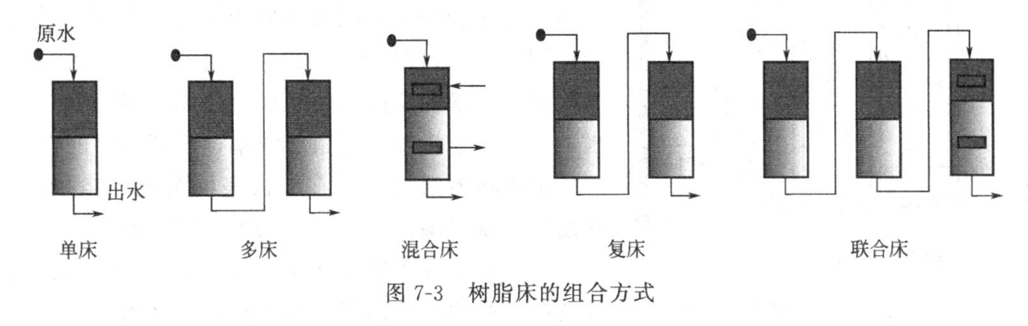

图 7-3　树脂床的组合方式

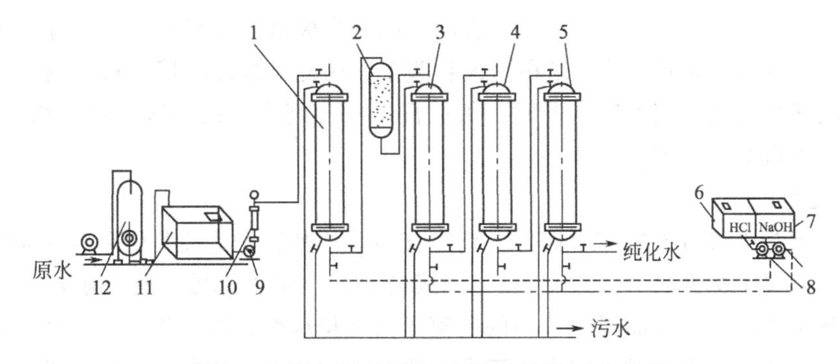

图 7-4　离子交换法制纯水设备的装置示意图

1—阳离子交换柱；2—除二氧化碳器；3—阴离子交换柱；4—混合离子交换柱；5—再生柱；6—酸液罐；7—碱液罐；8—输液泵；9—泵；10—转子流量计；11—储水箱；12—过滤器

离子交换法的优点是脱盐率高，一般可达 98%～100%，所制备的纯化水在 250°C 时的电阻率可达 10MΩ·cm，但树脂再生需消耗大量的酸液和碱液，制水成本较高，且产生环境污染；同时由于树脂床层中可能有微生物生存，致使水含有热原，因而其应用受到限制。

三、电渗析设备

1. 电渗析器的结构和工作原理

电渗析（Electric Dialysis，ED）技术是指在直流电场作用下，利用离子交换膜对离子的选择透过性，使溶液中的荷电离子发生定向迁移，透过具有选择性的阴、阳离子交换膜，使原水得到净化。

电渗析器是将阴、阳离子交换膜交替排列于正负电极之间，并用隔板将其隔开，组成淡水室、浓水室和极室，电渗析器的结构如图 7-5 所示。电渗析器的工作原理如图 7-6 所示，

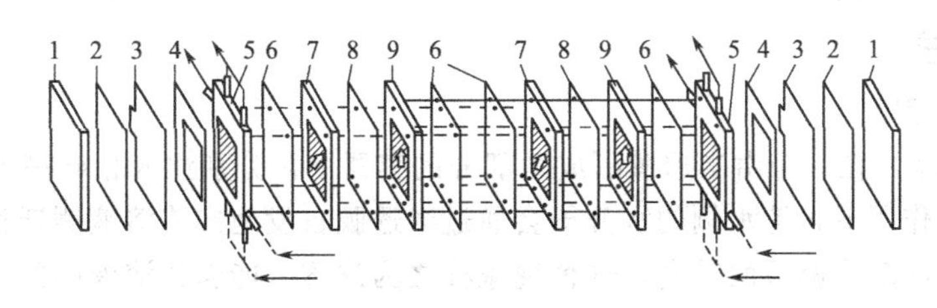

图 7-5　电渗析器的基本结构和组装形式

1—压紧板；2—垫板；3—电极；4—垫圈；5—导水、极水板；6—阳膜；7—淡室隔板；8—阴膜；9—浓室隔板

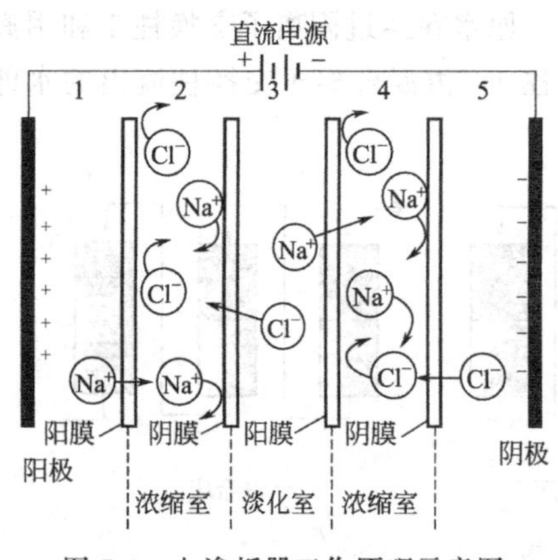

图 7-6　电渗析器工作原理示意图

在外加直流电场的作用下，淡水室原水中的杂质离子发生定向迁移，阳离子向阴极方向移动，并通过只能让阳离子通过的阳离子交换膜进入邻室，并受阻于邻室的阴离子交换膜；阴离子向阳极方向移动，通过只能让阴离子通过的阴离子交换膜进入邻室，并被邻室的阳离子交换膜所阻挡，从而使原水得到净化。而浓水室中的离子增加并滞留于浓室，起到浓缩的作用。

电渗析器通电后，在电极表面会发生电极反应，致使阳极水呈酸性，并产生初生态的氧和氯，对阴膜有毒害作用，而阳膜价格相对较低且耐用，故贴近阳极的第一张膜宜用阳膜；而阴极水呈减性，并生成初生态氢，同时当极水中含有 Ca^{2+} 和 Mg^{2+} 时，会生成 $CaCO_3$ 和 $Mg(OH)_2$ 沉淀，并集结在阴极和膜上。因此，电渗析器在操作时，要保证极水畅通，以不断排出电极反应产物；同时，每运行 4～8h 倒换电极一次，将原浓室变为淡室，减轻阴极和膜上沉淀的生成。

2．离子交换膜

离子交换膜是电渗析器的核心部件。离子交换膜按其所含活性基团可分为阴离子交换膜（简称阴膜）、阳离子交换膜（简称阳膜）。阳膜含有酸性活性基团，易离解出阳离子，使膜表面带有大量负电基团，因而对溶液中的阴离子具有排斥性；而阴膜含有碱性活性基团，易离解出阴离子，从而使膜表面带有大量正电基团，故对溶液中的阳离子具有排斥性。常用的阳膜是以强酸性的磺酸基团—SO_3H 为活性基团的磺酸型膜，常用的阴膜是以强碱性的季铵基团—$N(CH_3)_3OH$ 为活性基团的季铵型膜。此外，随着人们对膜研究的不断深入，双极性离子交换膜、两性离子交换膜、镶嵌离子交换膜等一些特种膜也逐渐得到应用。

离子交换膜的各项性能是影响电渗析器出水质量的重要因素，所用的膜应具有良好的导电性、高选择透过性、高离子交换容量和较高的强度，并能耐酸碱。新膜在使用前需用清水或其他试液进行浸泡处理，以防止干燥变形。

3．电渗析-离子交换制水流程

电渗析法可以很好地除去原水中的荷电离子，但对于不带电荷有机物的去除能力较差，因此常和离子交换工艺进行组合，以达到减少酸碱排放量、降低制水成本的目的，电渗析-离子交换制水工艺流程如图 7-7 所示。

原水经机械过滤器、活性炭过滤器、精密过滤器除去水中的有机物、固体颗粒、细菌及其他杂质，然后送入电渗析装置进行除盐，电渗析除盐水再依次送入阳离子床、阴离子床、混合床后，作为产品纯化水引出。

四、反渗透

1．反渗透过程

如图 7-8 所示，在一个由半透膜隔成两部分的容器中，分别注入相同高度的浓溶液和纯水，在渗透压的作用下，纯水侧的水分子会通过半透膜自发地向浓溶液侧迁移，从而导致纯水侧液面下降而浓溶液侧液面升高，这种现象称之为渗透。能够让溶液中的一种或几种组分通过而其他组分不能通过的选择性膜，称为半透膜。当溶液的液位升高到所产生的压差恰好抵消纯水向溶液方向流动的趋势，渗透过程达到平衡，此压力为该盐水溶液的渗透压。若在浓溶液侧施加一个大于渗透压的压力，则浓溶液侧的水分子又会通过半透膜向纯水侧迁移。这种在外界压力的作用下，使盐水中的水分子通过半透膜向纯水侧迁移的过程称为反渗透(Reverse Osmosis，RO)。

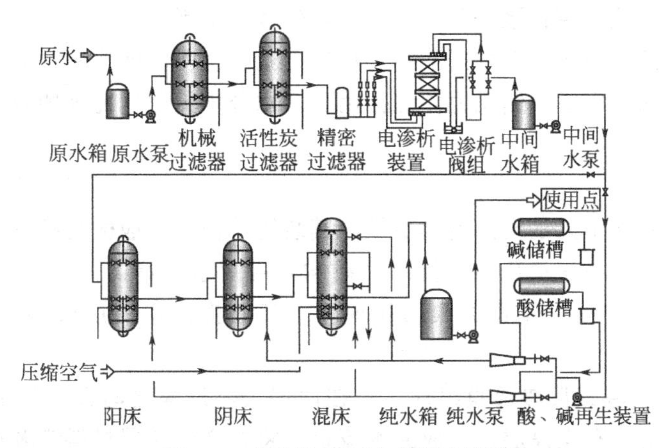

图 7-7　电渗析-离子交换制水流程

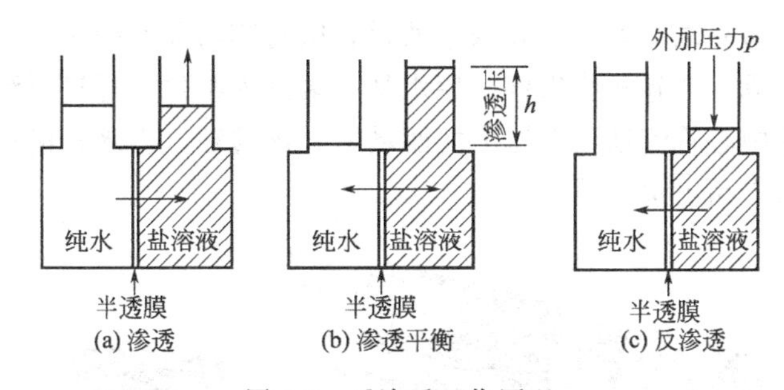

图 7-8　反渗透工作原理

2. 反渗透膜

反渗透膜是实现反渗透的核心部件，是厚度大约为 100μm 的高分子聚合物，其中极薄的表层（0.04～0.1μm）为脱盐层，其余为微孔的支撑层，如图 7-9 所示。反渗透膜表面微孔直径一般为 0.1～1nm，可以截留粒径为几个纳米以上的溶质，如无机盐离子、细菌、病毒、胶体及有机物杂质等，而只允许 H_2O 分子透过，因而具有较高的除盐率。利用反渗透可以除去原水中 90%以上的溶解性盐类和 99%以上的胶体、微生物及有机物等。

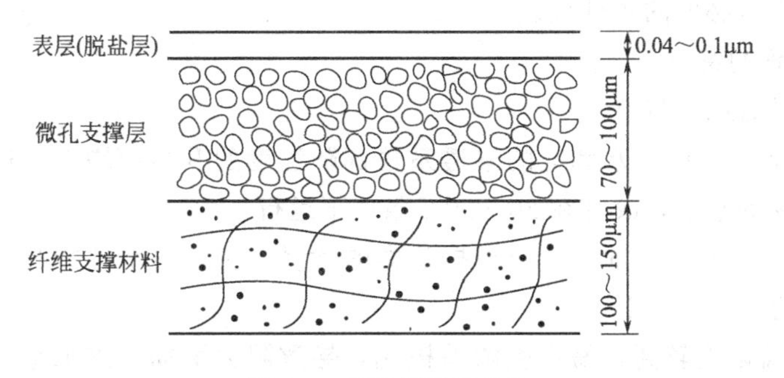

图 7-9　反渗透膜的构造

目前，实际应用于反渗透领域的膜材料主要有两大类：纤维素系膜和芳香-杂环化合物系膜。纤维素类膜以醋酸纤维素膜为代表，制备简单、价格低廉、耐游离氯，但其只能在

pH 值为 4～7 的范围内运行，易发生水解，易受微生物侵袭，脱盐率为 95%且逐年递减，使用寿命一般为 3 年。芳香-杂环化合物系膜以芳香聚酰胺膜为主。芳香聚酰胺类膜有着极好的化学和生物稳定性，脱盐率高达 98%，可在 pH 值为 3～11 范围内长期稳定运行，使用寿命在 5 年以上。因此，芳香聚酰胺类膜的市场份额在不断扩大。

反渗透膜对水的选择透过性常用溶解—扩散理论来说明，即溶液侧的水分子首先吸附或溶解在溶液侧膜表面，在膜两侧压力差的作用下，水分子扩散到纯水侧膜表面，然后在水侧解吸并进入透过液。

3. 反渗透膜组件

反渗透系统的基本单元是反渗透膜组件，其装置结构与一般微孔膜过滤装置相似，但需较高的压力（一般在 2.5～7MPa），所以对结构强度要求较高。另一方面，因水透过率较低，一般反渗透装置中单位体积的膜面积要大。工业生产中使用较多的是卷式反渗透膜组件。

如图 7-10 所示，卷式反渗透膜组件，是在两层反渗透膜之间夹一层出水导网，构成纯水通道，膜背面放置多孔支撑层，构成原水流道，将这样的四层材料绕多孔中心渗过液收集管紧密地卷绕在一起，形成一个膜卷（也称膜元件）。在膜卷的一端保留原水通道，密封膜与支撑材料的边缘；另一端保留纯水和浓水通道，密封膜与隔网的边缘，将整个膜卷装入圆柱形压力容器中，构成一个卷式膜组件。原水从一端进入组件，通过反渗透膜两侧用导网隔开的进水流道平行于中心管流动，在压力的驱动下，渗透液（出水）沿径向渗透通过膜至中心管收集起来，成为产品出水。

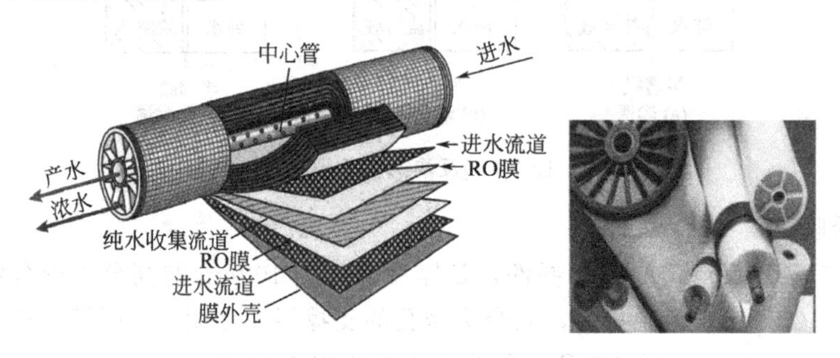

图 7-10　卷式反渗透组件

卷式反渗透膜组件结构紧凑，单位体积提供膜面积大，但易堵塞，对进水水质要求较高，需要对进水进行必要的预处理。

4. 反渗透装置的特点

反渗透装置具有以下特点。

① 反渗透装置运行时，水和盐的渗透系数都随温度的升高而增大，过高的温度会导致膜的压实或引起膜的水解，故宜在 20～30℃条件下运行。

② 透水量随压力升高而加大，应根据盐类的含量、膜的透水性能及水的回收率来确定操作压力，一般为 2.5～7MPa。

③ 膜表面的盐浓度较高，易产生浓差极化，导致阻力增加，透水量下降，甚至引起盐在膜表面沉积。为此，需要提高进液流速，保持湍流状态。

④ 反渗透膜使用条件较为苛刻，比如原水中悬浮物、有害化学元素、微生物等均会降低膜的使用效果。所以应用反渗透装置时原水处理要求较为严格。

5. 反渗透制水系统

反渗透系统可以单独使用，也可以与离子交换系统、电脱盐系统联合使用，以提高水系统的总体处理能力，改善产品水的质量。常用的系统有一级反渗透混床系统（见图 7-11）、二级反渗透制水系统（见图 7-12）等。

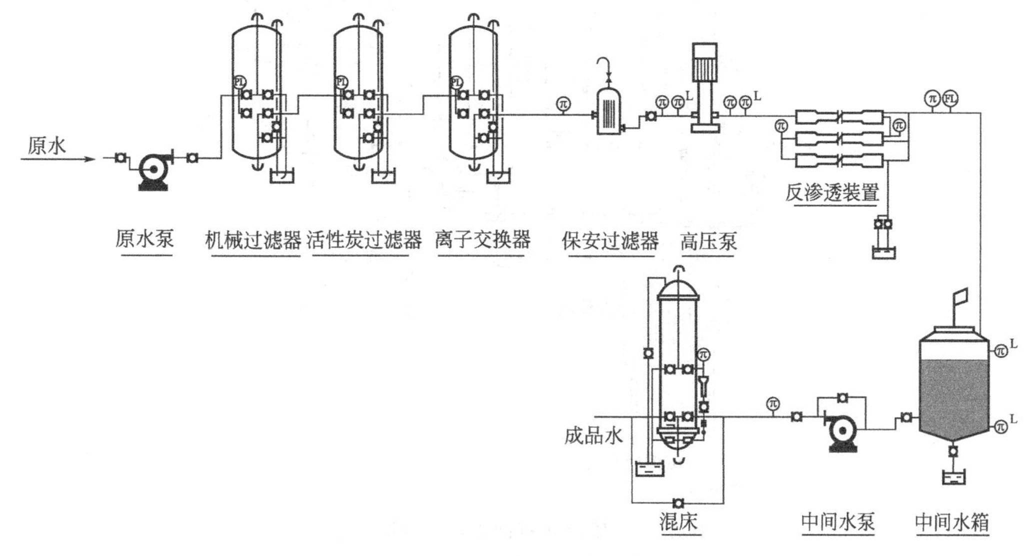

图 7-11　一级反渗透混床制水系统

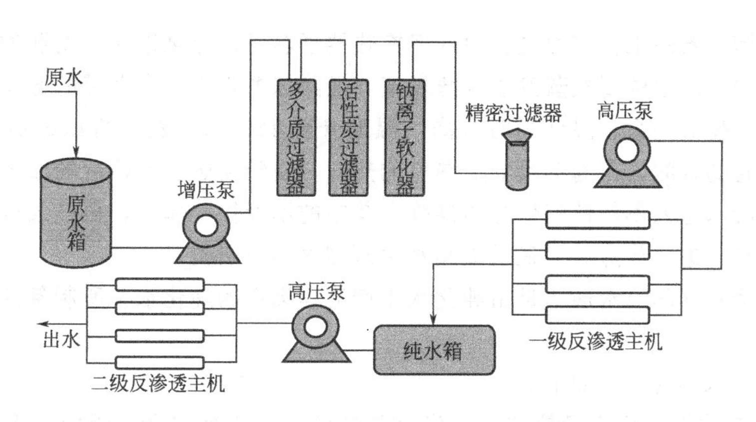

图 7-12　二级反渗透制水系统

五、蒸馏水器

纯水经蒸馏可除去其中的不挥发性有机物及无机物，包括悬浮物、细菌、病毒及热原等，从而得到纯净蒸馏水。经过两次蒸馏的水，称为重蒸馏水，重蒸馏水中不含热原，可作为医用注射用水。

制备蒸馏水的设备称为蒸馏水器，蒸馏水器主要由蒸发器、除沫装置和冷凝器三部分构成。常用的蒸馏水器有单蒸馏水器和重蒸馏水器。常用的重蒸馏水器有塔式蒸馏水器、压汽式蒸馏水器和多效蒸馏水器等，其中塔式蒸馏水器是较早工业化的设备，在国外已趋于淘汰，下面主要介绍压汽式蒸馏水器和多效蒸馏水器。

1. 压汽式蒸馏水器

压汽式蒸馏水器也称为热压式蒸馏水器，主要由蒸发冷凝器及压汽机构成，其结构如

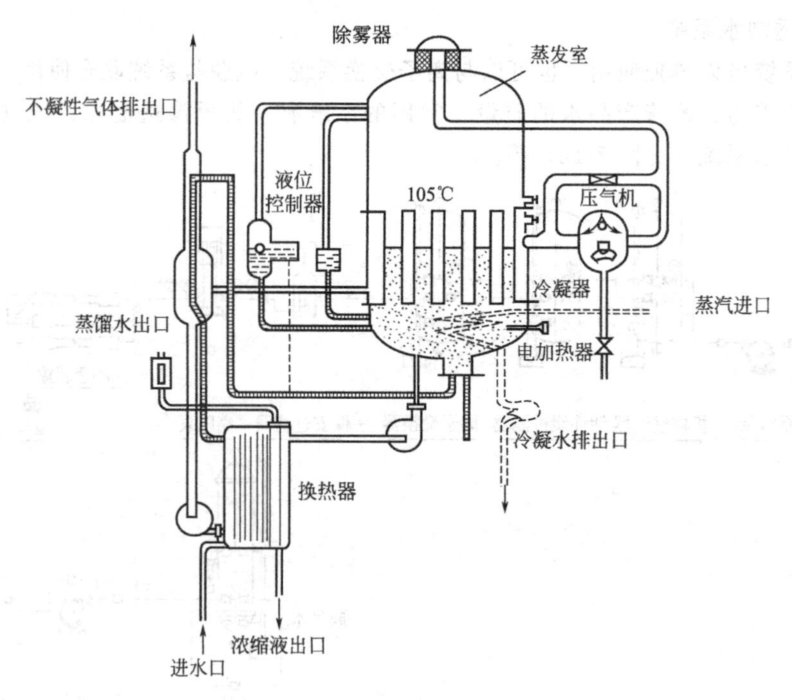

图 7-13　压汽式蒸馏水器的结构示意

图 7-13 所示。

压汽式蒸馏水器的工作流程是：原水经换热器预热后，经泵送入蒸发器加热管，使其沸腾汽化（105℃），产生的二次蒸汽进入蒸发室，经除沫器除去其中夹带的雾沫、液滴后，送入压气机压缩，使其压力、温度同时升高（温度升至 120℃），然后将压缩后的二次蒸汽送入蒸发器加热管的管间，作为蒸发器加热室的热源，使经换热器预热后的原水汽化的同时使自身冷凝，冷凝水送入不凝性气体分离器除去其中的不凝性气体后，再经泵送入换热器预热原水，同时使自身进一步降温，最后成品水由蒸馏水出口引出。

压汽式蒸馏水器的原水通常是由纯化水生产流程提供的纯化水，所制备的蒸馏水可以作为注射剂用水。

压汽式蒸馏水器的特点如下。

① 产生的二次蒸汽作为换热器和蒸发器的热源，在整个制水过程中，不额外消耗冷凝水，加热蒸汽的消耗量相对较低；

② 二次蒸汽经净化、压缩、冷凝等过程，在高温下停留约 45min，可以充分保证蒸馏水无菌、无热原；

③ 自动化程度高，自动型压汽式蒸馏水器，可以实现自动控制；

④ 产水量大，工业用压汽式蒸馏水器的产水量在 0.5m^3/h 以上，最高可达 10m^3/h，可以满足各类制药用水生产的需要。

压汽式蒸馏水器适合于蒸汽压力较低，工业用水比较短缺的厂家，但价格较高，一次性投入较大，系统调节复杂，操作维护不方便，噪声也较大。

2. 多效蒸馏水器

多效蒸馏水器是利用多效蒸发原理制备蒸馏水，是目前应用最为广泛的注射用水制备设备。多效蒸馏水器是由多个单蒸馏水器串联而成，各单蒸馏水器可以垂直串接，也可以水平串接。多效蒸馏水器的效数多为3～5效。

图7-14是三效蒸馏水器垂直串接流程。该机采用三效并流加料流程，由各效蒸发器所蒸发出的二次蒸汽经冷凝后制成蒸馏水引出。为提高蒸馏水的质量，在每一效的二次蒸汽通道上均装有除沫装置，以除去二次蒸汽所夹带的雾沫和液滴。

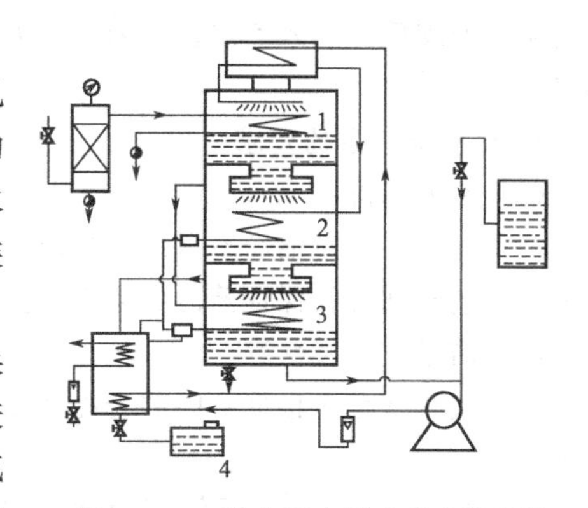

图7-14 三效蒸馏水器垂直串接流程
1—冷凝器；2—第三效蒸发器；
3—第二效蒸发器；4—第一效蒸发器

来自于纯化系统的原水，在冷凝器内经热交换器预热后，分别进入各蒸发器。加热蒸汽从底部进入第一效蒸发器的加热室，使料水在130℃沸腾汽化；第一效产生的二次蒸汽进入第二效作为第二效蒸发器的加热蒸汽，使第二效中的料水在120℃汽化，第二效产生的二次蒸汽进入第三效作为第三效蒸发器的加热蒸汽，使第三效中的料水在110℃沸腾汽化。从第三效顶部出来的二次蒸汽送入冷凝器作为原水的热源，同时自身被冷凝成冷凝水，然后再与进入第二效和第三效的二次蒸汽的冷凝水一起在冷凝器中冷却降温，最终得到高质量的蒸馏水。

多效蒸馏水器系加压操作，末效为常压，原水为来自于纯水系统的纯化水。多效蒸馏水器的性能取决于加热蒸汽的压力和效数，压力越大，蒸馏水的产量越大，热能利用率越高。

第二节 药物制剂车间空气净化

一、我国GMP对空气净化的要求

空气洁净是实现GMP的一个重要因素，是实施GMP的必要条件。引进室外新鲜空气、实行空气调节，是现代制药生产车间的必要条件。2010年修订版GMP将空气洁净等级分为A、B、C、D四个级别，详见表5-1、表5-2。

GMP规定洁净区的设计必须符合相应的洁净度要求。口服原料药的精制、干燥、包装及片剂、胶囊剂生产，可根据工艺要求的温湿度，采用初、中效二级过滤的洁净空调。外用制剂的无菌产品可参考注射剂无菌生产的洁净度要求。对于高致敏性药品（如青霉素类）、生物制品（如卡介苗或其他用活性微生物制备而成的药品）、β-内酰胺结构类药品、性激素类避孕药品、激素类、细胞毒性类、高活性化学药品的生产，必须配备独立的空气净化系统和设备，并与其他药品生产区严格分开，排至室外的废气应当经过净化处理并符合要求，排风口应当远离其他空气净化系统的进风口，防止药物交叉污染。

1. 空气的洁净和自净

按各生产区域对空气洁净度的要求，进入空气需经各种不同效率过滤器的过滤后，达到一定的洁净等级。同时，还必须具有控制微粒污染、抵抗外界干扰的能力，即有一个合理的满足使用的自净时间。

GMP所应用的空气洁净技术，是由处理空气的空调净化设备、输送空气的管路系统和用来进行生产的洁净环境三部分构成。

首先，由送风口向室内送入干净的空气，室内产生的尘菌被干净空气稀释后强迫其由回风口进入系统的回风管路，在空调设备的混合段和从室外引入的经过滤处理的新风混合，再经空调机处理后又送入室内。室内空气如此反复循环，可以在一段时间内将污染控制在一个稳定的水平。

2. 对环境参数的要求

(1) 室内温湿度

2010 版 GMP 对洁净室（区）的温湿度没有强制性规定，药品生产区域的温湿度应与药品生产工艺相适应，保证药品的生产质量，并满足人体舒适的要求。

(2) 洁净室换气次数

空气换气次数应根据房间的功能及 GMP 规定的尘埃粒子浓度、室内设备和操作人员数决定。

对于洁净度 A 级区，可以在 B 级或 C 级背景下采用单向流达到 A 级要求，单向流系统在其工作区域必须均匀送风，风速为 0.36～0.54m/s。洁净度 B 级换气次数应控制在 40～60 次/h，洁净度 C 级≥25 次/h，洁净度 D 级≥15 次/h。

(3) 洁净室压力

2010 版 GMP 规定：洁净区与非洁净区之间、不同等级洁净区之间的压差应不低于 10Pa。必要时，相同洁净度级别的不同功能区域（操作间）之间也应当保持适当的压差梯度，以防止交叉污染。

对于生产中产生粉尘、有毒气体、易燃易爆气体洁净室，如片剂车间、青霉素车间、抗肿瘤药车间、使用溶剂的片剂包衣间、原料药精烘包工序等，为避免有害物质逸出，应与相邻洁净室保持相对负压。

二、气流隔离

为防止制剂车间内不同洁净等级区域间因空气流动引起的污染或交叉污染，通常采用必要的隔离措施。隔离一般包括三种。

(1) 物理隔离

物理隔离是利用平面规划时设置的抗渗性屏障，对可能引起污染和交叉污染的空气流动进行物理阻隔。

(2) 静态隔离

静态隔离是利用相邻区域的静压差进行的隔离。在平面规划时，把需正压或负压大的房间设在尽头或中心。

通过在两个相邻区域间建立压差，可防止污染物由于某种因素的带动而通过区域间的缝隙或开门瞬间，进入相邻区域。

洁净室的静压差实质是在该室门窗关闭条件下，定量空气通过门窗等缝隙向外（内）渗透的阻力。缝隙越小，渗过定量空气需要的压差越大。

(3) 动态隔离

动态隔离是采用流动气流隔离。在平面规划时，在有常开洞口的区域需考虑动态隔离，因为对于常开洞口而言，靠压差来抵挡洞口另一侧的污染是不现实的。例如，一个 0.2m×0.2m 的洞口，当其两侧房间维持 5Pa 压差时（如图 7-15 所示），通过该洞口从一边流向另一边的空气量将达到 $416m^3/h$，如果维持 10Pa 的压差，需要补充的风量将更大，对于不是很大的房间，多补充如此大量的新风非常困难。

在进行平面规划时，如果必须在两个相邻区域间开这样的洞口，国际标准 ISO 明确规定利用流动空气抵抗污染，并提出通过孔洞的气流速度应大于 0.2m/s，如图 7-16 所示。

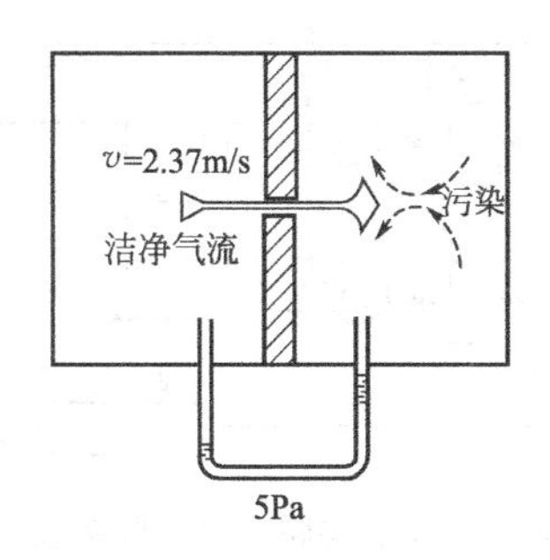

图 7-15 正压抵挡污染从缝隙的入侵

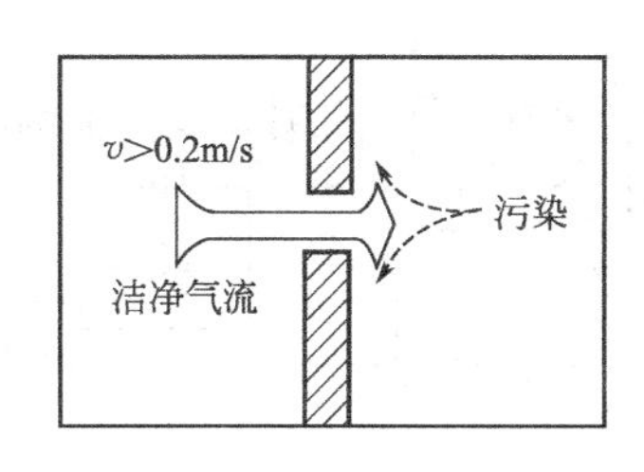

图 7-16 洞口外流速度的作用

三、净化空调系统

送入洁净室的空气，不但有洁净度的要求，还有温度和湿度的要求，所以除了对空气滤尘净化外，还需进行加热或冷却、加湿或去湿等各种处理。

净化空调系统一般分为集中式和分散式两种。集中式净化空调系统是净化空调设备（如加热器、冷却器、加湿器、粗中效过滤器、风机等）集中设置在空调机房内，用风管将洁净空气送给各个洁净室。分散式净化空调系统是在一般的空调环境或低级别净化环境中，设置净化设备或净化空调设备，如净化单元、空气自净器、层流罩、洁净工作台等。

1. 集中式净化空调系统

(1) 单风机系统和双风机系统

单风机净化空调系统的基本形式如图 7-17 所示。单风机系统的最大优点是空调机房占用面积小，但相对双风机系统而言，其风机的压头、噪声、振动都比较大。采用双风机可分担系统的阻力，此外，对药厂等需定期进行灭菌消毒的生物洁净室，采用双风机系统在新风、排风管路设计合理时，调整相应的阀门，使系统按直流系统运行，可迅速带走洁净室内残留的刺激性气体，如图 7-18 所示为双风机净化空调系统示意。

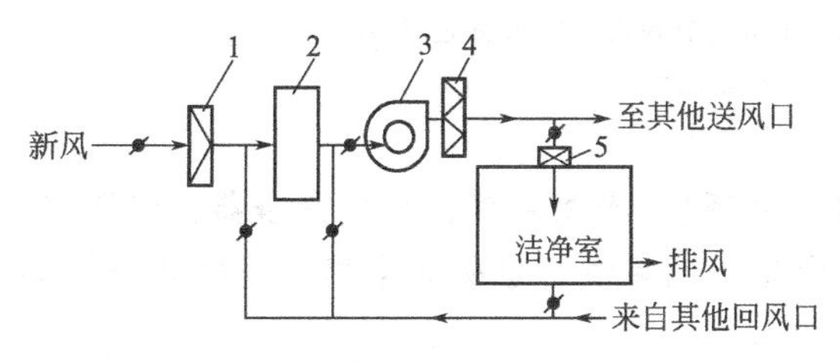

图 7-17 单风机净化空调示意

1—粗效过滤器；2—温湿度处理室；3—风机；4—中效过滤器；5—高效过滤器

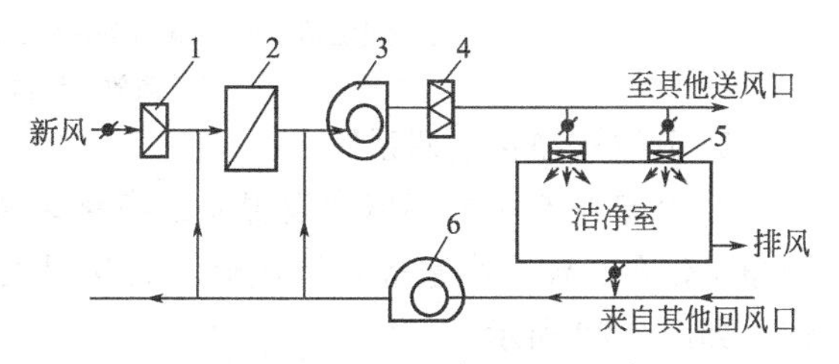

图 7-18 双风机净化空调示意

1—粗效过滤器；2—温湿度处理室；3—送风机；4—中效过滤器；5—高效过滤器；6—回风机

(2) 风机串联系统和风机并联系统

在净化空调系统中，通常空气调节所需风量远远小于净化所需风量，因此洁净室回风绝大部分经过滤就可再循环使用，而无需回至空调机组进行热、湿处理。为了节省设备投资，降低运行费用，可将空调和净化分开，空调处理风量用小风机，净化处理风量用大风机，然后将两台风机再串联起来构成风机串联的送风系统。其示意见图 7-19。

当一个空调机房内布置有多套净化空调系统时，可将几套系统并联，并联系统可共用一套新风机组，见图 7-20。并联系统运行管理比较灵活，几台空调设备还可以互为备用以便检修。

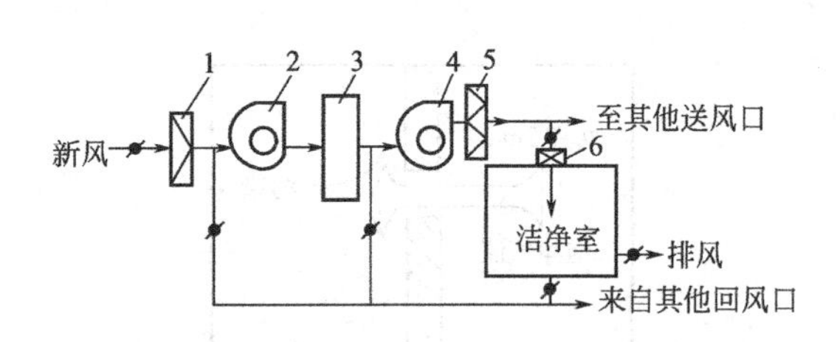

图 7-19 风机串联净化空调系统示意

1—粗效过滤器；2—温湿处理风机；3—温湿度处理室；4—净化循环总风机；5—中效过滤器；6—高效过滤器

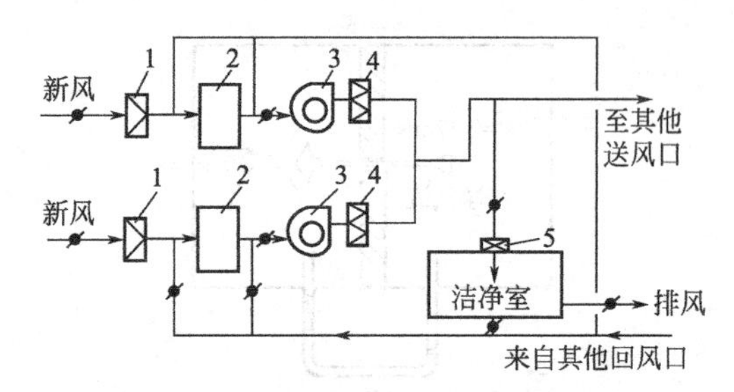

图 7-20 风机并联净化空调系统示意

1—粗效过滤器；2—温湿度处理室；3—风机；4—中效过滤器；5—高效过滤器

设有值班风机的净化空调系统也是风机并联的一种形式。所谓值班风机是指系统主风机并联一个小风机。其风量一般按维持洁净室正压和送风管路漏损所需风量选取，风压根据在此风量运行时送风管路的阻力确定。非工作时间，主风机停止运行而值班风机投入运行，使洁净室维持正压状态，室内洁净度不至于发生明显变化。设有值班风机的净化空调系统如图 7-21所示，正常运行时，阀 1、阀 2、阀 3 打开，阀 4 关闭；下班后正常风机停止运行，值班风机运行，阀 4 打开，阀 1、阀 2、阀 3 关闭。

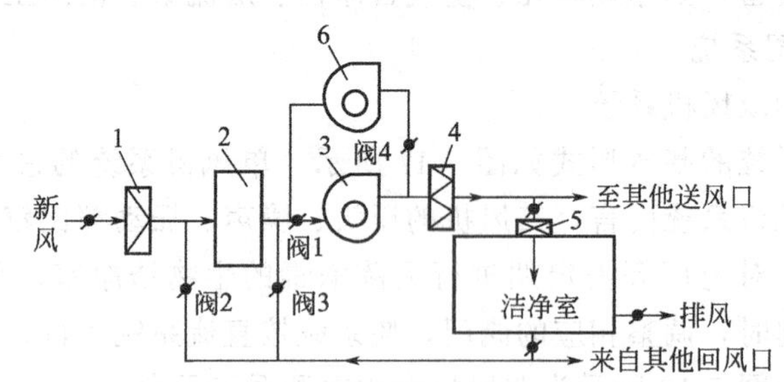

图 7-21 设置值班风机的集中式净化空调系统

1—粗效过滤器；2—温湿度处理室；3—正常运行风机；4—中效过滤器；5—高效过滤器；6—值班风机

2. 分散式净化空调系统

① 在集中空调的环境中设置局部净化装置（微环境/隔离装置、空气自净器、层流罩、洁净工作台、洁净小室等）构成分散式送风的净化空调系统，也称为半集中式净化空调系统，如图 7-22 所示。

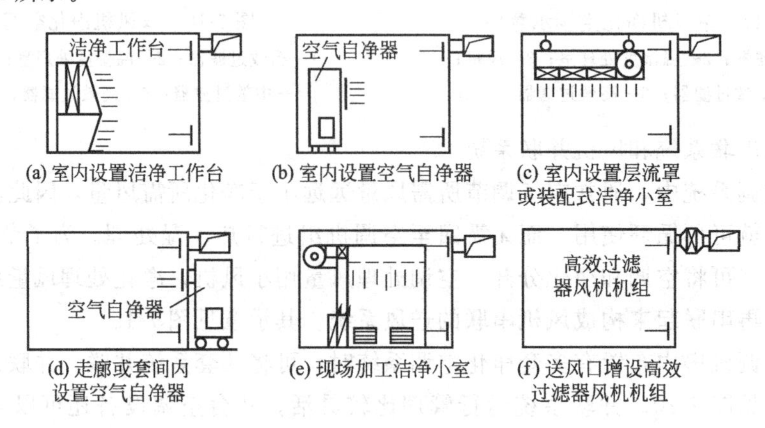

图 7-22 分散式净化空调系统的基本形式（一）

② 在分散式柜式空调送风的环境中设置局部净化装置（高效过滤器送风口、高效过滤器风机机组、洁净小室等）构成分散式送风的净化空调系统，见图 7-23。

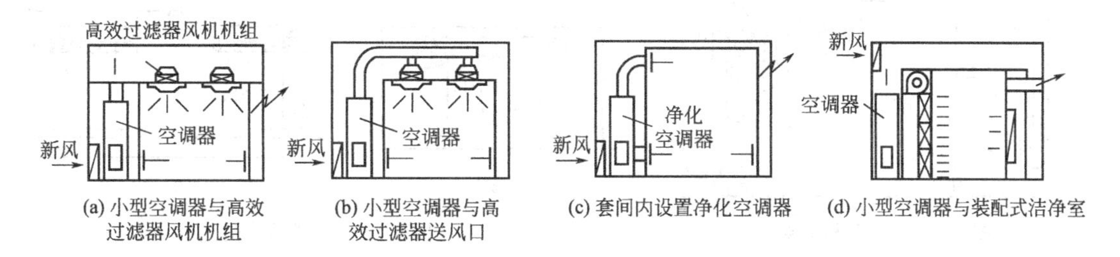

图 7-23　分散式净化空调系统的基本形式（二）

3. 净化方案

（1）全室净化

全室净化是利用集中净化空调系统，在整个房间内形成具有相同洁净度环境。全室净化是最早发展起来的一种净化处理方式，适于工艺设备高大，数量多，且室内要求相同洁净度的场所，但投资大、运行管理复杂、建设周期长。

（2）局部净化

局部净化是利用净化空调器或局部净化设备（如洁净工作台、棚式垂直层流单元、层流罩等），在一般空调环境中形成局部区域具有一定洁净度级别环境的净化处理方式。局部净化适合于生产批量较小或利用原有厂房进行技术改造的场所。目前，应用最为广泛的是全室净化与局部净化相结合的净化处理方式，它既能保证室内具有一定洁净度，又能在局部区域实现高洁净度环境，从而达到既满足生产对高洁净度环境的要求，又节约能源的双重目的。例如，需要 A 级洁净度的操作工段，当生产批量较小时，只要在洁净度较低的乱流洁净室内，利用洁净工作台或层流罩等局部净化设备，就能实现全室净化与局部净化相结合的净化方式。

（3）洁净隧道

以两条层流工艺区和中间乱流操作活动区组成隧道型洁净环境的净化处理方式叫洁净隧道。这是全室净化与局部净化相结合的典型，是目前推广采用的净化方式，也被称为第三代净化方式。

按照组成洁净隧道的设备不同，洁净隧道可分为以下几种形式。

① 台式洁净隧道。如图 7-24 所示，台式洁净隧道是将洁净工作台相互连接在一起，并取消中间的侧壁，组成生产需要的隧道型生产线。可根据工艺要求选用垂直层流工作台或水平层流工作台。这种净化方式较全室净化更易保证局部空间的高洁净度，且由于工作台相互连接，可以减少或防止交叉污染。此外，对建筑的要求比较简单，只要求具备乱流洁净室的环境即可。但是由于洁净工作台的尺寸固定，因而操作面缺乏足够的灵活性，工艺设备必须适应工作台的尺寸，调整起来也不太方便。

② 棚式洁净隧道。如图 7-25 所示，棚式洁净隧道是将洁净棚，即棚式垂直层流单元，串联在一条生产线上所组成的。根据工艺要求，洁净棚的面积可以变化，空气可以全部为室内循环式，也可连通集中式净化空调系统，吸取部分新风。棚式洁净隧道适合工艺设备较大的场所。当工业管道可以明装时，适于采用图 7-25(a) 的形式；当工业管道必须暗装时，适于采用图 7-25(b) 的形式。

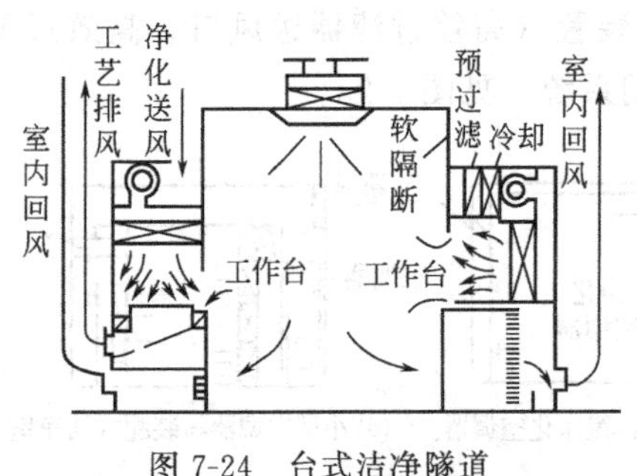

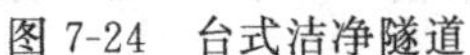

图 7-24 台式洁净隧道

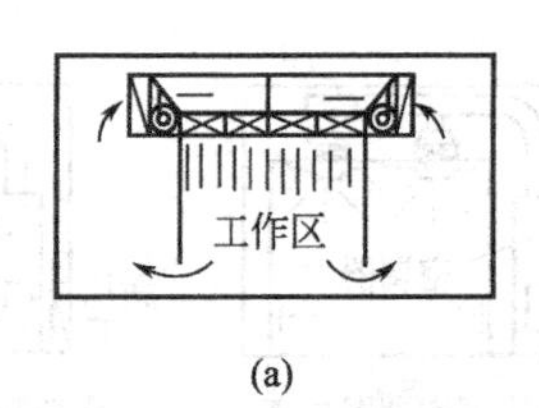

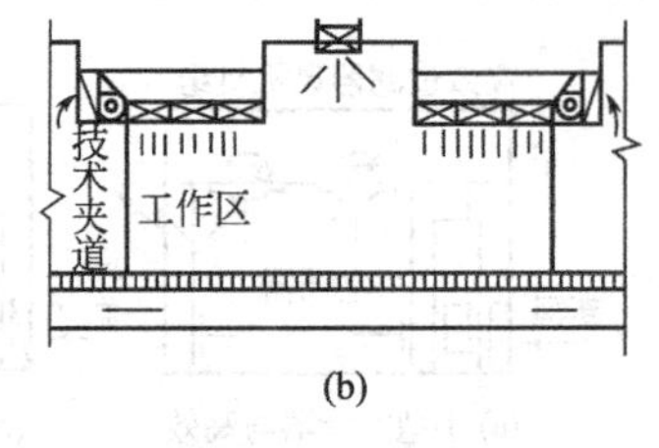

图 7-25 棚式洁净隧道

③ 罩式洁净隧道。如图 7-26 所示，罩式洁净隧道是将层流罩，即罩式垂直层流单元，串联在一条生产线上所组成的。由于层流罩的进深比洁净棚小，因此只适用于工艺设备较小的场所。空气循环方式与棚式洁净隧道和台式洁净隧道相同，是目前采用较多的一种洁净隧道。

④ 集中送风式洁净隧道。如图 7-27 所示，集中送风式洁净隧道由集中式送风系统的满布高效过滤器的静压箱组成。层流工作区的宽度可根据工艺要求确定，不会因局部净化设备的尺寸而受到限制，因此，在设计上比台式、棚式和罩式洁净隧道更为灵活。采用这种洁净隧道，回风可以通过技术夹道，也可以在乱流操作活动区设置地沟。此外，工业管道布置在工作区的沿壁板一侧，排风管接至地沟。

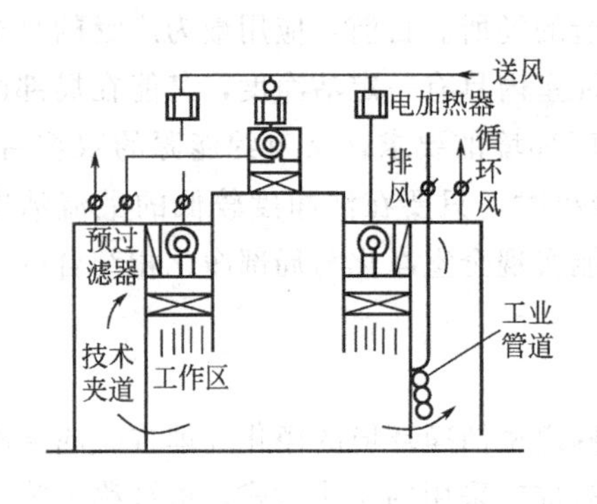

图 7-26 罩式洁净隧道

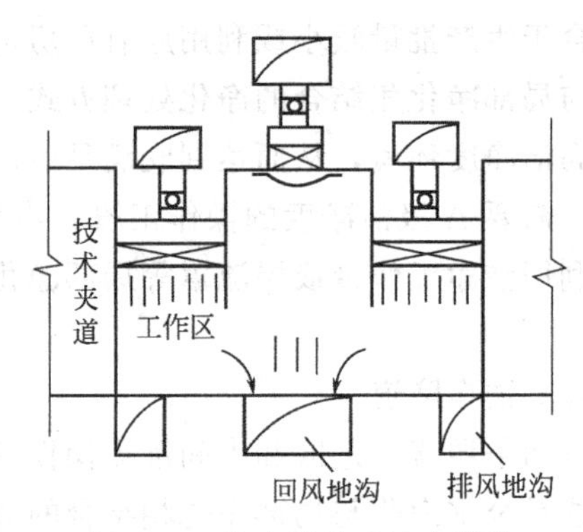

图 7-27 集中送风式洁净隧道

4. 空调净化系统划分原则及设计

(1) 净化空调系统的划分原则

为保证系统的正常运行，防止室内不同房间之间的交叉污染，洁净室用净化空调系统一般不应按区域或简单地按空气洁净度等级划分。净化空调系统的划分应按其生产产品的工艺要求进行确定。

① 层流洁净室的净化空调系统与乱流洁净室的净化空调系统应分开设置。

② 具有粗效过滤器、中效过滤器和高效过滤器的高效净化空调系统与只有粗效过滤器和中效过滤器的中效净化空调系统应分开设置。

③ 产品生产工艺中某一工序或某一房间散发的有毒、有害、易燃易爆物质或气体对其他工序或房间产生有害影响或危害人员健康或产生交叉污染等，应分别设置净化空调系统。

④ 温、湿度的控制要求或精度要求差别较大的系统宜分别设置。

⑤ 单向流系统与非单向流系统要分开设置。

⑥ 运行班次、运行规律、使用时间不同的净化空调系统要分开设置。

⑦ 净化空调系统的划分宜照顾送风、回风和排风管路的布置，尽量做到布置合理、使用方便，力求减少各种风管管路交叉重叠；必要时，对系统中个别房间可按要求配置温度、湿度调节装置。

⑧ 可能通过管道引起交叉污染或混药的房间，如青霉素类药物和激素、抗肿瘤药等：对于生产青霉素的厂房，必须注意青霉素对其他药品可能造成的污染，如在某些药品中混有微量青霉素，则对青霉素过敏病人非但达不到预期的疗效，甚至危及生命。为此生产青霉素的区域应设计成一个封闭的区域，并设专用空调系统，该区域的排风均应经中效和高效过滤器处理后才能排放入大气。

(2) 净化空调系统的设计

划分净化空调系统之后，在对一个具体系统进行设计时，应注意：当工艺无特殊要求时，在保证新风量、排风量及洁净室正压的条件下，净化空调系统应尽量利用回风。当工艺不允许利用回风或工艺过程产生的有害物质利用局部排风不能完全排除时，才利用直流式净化空调系统。

① 当洁净室内使用剧毒溶液或易燃物品时，净化空调系统应根据具体情况考虑事故排风措施和防火措施。

② 净化空调系统的新风入口，一般彼此独立。当洁净室面积较大，采用多个净化空调系统时，新风可经集中热、湿处理后送到各个净化空调系统。

③ 净化空调系统一般不宜设置消声器，应尽量采用其他综合措施来满足洁净室对消声的要求，当必须采用消声器时，应选用不易积尘和产尘的结构形式和消声材料，如微穿孔板消声器或微穿孔板复合消声器等。

④ 洁净室一般可不设值班风机。当净化空调系统停止运行后对产品有影响，而工艺又不能采取局部处理措施时，可设值班风机。

⑤ 洁净度为A、B级的洁净室不采用散热器采暖，C级洁净室也不宜采用散热器采暖。值班采暖可利用技术夹道内布置的散热器进行间接采暖，或利用值班风机进行热风采暖。

⑥ 药厂洁净室净化空调系统一般采用循环风运行，系统新风量应不小于如下两方面要求：

a. 补偿室内排风和保持室内正压所需的新风量；

b. 保证各房间每人每小时不小于 $40m^3$ 的新风量。

⑦ 下列生产工序的空调系统不能使用循环风：

a. 生产中产生易燃易爆气体或粉尘的场合，如使用溶剂的原料药精制工序、肠溶衣包衣室、淀粉车间等。

b. 生产中产生毒害性气体或物质的房间，如激素类及抗肿瘤药等。

c. 可能通过空调系统造成混药时，如多品种生产的片剂车间等。

d. 可能通过空调系统造成交叉污染时，如动物房的饲养室等。

⑧ 防止药物对周围大气环境的污染和影响人体健康。

对于生产激素、青霉素、抗肿瘤类药物的排风应经净化处理。图7-28为某厂阿奇霉素原料药提取工序的排风处理及热回收流程图。

⑨ 控制区和洁净区内的排风系统均应配置防室外空气倒灌的措施。

如玻璃瓶及安瓿灭菌隧道排热系统、灌封机排热系统、烘干及消毒烘箱排热系统、原料

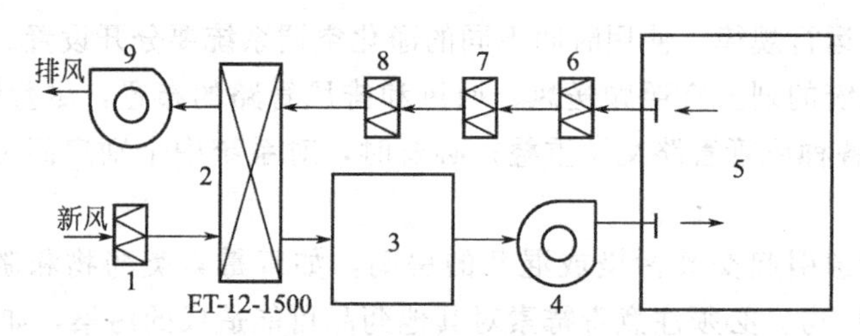

图 7-28 某厂阿奇霉素原料药提取工序的排风处理及热回收流程

1—粗效过滤器；2—全热交换器；3—空气处理室；4—送风机；5—阿奇霉素提取工序；6—中效过滤器；7—亚高效过滤器；8—高效过滤器；9—排风机

精制工序的局部排风系统以及所有控制区、洁净室的全面排风系统。

通常采取的防倒灌措施如下。

a. 在排风机的吸入管段上设置空气过滤器。

b. 在排风管上设止回阀。

c. 在排风管上设电动风阀，使电动阀与风机联锁，当排风机停止运行时风阀自动关闭。

空气洁净技术是一项综合性的措施，建设药厂洁净室不是解决药品污染的唯一途径，药品污染的来源是多方面的，如环境空气，原料药液的处理，包装容器本身的质量和清洗，设备是否适应净化室的要求，操作人员是否有严格的清洁和卫生制度等。以上污染源均需综合控制，在设置空气净化装置的同时，在工艺设备、建筑等设施和管理上采取相应措施，才能真正符合药品生产的 GMP 要求。

四、空气洁净设备

1. 空气过滤器

空气过滤器是空气洁净技术的主要设备，也是创造空气洁净环境不可缺少的设备。

(1) 按过滤效率分类

我国于 1992 年和 1993 年分别颁布了空气过滤器（GB/T 14295—93）和高效空气过滤器（GB 13554—92）两个国家标准。2008 年 11 月 4 日又分别颁布了新版国家标准 GB/T 14295—2008 和 GB 13554—2008，将此类过滤器分为 5 种类别，见表 7-3。

表 7-3 我国空气过滤器分类

项目	额定风量下的效率/%	20%额定风量下的效率/%	额定风量下的初阻力/Pa	注
粗效	粒径≥5μm，80>η≥20	—	≤50	效率为大气尘计数效率
中效	粒径≥1μm，70>η≥20	—	≤80	
高中效	粒径≥1μm，99>η≥70	—	≤100	
亚高效	粒径≥0.5μm，99.9>η≥95	—	≤120	
高效				
A	η≥99.9	—	≤190	A、B、C 三类效率为钠焰法效率；D 类效率为计数效率；C、D 类出厂要检漏
B	η≥99.99	η≥99.99	≤220	
C	η≥99.999	η≥99.999	≤250	
D	粒径≥0.1μm，η≥99.999	粒径≥0.1μm，η≥99.999	≤280	

过滤器按过滤效率通常可分为粗效、中效、高中效、亚高效和高效空气过滤器等。

① 粗效过滤器。主要用于首道过滤，主要截留 5μm 以上的悬浮性微粒和 10μm 以上的沉降性微粒及各种异物，防止其进入系统，所以粗效过滤器的过滤效率以过滤 5μm 为准。

② 中效过滤器。由于其前面已有预过滤器截留大微粒，中效过滤器可作为一般空调系统的最后过滤器和高效过滤器的预过滤器，主要用于截留 1～10μm 的悬浮性微粒，其效率以过滤 1μm 为准。

③ 高中效过滤器。可用作一般净化程度系统的末端过滤器，也可以用作中间过滤器，以便提高系统净化效果，更好地保护高效过滤器，其主要用于截留 1～5μm 的悬浮性微粒，其效率也以过滤 1μm 为准。

④ 亚高效过滤器。既可用作洁净室末端过滤器，以达到一定的空气洁净度级别，也可用作高效过滤器的预过滤器，以进一步提高和确保送风洁净度，还可以作为新风的末级过滤，以提高新风品质。亚高效过滤器主要用以截留 1μm 以下的亚微米级微粒，其效率以过滤 0.5μm 为准。

⑤ 高效过滤器。高效过滤器是洁净室的最主要末端过滤器，主要截留 0.5μm 以下的微粒，其效率习惯以过滤 0.3μm 为准。如果进一步细分，若以实现 0.1μm 的洁净度级别为目的，则效率以过滤 0.1μm 为准，习惯上称为超高效过滤器。

(2) 按过滤材料的不同分类

① 滤纸过滤器。滤纸过滤器是洁净技术中使用最为广泛的一种过滤器，目前常用的滤纸材料包括玻璃纤维、合成纤维、超细玻璃纤维以及植物纤维素等。根据过滤对象的不同，采用不同的滤纸制成 0.3μm 级的普通高效过滤器或亚高效过滤器，或制成 0.1μm 级的超高效过滤器。

② 纤维层过滤器。纤维层过滤器是利用各种纤维填充制成过滤层的一种过滤器。所采用的纤维有天然纤维如羊毛、棉纤维等，采用化学方法改变原料性质制作的化学纤维以及采用物理方法将纤维从原材料分离出来而原料性质没有改变的人造纤维（物理纤维）。纤维层过滤器属于低填充率过滤器，阻力降较小，通常用作中等效率的过滤器，如采用无纺布工艺制作的纤维层过滤器。

③ 泡沫材料过滤器。泡沫材料过滤器是一种采用泡沫材料制成的过滤器，其过滤性能与泡沫材料的孔隙率密切相关。目前，国产泡沫塑料的孔隙率难以控制，各生产厂家生产的泡沫材料孔隙率差异很大，因而过滤器性能不稳定，目前很少使用。

2. 洁净工作台

洁净工作台是一种设置在洁净室内或一般室内，可根据产品生产要求或其他用途要求，在操作台上保持高洁净度的局部净化设备。洁净工作台主要由预过滤器、高效过滤器、风机机组、静压箱、外壳、台面和配套的电器元器件等组成。

洁净工作台按气流形式通常分为水平单向流和垂直单向流；从气流在循环角度上可分为直流式和循环式；按用途可分为通用型和专用型等。图 7-29 为普通型洁净工作台结构，通常为 0.3μm 或 0.5μm，A 级。因洁净工作台内产生的污染物不会排向室内，这类工作台使用广泛，但不宜用于要求操作者不能遮挡作业面的场所。实际使用中，可根据使用单位的实际需求设计制作各类专用洁净工作台，如化学处理用洁净工作台、实验室用洁净工作台等，此类工作台通常采用垂直单向流方式，工作台内设有

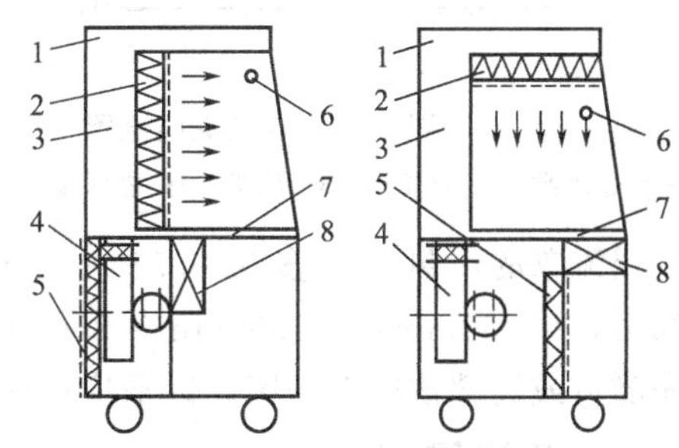

(a) 水平单向流净化工作台　(b) 垂直单向流净化工作台

图 7-29　普通型洁净工作台结构

1—外壳；2—高效过滤器；3—静压箱；4—风机机组；5—预过滤器；6—日光灯；7—台面板；8—电器元件

给水（纯水或自来水）、排风装置等；贮存保管用洁净工作台，通常应根据贮存物品性质、隔板形式等分别采用垂直单向流或水平单向流，并确定是否设排风装置等；还有灭菌操作洁净工作台、带温度控制的洁净工作台等。

不论是何种类型、何种用途，洁净工作台均应具备以下基本功能要求。

① 采用足够的送风量、合适的气流流型，选择可靠的过滤装置，确保所需的空气洁净度等级；

② 工作台内操作面上的气流分布均匀、可调；

③ 有排风装置时，应选用必要的排气处理装置或技术措施，达到对室内外环境不污染或达到允许的排放要求；

④ 噪声低、振动小，满足相关标准、规范的要求；

⑤ 操作面相关表面光滑、平整、无凹凸，防积尘；

⑥ 工作台内的过滤器拆装方便；

⑦ 工作台的工作和空气洁净度及其他特殊要求等宜采用自动控制进行操作，至少应装设必要的显示仪表显示工作台的工作状态。

3. 层流罩

层流罩是垂直单向流的局部洁净送风装置，局部区域的空气洁净度可达 A 级或更高级别，洁净度的高低取决于高效过滤器的性能。层流罩按结构分为有风机型和无风机型、前回风型和后回风型；按安装方式分为立（柱）式和吊装式。

层流罩的基本结构包括外壳、预过滤器、风机（有风机的）、高效过滤器、静压箱和配套电器、自控装置等。图 7-30 为有风机层流（单向流）罩，它的进风一般取自洁净厂房内，亦可取自技术夹层，但构造将会有所不同，设计时应予注意。如图 7-31 所示为无风机层流罩，主要由高效过滤器和箱体组成，其进风取自净化空调系统。

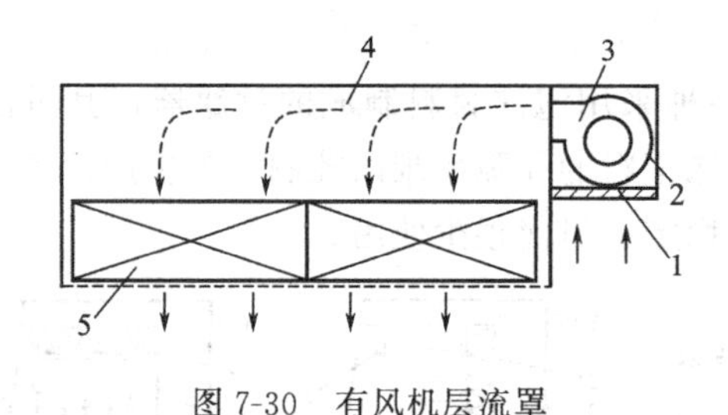

图 7-30　有风机层流罩

1—预过滤器；2—负压箱；3—风机；4—静压箱；5—高效过滤器

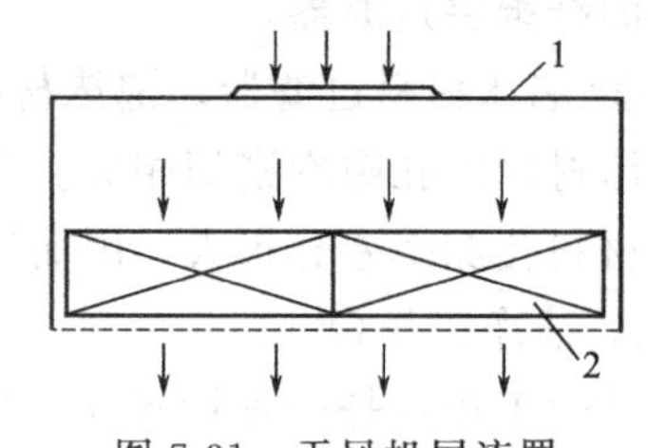

图 7-31　无风机层流罩

1—箱体；2—高效过滤器

层流罩的出风速度多为 0.35～0.5m/s，噪声≤62dB（A）。其单体外形尺寸一般为 (700mm×1350mm)～(1300mm×2700mm)，层流罩可单体使用，也可多个单体拼装组成洁净隧道或局部洁净工作区，以适应产品生产的需要，如图 7-32 所示为层流罩的结构形式。

五、气流组织

为了达到特定目的而在室内造成一定的空气流动状态与分布，通常叫做气流组织。洁净房间组织气流的基本原则是：最大限度地减少涡流；使气流经过最短流程尽快覆盖工作区；希望气流方向能与尘粒的重力沉降方向一致，并使回流能有效地将室内灰尘排出室外。

净化空调系统的粗效过滤器一般采用易于清洗和更换的粗、中孔泡沫塑料或其他滤料（不能选用浸油式过滤器）；中效过滤器一般采用中、细孔泡沫塑料或其他纤维滤料（如无纺布）；亚高效过滤器一般采用玻璃纤维纸和棉短纤维纸，静电过滤器也属于亚高效范畴；高

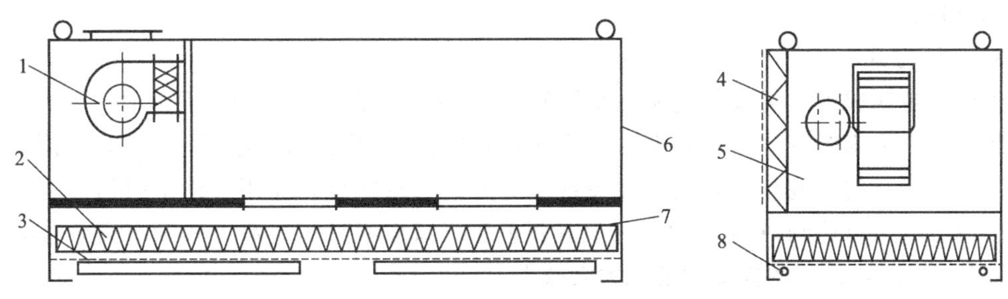

图 7-32　层流罩结构形式

1—风机机组；2—高效过滤器；3—保护网；4—预过滤器；
5—负压箱；6—外壳；7—正压箱；8—日光灯

效过滤器用玻璃纤维过滤纸和合成纤维滤纸制作。采用粗效、中效、高效三级过滤的净化系统，室内含尘浓度与换气次数有密切关系，必须用相应的送回风方式来实现。

目前采用的主要气流组织有乱流、层流（单向流、平行流）和矢流三种方式。

1. 乱流方式

主要利用稀释作用，使室内尘源产生的灰尘均匀扩散而被“冲淡”，避免涡流把工作区外的灰尘卷入工作区，以减少药物的污染机会。一般采用上送下回的形式，使气流自上而下，与尘粒重力方向一致。

乱流方式由于受到送风口形式和布置的限制，不可能使室内获得很大的换气次数（相对于平行流而言），且不可避免地存在室内涡流，因而室内洁净度不可能很高。在一定的换气次数下，室内洁净度取决于人员的多少及其动作状态。乱流方式洁净室构造简单、施工方便，投资和运行费用较小，因而医药生产上大多数洁净室都采用此方式。

2. 层流方式

层流方式指流线平行、流向单一、具有一定的和均匀的断面速度的气流组织方式。送入房间的气流充满整个洁净室断面，像“活塞作用”一样把室内随时产生的灰尘压至下风侧，再把灰尘排至室外。由于这种方式是以室内断面上有一定风速为前提的，所以当净化空调系统开动后，洁净室能立即（1min 以内）达到稳定状态。当室内污染发生时，污染物能立即被排走，不致扩散而影响洁净度。

层流方式分为垂直层流和水平层流两种。

（1）垂直层流

在天棚上满布高效过滤器，回风可通过格栅地板，洁净空气经过操作人员和工作台时，可将污染物带走。由于气流为单一方向，因此操作时产生的污染物不会落到工作台上。可在操作区保持无菌无尘，达到 A 级洁净度。若以侧墙下部回风口代替格栅地板，气流方式改为“全顶送风侧下回风”，只要回风口位置足够低，则在地面以上 0.8～1.0m 高度处的气流仍可保持层流特性，为准垂直层流方式。

（2）水平层流

在一面墙上满布高效过滤器作为送风墙，对面墙上满布回风格栅作为回风墙。洁净空气沿水平方向均匀地从送风墙流向回风墙。操作面离高效过滤器越近，越能接受到最干净的空气，可以达到 A 级洁净度。不同地点可能得到不同级别的洁净度。

此外，诸如洁净工作台、流层罩、层流隧道等局部净化装置，也有垂直层流及水平层流两种方式，供局部洁净环境下的操作工序使用。另外，还有移动式（水平）层流台、自净器等净化设备。

3. 矢流方式

矢流，也叫辐流、斜流，是采用弧形送风口，侧上角送风，对侧下角回风。矢流方式是一种新型的气流组织方式，其净化功能不同于乱流方式的掺混稀释作用，也不同于层流方式的时均流线平行的活塞作用，而是靠流线不交叉的气流的推动作用，将室内污染物排出室外。矢流方式可以达到A级洁净度，但其弧形送风口面积只为层流方式满布高效过滤器的送风面积的1/3，设备的投资和能耗大大减少。

洁净室（区）气流组织选择原则：

① 当产品要求洁净度为A级时，选用层流流型；当产品要求洁净度为B～D级时，选用乱流流型。

② 减少涡流，避免把工作区以外的污染物带入工作区。

③ 为了防止灰尘的二次飞扬，气流速度不能过大；乱流洁净室的回风口不宜设在工作区上部，可在地板上或侧墙下部均匀布置回风口。

④ 工作区的气流应均匀，流速必须满足工艺和卫生要求；洁净气流应尽可能把工作部位围罩起来，使污染物在扩散之前便流向回风口。

⑤ 生产设备布置时要留有一定的间隔，为送、回风口的布置和气流的通畅创造条件；气流组织设计时要考虑高大设备对气流组织的影响。

⑥ 洁净工作台不宜布置在层流洁净室内，当布置在乱流洁净室时，宜将其置于工作区气流的上风侧，以提高室内的空气洁净度。

⑦ 洁净室内有通风柜时，宜置于工作气流的下风侧，以减少对室内空气的污染。

第八章　药厂的总体规划及其他非工艺设计

第一节　药厂总体规划

制药厂的厂址选择是基本建设的一个重要环节，选择的好坏对工程进度、投资、产品质量、经济效益及环境保护等方面具有重大影响。厂址选择在阶段上属于可行性研究的一个组成部分，选厂报告也可先于可行性研究报告提出。我国 GMP 规范中对厂房选址有明确的规定。

在国外，制剂厂的外环境不同于一般工厂，大多环境幽静、空气洁净，工厂远离交通要道，处在大片草坪和树木之中，绿化面积较大，有些工厂绿化面积甚至超过厂房占地面积的70%，厂区做到泥土不外露，给人以“花园工厂”的印象。

一、厂址选择

厂址选择是指在一定范围内，选择和确定拟建项目的建设地点和区域，并在该区域内具体地选定项目建设的坐落位置。一个工程项目的总图布置，是根据已经确定的原料来源、生产规模、产品方案、厂址地形及地质条件等方面的特点，根据工艺流程、技术和功能上的需要及相互关系，从企业的宏观和整体出发，对建设项目的各个组成部分的相互位置及其布置形式等，在设计最初阶段做出的统筹与安排。

具体选择制药厂址时应考虑环境、供水、能源、交通运输、地质条件、环保及城市或地区的近、远期发展规划等。具体遵循原则如下。

① 一般有洁净厂房的药厂，厂址宜选在大气含尘、含菌浓度低，无有害气体，周围环境较洁净或绿化较好的地区。

② 有洁净厂房的药厂厂址应远离码头、铁路、机场、交通要道以及散发大量粉尘和有害气体的工厂、贮仓、堆场等严重空气污染、水质污染、振动或噪声干扰的区域。如不能远离严重空气污染区时，则应位于其最大频率风向的上风侧，或全年最小频率风向的下风侧。

③ 交通便利、通信方便。制药厂的运输较频繁，为了减少经常运行费用，制药厂尽量不要远离原料来源和用户，以求在市场中发展壮大。

④ 确保水、电、汽的供给。作为制药厂的水、电、汽是生产的必需条件。充足和良好的水源，对药厂来讲尤为重要。同样，足够的电能，对药厂也很重要，有许多原料药厂，因停电而损失相当惨重。所以要求有两路进电确保电源。

⑤ 应有长远发展的余地。制药企业可生产的药物品种相对较多，且更新换代也比较频繁。随着市场经济的发展，每个药厂必须要考虑长远的规划，决不能图眼前利益，所以在选择厂址时应有考虑余地。

⑥ 要节约用地，珍惜土地。

⑦ 选厂址时应考虑防洪，必须高于当地最高洪水位 0.5m 以上。

工艺设计人员从方案设计阶段开始，就应全面考虑 GMP 对厂房选址的要求，避免在新建厂房进行 GMP 认证时留下隐患。

二、厂区的总体规划

厂址确定后，需要根据工程项目的生产品种、规模及有关技术要求缜密考虑和总体解决工厂内部所有建筑物和构筑物在平面和纵面布置上的相对位置、运输网、工程网、行政管理、福利及绿化设施的布置等问题，即进行工厂的总图布置，又称总图运输、总图布局。

1. 厂区划分和组成

一般药厂组成如下：

① 主要生产车间（原料、制剂生产车间等）；

② 辅助生产车间（机修、仪表等）；

③ 仓库（原料、辅料、包装材料、成品库等）；

④ 动力设施（锅炉房、压缩空气站、变电所、配电间、冷冻站等）；

⑤ 公用工程（水塔、冷却塔、泵房、消防设施等）；

⑥ 环保设施（污水处理、绿化等）；

⑦ 全厂性管理设施和生活设施（厂部办公楼、中央化验室、研究所、计量站、食堂、医务所等）；

⑧ 运输道路（车库、道路等）。

设计总图时，应按照上述各组成的管理系统和生产功能划分为行政区、生活区、生产区和辅助区。要求从整体上把握功能分区布置合理，四个区域既互不妨碍，人流、物流分开，又要保证相互间便于联系、服务以及生产管理。

2. 厂区总体设计的具体内容

厂区总体设计的内容繁杂，涉及的知识面很广。在设计时，设计人员要广泛听取和集中来自各方面的意见，充分掌握厂址的自然条件、生产工艺特点、运输要求、安全和卫生指标、施工条件以及城镇规划等相关资料，按厂区总体设计的基本原则和要求，对各种方案进行认真的分析和比较，力求获得最佳设计效果。药厂工程项目的总体设计一般包括以下内容。

（1）平面布置设计

平面布置设计是总平面图设计的核心内容，其任务是结合生产工艺流程特点和厂址的自然条件，合理布置厂址范围内的建（构）筑物、道路、管线、绿化等设施的平面位置。

（2）立面布置设计

立面布置设计是总平面设计的一个重要补充，其任务是结合生产工艺流程特点和厂址的自然条件，合理布置厂址范围内的建（构）筑物、道路、管线、绿化等设施的立面位置。

（3）运输设计

根据工艺要求、运输特点和厂区内的人流、物流分布情况，合理规划和布置厂址范围内的交通运输和设施。

（4）管线布置设计

根据生产工艺流程及各类工程管线的特点，确定各类物流、电器仪表、采暖通风等管线的平面和立面图。

（5）绿化设计

由于药品对环境的特殊要求，药厂的绿化设计尤为重要。

3. 厂区总体布置原则

《药品生产质量管理规范》第八条指出行政、生产和辅助区的总体布局应合理，不得相互妨碍，根据这个规定，结合厂区的地形、地质、气象、卫生、安全防火、施工等要求，再进行制剂厂区总平面图设计。基本布置原则如下。

① 厂区规划要符合本地总体规划要求。

② 厂区进出口及主要道路应贯彻人流与货流分开的原则。选用整体性好、发尘少的材料。

③ 厂区按行政、生产、辅助和生活等划区布局。

④ 行政、生活区应位于厂前区，并处于夏季最小频率风向的下风侧。

⑤ 厂区中心布置主要生产区，而将辅助车间布置在它的附近。生产性质相类似或工艺流程相联系的车间要靠近或集中布置。

⑥ 洁净厂房应布置在厂区内环境清洁、人物流交叉又少的地方，并位于最大频率风向的上风侧，与市政主干道不宜小于 50m。原料药生产区应置于制剂生产区的下风侧，青霉素类生产厂房的设置应考虑防止与其他产品的交叉污染。

⑦ 运输量大的车间、仓库、堆场等布置在货运出入口及主干道附近，避免人、货流交叉污染。

⑧ 动力设施应接近负荷量大的车间，三废处理、锅炉房等严重污染的区域应置于厂区的最大频率风向的下风侧。设计变电所的位置应考虑电力线引入厂区的便利。

⑨ 危险品库应设于厂区安全位置，并有防冻、降温、消防措施。麻醉药品和剧毒药品应设专用仓库，并有防盗措施。

⑩ 动物房应设于僻静处，并有专用的排污与空调设施。

⑪ 洁净厂房周围应绿化，尽量减少厂区的露土面积，一般制剂厂的绿化面积在 30%以上。铺植草坪，不宜种花。草坪可以吸附空气中灰尘，使地面尘土不飞扬。铺植草皮的上

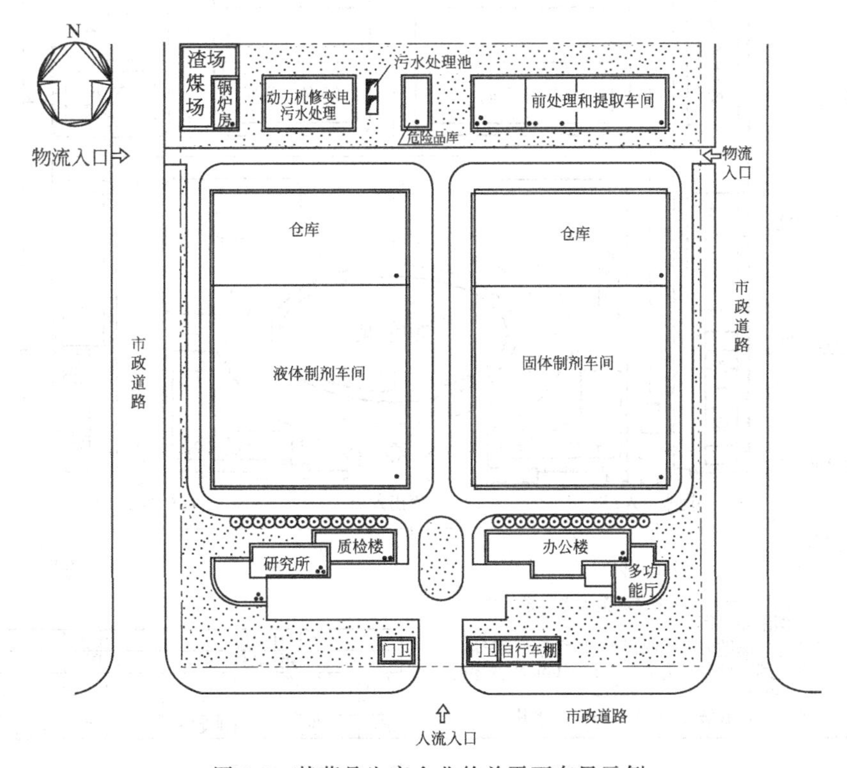

图 8-1　某药品生产企业的总平面布局示例

空，含尘量可减少 2/3～5/6。而种花则因花粉散发而影响空气洁净度。

⑫ 厂区应设消防通道，医药洁净厂房宜设置环形消防车道。如有困难可沿厂房的两个长边设置消防车道。

总之，厂区在总体布局上，要掌握人、物分流原则，在厂区设置人流入口和物流入口。人流与货流的方向最好进行反向布置，并将货运处入口与工厂人员的主要出入口分开，以消除彼此的交叉。在防止污染的前提下，应使人流和物流的交通路线尽可能径直、短捷、通畅，避免交叉和重叠。有流畅、短捷的生产线，生产负荷中心靠近水、电、汽、冷供应源。原材料、半成品的存放区与生产区的距离要尽量缩短，以减少途中污染。图 8-1 是某药厂的总体布局示例。

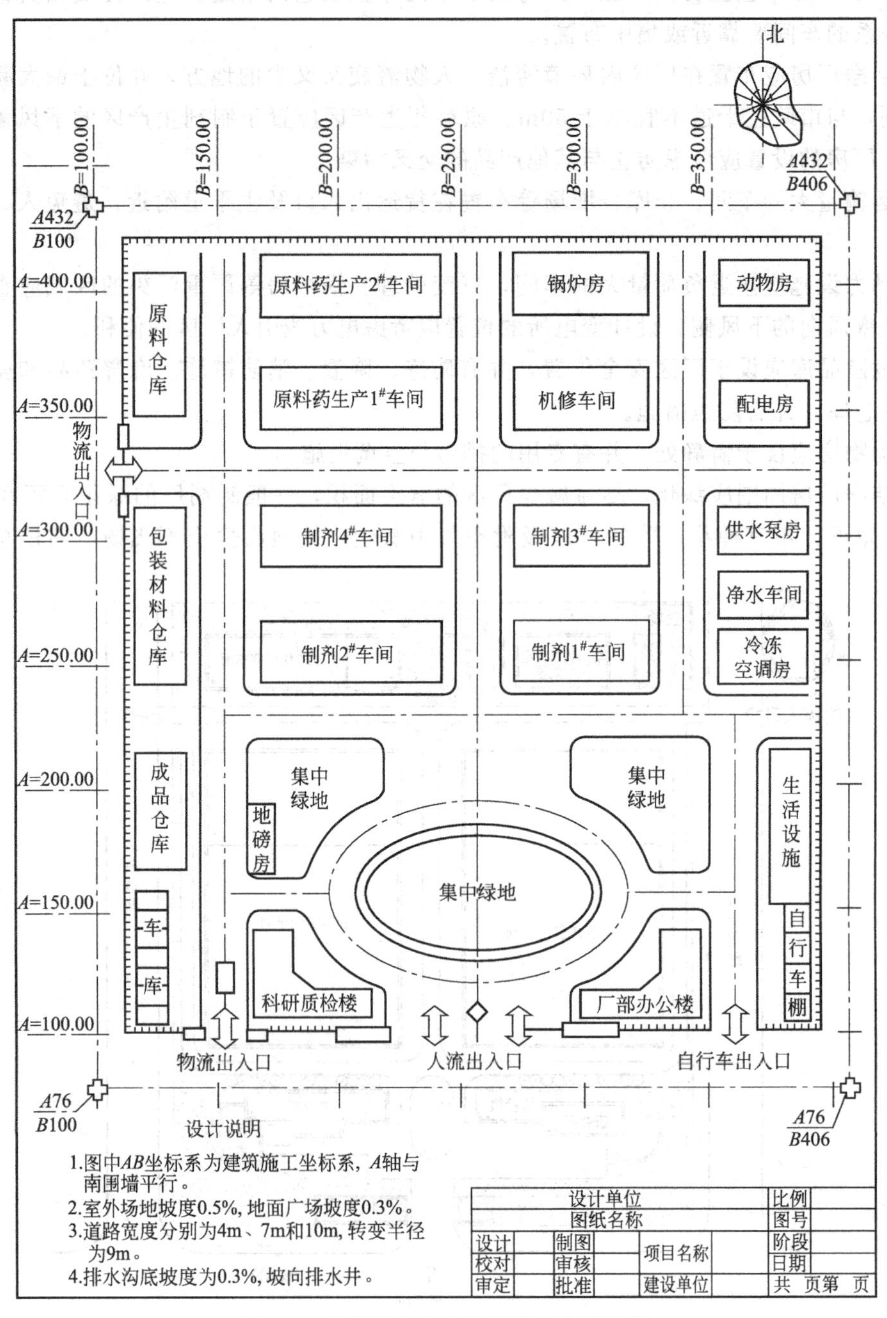

图 8-2　某药厂生产企业总平面布置示例

三、厂区的总体平面布置图

厂区在具体布置时，除了要满足人、物分流分开原则及工艺要求外，还要注意各部分的比例适当，如占地面积、建筑面积、生产用房面积、辅助用房面积、仓库用房面积等。根据相邻建筑物的耐火等级，确定建筑物之间的合理距离。

在设计过程中，对厂区进行区域划分后，即可根据各区域的建（构）筑物组成和性质特点进行总平面图布置。图 8-2 为某药厂生产企业总平面布置图示例。厂址所在位置的全面主导风向为东南风。多种制剂车间布置在上风向，而原料药生产区则布置在下风向。仓库位于厂区西侧。其中原料仓库靠近原料生产车间，包装材料仓库和成品仓库靠近制剂车间，以缩短物料运输距离。全厂分别设置物流出入口、人流入口和自行车入口，人流和物流互不交叉。在办公区和正门之间规划了三块集中绿地，出入厂区人流可在此处集中，并使人有置身园林的感受。厂区主要道路的宽度 10m，次要道路的宽度 4m 或 7m，采用发尘量较少的水泥路面。绿化设计参照 GMP 的要求，以不产生花絮的树木为主，并布置大面积耐寒草皮，起到减尘、减噪、防火和美化作用。

第二节　制剂车间的土建设计

制剂车间和其他工业厂房的显著区别在于制剂车间是具有一定洁净度要求的车间。它除了具有一般工业厂房的建筑特点外，还必须满足洁净车间的要求。车间布置设计是一项复杂而细致的工作，它是以工艺专业为主导，在大量的非工艺专业如土建、设备、安装、电力照明、采暖通风、自控仪表、环保等的密切配合下完成的。下面着重阐述洁净车间的土建设计。

一、厂房建筑及构筑物布置

按层数不同，可将厂房建筑分为单层厂房、多层厂房和混合层数厂房；建筑模数是建筑的标准尺寸单位。建筑物的长度、宽度、高度及立柱之间的距离应按照《建筑模数协调统一标准》(GBJ2—86) 中规定的模数进行设计。

1. 建筑模数

《建筑模数协调统一标准》中采用的基本模数为 100mm，建筑物的有关尺寸应是基本模数的倍数。建筑物在水平方向可分别按 300m、600m、1200m、1500m、3000m、6000m 的尺寸进级，在垂直方向可分别按 300mm、600mm 的尺寸进级。显然，建筑物的柱距、跨度以及门、洞口在墙的水平或垂直方向的尺寸等均为 300mm 的倍数。

厂房建筑的定位尺寸可用柱距和跨度来表示，如图 8-3 所示。厂房建筑的柱、墙及其他构配件均以定位轴线为基准标定其位置及标志尺寸。厂房建筑的定位轴线包括纵向定位轴线和横向定位轴线，其中纵向定位轴线与厂房的长度方向平行，横向定位轴线与厂房的长度方向垂直。相邻纵向定位轴线间的距离称为跨度，横向定位轴线间的距离称为柱距。

2. 厂房的形状和基本结构

厂房的形状有许多种，如长方形、L 形、T 形和 U 形。其中长方形厂房具有结构简单、施工方便、设备布置灵活，便于安排通道和出入口，采光和通风效果好等优点，是最常用的厂房平面形式。

为提高自然采光和通风效果，并考虑到建筑的经济性，厂房的宽度不能太大。一般情况下单层原料药厂房的宽度不宜超过 30m，多层则不宜超过 24m。对于采用人工照明的单层洁净厂房，其宽度可根据需要增加。厂房的常见宽度有 9m、12m、15m、18m 和 24m。

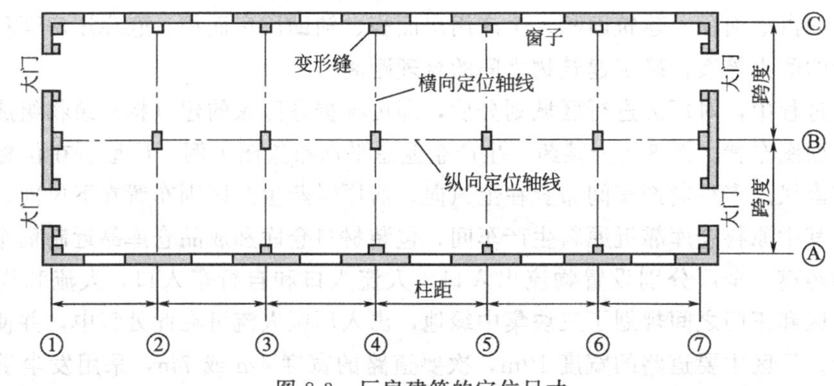

图 8-3 厂房建筑的定位尺寸

宽度较小的单层厂房内一般不设立柱，即采用单跨，跨度为厂房的宽度。宽度较大的单层厂房或多层厂房，厂房内常设有立柱，其跨度一般为 6m。对有内走廊的厂房，内走廊间的跨度一般为 3m（内走廊宽度）。

常见工业厂房的柱网如图 8-4 所示。

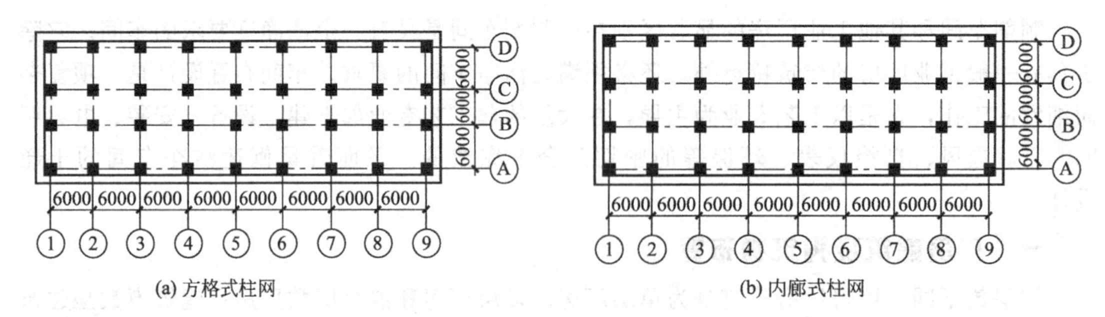

图 8-4 常见工业厂房的柱网示意图

厂房的高度主要取决于工艺设备的布置要求。在确定厂房高度时，首先要考虑工艺设备本身的高度以及生产工艺对设备的位差要求。此外，还要考虑设备安装、检修所需的高度以及仪表、阀门、管道等凸出部分的高度。通常情况下，一层车间的室内标高应高出室外地坪 0.5～1.5m。如果有地下室，可充分利用，将冷热管、动力设备、冷库等优先布置在地下室内。新建厂房层高一般 2.8～3.5m，技术夹层净高 1.2～2.2m，仓库层高 4.5～6.0m，一般办公室、值班室层高 2.6～3.2m。

药物生产厂房应当有适当的照明、温度、湿度和通风，以确保生产和贮运的产品质量以及相关设备性能不会直接或间接地受到影响。工业厂房一般通过侧窗或顶部天窗进行采光和通风。为了避免外界环境影响，保证药品质量，无窗厂房对于有洁净等级要求的制剂车间比较理想。但不设外窗会使制剂车间形成与外界隔绝的封闭环境，厂房内工作人员感觉不良，且对空调、照明要求较高。因此，近年来主张设计少窗厂房。在有窗厂房设计中，宜设置周围封闭外走廊，即在洁净生产区外设置一个起环境缓冲作用的外走廊。它不仅对洁净区的湿度是一缓冲地带，而且有利于防止外界环境污染，但占地面积相对较大。

洁净车间设窗采光时，D 级洁净室设双层密闭外窗；A 级和 B 级洁净室应沿外墙侧设技术夹道，在技术夹道的外墙上设双层密闭窗，技术夹道侧的采光窗应为密闭窗；C 洁净室可采用间接采光方式或仅在外墙设双层密闭窗。

二、制剂车间的装修和建筑构件

我国药品生产管理规范与各国GMP要求一样，用于洁净室内的装修材料要求耐清洗、无空隙裂缝、表面平整光滑，不得有颗粒性物质脱落。各国药厂所用装修材料各不相同，很难做出某种建议。材料的选用除了看该材料能否全面满足GMP要求外，还要考虑材料的使用寿命、施工简便与否、价格、来源、当地施工技术水平等。在选材时应考虑经济因素，但不等于可以降低标准。

下面对制剂室内三维空间（天棚、地坪、墙面）材料类别做些介绍。

1. 楼板地面

楼板地面的主要特性和要求如下：

① 便于清洗；

② 无易纳垢的接头、裂缝和开孔等；

③ 耐磨，耐腐蚀（生产过程中有腐蚀介质泄出的房间）；

④ 防滑（生产过程中潮湿的房间）；

⑤ 抗透湿性好，主要是0.00地面或非土0.00地面。

目前国内没有一种理想的饰面材料能适应所有要求，材料的选择应首先考虑岗位的主要要求和工程造价。楼板地面饰面材料的选择比墙面和天棚更复杂，常因物理和化学因素造成某种缺陷而产生问题。

洁净室的楼板地面材料常用的有无弹性饰面材料、涂料、弹性饰面材料三种。

(1) 无弹性饰面材

如水磨石，其表面光滑并有一定强度且不易起尘。但此种面材存在一定裂缝且缺少弹性，在混凝土底层开裂时可传至表面，使用中并不理想。另一种常用的无弹性饰面材料——瓷板，在国外药厂中常用在洗涤工段。但铺设时需要专门技术，否则不易平整、易脱落。同水磨石地面一样，因无弹性，当遇到底层混凝土开裂时可传至表面。

(2) 涂料

国外常用的有丙烯酸、环氧树脂和聚氨酯。作为混凝土地面的封闭材料，能起到易清洗、减少灰尘的作用，磨损后还可以及时补修。由于刷涂层很薄，耐磨性不高，故宜用于卫生条件要求不高或洁净度不太高的房间，如化验室、包装间等。

各种树脂作为载体的非弹性涂料目前使用较多。多数涂料可为洁净区提供很好的地面。如要求特殊耐磨和耐化学腐蚀时，可调整配方，改变调料粒径、级配。此种涂层表面可像水磨石一样进行抛光，也可采用一次抹光。

(3) 弹性饰面材

这种材料主要优点是有弹性，可减少长时间站立操作的工作疲劳。饰面材有各种不同的尺寸和规格，有块状也有卷状，后者较前者接缝少，面材粘贴有相应的黏结料，接缝可采用热焊接或化学封接。

基础地面容易受潮，尤其在地下水位较高的地段建造厂房，应予特别重视。地下水位的渗透，将破坏面材的黏结。由于混凝土本身含有一定量水分，养护时还需加水，因此新地面需干燥至一定程度后才能进行面材施工。此外，在结构设计时，还可以采取以下解决措施：一是在地面混凝土基层下设置膜式隔气层；二是采用架空地面，这种设计有利于未来对车间局部下水管的改造。

这种饰面材料适用于设备荷重轻和运输荷重较轻的地方。

2. 天棚和天棚饰面材料

天棚材料目前常用的有钢筋混凝土平顶，钢骨架钢丝水泥平顶，轻钢龙骨纸面石膏板，轻钢龙骨贴塑中密度板，铝合金龙骨玻璃棉装饰天花板等。

钢筋混凝土平顶结构自重大，日后改变间隔时风口无法改变，但此种平顶最大的优点是不变形、耐久，日后夹层的管道安装检修较方便。

采用钢丝网水泥平顶时，要将平顶分段施工，面积不宜过大，待砂浆层硬结后，再做两块平顶间的施工缝，这样可避免或减少砂浆的收缩裂缝。

轻钢龙骨纸面吊顶，当面积较大时，特别要注意平顶与墙面的连接处理，既要有一定的弹性，又要保证密封。

天棚饰面材料同墙面。

3. 墙面和墙体材料

目前国内药厂常用的墙面材料有白瓷板墙面、油漆涂料墙面。

墙面的功能与平顶不同，但可采用相同或不同的材料。对生产中特别潮湿，且洁净级别不高的场所，可用白瓷板墙面，但仍要求铺贴平整，背部砂浆饱满，缝隙密实，否则易滋生微生物。一般缝隙用水泥砂浆勾缝容易积尘，可采用树脂类胶泥，虽然价格较高但具有抗潮、抗腐蚀及结合强度高等优点，对洁净度高的房间以油漆涂料为较理想材料。国外最常用的墙面涂料为环氧漆。国内用于洁净室的墙面涂料有调和漆、醇酸漆、苯丙乳胶漆（苯乙烯和丙烯酸酯共聚的乳液，一种水性涂料）、仿唐涂料（一种双组分的复合涂料）。

墙体材料常见有砖石墙及轻质隔墙。

砖石墙中有用标志砖砌筑的，有用加气砌筑的，有空心砌筑的，这些墙体材料的选用与当地货源、气候条件（对墙体保湿性高否）及结构承载能力等方面因素有关。不管哪种砖石墙体，其共同的优点是基层牢固，装饰面不易损坏，共同的缺点是湿作业、施工周期长。因饰面材料对基层有一个干燥过程，不充分干燥将影响饰面材料的牢度和寿命。

我国轻质隔墙有轻钢龙骨纸面石膏板隔墙、轻钢龙骨贴塑中密度板隔墙、聚氨酯复合钢板隔墙等。这些轻隔板共同的优点是墙体自重轻、施工期短，故在多层厂房使用中有突出的优越性，但造价较高，在选用时应与施工周期等综合比较得出最终的经济效果。

4. 门

洁净室的门要求平整、光滑、易清洁、选型简单。国内清洁室常用的门类型有钢门、铝门、钢板门（可以做防火门）及近年来开发的蜂窝贴塑门。

（1）钢门

以前在洁净区常用，现仍属经济耐用的门。

（2）铝合金门

近期在药厂改造中都作为高级门使用，实际上在国外洁净区未见采用此种门，因这种门的加工要许多型材拼接而成，甚至在型材接头处有无法清洁又易垢的空腔。

（3）钢板门

在国外药厂使用较多。这种门强度高、光滑、易清洁，但要求漆膜牢固，能耐消毒水擦洗，国外药厂均用环氧漆。

（4）窝蜂贴塑门

这种门的表面平整光滑、易清洁、造型简单，且面材耐腐蚀，但这种门不能承受较大撞击，宜用于洁净度高、生产中无固定物料运输的房间，如洁净区更衣室、水针粉针灌装线上的房间。

(5) 中密度板双面贴塑门

在国外药厂中使用也较多。这种门表面特性同窝蜂贴塑门，但能耐一定程度的碰撞。

(6) 不锈钢板门

在国外一些药厂洁净室中常使用，但造价较高。

国外药厂对包装间出入口等运输较频繁处的门，有的使用橡胶板门。门的开启可由车子撞开，其他门不能撞开。

5. 窗

洁净室的窗，目前常用的有钢窗和铝合金窗。一般洁净区的内窗均属固定窗。洁净区的窗要求严密性好，尽量采用大玻璃，这样既减少积灰点，又有利于清洁工作的进行。洁净区的窗台宜做成斜形，或者洁净室侧平。

第三节　制剂车间的照明和消毒

一、采光与照明

由于洁净厂房大多采用高单层、大跨度和无窗、少窗的设计，因而全面照明，室内照明度根据不同工作室的要求而定。采光有天然采光和人工照明两种。

天然采光是利用太阳的散射光线，通过建筑物的窗口取得光线照射厂房。天然光线柔和、照度大、分布均匀，工作时易造成阴影，是一种经济合理的照明方式。

天然采光有侧面采光、顶部采光和混合采光三种方式。其中侧面采光是利用外墙上的窗口进行采光，顶部采光是利用厂房顶部天窗进行采光。侧面采光比顶部采光造价低，光线的方向性强，但均匀性差。当厂房很宽，侧面采光不能满足采光要求时，可在厂房顶部开设天窗，即采用混合采光方式。

人工照明所用的光源种类很多，比较常用的有白炽灯、荧光灯、荧光高压汞灯和卤钨灯等。白炽灯发光效率较低，但结构简单，容易起燃，是生产中应用最广泛的光源。荧光灯即日光灯，与普通白炽灯相比，其优点是光线柔和，有频闪现象。荧光高压灯具有光色好、发光效率高、省电、寿命长等优点，一般在视觉要求较低和厂房较高的场合中使用。

洁净室内的照明光源宜采用荧光灯，灯具宜采用吸顶式，灯具与顶棚之间的接缝应用密封胶密封。

照度是衡量照射在室内工作面上光线强弱的指标，单位 lx（勒克斯）。照度的物理意义是单位面积上所接受的光通量，其值越大，光线越强。适当地增强室内光线的照度，可以提高人的视力和辨识速度，使人感觉愉快、兴奋，并不易产生疲劳。因此，适宜的照度对工作人员的身心健康、生产安全以及提高产品质量和劳动生产率均有重要的意义。

洁净室内的照度应根据生产要求确定。一般情况下，主要工作室的照度不低于 300lx，辅助工作室、走廊、气闸室、人员净化室、物料净化室的照度可低于 300lx。对照度有特殊要求的生产部位可设置局部照明。生产车间工作面上的照度应不得低于表 8-1 种所规定的数值，表 8-2 是部分工作场所的照度推荐值。

表 8-1　车间工作面上的最低照度

识别对象的最小尺寸 d/mm	视觉工作分类 等级		亮度对比	最低照度/lx 混合照明	最低照度/lx 一般照明
$d \leqslant 0.15$	Ⅰ	甲	小	1500	—
		乙	大	1000	—
$0.15 < d \leqslant 0.3$	Ⅱ	甲	小	750	200
		乙	大	500	150
$0.3 < d \leqslant 0.6$	Ⅲ	甲	小	500	150
		乙	大	300	100
$0.6 < d \leqslant 1.0$	Ⅳ	甲	小	300	100
		乙	大	200	75
$1.0 < d \leqslant 2.0$	Ⅴ	—	—	150	50
$2.0 < d \leqslant 5.0$	Ⅵ	—	—	—	30
$d > 5.0$	Ⅶ	—	—	—	20
一般观察生产过程	Ⅷ	—	—	—	10
大件贮存	Ⅸ	—	—	—	5
有自行发光材料的房间	Ⅹ	—	—	—	30

注：1. 一般照明的最低照度是指距墙 1m（小面积房间为 0.5m），距地为 0.8m 的假定工作面的最低照度。

2. 混合照明的最低照度是指实际工作面上的最低照度。

表 8-2　部分工作场所的最低照度

名称		推荐照度/lx	照度计算点
室内	主控制室	300	控制屏屏面(距地面 1.7m)
		250	控制屏水平面(距地面 0.8m)
		150	控制屏水背面(距地面 1.5m)
	D 级洁净室	200	控制屏屏面(距地面 1.7m)
		150	控制屏水平面(距地面 0.8m)
		120	控制屏水背面(距地面 1.5m)
	一般厂房及风机房	40	距地面 0.8m 水平面
	C 及以上洁净区	300	距地面 0.8m 水平面
	与洁净区相邻的走廊	200	距地面 0.8m 水平面
	实验室、分析室、化验室和计量间	200	工作台面
		100	距地面 0.8m 水平面
	维修间	50	工作台面
	车间办公室、值班室	75	距地面 0.8m 水平面
	车间休息室	100	距地面 0.8m 水平面
	浴室、更衣室和厕所	20	地面
室外	管架下泵区	30	距地面 0.8m 水平面
	塔区	20	距地面 0.8m 水平面
	操作平台	20	距地面 0.8m 水平面
	设备区及框架区	15	距地面 0.8m 水平面
	通道	>5	地面
	道路	>0.5	两电杆之间的道路中心

此外，由于洁净厂房一般为密闭厂房，室内人员流动线路复杂，出入道路迂回，为了便于事故情况下人员的迅速疏散及火情的及时控制，厂方内应设置供人员疏散用的事故照明设施。即在房间的应急安全出口和疏散用通道转角处设置标志灯，在专用消防口设置红色应急照明灯。

照明灯具在吊顶上布置时，要同风口、工艺安装相协调。

二、消毒

有灭菌要求的洁净室，若无防爆要求，可安装紫外灯进行照射消毒。紫外灯的数量可按每 6～15m^3 的空间需 1～2 支紫外灯来确定。当室内有人操作时，应避免紫外线直接照射在人的眼睛和皮肤上，此时可安装向上照射的吊灯或侧灯。在无人室内使用的紫外灯可直接安装在顶棚上。紫外灯的常见安装方式如图 8-5 所示，其中以顶棚灯的杀菌效果最好。

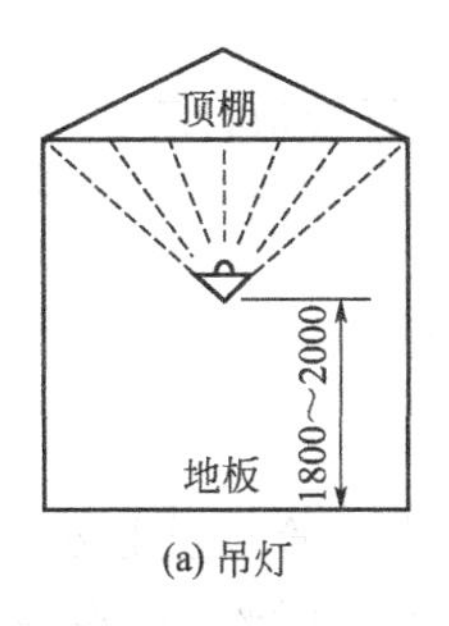

(a) 吊灯

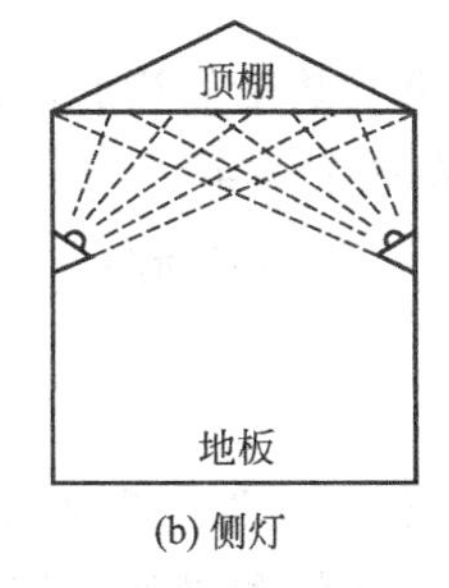

(b) 侧灯

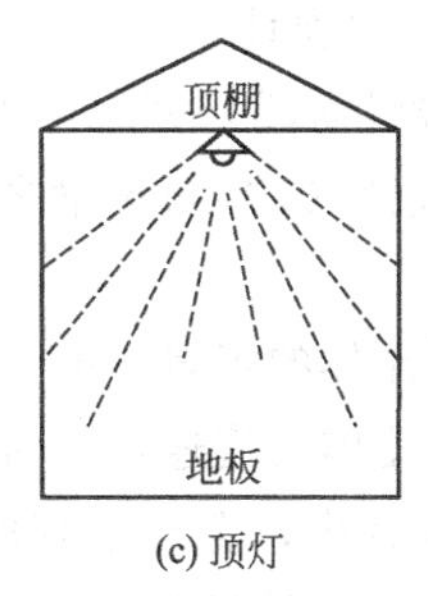

(c) 顶灯

图 8-5　紫外灯的常见安装方式

但紫外灯随着使用时间的增加，其消毒能力有所减弱。随着空调的发展，室内保证一定的换气次数和经初、中、高效过滤器处理的空气质量，目前在设计中大面积洁净区不安装紫外灯，仅在传递柜等特殊要求处安装。在每次大检修后，一般采用甲醛蒸汽消毒 C 级区域（国外也有采用其他消毒液的），通过专门管路到消毒房间，消毒后经氨气中和，再开排风机。

第四节　制剂车间的管道设计

在药品生产中，水、蒸汽以及各种流体物料通常采用管道进行输送。管道布置是否合理，不仅影响装置的基建投资，而且与装置建成后的生产、管理、安全和操作费用密切相关。因此，管道设计在制药工程设计中占有重要的地位。

一、管道设计的基础资料

管道设计是在制剂车间设计完成之后进行的，一般应具备下列基础资料。

① 施工阶段带控制点的工艺流程图。

② 设备一览表。

③ 设备的平面布置图和立面布置图。

④ 定型设备的样本或安装图，非定型设备的设计简图和安装图。

⑤ 物料衡算和能量衡算资料。

⑥ 水、蒸汽等总管路走向、压力等情况。

⑦ 建（构）筑物的平面图和立面图。

⑧ 与管道设计相关的其他资料，如厂址所在地的地质、气象和水文资料等。

二、管道设计内容

管道设计内容包括管材选择、管径确定以及管道布置设计和敷设。

1. 管材选择

① 管材应在保证工艺要求下，使用可靠，不吸附或污染药液，施工和维修方便。采用的阀门、管件除满足工艺要求外，应选用拆卸、清洗、检修均方便的卡箍连接形式的管道配件。

② 输送纯水、注射用水、无菌药液和半成品、成品的管材宜采用低碳优质不锈钢或其他不产生污染的材料。引入洁净室的管道应用不锈钢管。

③ 对于法兰和螺纹连接的管道，使用的密封垫或垫圈的材质宜为聚四氟乙烯，或使用橡胶密封圈。

2. 车间管道设计

在初步设计阶段，完成了物料衡算和热量衡算后，还要进行管道计算。

管道的直径（d）与流量之间存在如下关系：

$$V=ud^2\pi/4$$

式中　V——流体的流量，m^3/s；

　　　u——流体的流速，m/s。

在管道设计中，选择适宜的流速十分重要。流速选择越大，管径就越小，管材费用越低。但流速过大，输送流体所需的动力消耗和操作费用将增大。因此，存在一个经济流速。一般情况下，流体的经济流速范围为0.5～3m/s，气体的经济流速范围为10～30m/s。在确定流体流速后，就可以求出管道的管径。最后将计算结果按管道规格进行圆整，之后再选取管径。

三、管道布置

1. 上下水管路布置

上下水管路不能布置在遇水燃烧、分解、爆炸的场合。不能断水的供水管路至少应设置两个系统，从室外环形管网的不同侧引入。

进水管进入车间后，应先安装止回阀后再安装水表，以防止停水或压力不足时设备内的水倒流至管网引发污染。

冷却器和冷凝器的上下水管路及阀门常见布置形式如图8-6所示。其中图8-6(a)用于开放式回水系统，其排水漏斗应布置在操作阀门可观察到的位置。图8-6(b)和图8-6(c)均用于密闭式回水系统，后者的上、下水管道设有连通管，当冬天设备停止运行时，水能继续循环而不至于冻结。

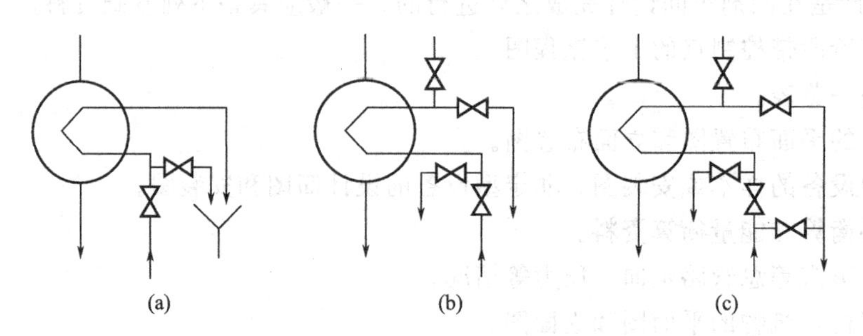

图8-6　冷却器和冷凝器的上下水管路及阀门的布置

操作通道附近可设置几个吹扫接头，以便清洗设备及地面。排污地漏的直径可取 50～100mm。若污水具有腐蚀性，则应选用耐腐蚀地漏。

2. 蒸汽管路的布置

蒸汽管路一般从车间外部架空引进，经过减压或不减压计量后分送至各使用设备处。蒸汽管路应采取相应的热补偿措施。当自然补偿不能满足要求时，应根据管路的热伸长量和具体位置选择适宜的热补偿器。

从蒸汽总管引出支管时，应选择总管热伸长量较小的位置如固定点附近，且支管应从总管的上方或侧面引出。将高压蒸汽引入低压系统时，应安装减压阀，且低压系统中应设安全阀，以免低压系统因超压而产生危险。

蒸汽喷射泵等减压蒸汽应从总管单独引出，以使蒸汽压力稳定，进而使减压设备的真空度保持稳定。

灭火、吹洗及加热用蒸汽管路应从总管单独引出各自的分总管，以便在停车检修时这些管路仍能继续工作。

蒸汽管路的适当位置上应设置疏水装置。管路末端疏水装置如图 8-7 所示，管路中部的疏水装置如图 8-8 所示。

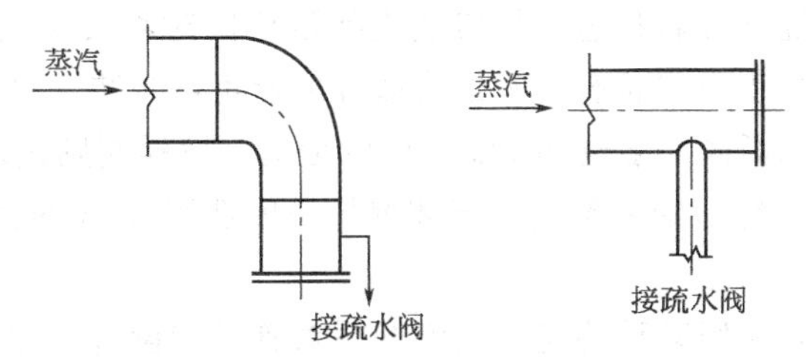

图 8-7 蒸汽管路端部的疏水装置布置

蒸汽加热设备的冷凝水，应尽可能回收利用。但冷凝水应用疏水阀排出，以免带出蒸汽而造成热量损失。

蒸汽冷凝水支管应从主管上侧或旁侧接入，不能将不同压力的冷凝水接入同一主管中。

3. 排放管的布置

管道或设备的最高点处应设有放气阀，最低点处应设排液阀。此外，停车后可能产生积液的部位也应设有排液阀。

管道的排放阀门（排气阀或排液阀）应尽可能靠近主管，布置方式如图 8-9 所示。排放管直径可根据主管直径确定。一般情况下，主管的公称直径小于 150mm，则排放管直径可取 20mm；主管的公称直径为 150～200mm，排放管直径可取 25mm；主管的公称直径超过 200mm，则排放管直径可取 40mm。

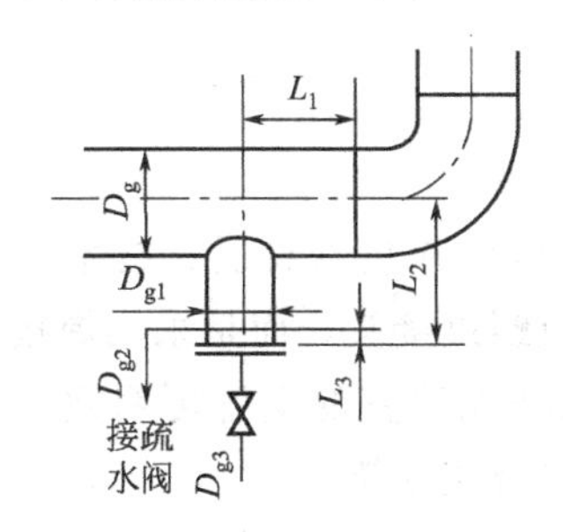

图 8-8 蒸汽管路中部的疏水装置布置

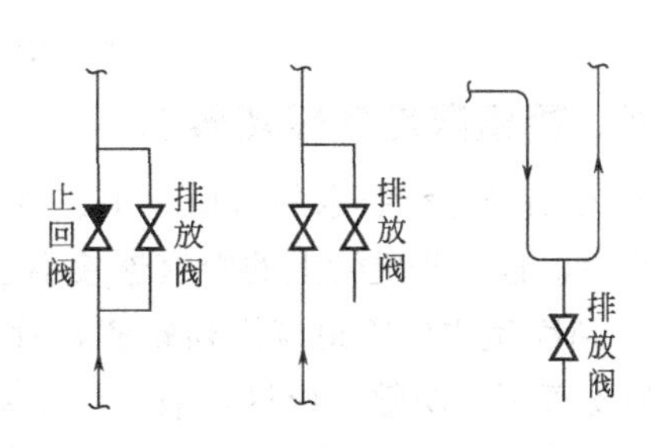

图 8-9 管路上排放阀的布置

设备的排放阀最好与设备本体直接相连。若无可能，可装在与设备相连的管道上，但以靠近设备为宜。

除常温下的空气和惰性气体外，蒸汽以及易燃、易爆、有毒气体不能直接排入大气，而应根据排放量的大小确定向火炬排放，或高空排放，或采取其他措施。

易燃、易爆气体管道或设备上的排放管应设阻火器。室外消防设备排放管上的阻火器宜设置在距排放管接口 500mm 处；室内设备排放管应引至室外，阻火器可布置在屋面上或邻近屋面上，距离排出口不超过 1m 为宜，以便于安装和检修。

4. 取样管的布置

设备或管道上的取样点应设在操作方便且样品具有代表性的位置上。

连续操作且容积较大的塔器或容器，其取样点应设在物料经常流动的位置上。若设备内物料为非均相体系，则应在确定相间位置后方能设置取样点。

在水平敷设的气体管路上设置取样点时，取样点可设于管道的任意侧；若流体内自上而下流动，除非液体能充满管路，否则不宜设取样点。若液体物料在水平敷设的管道内自流，则取样点应设在管道的下侧；若在压力下流动，则取样点可设在管道的任意侧。

取样阀启闭频繁，容易损坏，因此常在取样管上安装两只阀门，其中靠近设备的阀门作为切断阀，正常工作时处于开启状态，维修或更换取样阀时将其关闭；另一只阀为取样阀，仅在取样时开启，平时处于关闭状态。不经常取样的点也可只装一只阀门。

靠近设备或设备的切断阀一般选用 D_g15 的针形阀。取样阀则由取样要求确定，液体取样常选用 D_g15 或 D_g6 的针形阀或球阀，气体取样一般选用 D_g6 的针形阀。

5. 吹洗管的布置

实际生产中，常需要采用某种特定的吹洗介质对管道和设备进行清洗排渣，在停车时将设备或管道中的余料排出。吹洗介质一般为低压蒸汽、压缩空气、水或其他惰性气体。$D_g \leqslant 25$mm 的吹洗管，常采用半固定吹洗方式，即吹洗接头为一短管，在吹扫时可临时接上软管并通入吹洗介质。吹洗频繁或 $D_g > 25$mm 的吹洗管，应采用固定式吹洗方式。固定式吹洗设有固定管路，吹洗时仅需要开启阀门即可通入吹洗介质。开车前需要水洗的管道或设备可在泵的入口管上设置固定式或半固定式接头。如图 8-10 所示。

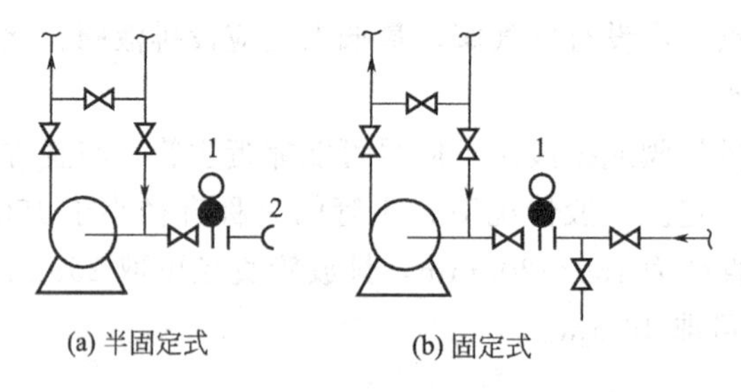

图 8-10　设备吹洗管的布置

四、管道敷设及安装要求

① 有洁净等级要求的区域，工艺管道系统中的总管应敷设在技术夹层、技术夹道或技术竖井中，且这些主管上的管道连接不宜采用阀门、法兰或螺纹接头，而是采用焊接。

② 洁净室内的管道应排列整齐，管道应少敷设，引入非无菌室的支管可明敷，引入无菌室的支管不可明敷，应尽量减少洁净室内的阀门、管件和管道支架。

③ 穿越洁净室的墙、楼板或硬吊顶的管道，应敷设在预埋的金属套管中，套管内的管

段不应有焊接、螺纹和法兰。管道与管套之间应有可靠的密封措施。

④ 在满足工艺要求的前提下，工艺管道应尽量缩短。输送无菌药液（或注射用水）的管道应设置灭菌措施，管道不得出现无法灭菌的“盲区”。

⑤ 输送纯水、注射用水的主管应采用环形布置，不应出现“盲管”等死角。

⑥ 排水主管不应穿过洁净度要求高的房间，A/B级的洁净室内不宜设置地漏，C级和D级的洁净室也应根据工艺要求少设或不设地漏。

如干剂生产区内不设地漏和水嘴，采用局部吸尘器除尘后用湿净布揩擦墙面和地面。湿剂生产工序如设地漏，必须带水封、带格栅和塞子的全不锈钢内抛光的洁净室地漏。

⑦ 洁净区排水总管顶部设置排气罩，设备排水口应设水封装置，各层地漏均需带水封装置，防止室外管窨井污气倒灌至洁净区，影响洁净要求。

⑧ 洁净室内的管道应根据其表面温度、发热或吸热量及环境的温度和湿度确定保温形式（保热、保冷、防结露、防烫等形式）。防烫、保热管道外壁温度不超过40℃，保冷管道外壁温度不得低于环境露点温度。

⑨ 保温材料应选用整体性能好、不易脱落、不散发颗粒、保温性能好、易施工的材料，洁净室内的保温层应加金属外壳保护。

第五节　电气、仪表及自动控制设计

一、电气设计

电气设计包括强电、弱电和自动控制三个方面。强电部分包括供电、电力和照明；弱电部分包括广播、电话、封闭电视、报警和消防；自动控制包括温度、湿度和微正压的控制，冷冻站、纯水与气体的净化装置及自动灭火设施等的控制。

1. 变电站设置

① 当厂区外输入高压电源为35kV时，一般须在厂区内单独设置变配电所，然后将10kV分送到各厂房的终点变电所。

② 洁净厂房内是否需要设置单独使用的终端变电所，应根据全厂的供电方案、洁净厂房规模大小及用电负荷多少加以确定。当由其他厂房终端变电站向洁净厂房供电时，应视负荷多少确定是否在洁净厂房内设置低压配电室。

③ 洁净厂房的终端变电站位置应尽量接近负荷中心，并设在洁净厂房的外围，以便进线、出线和变压器的运输。变电站的朝向宜北向或东向，以避免日晒，同时宜朝向高压电源。当洁净厂房为多层时，变电站宜设在底层。

④ 终端变电站的功能是将高压（10kV）变成低压（380V/220V）并进行电源分配。主要设备包括变压器、低压配电盘及操作开关等。建筑设计时通常划分为变压器室和低压变电室。估计每台1000kV的终端变电站需6m×7m房间，其中变压器室部分层高应在5m以上，配电室部分应在4.5m以上。

2. 动力配电箱

① 动力配电箱是将来自低压配电室的电源分送给车间用电设备的枢纽，其体积不大，宽度一般不超过1m，高度不超过2m，厚度一般不超过0.5m，但设备较重，应落地放置。

② 动力配电箱的布置应结合厂房情况而定。当洁净厂房设有钢筋混凝土板吊顶的技术夹层时，动力配电箱应设在技术夹层内，这时线路短且施工方便。当洁净厂房设有不能上人

的轻质吊顶或由于其他原因不能利用顶部夹层时，可将动力配电箱设在车间同层的夹层或技术夹道内。这时线路上往往是将走在顶部技术夹层里的外线先向下引至配电箱，再从配电箱将支线通过埋地或返回顶棚水平布线接至用电设备，增加了线路的长度和电耗，且线路不利于隐蔽。但由于配电箱布置在车间的同层，管理比较方便。

③ 照明配电箱是将来自低压配电室的电源分送给车间照明灯具的配电盘，其体积较小，宽度一般不超过 0.7m，高度一般不超过 1m，厚度一般不超过 0.5m，且重量不超过 50kg，通常挂墙固定。洁净厂房有技术夹层时，照明配电箱应设在技术夹层内。当洁净厂房无上夹层且顶棚内又不能布置照明配电箱时，或当车间面积较大需从箱内直接控制大面积灯具开关时，可将照明配电箱安装在车间同层的夹墙或技术夹道内。

④ 洁净厂房内人员疏散通道用标志灯，按照要求用穿管暗埋导线敷设在地面以上 0.8m 部位。

二、仪表及自动控制设计

制药生产过程中的仪表是操作者的耳目，没有它们生产将是盲目的，除影响生产的正常进行外，产品的质量将受到重大影响，也不排除发生包括燃烧爆炸及人身伤害在内的各种事故，造成设备与生产装置的破坏等；计量仪表又是生产过程中技术与经济管理的重要手段。现代科技的进步使仪表由单一的检测功能进化为检测、自动调控直到计算机程序控制。

1. 工业仪表

工业仪表有不同的分类方法，按照信息的获得、传递、反映和处理的不同，将它分成五大类，即检测仪表、单元组合仪表、执行器及集中控制装置。

(1) 检测仪表

主要用来测量生产过程中的各种参数，如温度、压力、流量与流速、液位、密度、pH 等。

① 温度测量仪表。有接触式温度测量仪表（玻璃液体温度计、压力式温度计、电阻式温度计、热电偶温度计、半导体点温度计）和非接触式温度测量仪表（光学高温度计、光电高温度计、辐射高温度计等）两大类。

单个温度测量仪表最高测量值一般为仪表满量程的 90%；多个温度测量仪表共用一测量仪表的设计选用要考虑其量程、精度及其介质，其使用范围一般为满量程的 20%～90%；压力式温度计正常的使用示值范围为量程的 1/2～3/4。

② 压力测量仪表。压力表的种类有液柱式、普通弹簧管式、膜片式、特种压力表、远传压力表、压力控制器。压力表的设计选用要考虑量程、精度及其介质的性质和使用条件等因素。

对于稳定压力，选用 1/3～3/4 的上限量程；对于交变压力，选用不大于 2/3 的上限量程；真空情况，选用全部量程。精度的选用：工业用取 1.5 级及 2.5 级；实验室或校验用取 0.4 级及 0.25 级以上。对腐蚀性介质，选用防腐型压力计或加防腐隔离装置；对黏性、结晶及易堵介质，选用膜片式压力计或加隔离装置；在防爆区域，使用防爆式压力计；对于高温蒸汽，需加隔热装置。

③ 流量测量仪表。流量测量仪表的种类较多，可分为：转子式——玻璃管转子流量计、金属管转子流量计；速度式——水表；容积式——椭圆齿轮流量计、腰轮流量计、旋转活塞式流量计、圆盘流量计、刮板流量计、电磁流量计；其他——冲塞式流量计、分流旋翼蒸汽流量计、流量控制器、均速管流量计等。

选用流量测量仪表可根据需测量范围、管径、工作压力、工作温度、需要测量精度等级等设计选用。在制药企业还需选择符合 GMP 的流量计材质。

④ 物位测量仪表。在生产过程中，常需测量容器中所贮物料的体积和质量；监测和控

制容器内的物位，使其保持在工艺要求的高度，或对上下极限位置报警或根据物位来调节进料和出料等。物位测量仪表的种类和特点见表 8-3。

表 8-3　物位测量仪表的种类和特点

类别	名　称	特　点	应用场合
直读式	玻璃液位仪	结构简单、易碎、坚固	就地指示，不适合深色及黏稠介质
	翻板液位仪	指示醒目	就地并远传，适合液位控制或报警
	电接触液位控制器	结构简单	没有指示，仅进行液位控制或报警
浮力式	浮筒式液位计		就地指示，可进行集中指示和控制
	杠杆带浮球式		就地指示，适合液位控制或报警
	带钢丝绳子式	结构简单、精度低	就地指示，适合液位控制或报警
其他	低沸点液位计		适合液体沸点低于环境温度的液位
	阻旋式料位控制器	结构简单、维修方便	适合敞开容器液位控制或报警
	超声波数字液位计	防腐蚀、防爆	适合料仓和敞开容器液位控制或报警
	浮磁液位计	结构简单	适合低温、高温、高压、高黏度、有腐蚀性介质的指示和报警

(2) 显示调节仪表

这类仪表有指示、记录功能；有的可将被调参数与给定值比较，根据偏差输出调节信号，最终消除这种偏差。

① 指示型仪表。与检测仪表配套使用，指示被测参数的瞬时值，如温度、压力、浓度等。它们多为数字显示仪表。

② 记录型仪表。具有自动机械记录功能，对测量的参数值昼夜连续记录，如单点或多点打印的自动平衡电桥，记录纸有长图和圆图两种。

③ 调节型仪表。根据参数测量值与给定值的差异输出调节信号对参数进行调节，按调节规律分为双位式调节器、比例调节器、比例积分调节器、比例积分微分调节器。

④ 复合型仪表。除具有调节功能外，还有报警、指示、记录功能，如指示调节仪表、记录调节仪表。调节仪表使用不同的能源，有气动调节仪表、电动调节仪表、自力式调节仪表之分；后者无需能源，它的敏感元件在测定参数后所发出的信号直接带动调节阀门，如自力温度调节器等。

(3) 单元组合仪表

这种仪表由独立存在各功能单元按需要任意组合而成。各单元间用统一的标准信号传递，灵活、通用、方便。按工作能源有电动单元组合仪表、气动单元组合仪表、液动单元组合仪表之分。

(4) 执行器

如电动调节阀、气动薄膜调节阀、凸轮挠回阀、气动长行程执行机构、电动角行程执行机构、电动直行程执行机构、油泵及油压执行机构等。

(5) 集中控制装置

包括各种巡回检测仪、巡回调节仪、程序控制器、数据处理机、工业过程控制机等。

当前应用最为广泛的是分散型集中控制系统，它以微处理机为核心，实行分散控制与集中显示、操作、管理，将模拟调节和数字控制结合起来。

2. 自动控制设计

在生产过程中，将生产操作及管理工作用机器、仪表以及其他的自动化装置全部或部分代替人工的直接劳动，使生产在不同程度上自动地进行。这种用自动化装置来管理生产过程的办法，为生产过程自动控制。

任何自动化系统都是由对象和自动化装置两大部分组成的。所谓对象，就是指被控的机器或设备。所谓自动化装置，就是指实现自动化的工具，归结起来可以分为以下 4 类。

（1）自动监测和报警装置

它是在生产过程中各个参数自动、连续地进行检测并显示出来（特别是集中显示出来），以供操作人员观察或直接自动地进行监督和控制生产。自动检测常常是对生产过程实行自动控制的基础。自动检测由执行器来进行。

自动报警信号是用灯光、音响等信号自动地反映生产过程的情况以及设备运转是否正常，这对安全生产有重大意义。

（2）自动保护装置

当生产操作不正常，可能发生事故时，自动保护装置能自动地采取措施，防止事故的发生和扩大，保护人身和设备的安全。自动保护装置和自动报警装置往往配合使用。生产过程的自动化程度越高，对这方面的要求也越高。

（3）自动操作装置

它可以自动地把设备启动或停运，或进行交替动作。如果指挥系统是一个程序信号发生器，则构成了程序控制系统。如果由人对指挥系统发出指令（如按动按钮），由自动操作装置来操纵被控制系统就是远距离操纵，可用来实现工艺过程的集中控制或用于操作人员不宜进入现场的情况（如有毒、有放射线等）。

（4）自动调节装置

在生产中为了保证工艺参数保持在规定的范围内，当某种干扰使工艺参数超出时，就由自动调节装置对生产过程施加影响，使工艺参数回复到原来的规定值上。

第六节　环境保护、安全与卫生设计

一、环境保护设计

制药工业的污染物主要来源于原料药的生产。由于生产规模通常较小，因此排放的污染物数量一般不大。尤其是化学原料药的生产具有反应多而复杂、工艺路线较长等特点，因此所用原辅料材料种类较多，反应形成的副产物也多，有的副产物甚至结构都难搞清，这给污染的综合治理带来了很大的困难。由于生产规模的改变、工艺路线的变更、新技术和新材料的推广应用，使污染物的种类、成分、数量经常发生变化。因此，制药厂往往很难建成一个综合性的回收中心。此外，制药厂大多采用间歇式生产方式，污染物的生产自然也是间歇性的。间歇排放是一种短时间内高浓度的集中排放，而且污染物的排放量、浓度、瞬时差异都缺乏规律性，这给环境带来的危害比连续排放严重得多。

根据环境保护法规和文件，凡所进行的工程项目对环境有影响时都必须执行环境影响报告书的审批制度，其治理污染及其他公害的设施应与主体工程同时设计、同时施工、同时投产使用。建设项目建成后，其污染物的排放必须达到国家或地方规定的标准和符合环境保护的有关法规。

建设项目环境影响报告书或环境影响报告表、初步设计环境保护篇章未经环境保护部门审批、审查而擅自施工的，将受到相应的处理。不允许建设项目的环境保护设施未经验收或验收不合格而强行投产。

1. 设计依据

① 国家和地方有关环境保护的法规、标准。保护环境是我国的基本国策，我国制定了一系列政策、法规，例如《地面水质量环境标准》（GB 3838—1988）、《大气环境质量标准》

(GBJ 4—1973)、《大气污染物综合排放标准》(GB 16297—1996)、《工业企业厂界噪声标准》(GB 12348—1990)。

②《药品生产质量管理规范》(1998年版)。

③ 工程项目相关资料，包括药厂工艺、非工艺设计中的相关资料，例如废渣、废气、废水的产生数量、含量，“三废”的处理方法及处理后排放量等。

2.“三废”的处理方法

减少药厂生产所产生的废渣、废气、废水的产生量，主要是对生产工艺进行革新改造，如寻找替代的原辅材料，改进操作方法或工艺配方等，进行循环使用和合理套用，最大程度地回收综合利用等。在此基础上对于不可避免要产生的“三废”再进行符合法规要求的处理。

(1) 废水

水质的评价指标有生化需氧量(BOD)、化学耗氧量(COD)、pH、悬浮物、有害物质含氧量等。

BOD指废水中所含有机物被微生物氧化分解时所需消耗的氧气量(mg/L或mg/kg)。BOD值越高，表示废水中有机物含量越高。我国规定工厂废水排放口的BOD值不得超过60mg/L，而地表水的BOD值为4mg/L以下。COD指废水中有机物用化学试剂氧化所测得的耗氧量(mg/L或mg/kg)。COD值越高，废水中的有机污染物越多。我国规定工厂废水排放口的COD值应小于100mg/L。废水排放的pH为7或接近于7。

药厂大量的冷却废水、雨水与相对少量的废水应予区分排放，称之为“清浊”分流，这样做一方面可以将大量的洁净废水方便地循环使用或直接排放回江河湖海，另一方面大大减少了需要进行废水处理的废水体积。

经过“清浊”分流后的待处理废水可以用物理法、化学法、生物法进行处理。如图8-11所示。一般将物理法用于一级处理，主要用于除去悬浮物；生物处理则常用于二级处理，

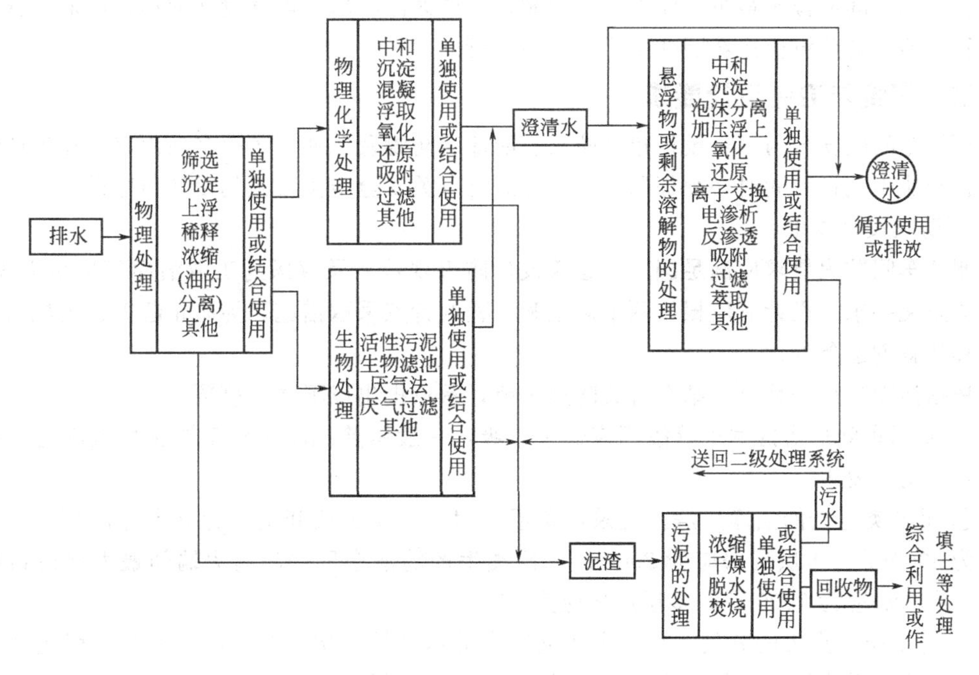

图8-11 废水的处理流程

主要利用微生物降解废水中的有机物，以降低水质中的BOD和COD；物理化学方法则常用于三级处理，是生物处理方法的补充，使废水达到排放标准，处理后的废水有时也可以在药场内循环使用。

中药厂有机物废水一般可进行两级处理，首先用蒸馏、萃取、化学处理等方法尽可能回收利用有机物；再利用生物法进行二级处理。生物法可分为活性污泥法、生物滤池法与厌气处理法等。

(2) 废气

药厂废气主要含有微尘、无机及有机有害物质，一般均应就地处理。所含微尘可根据实际情况使用沉降（重力、惯性离心力）、过滤（重力、压力差、惯性离心力）、湿法洗涤、静电除尘等方法除去。无机废气往往含 SO_2、HCl、NO、NO_2 等酸性气体，也有 NH_3、HCN等，一般可用水或酸（碱）性水溶液来吸收，也可以用催化氧化（还原）等化学方法处理，不应将这种废气用高烟囱排放（量大时可导致酸雨）。含有机物的废气则可以冷凝、吸附、吸收和燃烧的方法加以处理。

(3) 固体废渣

废渣处理的含义是指固体废物的出路或处理方法。有回收价值，如贵金属，应予回收；有的可进行综合利用，如某种中药材在大批量提取有效成分后的药材废渣的综合利用（包括中药材中多类成分的综合利用，淀粉、色素、蛋白质、纤维素、果胶等的提纯回收）；有的可进行焚烧；有的则可考虑土埋。但对于中药厂，除中药渣之外其他废渣很少，而中药渣进行综合利用或返还至大地应当说问题不大，不致造成新的污染。

3. 药厂的环境要求

药厂的环境应符合《药品生产质量管理规范》的有关要求。应当将厂址环境选在不受其他工厂、城市设施影响的地方。厂区应当用草坪加灌木很好地绿化，以最大限度地净化厂房的空气环境。厂区的总图布置应当遵循下风原则。此外，厂内制剂车间生产区的物流应布置合理，制剂车间应位于最少人流处。厂内制剂生产区的物料、电气管线应尽量由地下管道沟内穿行。药厂的建设应按花园式工厂的目标进行。

二、安全与卫生设计要求

药厂车间的安全与卫生设计包括防火、防爆、防毒及职业卫生等多项内容，在生产装置的工艺与非工艺设计同时必须加以考虑，并进行有关安全卫生设施的设计与建设。

1. 防火设计要求

制药车间防火要求应满足国家《建筑设计防火规范》及《医药工业洁净厂房防火规范》的有关条文要求。设计时应根据两个规范和工程的特点采取措施，为防止起火、延烧与便利疏散和扑救创造条件。

根据洁净厂房的特点，结合有关防火规范，重点提出以下注意事项。

① 制剂车间厂房的耐火等级不应低于二级，一般钢筋混凝土框架结构均能满足二级耐火等级的构造要求。

② 甲乙类生产的洁净厂房，宜采用单层厂房。其防火墙间最大允许占地面积：单层厂房应为 $3000m^2$，多层厂房应为 $2000m^2$；丙类生产的洁净厂房的防火墙间最大允许占地面积：单层厂房应为 $7000m^2$，多层厂房应为 $4000m^2$。

③ 为了防止火灾的蔓延，在一个防火区内的综合性厂房，其洁净生产与一般生产区域之间应设置非燃烧体隔墙封闭到顶。穿过隔墙的管线周围空隙应采用非燃烧材料紧密填塞。

④ 电气井及管道井等技术竖井的井壁应为非燃烧体，其耐火极限不应低于 1h。井壁上检查门的耐火极限不应低于 0.6h。竖井内的各层或间隔一层的楼板处，应采用相当于楼板耐火极限的非燃烧体水平防火分隔。穿过井壁的管线周围应采用非燃烧材料紧密填塞。

⑤ 为了防止火焰随气流方向流动、扩散、引燃，提高顶棚燃烧性能有利于延缓顶棚燃烧、倒塌或向外蔓延。目前除使用钢筋混凝土硬吊顶外，还有一些轻质吊顶构造，如格栅钢丝网抹灰平顶及轻钢龙骨纸面石膏吊顶。其耐火极限不宜小于 0.25h。

⑥ 洁净厂房每一生产层、每一防火分区或每一洁净区域的安全出口均不应少于 2 个。安全出口应分散均匀布置，从生产地点至安全出口不得经过曲折的人员净化路线，厂房内由最远工作地点至安全出口的最大距离不应大于表 8-4 所述。

表 8-4　厂房内由最远工作点至安全出口的最大距离

生产类别	耐火等级	单层厂房/m	多层厂房/m
甲	一、二级	30	25
乙	一、三级	75	50
丁、戊	一、二级	不限	不限

⑦ 无窗厂房应在适当部位设置门或窗，以备消防人员进入。当门窗间距大于 80m 时，则应在该段外墙适当部位设置专用消防口，其宽度不应小于 0.75m，高度不应小于 1.8m，并有明显标志。

⑧ 高效过滤器及其送风口所使用材质应能适应建筑防火要求，如采用金属外框的无隔板高效过滤器和有铝隔板的高效过滤器。此外，安装骨架和静压箱体应为非燃烧体，否则就须把送风静压箱外壁当作防火隔断物考虑。

总风管穿过楼板和防火墙处，必须设置借温感或烟感装置动作而自行关闭的防火阀。穿孔洞要做严格的防火密封处理，防火分隔物两侧 2m 范围内的管道及保温材料等覆盖物应为非燃烧体。风管保温材料、消声材料及黏结材料，应为非燃烧材料或难燃烧材料。

⑨ 洁净厂房的内部装修和风管及其保温材料应为非燃烧体。

⑩ 对于局部排风系统，凡介质混合后可产生或加剧腐蚀性、毒性、燃烧爆炸危险的，应单独设置，并采取防火、防爆措施。

2. 防爆设计要求

药厂设计时在防爆方面要做如下考虑。

（1）粉尘、有机气体在空气中的浓度

易燃、易爆粉尘及有机物在空气中的浓度处于它的爆炸极限范围内时可能引发爆炸。对此有两种对策：一是从设备管道的密封性着手，防止其泄漏或将泄漏量控制在最低限度；二是对有关厂房进行必要的换风，保证一定的换风次数，以稀释易燃易爆物料，并保持低于爆炸下限。

（2）电器的防爆

应选用防爆电器（防爆电机、防爆开关等）。设备应有良好的静电接地装置，阀门、法兰等的静电连接线如图 8-12 所示。车间的视孔照明可采用 36V 安全灯。

（3）压力容器

应按压力容器规范进行制造，试压并完全符合要求；必要时设置防爆膜片及安全阀；对有机物的压料尽量采用氮气，否则应当用真空吸料；载有压力的容器应当先卸压，再进行打

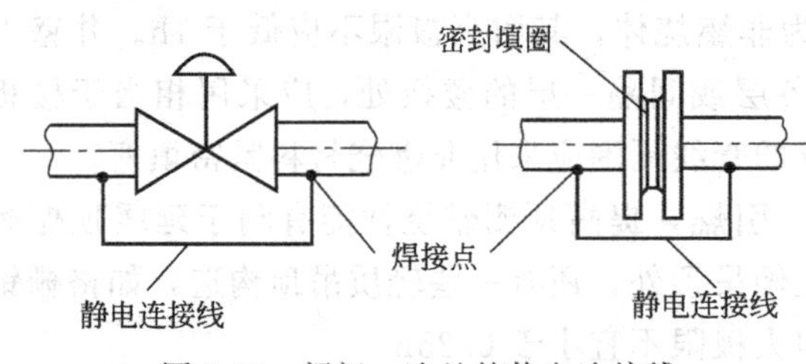

图 8-12 阀门、法兰的静电连接线

开人孔、手孔等的操作。

3. 工程设计项目的安全卫生设计

(1) 有效控制粉尘、有毒物质在空气中的浓度

应从设备、管路的密封以及车间厂房的通风来考虑，维持在国家有关部门颁布的允许安全浓度以下。

(2) 选用合理的工艺路线及设备

如采用不发尘或低发尘的设备，用无毒原辅料代替有毒物料等，从根本上解决有害物质与操作者的接触。

(3) 通风设施

从安全卫生的角度出发，通风量或换风次数应保证车间有害物质浓度在允许值以下。

(4) 防止有毒物质泄漏。

应有必要的建筑隔断设施；有毒物质的压力或常压容器应当密封无泄漏，当发生泄漏时应有相应的应急措施和设施，如为氯气钢瓶配备一定量的液氨钢瓶；配备防毒面具。

(5) 考虑操作者的隔离设施

考虑远距离自动控制操作；必要的更衣、淋浴设施以及工作服等防护用品；定期进行职业卫生体检。

(6) 消防设施

工厂、车间、工序应按有关防火防爆规范设置消防设施。车间、工序应配置消防栓及合格的灭火器；药厂在必要时可设置专门的消防队伍并配置消防车等设施。

第九章　药品生产验证与GMP认证

药品的特殊性使得世界各国政府对药品生产及质量管理都给予了特别关注，对药品生产进行严格的管理和有关法规的约束，并制定以药典标准作为药品基本的、必须达到的质量标准。《药品生产质量管理规范》（GMP）是药品生产和质量管理的基本准则，主要用于制药、食品等行业的强制性标准，要求企业从原料、人员、设施设备、生产过程、包装运输、质量控制等方面按国家有关法规达到卫生质量要求，形成一套可操作的作业规范，帮助企业改善企业卫生环境，及时发现生产过程中存在的问题，加以改善。GMP的实施是为了最大限度地避免药品生产过程中的污染和交叉污染，降低各种差错的发生，是提高药品质量的重要措施。

GMP是社会发展过程中对药品生产实践的经验、教训的总结。它的诞生是制药工业史上的里程碑，它标志着制药业全面质量管理的开始。

第一节　药品生产的确认与验证

一、确认与验证

1. 确认与验证定义

确认是证明厂房、设备、设施和仪器的操作参数，能保证这些设备、设施和仪器适用于制定生产的产品，保证工艺的安全和效力。就是说要用文件和记录的形式证明厂房、设施、设备得到满足的认定，确认可以在实际或模拟的使用条件下进行，它强调的是结果的正确性。新版GMP规定企业的厂房、设施、设备和检验仪器应经过确认。

验证是证明任何操作规程（或方法）、生产工艺或系统能达到预期结果的一系列活动。主要用文件和记录的形式证明操作规程（或方法）、生产工艺或系统已达到要求的认定。验证的认定方式可以包括如变换方法计算、将新设计规范与已经证实的类似老设计规范进行比较、进行试验和演示、文件发布前进行评审，它强调的是过程的正确性。

确认和验证的范围和程度要通过风险评估来确定，并要用文件确定下来；验证和确认不是一次行为，是持续进行的，并遵循一定的生命周期。

2. 确认和验证范围和程度确定

确认和验证的范围和程度应经过风险评估来确定。风险评估就是量化测评某一事件或事物带来的影响或损失的可能程度。药品生产过程中不是所有的设备、系统、操作方法等都要确认和验证。要进行系统划分，回答系统影响性评估表中的问题，为所选择答案提供详细的依据，每份完成的系统表格均将能够充分地确定系统是“直接影响”“间接影响”还是“无影响”，然后对每个直接影响系统进行质量关键性评估。关键性评估将包括两个步骤：确定关键质量属性，确定关键工艺参数，之后对关键的属性和参数进行验证和确认。

3. 验证文件化

首先要有验证主计划，明确验证的方针、组织、职责、待验证的设施、设备、系统和工艺的概述；可接受标准；文件格式（验证方案和报告的格式）；计划和日程安排；变更控制；

所采用的参考文献。保证所有的验证均能有效、持续地执行。

制订每一个验证的具体实施方案，包括目的、范围和系统描述、人员及职责分工、计划和日程安排、实施步骤及接受标准、偏差汇总、参考文献。根据方案逐步进行实施并做好记录，最后整理验证报告，包括验证的数据汇总、偏差描述、结论（含评价及建议）、再验证范围和周期，最后验证小组组长批准验证报告。

4. 验证的生命周期

验证和确认的第一阶段是从客户的需要标准或用户技术要求开始，选择供应商，通过系统影响评估和组建关键评估确定验证主计划；第二阶段是设计确认；第三阶段是安装测试；第四阶段安装确认、运行确认和转交；第五阶段是性能确认；第六阶段验证报告总结；第七阶段是系统使用与维护（变更、定期的验证回顾）。

二、确认与验证的范围

（1）新药研究开发方面

对任何新处方、新工艺、新产品投产前应确认或验证其确能适合常规生产，并证明使用其规定的原辅料、设备、工艺、质量控制方法等，能始终如一地生产出符合质量要求的产品。

（2）药品生产方面

生产阶段的确认或验证包括所用设备、设施和仪器的操作参数，能保证这些设备、设施和仪器适用于指定生产的产品，保证工艺的安全和效力。对已生产、销售的产品，应以积累的生产、检验（检测）和控制的资料为依据，验证其生产过程及其产品，能始终如一地符合质量要求。

（3）药品检验方面

当质量控制方法发生改变时，要进行再验证。实际上，在再验证之前，药品检验仪器和分析方法都要进行验证。特别是计量部门和质量部门的验证必须在其他验证开始之前首先完成。

（4）其他方面

当影响产品质量的主要因素如工艺、质量控制方法、主要原辅料、主要生产设备或生产介质发生改变时，或生产一定周期时，或政府法规要求时，应进行再验证。

总之，在实施GMP的过程中，物料管理、生产技术管理、质量管理、设备管理等方面都涉及确认与验证。

三、验证的分类

验证通常分为四大类：前验证、同步验证、回顾性验证和再验证。每种类型的验证活动均有其特定的适用条件。

1. 前验证

前验证通常指投入使用前必须完成并达到设定要求的验证。这一方式通常用于产品要求高，但没有历史资料或缺乏历史资料，靠生产控制及成品检验不足以确保重现性及产品质量的生产工艺或过程。

如新产品、新设备、新厂房、新设施投产前应验证其能否适应常规生产，并证明使用其规定的原材料、设备、工艺、质量控制方法等能始终如一地生产出符合质量要求的产品。

无菌产品生产中所采用的灭菌工艺，如蒸汽灭菌、干热灭菌以及无菌过滤和无菌灌装应当进行前验证，因为药品的无菌不能只依靠最终成品无菌检查的结果来判断。对最终灭菌产品而言，我国和世界其他国家的药典一样，把成品的染菌率不得超过百万分之一作为标准。

前验证前必须有比较充分和完整的产品和工艺开发资料。从现有资料的审查中应能确信：配方的设计、筛选及优选已经完成，关键的工艺及工艺变量已经确定，相应参数的控制限度已经摸清；已有生产工艺方面的详细技术资料，包括有文件记载的产品稳定性考察资料；即使是比较简单的工艺，也必须至少完成了一个批号的试生产。

此外，在中试或放大试生产中应无明显的“数据漂移”或“工艺过程的因果关系发生畸变”现象。为了使前验证达到预计的结果，生产和管理人员在前验证之前需进行必要的培训。

2. 同步验证

同步验证系指在工艺常规运行的同时进行验证，即从工艺实际运行过程中获得的数据来确立文件的依据，以证明某项工艺达到预计要求的活动。

以水系统的验证为例，人们很难制造一个原水污染变化的环境条件来考察水系统的处理能力，可根据原水污染程度来确定系统运行参数的调控范围。又如泡腾片的生产往往需要低于20%的相对湿度，而相对湿度受外界温度及湿度的影响，空调净化系统是否符合设定的要求，需要经过雨季的考验。

3. 回顾性验证

当有充分的历史数据可以利用时，可以采用回顾性验证的方式进行验证。同前验证相比，回顾性验证积累的资料相对比较丰富。从对大量历史数据的回顾分析可以看出工艺控制状况的全貌，因而其可靠性也更好。

回顾性验证应具备若干必要条件如下。

① 通常需要求有20个连续批号的数据，如回顾性验证的批次过少，应有充分理由并对进行回顾性验证的有效性做出评价。

② 检验方法经过验证，检验的结果可以用数值表示并可用于统计分析。

③ 记录符合GMP的要求，记录中有明确的工艺条件。如果成品的结果出现了明显的偏差，但批记录中没有任何对偏差的调查及说明，这类缺乏可追溯性的检验结果不能用作回顾性验证。

④ 有关的工艺变量必须标准化，并一直处于控制状态。如原料标准、生产工艺的洁净级别、分析方法、微生物控制等。

同步验证、回顾性验证通常用于非无菌工艺的验证，一定条件下两者可结合使用。在移植一个现成的非无菌产品时，如已有一定的生产类似产品的经验，则可以以同步验证作为起点，运行一段时间，然后转入回顾性验证阶段。经过一个阶段的正常生产后，将生产中的各种数据汇总起来，进行统计及趋势分析。这些数据和资料包括：批成品检验的结果；批生产记录中的各种偏差的说明；中间控制检查的结果；各种偏差调查报告，甚至包括产品或中间体不合格的数据等。

4. 再验证

所谓再验证系指一项生产工艺、一个系统或设备或者一种原材料经过验证并在使用一个阶段以后，旨在证实其“验证状态”没有发生漂移而发生的验证。根据再验证的原因，可以将再验证分为下列三种类型。

① 药监部门或法规要求的强制性再验证；

② 变更性再验证；

③ 每隔一段时间进行的"定期"再验证。

验证状态的维护对于设备、工艺或系统始终处于"验证的"和"受控的"状态非常关键，也是GMP所要求的。验证状态通常通过以下三个状态来维护：

a. 变更控制；

b. 验证回顾报告（或产品质量回顾报告）；

c. 再验证。

四、确认与验证程序及管理

制药企业内部的验证一般步骤（或程序）为：提出验证要求、建立验证组织、提出验证项目、制订验证项目、制订验证方案、验证方案的审批、组织实施、验证报告、验证报告的审批、发放验证证书、验证文件归档。

（1）验证计划

由质量保证部负责制定年度的验证计划和时间安排，经验证领导小组讨论通过，验证组长批准。未列入年度计划的临时验证项目，由该验证项目主要实施部门与质量保证部共同提出，经验证领导小组讨论通过，验证组长批准。

（2）验证方案的制订

验证领导小组责成专业人员起草验证方案，验证方案应包括：验证概述、验证对象及范围、验证目的、验证组织工作职责、描述验证的要求及标准、测试方法、偏差及处理、验证结论、再验证周期。验证方案由验证小组成员会签，质量总监批准。

（3）起草验证方案

由起草人根据会议讨论进行修订，经会议讨论认可的验证方案，需经验证小组负责人批准后方可实施。

（4）验证方案实施

验证方案一经批准，即可开始实施。由质量保证部负责确定每个验证项目的参加部门，验证项目负责人，确定验证具体时间，并实施监督。

（5）验证方案的修改

在验证方案实施过程中，如因验证工作实际需要，需对验证方案进行修改，验证项目负责人必须以书面报告形式向验证领导小组提出申请，并起草验证方案修改稿，经验证领导小组讨论通过，质量总监批准后方可按照修改后的验证方案实施。

（6）异常情况处理

在验证方案的实施过程中，如发生测试结果与合格标准不符，操作人员需及时上报至验证项目负责人，验证项目负责人根据有关资料或与厂家联系，对异常情况做出正确判断，及时修改测试参数或验证方案，同时以书面报告形式上报验证小组。如不能做出判断，应及时以书面形式上报验证领导小组，和验证小组所有成员共同研究做出判断，及时修改测试参数或验证方案。以上异常情况、处置措施、处置结论均应详细记录于验证报告中。

（7）验证结果的临时性批准

由于验证的书面总结和审批需要一定的时间，因此在验证试验完成后，只要结果正常，验证小组组长可以临时批准该生产过程及产品投入生产。

（8）验证报告的形式与审批

验证工作完成后，由验证项目负责人写出验证报告草案，经小组成员分析研究后、由验证项目负责人写出正式的验证报告。验证报告的内容应包括验证目的、验证项目名称、验证项目描述、验证日期及地点、验证方案文件编号和批准人、验证标准、实验结果记录、结论、评价和建议，还包括再验证的时间和建议。验证报告须由验证方案的会签人评估和审核，并经质量总监批准后生效。

(9) 发放验证合格证书

验证报告审批通过后，由QA出具验证合格证书，复印若干份，一份存档，其余分发给验证实施部门、生产部、质量保证部和相关部门，供日常工作查考。

图9-1是前验证的基本流程及要点。图的左侧列出了从设计到投产过程中企业应完成的验证内不同阶段的工作内容，右侧标出了验证的责任及参加单位。从图中可以看出，企业对验证的全过程负责，但实施验证过程，验证的具体工作却并非全部由本企业自己承担。

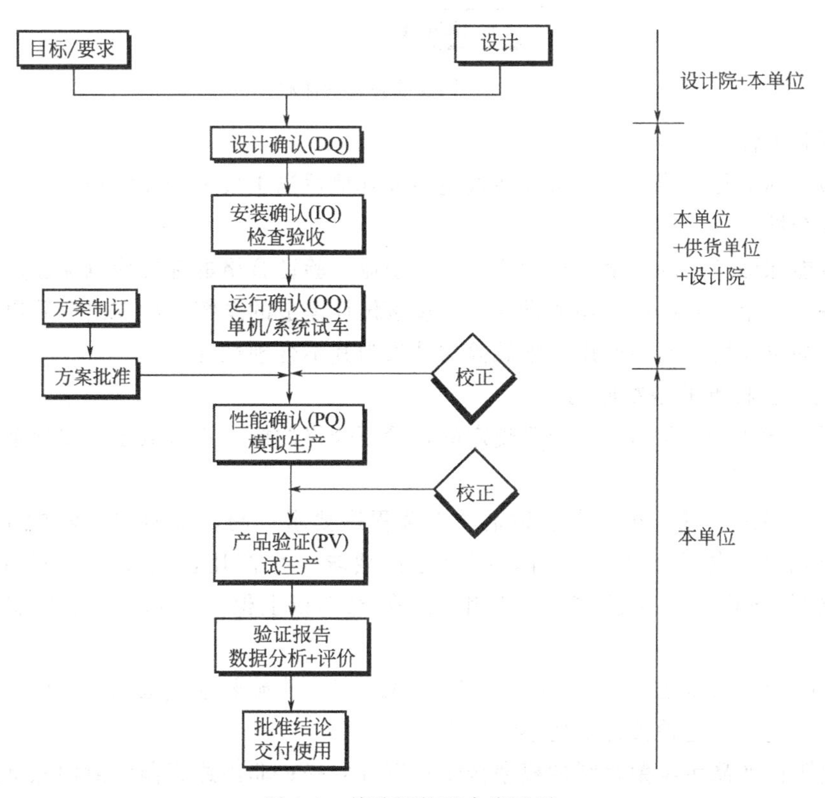

图9-1　前验证的基本流程图

图9-2是回顾性验证的流程。

五、验证的标准

1. 验证合格的基本条件

验证合格要具备现实性、可验证性和安全性三个基本条件。

(1) 现实性

即验证不能超越客观物质条件的限制或造成过重的经济负担，以至于无法实施。如无菌冻干粉针生产中，新型设备已经存在在线清洁及在线灭菌系统，但一些老设备没有在线清洁系统，而必须采用手工清洁。故不能要求企业都用在线清洁的方式进行清洁。实际生产中，可在实际条件下制定验证的具体标准。

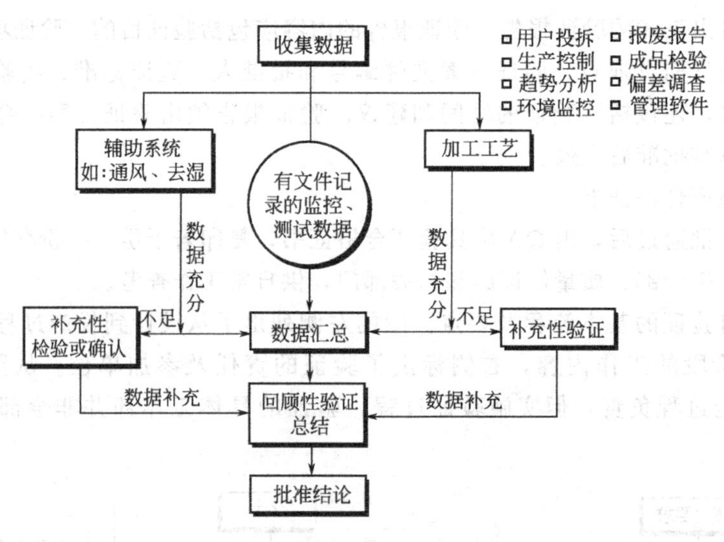

图 9-2　回顾性验证的流程

(2) 可验证性

是指验证标准是否能达到、可以通过检验或其他适当手段来加以实现。

(3) 安全性

标准应能保证产品的安全。作为药品生产企业，验证合格的标准应以保证产品的安全性为先决条件。一个错误或不合理的设计，及按该设计建造的系统，应在改造后再用验证的方法去证明它的可靠性，而不要用有限试验的结果为其不合理性庇护。

2. 设定验证标准的基本原则

① 凡是国家GMP及药典有明确规定的，验证合格的标准不得低于法规规定的要求及设计标准。

如厂房洁净度要求，可灭菌注射剂的灭菌程序要求；与药品直接接触的干燥用空气、压缩空气和惰性气体应经净化处理，符合生产要求。生产用注射水应在制备后6h内使用，或制备后4h内灭菌并于72h内使用，或在80℃以上保温、65℃以上保温循环或4℃以下保存。

② 国内尚无法定标准，而世界卫生组织GMP已有明确要求或国际医药界已有公认惯例的，可作为本企业设定检验标准的参考依据。

如最终灭菌产品污染菌存活的概率低于百万分之一；非最终灭菌注射剂三批通过300瓶的培养基灌装，每批低于0.1%的染菌率；洁净区实施动态监控标准；除菌过滤器在使用前后，应采用适当方法（如发泡点试验法）检查其完整性，同一只过滤器使用不得超过一个工作日，除非经过验证等。

③ 从全面质量管理的理念出发设定验证方案及有关标准。企业应从验证的内涵上，从全面质量管理的观念出发，根据工艺、设备及人员的实际情况自行设定标准。以人员的培训和考核为例，一些企业除理论考核外，还规定了实际操作的考核标准。

④ 样品的代表性及取样计划。

如现在有的冻干粉针生产车间仍以甲醛熏蒸法对冻干腔室灭菌，然后用棉签法或沉降碟法取样，来证明熏蒸的有效性。但棉签法或沉降碟法取样存在很大局限性，不足以说明熏蒸的合理性及有效性。

第二节　GMP认证

药品GMP认证是国家依法对药品生产企业（车间）和药品品种实施药品GMP监督检查并取得认可的一种制度，是国际药品贸易和药品监督管理的重要内容，也是确保药品质量稳定性、安全性和有效性的一种科学的、先进的管理手段。

GMP认证可以为企业生产出合格药品提供有效保证，提高企业科学管理水平，促进技术进步，增强竞争能力，加快我国医药事业走向世界的步伐，真正实现与国际接轨。

一、GMP认证概述

1. 认证机构

国家药品监督管理局负责全国药品GMP认证工作，负责制定、修正药品GMP，药品GMP认证检查评定标准，负责设立国家药品GMP认证检查人员库及其管理工作，负责规定生产注射剂、放射性药品、生物制品的企业GPM认证的初审工作。负责上述品种、剂型以外的其他药品生产企业GMP认证工作，负责本行政区域内药品GMP认证日常监督管理及跟踪检查工作。

2. 认证的种类和形式

药品的GMP认证涉及产品的质量认证的法律规定、产品质量认证的种类和方式。

(1) 认证的种类

按质量认证的责任不同药品质量认证可分为自我认证、使用方认证和第三方认证。按质量认证的性质不同可分为强制性认证和自愿性认证。按照认证的内容不同可分为质量认证、安全认证、既进行质量认证又进行安全认证。药品关系人命安危，因此药品认证属于安全认证，是一种强制性认证。药品的GMP认证又分为药品生产企业（车间）和药品品种的认证两种。

药品监督管理部门按照规定对药品生产企业是否符合《药品生产质量管理规范》的要求进行认证。对认证合格的，发给认证证书。

药品监督管理部门违反规定对不符合《药品生产质量管理规范》《药品经营质量管理规范》的企业发给符合有关规范的认证证书的，或者对取得认证证书的企业未按规定履行跟踪检查的职责，对不符合认证条件的企业未依法责令其改正或者撤销其认证证书的，由其上级主管机关或者监察机关责令收回违法发给的证书，撤销药品批准证明文件，对直接负责的主管人员和其他直接责任人员依法给予行政处分，构成犯罪的，依法追究刑事责任。

药品生产企业必须按照国务院药品监督管理部门依据本法制定的《药品生产质量管理规范》组织生产。未按照规定实施《药品生产质量管理规范》组织生产的，给予警告，责令限期改正，逾期不改正的，责令停产、停业整顿，并处五千元以上两万元以下的罚款，情节严重的，吊销《药品生产许可证》。

(2) 认证的形式

以下八种验证方式对药品质量认证较为适用。

① 型式试验。指实物检查，即对申请认证产品的样品按标准进行全面测试，相当于药品检验机构对药品的检验。

② 型式试验＋对市场样品进行事后监督检查。

③ 型式检查＋对工厂样品进行监督检验。

④ 型式检查＋对市场和工厂样品进行监督检验。

⑤ 型式检查＋对药厂质量管理体系的评定＋认证后监督。

⑥ 只对药厂质量管理体系进行评定和认可。

⑦ 批量检验。

⑧ 100％对产品进行检验。

药品认证案实施程序可分成两个阶段：第一阶段是认证的申请和评定；第二阶段是对获准认证的药品生产企业实施 GMP 进行日常的监督管理。实际上药品认证表现为药品的质量体系（ISO 9000）认证和 GMP 的认证。

二、GMP 认证程序

1. GMP 认定程序

GMP 认证工作分为四个阶段：认证申请、材料审批、现场检查与发证。

（1）认证申请和资料审查阶段

申请单位须向所在省、自治区、直辖市药品监督管理部门报送《药品 GMP 认证申请书》，并按《药品 GMP 认证借理办法》的规定报送有关资料。省、自治区、直辖市药品监督管理部门应在收到申请书起 20 个工作日内，对申请材料进行初审并将初审意见及申请材料报送国家药品监督管理局安全监督司。认证申请资料经局安全监管司受理、型式审查后，转交局认证中心。局认证中心接到申请资料后，对资料进行技术审查，局认证中心应在收到申请书起 20 个工作日内提出审查意见，并书面通知申请单位。

（2）制订现场检查方案

对通过资料审查的单位，应制订现场检查方案，并在资料审查过之日起 20 个工作日内组织现场检查。检查方案的内容应包括日程安排、检查项目、检查组成员及分工等。

（3）现场检查阶段

① 现场检查实行组长负责。

② 省级药品监督管理部门可选派一名负责药品生产监督管理的人员作为观察人员参加辖区药品 GMP 认证现场检查。

③ 医药局认证中心负责组织 GMP 认证现场检查，并根据被检查单位情况派员参加，监督、协调检查方案的实施，协助组长草拟检查报告。

④ 首次会议内容包括：介绍检查组成员；声明检查注意事项；确认检查范围；落实检查日程；确定检查陪同人员等。检查陪同人员必须是企业负责人、质量管理部门负责人，熟悉药品生产全过程，并能准确解答检查组提出的有关问题。

⑤ 检查组严格按照检查方案对检查项目进行调查取证。

⑥ 综合评定检查组须按照检查评定标准对检查发现的缺陷项目进行评定，做出综合评定结果，拟订现场检查的报告。评定汇总期间，检查单位应回避。

⑦ 检查报告需检查组全体人员签字，并附缺陷项目、尚需完善的方面、检察院记录、有异议问题的意见及相关资料等。检查组宣读综合评定结果，被检查单位可安排有关人员参加。

⑧ 被检查单位可就被检查发现的缺陷项目及评定结果提出不同意见及做适当的解释、说明。如有争议的问题，必要时需核实。检查中发现的不合格项目及提出的尚需完善的方面，须经检查组全体人员及被检查单位负责人签字后，双方各执一份。

⑨ 如不能达成共识的问题，检查组需做好记录，经检查组全体人员及被检查单位负责

人签字后，双方各执一份。

⑩ 检查报告的审核局认证中心须在接到检查组提交的现场检查报告及相关资料之日起20个工作日内，提出审核意见，送国家药品监督管理局安全监督司。

(4) 审批与发证阶段

经局安全监管司审核后报局领导审批。国家药品监督管理局在收到局认证中心审核意见之日起20个工作日内，做出是否批准的决定。

对审批结果为“合格”的药品生产企业（车间），由国家药品监督管理局颁发《药品GMP认证书》，并予以公告。

2. GMP认证的资料申报内容

根据《药品GMP认证管理办法》规定，申请药品GMP认证的药品生产企业，应按规定填报《药品GMP认证申请书》，并报送以下资料：

①《药品生产企业许可证》和《营业执照》(复印件)；

② 药品生产管理和质量管理自查情况（包括企业概况，GMP实施情况及培训情况)；

③ 药品生产企业（车间）的负责人，检验人员文化程度登记表，高、中、初级技术人员的比例情况表；

④ 药品生产企业（车间）生产的组织机构图（包括各组织部门的功能及相互关系，部门负责人)；

⑤ 药品生产企业（车间）生产的所有剂型和品种表。

⑥ 药品生产企业（车间）的环境条件、仓储及总平面分布图。

⑦ 药品生产车间概况及工艺布局平面图（包括更衣室、人流和物料通道、气闸等并标明空气洁净度等级)；

⑧ 所生产剂型或品种工艺流程图，并注明主要过程控制点；

⑨ 药品生产企业（车间）的关键程序、主要设备验证情况和检验仪器、仪表校验情况；

⑩ 药品生产企业（车间）生产管理、质量管理文件目录。

新开办的药品生产企业（车间）申请GMP认证，除报送②～⑩项规定的资料外，还须报送开办药品生产企业（车间）批准生产项目文件和拟生产的品种或剂型三批生产记录。

参 考 文 献

[1] 药品生产质量管理规范（2010年修订）及附录.
[2] GB 50073—2001 洁净厂房设计规范.
[3] 上海医药设计院编. GMP实施技术——医药洁净厂房设计资料汇编（第2辑）.
[4] 王沛. 制药设备与车间设计. 北京：人民卫生出版社，2014.
[5] 丁振铎，李文兰. 中药制药与设备使用技术. 北京：化学工业出版社，2012.
[6] 崔福德. 药剂学. 北京：人民卫生出版社，2012.
[7] 蔡凤，解彦刚. 制药设备及技术. 北京：化学工业出版社，2011.
[8] 凌沛学. 制药设备. 北京：中国轻工业出版社，2011.
[9] 张洪斌. 药物制剂工程技术与设备. 北京：化学工业出版社，2010.
[10] 程云章. 药物制剂工程原理与设备. 南京：东南大学出版社，2009.
[11] 王志祥. 制药工程学. 北京：化学工业出版社，2008.
[12] 张珩，王存文. 制药设备与工艺设计. 北京：高等教育出版社，2008.
[13] 刘书志，陈利群. 制药工程设备. 北京：化学工业出版社，2008.
[14] 张洪斌. 制药工程课程设计. 北京：化学工业出版社，2007.
[15] 唐燕辉. 药物制剂生产设备及车间设计. 北京：化学工业出版社，2006.
[16] 刘红霞. 药物制剂工程及车间工艺设计. 北京：化学工业出版社，2006.
[17] 张珩. 制药工程工艺设计. 北京：化学工业出版社，2006.
[18] 朱宏吉，张明贤. 制药设备与工程设计. 北京：化学工业出版社，2004.
[19] 朱盛山. 药物制剂工程. 北京：化学工业出版社，2002.
[20] 朱世斌. 药品生产质量管理. 北京：化学工业出版社，2002.
[21] 张绪峤. 药物制剂设备及车间工艺设计. 北京：中国医药科技出版社，2000.
[22] 张素萍. 中药制药工艺与设备. 北京：化学工业出版社，2005.
[23] 谢淑俊. 药物制剂设备：下册. 北京：化学工业出版社，2005.